国家科学技术学术著作出版基金资助出版

阿利特的结构与性能研究

张文生　著

科学出版社

北京

内 容 简 介

阿利特是硅酸盐水泥熟料中最重要的矿物。本书共 10 章，内容包括阿利特的形成与制备、组成特征、结构与结构表征、水化及产物特征、组成结构与性能关系、熟料中阿利特晶型调控与性能研究等。

本书内容系统全面，既涵盖基础研究数据，又包括系列突破性成果，既可以为领域专家学者提供翔实的数据和完整的应用基础理论，还可为行业技术人员制备高胶凝水泥熟料提供技术支撑。

图书在版编目（CIP）数据

阿利特的结构与性能研究/张文生著. —北京：科学出版社，2020.9

ISBN 978-7-03-066154-8

Ⅰ. ①阿… Ⅱ. ①张… Ⅲ. ①水泥-熟料烧结-研究 Ⅳ. ①TQ172.6

中国版本图书馆 CIP 数据核字(2020)第 177825 号

责任编辑：牛宇锋 罗 娟 / 责任校对：王萌萌

责任印制：吴兆东 / 封面设计：蓝正设计

科学出版社 出版

北京东黄城根北街 16 号

邮政编码：100717

http://www.sciencep.com

北京捷迅佳彩印刷有限公司 印刷

科学出版社发行 各地新华书店经销

*

2020 年 9 月第 一 版 开本：720 × 1000 B5

2020 年 9 月第一次印刷 印张：16 3/4

字数：319 000

定价：120.00 元

（如有印装质量问题，我社负责调换）

前　言

水泥是国家基本建设的基础原材料，使用范围广，应用量大，对国民经济发展具有举足轻重的影响。我国作为最大的发展中国家，基本建设规模大，发展迅速，水泥需求和消耗量巨大。因而，水泥产量增长迅猛，自 1985 年以来连续 30 多年位居世界第一，自 2006 年以来一直占世界水泥总产量的 50%以上，甚至超过 60%。目前，水泥产量在 24 亿 t 左右，熟料产量达到 14 亿 t。其中，98%以上为硅酸盐水泥。硅酸盐水泥生产的特点是以石灰石为主要原料，以不可再生的煤为主要燃料，采用高温煅烧工艺制备熟料，配以石膏等组分进行粉磨制备而成。显而易见，这种生产过程带来了巨大的资源和环境压力。因此，提高硅酸盐水泥质量，充分发挥其胶凝性能，在满足相同性能的条件下降低其使用量，是水泥工业减轻资源环境压力的出路之一。

硅酸盐水泥熟料主要由阿利特(硅酸三钙的固溶体)、贝利特(硅酸二钙的固溶体)、铝酸三钙、铁铝酸四钙等矿物组成。阿利特是水泥熟料各矿物相中综合物化性能最好且最主要的胶凝相。通过增加熟料中阿利特含量可以实现水泥性能的提高，但阿利特含量的提高不可避免地导致熟料烧成温度高，能耗增大。另外，阿利特胶凝性对水泥水化硬化性能以及混凝土性能产生直接影响，并对水泥混合材活性激发等起重要作用，直接影响水泥中混合材使用数量或效能。我国生产的硅酸盐水泥熟料中阿利特含量约占 60%，按照 2016 年熟料产量，我国生产了 8 亿多吨的阿利特。因此，研究阿利特的结构及其与胶凝性的关系，对提高硅酸盐水泥胶凝性，降低水泥生产和使用数量，提高硅酸盐水泥质量，降低水泥工业的资源与环境压力具有重要意义。

水泥已经有约 200 年的发展历史，因此水泥科学的研究兼有古老和现代的特点。然而，水泥熟料矿相组成复杂且使用期间处于动态过程，多种因素相互交织影响，因此水泥科学的研究又存在相当大的难度。近几十年来，硅酸盐水泥熟料几种主要矿相的结构特征与性能等已经得到公认的结论。依温度和固溶离子不同，阿利特可呈现三斜(T 包含 T1、T2、T3)、单斜(M 包含 M1、M2、M3)、三方(R)3 个晶系的 7 种不同晶型。不同晶型阿利特的胶凝性能存在差异，并影响水泥的强度性能。但室温下，纯硅酸三钙只能以 T1 晶型亚稳存在，其他高温晶型不能通过急冷获得，必须在外来离子的固溶稳定作用下，以其固溶体阿利特形式，才可获得高温亚稳晶型。因此，获得阿利特的高温晶型，使阿利特处于最高亚稳结构状态，是阿利特具有高胶凝性的关键因素之一。

本书是作者及其团队十多年来持续开展硅酸三钙晶体结构与性能相关项目研究的成果总结。全书围绕阿利特的制备、组成特征、结构与结构表征、水化与产物结构特征，以及组成结构与性能关系等进行深入系统研究，取得了一系列理论和技术的创新性成果。通过对硅酸三钙晶体结构的研究，获得了国际上最精确的硅酸三钙晶体结构数据，揭示了硅酸三钙高胶凝活性的本质；将已有文献与实验验证结合，总结归纳了离子固溶稳定硅酸三钙多晶态的规律，提出离子结构差异因子 $D(D=Z\Delta x(R_C-R)/R_C)$(其中 Z、R 和 Δx 分别为固溶离子的电价、半径与 Ca 的电负性差，R_C 为 Ca^{2+} 半径)为判据的类“几”字形规律，并提出了作用机制；建立了多离子复合作用稳定阿利特多晶态规律，通过对阿利特晶型的目标性调控，获得了制备高胶凝硅酸盐水泥熟料的方法。

本书的相关研究成果已经发表在 *Cement and Concrete Research*、《硅酸盐学报》等学术期刊，并在重要国际和全国性学术会议上宣读。作者受邀在第 14 届水泥化学国际会议、第 8 届水泥混凝土国际会议等重要国际性学术会议上就阿利特研究等相关内容做了主题报告。成果同时获得一项建筑材料科学技术奖二等奖。

本书内容系统全面，涵盖阿利特及其水化产物的结构与性能，研究阿利特组成结构与性能的关系，特别是围绕阿利特多晶态稳定规律和目标性调控方法，深入探究阿利特结构与其胶凝活性的本质关系。本书不仅为本领域学者深入研究硅酸三钙结构、性能及水化机理等提供参考，也为通过有效调整和控制阿利特亚稳结构来获得高胶凝水泥熟料提供理论支撑。希望本书能够为从事水泥熟料组成与性能优化、提高熟料质量研究的高等院校、科研院所的研究者和研究生，以及企业技术人员等提供一点帮助。

作者团队任雪红博士、叶家元博士及部分研究生在作者指导下攻读博士或硕士学位期间和其后的工作中均参与了相关研究工作，尤其是任雪红博士，为全书的成稿做出了重要贡献。第 3 章内容为作者团队欧阳世翕教授所承担的国家自然科学基金项目“硅酸三钙晶体结构的基础研究”的部分成果。作者在此向欧阳世翕教授、任雪红博士、叶家元博士以及团队其他研究人员表示诚挚的谢意。此外，本书在硅酸三钙单晶的矿物合成、单晶制备、晶体结构测定和分析等方面，得到桂林理工大学材料科学与工程学院吴伯麟教授、清华大学化学系李强教授、厦门大学材料学院宓锦校教授、山东大学晶体材料国家重点实验室陶绪堂教授及研究生武奎同学的大力支持和帮助，在此对他们的辛勤工作一并表示衷心感谢。

作者及其团队十多年来先后承担完成了国家重点基础研究发展(973)计划项目“水泥低能耗制备与高效应用的基础研究”第一课题“高介稳阿利特微结构和熟料矿物相组成优化”(编号：2009CB623101)部分内容和国家自然科学基金项目“水化硅酸钙结构的分子动力学模拟”(编号：50772104)、“掺杂有机大分子水化硅酸钙的键合原理与结构”(编号：50972137)、“硅酸三钙晶体结构的基础研究”(编号：50972137)、“Ca_3SiO_5晶体结构中O的配位环境及其与性能的关系”(编号：51172222)、“外来离子对硅酸三钙原位高温结构相变及性能的影响研究”(编号：51302256)，以及国家自然科学基金中英国际合作项目“基于材料5R原则下水泥工业协同处置固废时有毒有害组分影响的研究”(编号：51461135006)等多项国家应用基础研究项目。此外，本书的出版还获得国家科学技术学术著作出版基金的资助。感谢上述课题、项目及基金给予的资助。

有关阿利特的系列研究工作和本书的撰写过程中引用参考了同行的研究成果和文献，得到很多同行专家的帮助和支持。在此，作者对为本书做出贡献的专家学者表示深深的感谢，同时也对书中引用资料的作者表示感谢。

由于作者的学识和水平有限，书中难免存在疏漏之处，尚祈广大读者不吝赐教。

张文生

2020年4月

目　录

第1章 阿利特的形成与制备

硅酸盐水泥产量占我国水泥总产量的98%以上。硅酸盐水泥熟料主要由阿利特(硅酸三钙$3CaO \cdot SiO_2$，即C_3S的固溶体)、贝利特(硅酸二钙$2CaO \cdot SiO_2$，即C_2S的固溶体)、铝酸三钙($3CaO \cdot Al_2O_3$，即C_3A)、铁铝酸四钙($4CaO \cdot Al_2O_3 \cdot Fe_2O_3$，即$C_4AF$)等矿物组成。其中，阿利特含量(除特殊说明，书中含量均为质量分数)占 60%左右，是硅酸盐水泥熟料强度的主要贡献者。室温下，纯C_3S只能以 T1 亚稳晶型存在，而其他高温晶型不能通过急冷获得，必须在外来离子的固溶稳定作用下，以固溶体形式存在，才可获得高温亚稳晶型。阿利特一直是国内外研究热点，考虑研究对象的来源不同，许多研究者都注意了“硅酸三钙(C_3S)”“阿利特”“熟料中阿利特”三个名词的区别。本书为讨论方便，硅酸三钙(C_3S)一般强调对象为纯硅酸三钙，但“纯硅酸三钙”“硅酸三钙”“阿利特”三者并不做严格区分；为区分以熟料中阿利特为研究对象开展的工作，对研究涉及以熟料中阿利特为研究对象的，称为“熟料阿利特”，加以强调和区别。另外，全书“杂质/外来离子”均是针对纯C_3S体系而言的。

1.1 研究概况

图 1-1-1 为 $CaO-SiO_2$ 系统相图。这个系统有 4 个化合物，其中C_3S_2($3CaO \cdot 2SiO_2$)和硅酸三钙(C_3S)是不一致熔融二元化合物，硅酸一钙($CaO \cdot SiO_2$，CS)和硅酸二钙(C_2S)是一致熔融二元化合物。C_3S在 2150℃发生不一致熔融反应，并且由于 CaO 的熔点(2570℃)比SiO_2的熔点(1723℃)高得多，C_3S一般难以通过SiO_2与 CaO 的固相反应直接生成，所以得到C_3S的微小单晶颗粒十分困难。此外，根据相图不难看出，C_3S仅稳定存在于 2150～1250℃，在 2150℃分解为 CaO 和液相；在 1250℃分解为C_2S和 CaO，但这种分解只有在靠近 1250℃的温度范围内才能很快地进行。当温度低于 700℃时，C_3S几乎不发生分解。因此，热制度，如烧成温度、保温时间、煅烧气氛和冷却速度等，对C_3S的形成具有直接影响；外来离子对C_3S的形成也具有显著影响，具体如下。

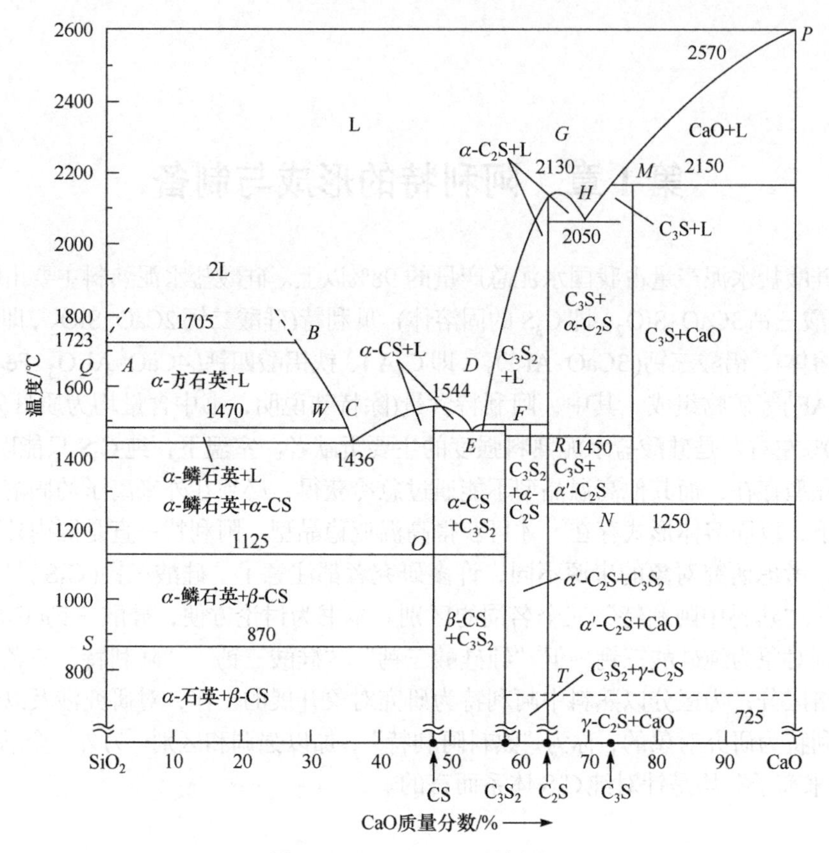

图 1-1-1　CaO-SiO_2系统相图

1.1.1　热制度对硅酸三钙形成的影响

1. 烧成温度

在硅酸盐水泥熟料煅烧过程中，C_3S 的大量形成是在高温液相出现(一般为1250～1280℃)后。提高烧成温度，有利于C_3S 的形成。提高烧成温度将使C_3S 晶粒粗大，早期水化反应活性降低。文献[1]的研究表明，提高烧成温度可使C_3S 的含量增加，晶粒长大。当烧成温度从 1350℃分别提高到 1400℃和 1425℃时，C_3S 含量从 64%分别提高到 69%和 74%，晶粒由小变大。

2. 保温时间

Frigons 等研究发现，硅酸盐水泥熟料在相同烧成温度下保温时间从 0.5h 分别延长到 1h 和 4h，C_3S 含量从 38%分别增加到 46%和 59%。此外，保温时间延长，C_3S 晶粒变大，早期活性降低[2]。Nagashima[3]认为硅酸盐水泥熟料中C_3S 有两种晶型：M1 晶型和 M3 晶型。保温时间短时为 M1 晶型，保温时间长则为 M3 晶型。M3 晶型的早期水化速度比 M1 晶型慢，强度也比 M1 晶型低，但 M3 晶型水化 3d 的水化产物结构较致密，强度较 M1 晶型高。因此对硅酸盐水泥熟料来说，选择适当的保温时间具有重要意义。

3. 煅烧气氛

Centurione[4]总结了前人在还原气氛下对煅烧的硅酸盐熟料进行光学显微镜和电子显微镜的观测结果后指出，还原气氛将使 C_3S 的稳定性降低，导致 C_3S 晶体内部发生成分离析。可见在硅酸盐水泥熟料的煅烧过程中，煅烧气氛对 C_3S 的结构具有重要影响。

4. 冷却速度

很多学者的研究表明，冷却速度直接影响矿物的结晶状态，即冷却速度与 C_3S 的稳定性、多晶转变及液相组分的析晶程度有密切关系。缓慢冷却将使水泥熟料中的矿物晶粒长大，而急冷的熟料中晶粒细小，可提高硅酸盐水泥强度[5]。

1.1.2　外来离子对阿利特形成的影响

1. 阳离子的影响

碱金属元素进入 C_3S 形成固溶体，由于不等价取代而使 C_3S 发生强烈的晶格畸变和不稳定，一定含量下使阿利特分解[3]。水泥熟料中，Na_2O 主要固溶在 C_3A 中，部分进入 C_2S 稳定 α 和 α' 型[6]，适当增加 Na_2O 的含量可以提高 C_3S 含量，减少 C_2S 的含量[7]。Ba 具有矿化作用，可以极大地缩短形成 C_3S 的时间并降低形成温度。在 1450℃下，BaO 在 C_3S 中的固溶极限为 1.85%，超过固溶极限时形成 Ba_3SiO_5。此外，高于 1.8%的掺量会导致 C_3S 分解成 C_2S 和 CaO[8]。

Mg、Al 和 Fe 是阿利特最主要的固溶杂质组分。MgO 的加入可以改善 C_3S 易烧性，降低游离氧化钙含量[9]。MgO 掺量为 0.5%时，C_3S 与 C_2S 的比值最大，相图中无变量点的温度随着 MgO 掺量的增加而显著降低[10]。对 Mg、Al、Fe 三种杂质掺杂对比研究表明，C_3S 样品烧结程度随着 MgO、Al_2O_3 和 Fe_2O_3 掺量的增加而提高[11]。Al 可增加液相含量，允许有利化学物质的扩散，在阿利特晶粒长大过程中起主要作用。MgO 加入熟料、生料中后，可以降低液相黏度，促进液相在较低温度形成，增加液相含量，从而降低熟料矿物形成温度，但贝利特扩散速率高，粗贝利特形成，贝利特晶体失去表面活性，因此阿利特形成受阻[12]。

此外，杂质离子还对冷却过程中阿利特的分解产生影响。Fe_2O_3 促进 CaO 和 C_2S 在 C_3S 表面晶化，加速分解动力学，转变期远小于纯样，其中掺量为 0.8%的

Fe_2O_3，可以使多达 48%的 C_3S 发生分解。快速冷却时，Fe 的掺杂可以显著加速 C_3S 的分解，与实际工业生产过程的情形相近，但在慢速冷却时，Fe 的掺杂并不产生如此强的作用[13]。与 Fe 的影响不同，掺杂 Al 的 C_3S 转变期大于纯样，且高掺量的 Al 对 C_3S 的分解有一定的抑制作用。当 Al_2O_3 的掺量由 0.8%增加到 2.0%时，C_3S 的分解大约减少了 1.4%[14]。

除水泥原料中可能引入 Ti，燃料煤等中引入 V 等杂质外，基于固体废弃物的充分利用和重金属离子在水泥中的固化技术等，近年来，Cu、Cr、Ni 及 Zn 等重金属离子在阿利特中的固溶研究，引起国内外学者的广泛关注。

TiO_2 仅在掺量低于 1%时促进 C_3S 形成，并使其晶粒尺寸增大；高于 1%时，不利于 C_3S 的形成，同时使晶粒尺寸减小。当 TiO_2 掺量高于其固溶极限 4.5%时，将形成化合物 $CaO \cdot TiO_2$[8]。适量 TiO_2 加入水泥生料中时，能起到矿化剂的作用，促进生料脱碳，加速对石灰的吸收与结合，有利于阿利特结晶，形成大的单个晶粒。此外，在阿利特硫铝酸盐熟料中引入 TiO_2 后，当 TiO_2 含量低于 1%时，可以改善生料易烧性，促进对游离氧化钙的吸收，有利于主要矿物 C_3S 和硫铝酸钙的形成，但含量高于 1%时，C_3S 和硫铝酸钙均减少[15]。

V 等元素经常存在于燃料煤中，研究表明，在 1450℃下，V 及 Mo 等的掺杂均有利于 C_3S 形成，且 V_2O_5 掺量为 0.5%时最有利，并使 C_3S 晶粒尺寸显著增大[16]；在 MoO_3 的掺量研究范围内(不高于 3%)发现，MoO_3 也能使 C_3S 晶粒尺寸显著增大[17]。

CuO 存在于某些废弃物矿渣中，研究表明，少量 CuO 的加入并不显著影响 $CaCO_3$ 的分解，但可为 C_3S 矿物的形成提供液相[18]。当向水泥生料中加入 CuO 时，在 1000～1300℃促进 C_2S 与游离氧化钙结合，有利于阿利特晶体低温形成及生长[19]。向阿利特硫铝酸盐水泥中加入适量 CuO 可以降低熟料形成温度，改善易烧性，利于阿利特形成[20]。

重金属 Cr 的广泛存在性和高污染性，引起了人们的广泛关注。研究发现，Cr_2O_3 的存在抑制阿利特的形成[21]，不同掺量对阿利特晶粒尺寸产生不同影响[22]。Cr_2O_3 加入水泥原料后，阻止 C_2S 形成，使液相量增加[23]。

重金属在窑炉中的挥发性，是影响水泥窑固化重金属离子技术的关键。研究表明，Hg 及 Pb 的化合物会挥发而凝结在炉子温度低的地方，在炉灰中可以发现它们的存在，少量的挥发物会在烧结过程中包裹在熟料相中。对 Cr、Ni 及 Zn 分别掺杂后研究发现，Cr 和 Ni 都不会挥发，而 Zn 在 1520℃下经过 12h 挥发了 25%，其中 Cr_2O_3 掺量低于 0.5%时，会降低游离氧化钙含量，而高掺量的 Cr、Ni 和 Zn 都会导致游离氧化钙的增加[24]。将 Zn、Pb 引入熟料后发现，Zn 在阿利特中的含量高于贝利特，Pb 富集在微小球体中，少量分散在阿利特中[25]。将 Cr、Ni 及 Zn

引入水泥熟料中，发现了同样的规律，所有的重金属离子只在含量远高于其在一般水泥中的含量时，才能对生料易烧性，以及熟料矿物的形成[26]、组成、结构和水化硬化性等产生较大影响[27]。NiO 基本不对熟料反应产生影响[28]。对比 Zn、Ni、Pb 及 Cr 对熟料烧成的影响发现，Zn、Ni 及 Pb 不影响熟料的形成，但 Cr 的存在有害，原本 Cr^{3+}被氧化成Cr^{6+}，不利于阿利特的形成[29]。

2. 阴离子(团)的影响

阴离子(团)主要包括F^-、SO_4^{2-}和PO_4^{3-}，这些阴离子(团)多能起到助熔剂的作用，降低熟料形成温度，促进熟料矿物的形成[30]。

CaF_2引入水泥生料后，起到助熔剂的作用，降低熔体形成温度、熔体黏度及表面张力(低的表面张力则可以形成多孔的细晶粒熟料)，提高固相反应扩散速率，降低反应起始温度，提高阿利特的含量，但对$CaCO_3$的分解基本不产生作用[31]。

SO_3掺入熟料中时，相图中无变量点随掺量增加而降低[10]，阿利特在四元系统中的初晶区减小[7, 32]，当掺量达到 2.5%时，阿利特将不能形成。值得提及的是，硫酸盐稳定贝利特，不利于阿利特的形成，但当硫酸盐与氟化物共同掺杂时，这种影响可以抵消[33]。另外，硫酸盐除在熟料中起矿化剂作用外，本身可以在低温(1000～1200℃)形成单独的熔体，使硅酸盐在更低的温度下形成。工业水泥熟料中硫与碱物质的量之比接近 1.0 时，阿利特含量最高，在富碱生料中，将有微量杂质化合物(单钾芒硝等)形成[34]。

P_2O_5作用与SO_3类似，可以降低熔体黏度，阻碍阿利特成核，但比SO_3挥发性小，会增大熔体表面张力，更易于取代硅酸盐熟料矿物中的 Si[35]。文献[36]总结了前人关于 P 掺杂对C_3S形成的影响研究，发现 P 可以稳定高温型α'和α-C_2S，抑制C_3S结晶或使其发生分解。在 CaO-C_2S-C_3P 系统中，阿利特有一初晶区，但在熟料烧结温度 1500℃时，增加百分之几的P_2O_5将不会形成阿利特[37]。P_2O_5加入熟料中后，稳定贝利特，显著阻碍阿利特形成[38]。当含有 4.5% 的P_2O_5时，阿利特的形成严重受阻。

不同形式的 S 和 P(S：SO_4^{2-}、S^{2-}；P：PO_4^{3-}、HPO_4^{2-}及$H_2PO_4^-$)，对熟料显微结构及易烧性的影响不同[39]。两种形式 S 化合物(SO_4^{2-}和S^{2-})对易烧性及熟料显微结构的影响相似，而不同形式的 P 表现出完全不同的影响。S 和 P 分别以$CaSO_4$、CaS、$Ca_3(PO_4)_2$、$CaHPO_4$及$Ca(H_2PO_4)_2$等形式掺入水泥熟料中后，所有的 S(SO_4^{2-}和S^{2-}形式)和HPO_4^{2-}主要溶解在熔体中，有利于改善生料易烧性，所获得熟料主要显微结构特征是大而圆的阿利特晶粒；PO_4^{3-}、$H_2PO_4^-$主要富集在贝利特矿物中，稳定贝利特，导致其无法结合游离氧化钙形成阿利特。$Ca(H_2PO_4)_2$使

$CaCO_3$的分解结束点向高温(约77℃)移动，其他不同种类的S、P阴离子并不影响$CaCO_3$的分解。不同形式P的影响存在差异，主要是由于在加热过程中发生了磷酸钙的相转变[40]。

3. 离子复合掺杂的影响

MgO、Al_2O_3和Fe_2O_3复合掺杂时，C_3S生料片的烧结程度随着离子含量的升高而增大，并且伴随连续的收缩[11]。Mn_2O_3和P_2O_5高浓度复合掺杂时，不进入阿利特，而固溶进入C_2S形成固溶体贝利特，并且随着P掺量升高，可以依次稳定β-C_2S、α'-C_2S和α-C_2S。Mn的存在并不影响P对C_2S的稳定及对C_3S结晶的抑制作用[36]。

由外来组分离子(包括阴离子化合物CaF_2、$CaHPO_4$、$Ca_3(PO_4)_2$、CaS、$CaCl_2$、$CaSiF_6$和$CaSO_4$，阳离子氧化物MnO_2、CuO、V_2O_5、PbO、CdO、ZrO_2、Li_2O、MoO_3、Co_2O_3、NiO、WO_3、ZnO、Nb_2O_5、CrO_3、Ta_2O_5、TiO_2、BaO_2和H_3BO_3等)对四元系统CaO-SiO_2-Al_2O_3-Fe_2O_3熟料体系活性的影响发现，大部分杂质离子对烧成过程尤其是烧成反应后期产生显著影响[41, 42]，反应后期包括部分熔融阿利特晶体的形成及长大。当将MnO_2、CuO、V_2O_5、PbO、CdO、ZrO_2、Li_2O、MoO_3、Co_2O_3、NiO、WO_3、ZnO、Nb_2O_5、CrO_3、Ta_2O_5、TiO_2、BaO_2、SnO_2、SrO、CaF_2、$CaCl_2$和CaS加入生料中后，发现某些元素的引入可以有效地控制生料反应活性。在1200℃下，当Sn、Cu、Li、S和Cl的化合物存在时，生料反应活性可以提高。在后期烧结过程中，F、S、W、Ta、Sn和Cu的掺杂对反应活性提高的影响最大，而Cr和Sr的存在不利于生料易烧性提高。

不同杂质离子对生料反应活性的影响，与该元素离子的电子构型结构有关。随着离子半径的减小，电负性增大，促进与游离氧化钙的结合，从而改善生料反应活性。对烧成有利的元素一般进入液相[43]。在1450℃煅烧熟料，分别引入CuO、MoO_3、WO_3、ZnO、Nb_2O_5、Ta_2O_5、MnO_2、V_2O_5、Li_2O、Co_2O_3、NiO、SnO_2、SrO、CrO_3、TiO_2及BaO_2等，它们在熟料中的固溶显著影响硅酸盐及中间体的显微结构。阿利特变体的显微结构与杂质离子对熔体的影响，与杂质离子发生的晶格取代情况有关。Mo、W、Cr和V为最有效的熔体黏度减小剂，有利于大圆阿利特晶体的形成[44]。Nb、Mo、Ta、Ti、Co、Ni和Mn倾向于固溶在熔体中，Cr和Sr主要存在于硅酸盐中，而W和V似乎均匀地分散在熟料矿物中。Cu、Ni和Sn主要结合CaO进入固溶体。Li和Sr可以同时影响熔体及发生固溶取代，进而对硅酸钙晶体的生长产生强烈影响。掺杂V_2O_5可增大液相黏度，使得C_3S长大，但会降低C_3S含量[45]。

1%的NaF、KF和CaF_2分别加入三种工业水泥生料中后，降低了熟料烧成温度，使熟料在 1300℃下即可获得，并改善了熟料矿物的结构与性能，尤其 NaF 提高了阿利特的形成速率，使阿利特大量形成[46]。

4. 含杂质废弃物的影响

当今，由于可获得经济及环境收益，多个国家已经实现用工业废弃物作为水泥生产原料，或用含有矿化剂的工业废弃物来降低水泥工业能耗。研究这些工业废弃物中的外来离子，对熟料阿利特形成动力学和晶体结构的影响，考察离子允许引入量，不但有利于废弃物资源化，还可进一步扩大生料及熟料可用性范围。

稀土及氢化物(HX)外掺剂引入水泥生料中后，阿利特烧成温度降低，晶体生长形成速率提高，阿利特在水泥熟料中的含量增大且晶体生长完整。此外，稀土矿物降低了 $CaCO_3$ 分解的温度，并稳定贝利特，提高熟料中阿利特及贝利特含量[47]。

将阴离子 HPO_4^{3-} 、F^- 和 SO_4^{2-} 与工业废弃物加入高阿利特水泥熟料后，无论 HPO_4^{3-} 单独加入，还是与 F^- 或 $F^-+SO_4^{2-}$ 同时加入，都能使高阿利特水泥生料易烧性提高，而当 HPO_4^{3-} 和 F^- 及工业废渣同时加入生料中时，生料易烧性更能显著提高。由于 S 的高挥发性，当 SO_4^{2-} 单独引入或 SO_4^{2-} 与 HPO_4^{3-} 同时加入时，生料易烧性均会降低[48]。

含矿化剂工业废弃物加入水泥生料中后，不但影响烧成带，还影响熟料矿物的形成及组成[49, 50]。磷石膏是化肥工业的副产品，其成分为二水石膏及其他多种元素，包括 Co、V、As、Cu、Cr、Pb、Ni、Hg、Cd、F 和 PO_4^{3-} 等杂质成分。磷石膏加入硅酸盐水泥生料中，可使熟料在 1200℃下烧成。它对脱碳及熟料烧成过程的催化作用与其他矿化剂显著不同，所制备的熟料中阿利特及贝利特含量高，且两者晶粒尺寸小，并形成了大量包裹体，这些特征使得熟料的物理及力学性能改善[51]。

含重金属矿泥也可以掺入水泥生料中。当矿泥取代原料量低于 15%时，其中重金属离子的引入有利于阿利特形成，但大量矿泥取代(>15%)时，重金属离子含量高(>1.5%)，使阿利特结晶受到抑制。矿泥中低挥发性的重金属，如 Ni、Cr 及 Cu 基本全部固溶进入熟料，不会溶出危害环境[52]。向水泥生料中掺杂含 2.4%Cu 和 1.4%Ni 的电镀泥，电镀泥掺量小于 2%时，可以降低 C_2S 和液相的反应温度[53]。

含微量元素的矿物引入水泥生料中，即使含量很低，也能极大地改善生料反应活性。辉锑矿-钨锰铁矿可引入 W、Sb 及 S 等元素，影响阿利特晶体的生长环境，改变其形状和尺寸。Sb 和 S 有利于熔体的形成，可提高生料易烧性，降低能耗。Sb 主要富集在熔体中，改变硅酸盐矿物的显微结构[54]。

1.2　离子单掺阿利特的制备

实验中所用反应原料均为分析纯试剂，实验过程中严格避免杂质污染，时刻注意清洗混料桶、玛瑙研钵及铂金坩埚等。SiO_2经950℃煅烧处理掉挥发分，然后用玛瑙研钵预磨细1h，备用。将$CaCO_3$与备好的SiO_2按照3∶1的物质的量之比配料，充分混合均匀，然后将混合物在玛瑙研钵中混合磨细0.5h。最后，将混合物加水压片，彻底烘干后，在高温炉升温至 900℃时置入炉中，并以 4℃/min升温速率升至1600℃，在1600℃恒温煅烧6h后，电风扇速冷再重新粉碎，玛瑙研钵磨细，继续酒精压片，在炉温达1300℃时放入样品片，并以4℃/min升温速率升至1600℃。在1600℃下继续煅烧6h，重复该煅烧过程，直至X射线衍射(X-ray diffraction，XRD)测试中检测不到游离氧化钙存在，化学方法测定游离氧化钙含量低于0.5%。

1.2.1　等价置换离子掺杂阿利特的制备

1. MgO对阿利特形成的影响

前已述及，MgO掺杂可促进C_3S的生成。Mg^{2+}电价和半径与Ca^{2+}相近，固溶进入C_3S后主要取代Ca^{2+}[55]。为防止游离氧化钙偏析，按照Mg置换Ca的比例，补足SiO_2。先制备高纯C_3S(游离氧化钙含量0.3%以下)，然后将MgO掺入，反复煅烧制备C_3S固溶体，MgO掺量见表1-2-1。样品经1600℃高温反复煅烧。当游离氧化钙的含量低于0.5%且含量不再发生变化后，可以认为反应基本达到平衡状态。最终所得样品的游离氧化钙(f-CaO)含量见表1-2-2。

表1-2-1　样品编号及MgO掺量　(单位：%)

类别	M0	M0.25	M0.5	M0.75	M1	M1.5	M2
MgO	0	0.25	0.5	0.75	1.0	1.5	2

表1-2-2　MgO掺杂样品游离氧化钙含量　(单位：%)

类别	M0	M0.25	M0.5	M0.75	M1	M1.5	M2
MgO	0	0.25	0.5	0.75	1.0	1.5	2
f-CaO	0.35	0.38	0.40	0.37	0.29	0.40	0.30

从游离氧化钙的含量可以看出，烧制的C_3S样品都达到了实验要求，并且样

品之间的游离氧化钙含量差别较小，说明在 1600℃高温下煅烧，MgO 的掺杂对纯硅酸三钙的烧成影响不大。这也进一步暗示了 MgO 对熟料烧成的影响，源自对熟料液相含量和性质的影响。

2. BaO 对阿利特形成的影响

BaO 掺量分别为 0%、0.5%、1%、1.5%、2%、2.5%、3%、3.5%和 4%，对应样品编号依次为参比样、Ba1、Ba2、Ba3、Ba4、Ba5、Ba6、Ba7 和 Ba8。表 1-2-3 给出了样品的游离氧化钙含量。由表可以看出，BaO 掺量低于 0.5%时，经首次煅烧过程后，样品游离氧化钙含量小于空白纯 C_3S 参比样。这表明少量 BaO 的存在可以促进 C_3S 形成，与文献报道 Ba 可降低液相形成温度和促进烧成相吻合[55]。但当 BaO 掺量高于 0.5%时，样品游离氧化钙含量高于纯 C_3S 参比样。这表明 BaO 掺量高于 2%时反而不利于 C_3S 形成。此外，由第二次和第三次反复煅烧后样品游离氧化钙含量的变化可以看出，随着 BaO 掺量增大，C_3S 进一步形成困难。这可能由于 Ba 固溶进入并稳定 C_2S，不利于 C_3S 进一步形成所致。

表 1-2-3　BaO 掺杂样品的游离氧化钙含量　(单位：%)

煅烧次数	参比样	Ba1	Ba2	Ba3	Ba4	Ba5	Ba6	Ba7	Ba8
首次煅烧	2.12	1.01	2.20	2.43	3.54	3.60	5.23	6.08	7.02
二次煅烧	0.23	0.36	0.66	0.68	0.98	1.23	1.78	2.94	4.42
三次煅烧	0.07	0.12	0.18	0.25	0.51	0.82	1.66	2.76	4.33

1.2.2　异价置换离子掺杂阿利特的制备

异价置换离子在 C_3S 中固溶反应复杂，为了避免烧成反应程度所致的游离氧化钙含量差异，通过先制备好 C_3S，再引入外来离子的方法，研究外来离子在 C_3S 中的固溶。

1. Al_2O_3 在阿利特中的固溶

以分析纯化学试剂 $CaCO_3$ 与 SiO_2 为原料，经 1600℃高温反复煅烧制备纯 C_3S。在制备好的 C_3S 中，引入一定量的 Al_2O_3，再经过 1600℃高温反复煅烧，制备 C_3S 固溶体，直到化学滴定游离氧化钙含量基本不再变化。Al_2O_3 掺量分别为 0%、0.2%、0.5%和 1%，对应样品编号依次为参比样、Al1、Al2 和 Al3。将所得样品粉碎磨细，采用勃氏法测试样品的比表面积为(300±25)m^2/kg。

经两次 6h 高温反复煅烧，测得样品游离氧化钙含量结果见表 1-2-4。由表可以看出，所有样品的游离氧化钙含量均较低，说明了 C_3S 固溶体的大量形成。由于 C_3S 已基本完全形成，忽略 Al_2O_3 掺杂对 C_3S 进一步形成的影响。根据纯 C_3S 游离氧化钙含量，得到 Al 固溶所致游离氧化钙含量(质量分数)变化Δm(f-CaO)。据此，遵循固溶反应位置关系原则，C_3S 结构中 Ca 和 Si 原子位置数比始终等于 3，不考虑间隙质点和空位等所致的 Ca 及 Si 位原子个数变化，计算可得 Al 在 C_3S 中固溶主要取代 Ca。Al1 样品中约 4/5 取代 Ca，1/5 取代 Si；Al2 中则约 6/7 取代 Ca，1/7 取代 Si，同时形成 V_{Ca}'' 空位保持电荷平衡，对应 Al1 和 Al2 中理论游离氧化钙含量分别为 0.12%和 0.43%，与实测结果吻合。这表明随着 Al 掺量增加，对 Ca 的取代量增加，并伴随有 V_{Ca}'' 空位的形成。由于 C_3S 结构中存在八面体空隙，因此形成 V_{Ca}'' 空位能量较高，当 Al_2O_3 掺量达 1%时，对 Ca 位的取代量减少，对 Si 位的取代量增加，约 3/4 取代 Ca，1/4 取代 Si。

表 1-2-4 Al_2O_3 掺量和游离氧化钙含量 (单位：%)

类别	参比样	Al1	Al2	Al3
Al_2O_3	0	0.2	0.5	1
实测 f-CaO	0.20	0.32	0.63	0.58
理论 f-CaO	0	0.12	0.43	0.38

2. Fe_2O_3 在阿利特中的固溶

Fe_2O_3 在 C_3S 中的固溶极限约为 1.1%。以 C_3S 为原料，经过两次反复煅烧，制备了掺量分别为 0%、0.2%、0.5%和 1% Fe_2O_3 的阿利特，对应样品编号依次为参比样、Fe0、Fe1、Fe2。表 1-2-5 给出了样品的游离氧化钙含量情况。由表可以看出，经过第一次煅烧后，游离氧化钙含量随着 Fe_2O_3 掺量增加先降低后升高。这主要是由于一方面 Fe 有助于 C_3S 的生成，但同时，其在 C_3S 发生固溶置换反应，1/2 取代 Ca，1/2 取代 Si，使得游离氧化钙含量升高。但当进行第二次煅烧时，样品中的游离氧化钙含量均较前一次降低，说明第一次煅烧已经完成掺杂取代过程，第二次煅烧促进 C_3S 的进一步烧成。

表 1-2-5 含不同杂质 C_3S 的游离氧化钙含量随煅烧次数变化情况 (单位：%)

煅烧次数	参比样	Fe0	Fe1	Fe2
第一次	0.43	0.22	0.33	0.49
第二次	0.25	0.2	0.22	0.16

3. 碱金属在阿利特中的固溶

生产水泥的各种原料中不可避免地引入了一定含量的 Na、K，它们的存在对水泥熟料的烧成、水泥水化以及碱集料反应都有很大的影响。研究表明，碱金属可以固溶进入水泥熟料矿物并与之形成固溶体，从而对矿物的结构及性能产生显著影响。少量碱金属固溶进入C_3S与之形成固溶体，在1500℃下，碱金属氧化物K_2O、Na_2O、Li_2O在C_3S中的固溶极限质量分数分别为1.4%、1.4%和1.2%。在一定掺量范围内，碱金属可稳定C_3S的T1、T2晶型变体[56]。

首先制备C_3S，再以碳酸盐Li_2CO_3、$Na_2CO_3 \cdot 10H_2O$及K_2CO_3等形式引入Li、Na及K。碱金属离子与Ca^{2+}的摩尔分数分别选择1%、3%、5%和7%几个不同掺量。最高掺量7%(摩尔分数)分别对应Li_2O、Na_2O和K_2O的质量分数为1%、2%及3%。此部分内容除特殊说明外，所用碱金属掺量均为摩尔分数，样品依次编号为L1、L2、L3及L4，N1、N2、N3及N4，K1、K2、K3及K4。将C_3S与不同碱金属源充分混合后，在玛瑙研钵中继续混匀磨细0.5h，酒精压片(直径3cm的小片，以尽量减少煅烧过程中碱金属的挥发)。然后在1600℃下煅烧3h，为使碱金属离子充分固溶，再次粉碎研磨压片，在1600℃下继续煅烧3h，并对纯参比样进行同样的煅烧过程。采用化学滴定法测定样品中的游离氧化钙含量，见表1-2-6。

由于碱金属易于挥发，采用电感耦合等离子体发射光谱仪测定了煅烧后样品中的碱金属含量，见表1-2-6。由表可以看出，Li和K大量挥发，约有一半的Na仍然存在。对比样品两次煅烧过程中的游离氧化钙含量变化，经第二次煅烧后掺杂样品游离氧化钙含量显著降低，表明第二次煅烧进入烧结过程。可以认为固溶反应完全，同时由于碱金属氧化物具有高度挥发性，因此余留在C_3S中的碱金属基本以固溶形式存在。根据Woermann等[56]对碱金属离子在C_3S中的固溶取代分析，K可以取代Ca并形成O空位来保持电荷平衡；Na可以取代Ca和占据间隙位置，并有O空位形成；Li可以取代Ca位和Si位，占据间隙空位等。若碱金属离子仅发生Ca位取代，1mol碱金属离子将造成1mol的CaO偏析。据此，通过对碱金属和偏析游离氧化钙摩尔分数计算(表1-2-6)，对比分析了碱金属在C_3S中的固溶取代方式。

表 1-2-6　样品的碱金属含量和游离氧化钙含量

类别	Li_2O				Na_2O				K_2O			
	L1	L2	L3	L4	N1	N2	N3	N4	K1	K2	K3	K4
碱金属摩尔分数/%	1	3	5	7	1	3	5	7	1	3	5	7
T1 中碱金属摩尔分数(括号内为质量分数)/%[56]	0～3.7(0～0.5)				0～2.5(0～0.7)				0～3.1(0～1.3)			
T2 中碱金属摩尔分数(括号内为质量分数)/%[56]	3.7～8.5(0.5～1.2)				2.5～3.3(0.7～1.4)				3.1～5(1.3～1.4)			
首次煅烧：Δm(f-CaO)(质量分数)/%	0.49	0.24	0.4	4.53	0.11	0.51	0.45	0.33	0.12	0.3	0.45	0.99

续表

类别	Li_2O				Na_2O				K_2O			
	L1	L2	L3	L4	N1	N2	N3	N4	K1	K2	K3	K4
末次煅烧：Δm(f-CaO)(质量分数)/%	0.51	0.26	0.3	0.19	0.14	0.48	0.21	0.27	0.12	0.23	0.3	0.31
最后剩余碱金属(摩尔分数)/%	0.08	0.09	0.10	0.10	0.91	2.16	2.62	6.50	0.08	0.09	0.09	0.13
Ca 和 M 离子物质的量之比	25.03	12.16	12.71	7.41	0.63	0.91	0.33	0.17	6.44	10.70	13.10	9.41

注：纯 C_3S 在第一次和第二次煅烧后的游离氧化钙含量分别为 0.27%和 0.18%。

Δm(f-CaO)：样品中游离氧化钙含量与纯 C_3S 中游离氧化钙含量差。

Ca 和 M 离子物质的量之比：Ca 代表碱金属固溶所致的 Ca 离子含量变化；M 代表样品中剩余碱金属含量。

对于掺杂 Li 样品，游离氧化钙含量较高的原因是：Li_2O 的存在可以导致 C_3S 分解，而非固溶置换反应造成成分偏析。这表明 C_3S 在 Li 的存在下极其不稳定。但最终 C_3S 的分解量随着 Li_2O 含量的增多而减少，这可能是因为 Li_2CO_3 本身可以作为熔盐，促进 C_3S 形成，煅烧过程中也发现了煅烧样品片呈现显著的熔融烧结特征。对于掺杂 Na 的样品，Na_2O 基本不影响 C_3S 稳定性。在 5%掺量以下时，样品中 Na 含量和掺杂 Na 后所致游离氧化钙增加量比值接近 1，表明 Na 主要发生 Ca 位取代；当掺量达到 5%后，比值减小，接近 0.5，表明 Na 同时发生 Ca 位取代和进入间隙位置；当掺量高于 5%时，尚不能理解，可能由实验误差所致，也可能由 Na 同时存在进入氧八面体间隙和 Si 位取代所致，使得进入 C_3S 中的 Na 比析出的游离氧化钙量多。已有报道表明，K_2O 存在时，C_3S 会分解形成 $KC_{23}S_{12}$ 和 CaO[56]。但在研究中发现，掺杂 K 的样品，CaO 含量随着 K_2O 的增加而减少，尤其在 K3、K4 两个样品中，甚至 CaO 含量比纯参比样中还少。这可能归因于原料源 K_2CO_3 可以作为一种熔剂型矿物存在，促进 C_3S 形成。

综上可见，掺杂后样品经过进一步煅烧后，游离氧化钙含量降低，同时伴有由固溶置换反应所致的游离氧化钙含量增高，或碱金属所致 C_3S 分解，或促进形成等所致的游离氧化钙含量变化，以上多种影响效应往往同时存在。

1.3　多离子复合掺杂阿利特的制备

实验中所用原料均为分析纯化学试剂，与离子单掺 C_3S 固溶体样品制备方法相同，对 SiO_2 原料进行预处理。实验过程中严格避免杂质污染，时刻注意清洗混料桶、玛瑙研钵及铂金坩埚等。将 $CaCO_3$ 与 SiO_2 按物质的量之比 3∶1 配料，Na^+、K^+、Mg^{2+}、Al^{3+}、Fe^{3+}、P^{5+}、S^{6+} 等 7 种不同掺杂离子，分别以 $Na_2CO_3·10H_2O$、K_2CO_3、MgO、Al_2O_3、Fe_2O_3、$CaHPO_4·2H_2O$、$CaSO_4·2H_2O$ 为杂质源引入，配制了不同组成的阿利特。将原料按照一定比例充分混合均匀磨细后，加水压片并彻底烘干，按照 1.2 节实验方法，在 1600℃煅烧，电风扇速冷后磨细，酒精压片，重复 1600℃煅烧，直至 XRD 检测不到游离氧化钙，化学滴定游离氧化钙含量在 0.5%以下，将样品磨至一定细度，进行各项实验测试。

1.3.1　不同种类离子复合对阿利特形成的影响

依据 Taylor 得出的熟料中典型阿利特组成引入不同离子，制备不同组分阿利特。样品组成及编号见表 1-3-1，研究 Na^{+}、K^{+}、Mg^{2+}、Al^{3+}、Fe^{3+}、P^{5+}、S^{6+} 等 7 种典型固溶离子，在常规含量(氧化物含量分别为 0.1%、0.1%、1.1%、1.0%、0.7%、0.1%及 0.1%)，同时存在或减少其一时，固溶离子种类对阿利特结构及性能的影响。

将不同成分的生料片，在相同条件下压片煅烧 6h 速冷后，用游标卡尺测定了煅烧前后样品片的直径，得到样品的线收缩率如图 1-3-1 所示。由图可知，当 Na^{+}、K^{+}、Mg^{2+} 等熟料阿利特中常见的固溶组分共同作用时，阿利特的烧结收缩率最大，烧结程度最高，而减少任一种离子，都会使阿利特的烧结收缩率不同程度地减小。这说明不同杂质离子的存在均能促进阿利特烧结。由于不同离子对阿利特形成温度、晶粒长大、产生液相数量及性质等的影响不同，不同离子对阿利特烧结程度的影响不同。不含 Al^{3+} 时，阿利特的烧结收缩率最小，说明各离子为常规掺量时，Al^{3+} 的存在对阿利特烧结的影响最为显著。这是由于 Al_2O_3 可促进液相形成，允许有利化学物质的扩散，显著促进液相烧结。

表 1-3-1　不同组分阿利特样品的化学组成及编号　(单位：%)

编号	质量分数								
	CaO	SiO_2	Na_2O	K_2O	MgO	Al_2O_3	Fe_2O_3	P_2O_5	SO_3
典型阿利特[38]	71.6	25.20	0.1	0.1	1.1	1	0.7	0.1	0.1
参比样	71.6	25.57							
C0	71.6	25.57	0.1	0.1	1.1	1	0.7	0.1	0.1
C1	71.6	25.57			1.1	1	0.7	0.1	0.1
C2	71.6	25.57	0.1	0.1		1	0.7	0.1	0.1
C3	71.6	25.57	0.1	0.1	1.1		0.7	0.1	0.1
C4	71.6	25.57	0.1	0.1	1.1	1		0.1	0.1
C5	71.6	25.57	0.1	0.1	1.1	1	0.7		0.1
C6	71.6	25.57	0.1	0.1	1.1	1	0.7	0.1	

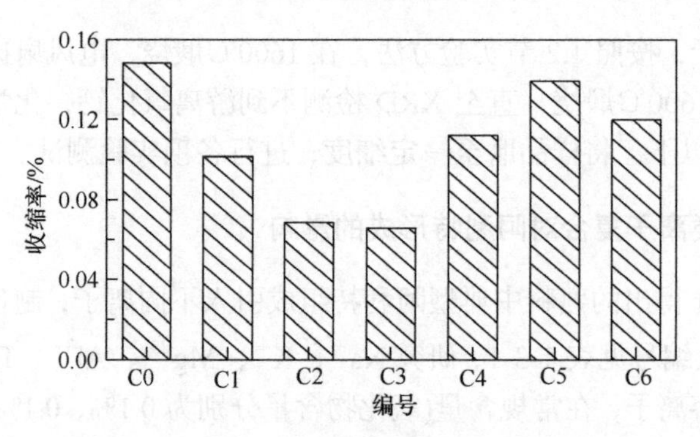

图 1-3-1　表 1-3-1 所示阿利特样品烧结收缩率

根据表 1-3-1，Mg、Na 及 K 在阿利特中主要取代 Ca，P 和 S 取代 Si，Fe 约 1/2 取代 Ca，1/2 取代 Si，Al 可同时发生 Ca 位和 Si 位取代，且结合后续对 Al 的固溶置换规律研究，约 1/3 的 Al 取代 Ca，2/3 的 Al 取代 Si，遵循固溶反应位置关系原则，阿利特结构中 Ca 和 Si 原子位置数比始终等于 3，不考虑间隙质点和空位等所致的 Ca 及 Si 位原子个数变化，并将 $CaHPO_4 \cdot 2H_2O$ 及 $CaSO_4 \cdot 2H_2O$ 等杂质源中引入的 Ca^{2+} 考虑在内，对不同样品的游离氧化钙含量进行理论推算。计算可得，C3 理论游离氧化钙含量为 1.04%，其他样品理论上均不含游离氧化钙。实测样品游离氧化钙含量，发现 C3 游离氧化钙含量为 0.98%，其他样品游离氧化钙含量较低，基本均在 0.1%以下，实测与理论计算结果较好吻合。这不但表明阿利特中各组分离子固溶反应充分，也证明阿利特大量充分形成；而 C3 较高的游离氧化钙含量，则主要源于 Mg^{2+}、K^{+} 等固溶置换 Ca^{2+} 造成的成分偏析。此外，需提及的是，纯 C_3S 需经多次高温反复煅烧，游离氧化钙含量才可达 1%以下。本书中所用纯 C_3S 参比样经多次反复煅烧，游离氧化钙含量仍约为 0.58%，而 C0 在相同条件煅烧 1h 后的游离氧化钙含量已低于 1%，约为 0.93%，煅烧 6h，游离氧化钙含量可达到 0.1%以下。可见，多离子的复合掺杂，可显著促进阿利特形成，提高烧成效率。

1.3.2　Al_2O_3 在阿利特中的固溶规律

Al_2O_3 显著影响熟料烧成的同时，还固溶进入阿利特晶格，进而影响阿利特的组成结构与性能。因此，深入研究 Al_2O_3 含量变化在阿利特中的固溶规律具有重要意义。尤其值得注意的是，Al^{3+} 既可以 $[AlO_6]$ 八面体形式存在，发生 Ca 位取代，也可以 $[AlO_4]$ 四面体存在，取代 Si，形成的缺陷较为复杂。

依据 Taylor 得出的水泥熟料中典型阿利特的组成，调整 Al_2O_3 掺量为 0%、0.2%、0.5%、1.0%和 1.2%，样品依次编号为 D0、D1、D2、D3 及 D4，制备了 Al_2O_3 掺量不同的阿利特样品。采用勃氏比表面积仪测定并控制所有样品比表面积为

$(300±20)m^2/kg$。

Mg、Na 及 K 在阿利特中主要取代 Ca，Fe 约 1/2 取代 Ca，1/2 取代 Si，而 P 和 S 主要取代 Si，Al 可同时发生 Ca 位和 Si 位取代。根据 Taylor 水泥熟料中典型阿利特的一般组成，遵循固溶反应位置关系原则，阿利特结构中 Ca 和 Si 原子位置数比始终等于 3，不考虑间隙质点和空位等所致的 Ca 及 Si 位原子个数变化，按照上述固溶反应，并将 $CaHPO_4 \cdot 2H_2O$ 及 $CaSO_4 \cdot 2H_2O$ 等杂质源中引入的 Ca^{2+} 考虑在内，对不同样品的理论游离氧化钙含量进行估算。表 1-3-2 给出了实测样品游离氧化钙含量及对应理论计算结果。由表可以看出，理论计算的样品游离氧化钙含量与实测结果能较好吻合。这说明多组分复合作用下，约 1/3 的 Al 取代 Ca，2/3 的 Al 取代 Si，也表明了阿利特的充分形成，以及阿利特中各组分离子固溶反应的充分性。此外，D4 中 Al_2O_3 含量为 1.2%，稍高于其固溶极限 1%，该样品中应还含有少量的 C_3A 。

表 1-3-2　不同 Al_2O_3 掺量阿利特样品的游离氧化钙含量　(单位：%)

类别	质量分数				
	D0	D1	D2	D3	D4
实测	0.98	0.53	0.09	0.03	0.08
计算	1.04	0.67	0.12	0	0

1.3.3 Fe_2O_3 在阿利特中的固溶及对烧成的影响

与其他杂质相比，Fe 对阿利特性能影响独特且尤为显著。Fe 对结构改变作用小，却对活性影响大。另外，Fe 在阿利特中固溶可同时置换 Ca 和 Si，缺陷反应复杂，因此，研究 Fe 对阿利特形成的影响及固溶规律，对深入理解含 Fe 阿利特的结构、缺陷及活性的相互关系，具有重要意义。

在 1550℃下，Fe_2O_3 在阿利特中的固溶极限约为 1.1%。依据 Taylor 得出的水泥熟料中典型阿利特的组成配料，调整 Fe_2O_3 掺量分别为 0%、0.2%、0.4%、0.6%、0.8%、1.0%和 1.2%，样品依次编号为 Fe0、Fe1、Fe2、Fe3、Fe4、Fe5 及 Fe6。在 1600℃煅烧 3h，并重复煅烧一次，直至游离氧化钙含量较低且不再变化，制备了 Fe_2O_3 掺量不同的阿利特样品。采用勃氏比表面积仪测定并控制样品比表面积在$(300±20)m^2/kg$ 变化。

在相同条件下压片高温煅烧速冷后，用游标卡尺测定了煅烧前后样品片的直径，得到样品片的线收缩率，如图 1-3-2 所示。由图可知，在 Na^+ 、K^+ 、Mg^{2+} 等熟料阿利特典型离子共同作用下，随着 Fe_2O_3 掺量增加，阿利特烧结收缩率增大，烧结程度增高。这是由于 Fe 掺量增加，有利于增加液相含量，促进了液相烧结。值得注意的是，当 Fe_2O_3 掺量在 0.2%及 0.4%时，样品的烧结收缩率相对反常偏高，这可能与 Fe 在 C_3S 中特殊的固溶取代方式有关。游离氧化钙含量除与阿利特烧成程度有关外，还与 Fe 在阿利特中的固溶取代机制有关。Fe 在 C_3S 中存在两种取代机制，一种是取代 Ca，一种是同时取代 Ca 和 Si，前者需产生一定量的 Ca 空位来实现固溶缺陷反应电荷平衡，因此造成游离氧化钙组分偏析。可见，随着 Fe 掺量增加，一方面促进液相烧成，使游离氧化钙含量降低，另一方面可能会由于固溶置换 Ca，而使游离氧化钙含量增高。表 1-3-3 给出了样品的游离氧化钙含量。由表可以看出，样品中游离氧化钙含量均较低，表明阿利特大量形成。液相含量差别不大时，若以样品的烧结收缩率作为烧成反应程度的判据，对于烧结收缩程度相差不大的 Fe1、Fe2、Fe3 及 Fe4 四个样品，Fe1 及 Fe2 两个样品的游离氧化钙含量较高。这暗示了 Fe 掺量较低时，在阿利特中固溶以取代 Ca 位为主。为了保持电荷平衡，Fe 取代 Ca 同时形成 Ca 空位。空位的存在有利于固相反应扩散过程，促进阿利特烧结，从而使 Fe_2O_3 在 0.2%及 0.4%时，样品的烧结收缩率反常偏高。但随着 Fe_2O_3 掺量增加，阿利特晶体结构中本身存在八面体空隙，继续形成 Ca 空位使晶体能量过高而不稳定，因此掺量达到 0.4%时，Fe^{3+} 开始发生 Si^{4+} 位取代实现电荷平衡。

图 1-3-3 为 Fe0、Fe3 及 Fe5 三个样品放大 1000 倍的反光显微镜图片。由图可以看出，Fe0 中阿利特结晶较差，互相连生。这是由于该样品中 Fe 含量低，液相少。随着 Fe 含量增加，Fe3 样品中，阿利特开始出现明显的晶界，Fe5 样品中阿利特生长为具有较完整边界的六角板状。这表明 Fe 的存在显著促进液相烧结，随着 Fe 含量增加，阿利特生长晶界完整，空隙减小，更为致密，这与上述对样品烧结收缩率的测定分析结果相一致。

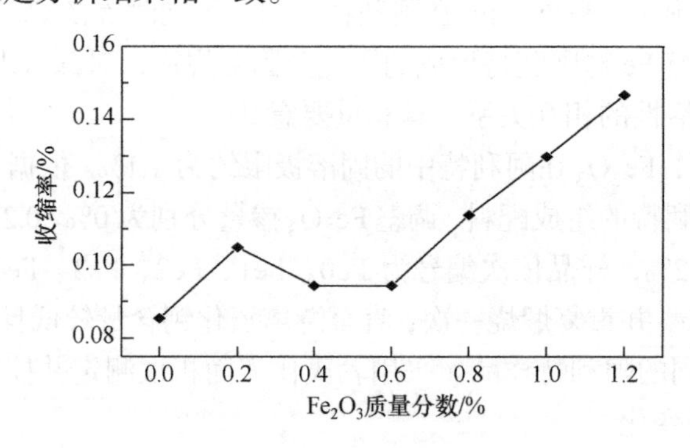

图 1-3-2　Fe_2O_3 掺杂阿利特样品的烧结收缩率

表 1-3-3　Fe_2O_3 掺杂样品的游离氧化钙含量　　(单位：%)

类别	Fe0	Fe1	Fe2	Fe3	Fe4	Fe5	Fe6
f-CaO	0.35	0.29	0.24	0.21	0.14	0.03	0

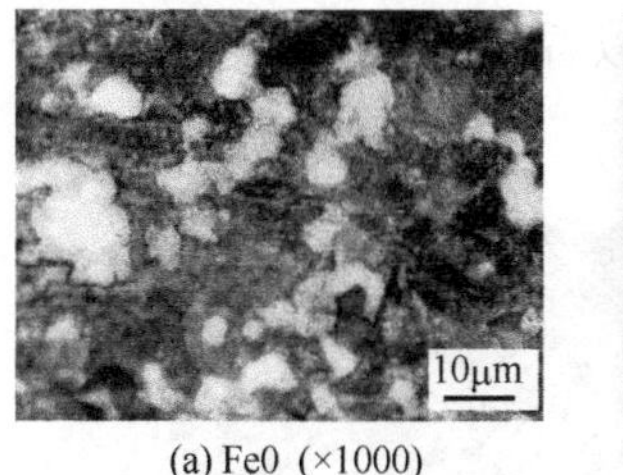

(a) Fe0 (×1000)

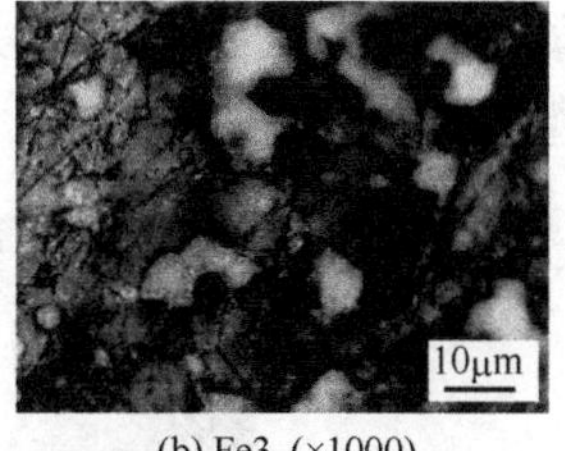

(b) Fe3 (×1000)

(c) Fe5 (×1000)

图 1-3-3　不同 Fe_2O_3 掺量阿利特的反光显微镜图片

1.3.4　MgO 对阿利特烧成的影响

随着优质石灰石减少，水泥企业不得不面临使用大量高镁石灰石的局面。MgO 对熟料烧成及性能具有显著影响，深入研究多离子作用下，MgO 掺杂对阿利特烧成的影响，是掌握研究其对熟料烧成和性能影响的基础。同样依据 Taylor 得出的水泥熟料中典型阿利特的组成配料，调整 MgO 质量分数分别为 0%、0.25%、0.5%、0.75%、1.0%、1.25%、1.5%、1.75%和 2%，样品依次编号为 MG0、MG1、MG2、MG3、MG4、MG5、MG6、MG7 和 MG8，制备了不同 MgO 掺量的阿利特样品。采用勃氏比表面积仪测定并控制样品比表面积为(375±25)m^2/kg。

在多离子的复合作用下，经过 1600℃煅烧 6h 后，测定样品的游离氧化钙含量，见表 1-3-4。由表可以看出，所有样品的游离氧化钙含量均远低于 0.2%，表明阿利特已大量形成。值得注意的是，当 MgO 掺量超过典型阿利特中 MgO 含量(1.1%)后继续增高时，对应样品 MG7、MG8 的游离氧化钙含量开始升高。这是由于过量 Mg 固溶进入阿利特，取代 Ca 造成游离氧化钙成分偏析。

表 1-3-4　MgO 掺杂阿利特样品的游离氧化钙含量　(单位：%)

类别	MG0	MG1	MG2	MG3	MG4	MG5	MG6	MG7	MG8
f-CaO	0.08	0.02	0.05	0.06	0.03	0.03	0	0.11	0.09

对 1600℃下煅烧 6h 后的烧结样品片，用水浸蚀后在反光显微镜下观察，所有样品均观察不到游离氧化钙的存在，这也与化学滴定的游离氧化钙结果相一致。同前述结果，与纯 C_3S 的烧成过程相比，多离子复合作用时(即使离子少量存在)，也可以显著地促进阿利特的烧成。图 1-3-4 为用 1%硝酸酒精浸蚀后，不同 MgO 掺量的阿利特分别放大 200 倍和 1000 倍的反光显微镜图片。由图 1-3-4(a)、(c)及 (e) 可以看出，阿利特晶粒尺寸一般在 20μm 左右，比实际熟料中阿利特尺寸小，且随着 MgO 掺量增加，阿利特晶粒尺寸逐渐增大，在 1000 倍视野下可看到的晶粒数量显著减少。这是由于阿利特主要为固相反应烧成，与实际熟料烧成中存在大量液相不同，因此所形成的阿利特尺寸较小，阿利特形状不完整，互相连生。结

合图 1-3-4(b)、(d)及(f)给出的 1000 倍放大图片还可以看到，阿利特表面存在少量交叉条纹，可能是少量固溶组分析离所致。

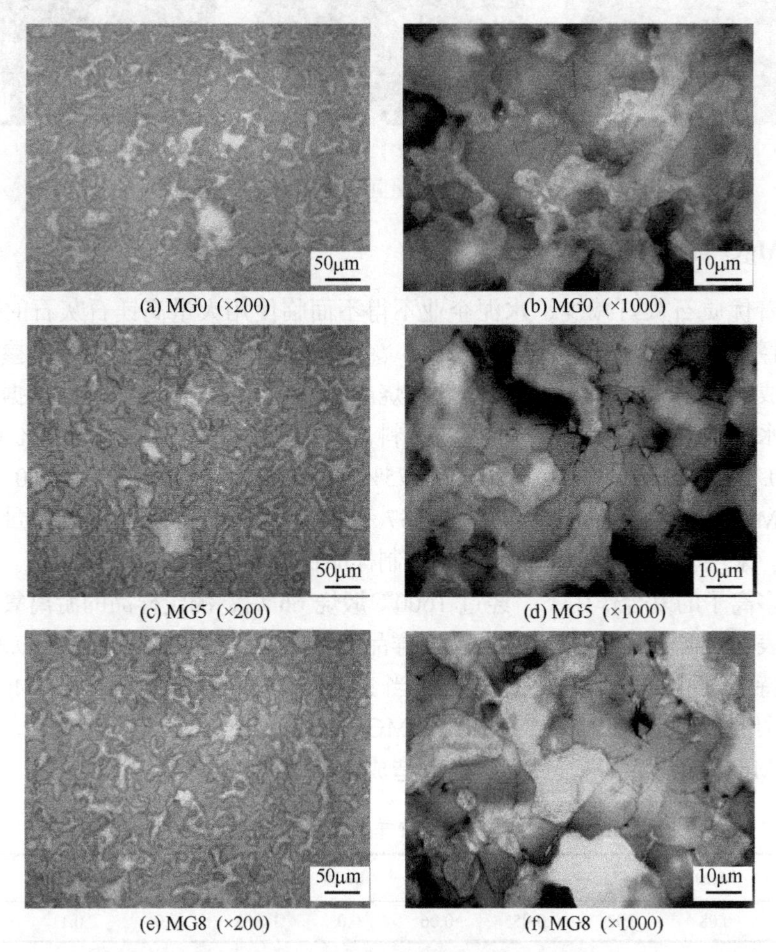

(a) MG0 (×200)　(b) MG0 (×1000)　(c) MG5 (×200)　(d) MG5 (×1000)　(e) MG8 (×200)　(f) MG8 (×1000)

图 1-3-4　不同 MgO 掺量阿利特的反光显微镜图片

1.3.5　阴离子(团)——S、P 和 F 对阿利特烧成的影响

熟料阿利特中典型的阴离子(团)主要是 SO_4^{2-} 和 PO_4^{3-}。由于萤石矿化剂的广泛应用，本节在主要研究 SO_4^{2-} 和 PO_4^{3-} 阴离子团掺杂的同时，还研究 F 掺量变化对阿利特烧成的影响。按照上述含多离子阿利特样品的制备方法，依据 Taylor 得出的水泥熟料中典型阿利特的组成配料，根据不同阴离子(团)在阿利特中的固溶度极限，分别调整阿利特中 S、P 和 F 的含量，见表 1-3-5～表 1-3-7，制备不同阴离子(团)掺杂的阿利特样品。结合表 1-3-5～表 1-3-7 给出的样品游离氧化钙含量可知，阿利特已大量形成，且在高温长时间煅烧以及多离子复合作用下，三种杂质

对阿利特单矿形成的影响作用不明显。样品的比表面积对水化反应活性产生直接影响，采用勃氏比表面积仪测定并控制所有样品比表面积为(420±20)m^2/kg。

表 1-3-5　掺杂 S 阿利特样品的化学组成及游离氧化钙含量　(单位：%)

类别	S0	S1	S2	S3	S4	S5	S6
SO_3	0	0.25	0.50	0.75	1.00	1.50	2.00
f-CaO	0.35	0.22	0.25	0.37	0.56	0.26	0.55

表 1-3-6　掺杂 P 阿利特样品的化学组成及游离氧化钙含量　(单位：%)

类别	P0	P1	P2	P3	P4
P_2O_5	0	0.20	0.50	1.00	1.20
f-CaO	0.29%	0.27	0.29	0.29	0.32

表 1-3-7　掺杂 F 阿利特样品的化学组成及游离氧化钙含量　(单位：%)

类别	F0	F1	F2	F3	F4
CaF_2	0	0.20	0.50	1.00	1.20
f-CaO	0.29	0.29	0.34	0.31	0.28

然而，工业磷渣中的磷组分来源形式多样，主要有枪晶石、磷灰石及少量磷酸钙($Ca_3(PO_4)_2$)及磷酸氢钙($CaHPO_4$)等，并可分为可溶磷、共晶磷和难溶磷 3 种，因此研究P_2O_5对水泥熟料的影响时不应一概而论。因此进一步将P_2O_5分别以$Ca_3(PO_4)_2$、$CaHPO_4 \cdot 2H_2O$及$Ca(H_2PO_4)_2 \cdot H_2O$(依次标记为 P、PH 及 P2H，下同)3 种形式引入，研究不同形式磷酸钙盐对阿利特烧成的影响。调整P_2O_5质量分数为 0%、0.3%、0.6%、1%、1.5%、2%，制备不同磷源P_2O_5掺杂阿利特，样品组成及编号见表 1-3-8。

表 1-3-8　不同磷源 P_2O_5 掺杂阿利特样品的化学组成　(单位：%)

编号	CaO	SiO_2	Na_2O	K_2O	MgO	Al_2O_3	Fe_2O_3	SO_3	P_2O_5
典型阿利特	71.60	25.20	0.10	0.10	1.10	1.00	0.70	0.10	—
参比样	71.70	25.20	0.10	0.10	1.10	1.00	0.70	0.10	—
AP-1	71.48	25.12	0.10	0.10	1.10	1.00	0.70	0.10	0.3
AP-2	71.27	25.05	0.10	0.10	1.09	0.99	0.70	0.10	0.6
AP-3	70.98	24.95	0.10	0.10	1.09	0.99	0.69	0.10	1.0
AP-4	70.62	24.82	0.10	0.10	1.08	0.99	0.69	0.10	1.5
AP-5	70.27	24.70	0.10	0.10	1.08	0.98	0.69	0.10	2.0
APH-1	71.60	25.12	0.10	0.10	1.10	1.00	0.70	0.10	0.3
APH-2	71.51	25.05	0.10	0.10	1.09	0.99	0.70	0.10	0.6

续表

编号	CaO	SiO_2	Na_2O	K_2O	MgO	Al_2O_3	Fe_2O_3	SO_3	P_2O_5
APH-3	71.38	24.95	0.10	0.10	1.09	0.99	0.69	0.10	1.0
APH-4	71.22	24.82	0.10	0.10	1.08	0.99	0.69	0.10	1.5
APH-5	71.06	24.70	0.10	0.10	1.08	0.98	0.69	0.10	2.0
AP2H-1	71.72	25.12	0.10	0.10	1.10	1.00	0.70	0.10	0.3
AP2H-2	71.74	25.05	0.10	0.10	1.09	0.99	0.70	0.10	0.6
AP2H-3	71.77	24.95	0.10	0.10	1.09	0.99	0.69	0.10	1.0
AP2H-4	71.81	24.82	0.10	0.10	1.08	0.99	0.69	0.10	1.5
AP2H-5	71.85	24.70	0.10	0.10	1.08	0.98	0.69	0.10	2.0

注：P 表示 $Ca_3(PO_4)_2$；PH 表示 $CaHPO_4 \cdot 2H_2O$；P2H 表示 $Ca(H_2PO_4)_2 \cdot H_2O$。

不同成分的生料片在相同条件下煅烧后，于 24h 内磨细并测定样品游离氧化钙含量，结果如图 1-3-5 所示。由图可知，不同磷酸钙盐引入的 P_2O_5 少量掺杂时对阿利特烧成影响不大，低于 1.0%掺量样品的游离氧化钙含量都低于 0.2%，1.5%掺量样品的游离氧化钙含量也仅有 0.5%左右。这说明样品整体烧成情况较好，阿利特生成反应充分且纯度较高。对比文献[37]中制备的 P_2O_5 单掺阿利特样品，0.9%掺量游离氧化钙含量即高达 2.2%，表明多种杂质离子复合掺杂时低掺量(≤1.0%) P_2O_5 对阿利特生成的阻碍作用较单掺体系要小得多。随着 P_2O_5 掺量的继续增加，游离氧化钙含量明显增高，说明多离子复合掺杂条件下，较高掺量(≥1.5%)的 P_2O_5 依然会对阿利特的生成反应产生较强的抑制作用。对比不同磷酸钙盐引入 P_2O_5 所致游离氧化钙含量的变化，由 $Ca_3(PO_4)_2$ 和 $CaHPO_4 \cdot 2H_2O$ 引入的 P_2O_5 掺量 0%～0.6%范围内出现了先促进后阻碍阿利特烧成的现象，而掺 $Ca(H_2PO_4)_2 \cdot H_2O$ 样品没有表现出此趋势。参考 Kolovos 等[39]的熔点理论进行分析：$CaHPO_4 \cdot 2H_2O$ 加热 400℃左右发生分解反应，生成 $Ca_2P_2O_7$ (焦磷酸钙)，其熔点为 1230℃，此温度恰好是 MgO、Al_2O_3 等熔剂化合物熔化产生液相的温度，因此 P^{5+} 可以大量进入熔体，从而改善液相性质，有效促进阿利特烧成。$Ca_3(PO_4)_2$ 受热不分解且熔点较高，为 1670℃，在烧成温度到达 CaO-Al_2O_3-Fe_2O_3 三元体系最低共熔温度(熟料体系为 1250℃)之后，$Ca_3(PO_4)_2$ 逐渐被液相溶解，P^{5+} 随即开始作用于熔体促进烧成，但其进入熔体并发挥作用的时机应晚于 $CaHPO_4 \cdot 2H_2O$。这一差异可以解释 0.6% P_2O_5 掺量时，两组样品游离氧化钙含量的微弱差别。而 $Ca(H_2PO_4)_2 \cdot H_2O$ 加热至 203℃即发生分解，生成 CaP_2O_6 (偏磷酸钙)，继续加热至 970℃左右熔化，此温度范围为 CaO-SiO_2 二元固相反应阶段，没有熔体，P^{5+} 只能随 SiO_2 与 CaO 反应进入 C_2S，因此 $Ca(H_2PO_4)_2 \cdot H_2O$ 表现出更强的阻碍阿利特烧成的作用。三种磷酸钙盐整体比较，$CaHPO_4 \cdot 2H_2O$ 最优，其引入的 P_2O_5 在低掺量(≤1.0%)时对阿利特烧成的影响最小，高掺量(≥1.5%)是阻碍作用最弱。

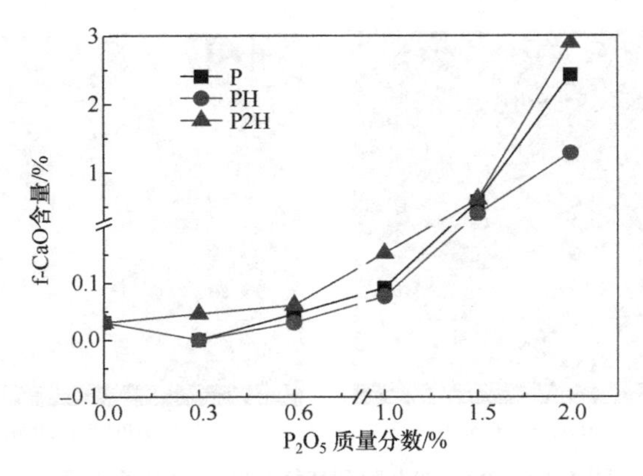

图 1-3-5 样品的游离氧化钙含量随 P_2O_5 掺量的变化

使用 Quanta250FEG 场发射环境扫描电子显微镜对阿利特的微观形貌进行观察。图 1-3-6 为不同掺量 $CaHPO_4 \cdot 2H_2O$ 引入 P_2O_5 掺杂阿利特放大 500 倍和 2000 倍二次电子像照片，高真空模式，样品镀有金膜。由图 1-3-6(a)、(c)和(e)可知，随着 P_2O_5 掺量增高，单矿样品中的空隙明显减少，说明磷有助于改善煅烧过程中的液相性质，降低液相黏度促进离子扩散，有利于阿利特结晶长大。由图 1-3-6(b)、

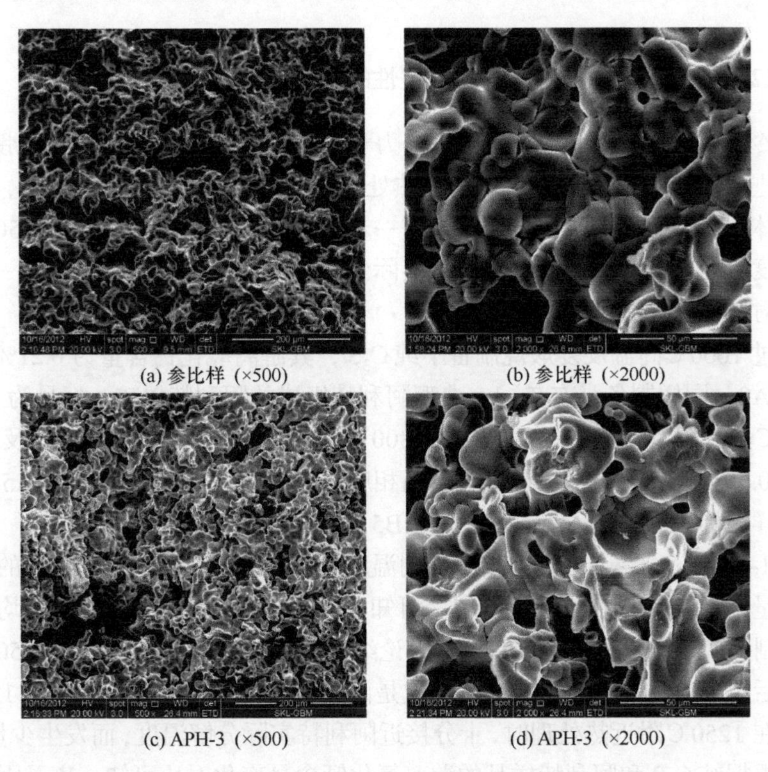

(a) 参比样（×500） (b) 参比样（×2000）

(c) APH-3（×500） (d) APH-3（×2000）

(e) APH-5 (×500)

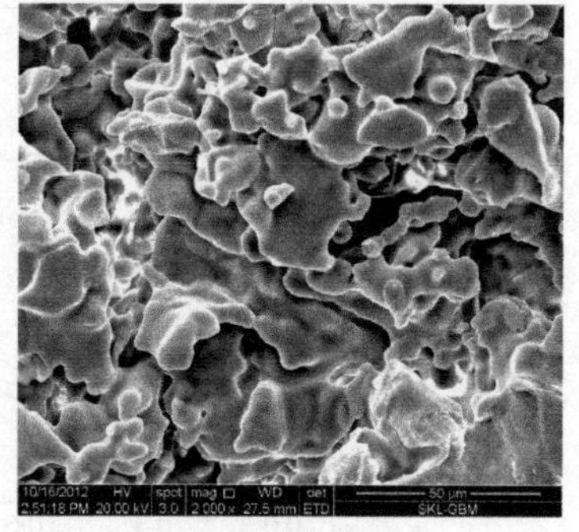

(f) APH-5 (×2000)

图 1-3-6 P_2O_5掺杂阿利特样品的二次电子像照片

(d)和(f)观察发现，掺杂 P_2O_5 的阿利特晶界不清晰，随着 P_2O_5 掺量增高，阿利特晶粒棱角趋于钝圆，出现大尺寸的连生 A 矿，并且有少量小球形 B 矿存在。这也与其液相性质的变化有关。

1.4 热处理对阿利特稳定性的影响

1.4.1 1250℃以上热处理对阿利特稳定性的影响

急冷制备的纯 C_3S 和阿利特处于热力学不稳定状态，对 1600℃高温煅烧制备的样品进一步在 1250℃以上不同温度热处理，不但可影响阿利特亚稳态，同时可消除晶体内部不平衡应力，使得晶体进一步完整减少缺陷等。此外，1250℃以上不同温度热处理 0.5h，也有利于模拟实际生产中阿利特的形成温度，进一步理解热历史对纯 C_3S 及阿利特的影响。

经过 1600℃高温反复煅烧制备了纯 C_3S，其游离氧化钙含量为 0.21%，标记为样品 A0。同样制备具有 Taylor 典型阿利特组成的阿利特单矿，标号为 B0。分别将纯 C_3S 和阿利特样品在 1250℃、1300℃、1350℃、1400℃、1450℃及 1500℃热处理 0.5h 后电风扇速冷，纯 C_3S 样品相应标记为 A1、A2、A3、A4、A5 及 A6，阿利特样品标记为 B1、B2、B3、B4、B5 及 B6。

表 1-4-1 及表 1-4-2 分别给出了不同温度热处理纯 C_3S 及阿利特样品的游离氧化钙含量结果。由表 1-4-1 及表 1-4-2 可知，所有样品的游离氧化钙含量均远低于 0.5%，制备较高纯度的阿利特单矿。无论纯 C_3S 还是阿利特样品均在 1250℃附近热处理后游离氧化钙含量稍有增高。这是由于阿利特实际分解温度低于 1250℃，当样品在 1250℃附近热处理时，十分接近阿利特实际分解温度，而发生少量分解。此外，根据纯 C_3S 和阿利特样品的游离氧化钙含量变化对比可知，离子固溶可在

一定程度上阻碍阿利特分解。此外，经热处理后，纯 C_3S 游离氧化钙含量随着温度的升高而降低，但 B 组阿利特样品经不同温度热处理后，游离氧化钙含量变化具有波动性，这主要可能与不同温度热处理影响了某些杂质离子的固溶有关。

表 1-4-1　纯 C_3S 热处理后游离氧化钙含量　(单位：%)

类别	A0	A1	A2	A3	A4	A5	A6
f-CaO	0.21	0.25	0.2	0.16	0.13	0.11	0.11

表 1-4-2　阿利特热处理后游离氧化钙含量　(单位：%)

类别	B0	B1	B2	B3	B4	B5	B6
f-CaO	0.11	0.14	0.06	0.41	0.14	0.04	0.16

1.4.2　1250℃以下热处理对阿利特稳定性的影响

同样在 1600℃烧成了纯 C_3S 及典型的阿利特样品，将纯 C_3S 标记为 h，阿利特标号为 j。分别将两组样品在 700℃、800℃、900℃、1000℃及 1100℃下保温 0.5h 热处理，电风扇风冷，对应纯 C_3S 标记为 h1、h2、h3、h4 及 h5，对应阿利特标记为 j1、j2、j3、j4 及 j5。测定了样品中的游离氧化钙含量，分别见表 1-4-3 和表 1-4-4。结果表明，样品热处理前后的游离氧化钙含量变化不大，仅当接近分解温度时，存在十分微弱的分解现象。这表明，在低于其分解温度 1250℃，1100℃及以下温度对纯 C_3S 和阿利特热处理时，基本不会造成 C_3S 和阿利特分解。

表 1-4-3　纯 C_3S 热处理后游离氧化钙含量　(单位：%)

类别	h0	h1	h2	h3	h4	h5
f-CaO	0.21	0.21	0.14	0.22	0.37	0.45

表 1-4-4　阿利特热处理后游离氧化钙含量　(单位：%)

类别	j0	j1	j2	j3	j4	j5
f-CaO	0.11	0.16	0.24	0.13	0.19	0.37

1.4.3　低温下煅烧 MgO 对阿利特形成的影响

高温时阿利特晶体结构中可以固溶更多的离子，温度对烧成反应及离子固溶取代过程有决定性作用。鉴于 MgO 对阿利特烧成影响的重要性，对前述 1600℃合成的 MgO 掺杂阿利特，按相同配比，进一步在 1450℃下烧成。其中，同样调整 MgO 质量分数为 0%、0.25%、0.5%、0.75%、1.0%、1.25%、1.5%、1.75%和 2%，样品依次编号为 LM0、LM1、LM2、LM3、LM4、LM5、LM6、LM7 和 LM8。采用勃氏法测定并控制样品的比表面积，所有比表面积为(350±40)m^2/kg。

表 1-4-5 给出了不同 MgO 掺量阿利特的游离氧化钙含量。由表可以看出，所有样品游离氧化钙含量基本在 1%以下，表明阿利特大量形成。此外，对比可以发现，MgO 含量增加可以促进阿利特形成。但与 1600℃烧成的同组分阿利特相比，1450℃下烧成阿利特游离氧化钙含量均升高。此外，同样发现，当 MgO 掺量超过典型阿利特中 MgO 含量(1.1%)继续增高时，对应样品 MG7、MG8 的游离氧化钙含量开始升高。这也证实 Mg 固溶进入 C_3S 发生了 Ca 位取代。

表 1-4-5　不同 MgO 掺量阿利特样品的游离氧化钙含量　(单位：%)

类别	LM0	LM1	LM2	LM3	LM4	LM5	LM6	LM7	LM8
f-CaO	1.22	0.96	0.45	0.74	0.34	0.46	0.31	1.07	0.47

1.5　本 章 小 结

(1) Mg 及 Al 单掺对 C_3S 烧成影响不大。熟料中 MgO 主要通过影响液相形成温度和液相性质等影响 C_3S 形成。BaO 掺量低于 2%时，促进 C_3S 形成，高掺量时，固溶稳定 C_2S，反而不利于 C_3S 形成。碱金属显著影响 C_3S 热稳定性，Li 和 K 使 C_3S 分解，Na 基本不影响 C_3S 稳定性。异价置换离子在 C_3S 中的固溶置换反应类型，往往还受其掺量的影响。

(2) 当 Na^+、K^+、Mg^{2+} 等熟料阿利特中常见的 7 种固溶组分离子共同作用时，阿利特的烧结收缩率最大，烧结程度最高，而减少任一种离子，都会使阿利特的烧结收缩率不同程度地减小。这说明不同杂质离子的存在均能促进阿利特烧结，其中 Al^{3+} 的存在对阿利特烧结的影响最为显著。这是由于 Al_2O_3 可促进液相形成，允许有利化学物质的扩散，显著促进液相烧结。

(3) 低掺量(⩽0.6%)下不同磷酸钙盐引入 P_2O_5 对阿利特烧成的影响趋势不同，$CaHPO_4 \cdot 2H_2O$ 对烧成有微弱的促进效果，$Ca(H_2PO_4)_2 \cdot H_2O$ 仅表现阻碍作用；高掺量(⩾1.5%)下，三种磷酸钙盐都阻碍烧成，但 $CaHPO_4 \cdot 2H_2O$ 阻碍作用最小，$Ca(H_2PO_4)_2 \cdot H_2O$ 最大。

参考文献

[1] 李浩璇, 杨家智. 不同性状的含氟硫 A 矿对水泥水化性能的影响[J]. 水泥, 1987, (2): 22-27.

[2] 钟白茜, 等译. 水泥熟料化学(第六届国际水泥化学会议论文集, 第一卷)[M]. 北京: 中国建筑工业出版社, 1980: 284-292.

[3] Nagashima M. The chemistry and physical properties of C_3S solid solutions[C]//8th Interational Congress on the Chemistry of Cement, Rio de Janeino, 1986, 2: 199-204.

[4] Centurione S L. Characterization of reducing environment in Portland cement clinker by microscopy[C]//Proceedings of the 13th International Conference on Cement Microscopy, ICMA, Tampa, 1991: 120.

[5] 管宗甫, 陈益民, 秦守婉. 杂质离子对硅酸盐水泥熟料烧成影响的研究进展[J]. 硅酸盐学报, 2003, 31(8): 795-800.

[6] Bensted J, Barnes P. Structure and Performance of Cements[M]. London: Spon Press, 2008: 27-51.

[7] Gotti E, Marchi M, Costa U. Influence of alkalis and sulphates on the mineralogical composition of clinker[C]//12th International Congress on the Chemistry of Cement, Montreal, 2007: 00216.

[8] Katyal N K, Parkash R. Influence of titania on the formation of tricalcium silicate[J]. Cement and Concrete Research, 1999, 29(3): 355-359.

[9] Costoya M, Bishnoi S, Gallucci E, et al. Synthesis and hydration of tricalcium silicate[C]//12th International Congress on the Chemistry of Cement, Montreal, 2007: 00178.

[10] Marchi M, Costa U, Artioli G. Influence of SO_3 and MgO on clinker mineralogical composition: An “in-situ” HTXRD Study[C]//12th International Congress on the Chemistry of Cement, Montreal, 2007: 00217.

[11] Stephan D, Dikoundou S N, Raudaschl-sieber G. Influence of combined doping of tricalcium silicate with MgO, Al_2O_3 and Fe_2O_3: Synthesis, grindability, X-ray diffraction and ^{29}Si NMR[J]. Materials & Structures, 2008, 41(10): 1729-1740.

[12] Altun I A. Effect of CaF_2 and MgO on sintering of cement clinker[J]. Cement and Concrete Research, 1999, 29(11): 1847-1850.

[13] Tenório J A S, Pereira S S R, Ferreira A V, et al. CCT diagrams of tricalcium silicate: Part I. Influence of the Fe_2O_3 content[J]. Materials Research Bulletin, 2005, 40(3): 433-438.

[14] Tenório J A S, Pereira S S R, Barros A M, et al. CCT diagrams of tricalcium silicate : Part II. Influence of the Al_2O_3 content[J]. Materials Research Bulletin, 2007, 42(6): 1099-1103.

[15] Liu X C, Li B L, Qi T, et al. Effect of TiO_2 on mineral formation and properties of alite-sulphoaluminate cement[J]. Material Research Innovations, 2009, 13(2): 92-97.

[16] Kasselouri V, Ftikos C. The effect of V_2O_5 on the C_3S and C_3A formation[J]. Cement and Concrete Research, 1995, 25(4): 721-726.

[17] Kasselouri V, Ftikos C. The effect of MoO_3 on the C_3S and C_3A formation[J]. Cement and Concrete Research, 1997, 27(4): 917-923.

[18] 王培铭, 李好新, 吴建国. 不同氧化铜掺量下硅酸三钙矿物的形成[J]. 硅酸盐学报, 2007, 35(10): 1353-1358.

[19] Kakali G, Parissakis G, Bouras D. A study on the burnability and the phase formation of PC clinker containing Cu oxide[J]. Cement and Concrete Research, 1996, 26(10): 1473-1478.

[20] Ma S, Shen X, Gong X, et al. Influence of CuO on the formation and coexistence of $3CaO \cdot SiO_2$ and $3CaO \cdot 3Al_2O_3 \cdot CaSO_4$ minerals[J]. Cement and Concrete Research, 2006, 36(9): 1784-1787.

[21] Barros A M, Tenório J A S. Effect of Cr_2O_3 in the formation of clinker of Portland cement[C]// Memorias 5 Congreso Brasileiro de Cimento in CD-109, Montreal, 1999.

[22] Katyal N K, Ahluwalia S C, Parkash R. Effect of Cr_2O_3 on the formation of C_3S in 3CaO: SiO_2: xCr_2O_3 system[J]. Cement and Concrete Research, 2000, 30(9): 1361-1365.

[23] Bhatty J L. Role of Minor Elements in Cement Manufacture and Use[M]. Illinois: Portland Cement Association, 1995.

[24] Stephan D, Maleki H, Knöfel D. Influence of Cr, Ni, and Zn on the properties of pure clinker phases: Part II. C_3A and C_4AF[J]. Cement and Concrete Research, 1999, 29(5): 545-552.

[25] Andrade F R D, Maringolo V, Kihara Y. Incorporation of V, Zn and Pb into the crystalline phases of Portland clinker[J]. Cement and Concrete Research, 2003, 33(1): 63-71.

[26] Stephan D, Mallmann R, Knöfel D, et al. High intakes of Cr, Ni, and Zn in clinker: Part I. Influence on burning process and formation of phases[J]. Cement and Concrete Research, 1999, 29(12): 1949-1957.

[27] Stephan D, Mallmann R, Knöfel D, et al. High intakes of Cr, Ni, and Zn in clinker: Part II. Influence on the hydration properties[J]. Cement and Concrete Research, 1999, 29(12): 1959-1967.

[28] Barros A M, Espinosa D C R, Tenório J A S. Effect of Cr_2O_3 and NiO additions on the phase transformations at high temperature in Portland cement[J]. Cement and Concrete Research, 2004, 34(10): 1795-1801.

[29] Opoczky L, Fodor M, Tam S D F, et al. Chemical and environmental aspects of heavy metals in cement in connection with the use of wastes[C]//11th International Congress on the Chemistry of Cement, Durban, 2003: 2156-2165.

[30] 陈益民, 许仲梓. 高性能水泥制备和应用的科学基础[M]. 北京：化学工业出版社, 2008.

[31] Dominguez O, Torres-Castillo A, Flores-Velez L M, et al. Characterization using thermomechanical and differential thermal analysis of the sinterization of Portland clinker doped with CaF[J]. Materials Characterization, 2010, 61(4): 459-466.

[32] 沈威, 黄文熙, 闵盘荣. 水泥工艺学[M]. 武汉：武汉理工大学出版社, 2005: 16-77.

[33] Emanuelson A, Hansen S, Viggh E. A comparative study of ordinary and mineralised Portland cement clinker from two different production units: Part I. Composition and hydration of the clinkers[J]. Cement and Concrete Research, 2003, 33(10): 1613-1621.

[34] Plang-Ngern S, Rattanussorn M. The effect of sulfur to alkali ratio on clinker properties[C]// International Congress on the Chemistry of Cement, Montreal, 2007: 00012.

[35] Staněk T, Sulovsk P. The influence of phosphorous pentoxide on the phase composition and

formation of Portland clinker[J]. Materials Characterization, 2009, 60(7): 749-755.

[36] Diouri A, Boukhari A, Aride J, et al. Stable Ca_3SiO_5 solid solution containing manganese and phosphorus[J]. Cement and Concrete Research, 1997, 27(8): 1203-1212.

[37] Noirfontaine M N D, Tusseau-Nenez S, Signes-Frehel M, et al. Effect of phosphorus impurity on tricalcium silicate T1: From synthesis to structural characterization[J]. Journal of the American Ceramic Society, 2010, 92(10): 2337-2344.

[38] Taylor H F W. Cement Chemistry[M]. 2nd ed. London: Thomas Telford, 1997.

[39] Kolovos K G, Tsivilis S, Kakali G. Study of clinker dopped with P and S compounds[J]. Journal of Thermal Analysis & Calorimetry, 2004, 77(3): 759-766.

[40] King H C. The preparation of biphasic porous calcium phosphate by the mixture of $Ca(H_2PO_4)\cdot 2H_2O$ and $CaCO_3$[J]. Materials Chemistry & Physics, 2003, 80(2): 409-420.

[41] Kolovos K, Loutsi P, Tsivilis S, et al. The effect of foreign ions on the reactivity of the CaO-SiO_2-Al_2O_3-Fe_2O_3 system: Part I. Anions[J]. Cement and Concrete Research, 2001, 31(3): 425-429.

[42] Kolovos K, Tsivilis S, Kakali G. The effect of foreign ions on the reactivity of the CaO-SiO_2-Al_2O_3-Fe_2O_3 system: Part II. Cations [J]. Cement and Concrete Research, 2002, 32(3): 463-469.

[43] Kakali G, Kolovos K, Tsivilis S. Incorporation of minor elements in clinker: Their effect on the reactivity of the raw mix and the microstructure of clinker[C]//11th International Congress on the Chemistry of Cement, Durban, 2003: 1993-2001.

[44] Kolovos K, Tsivilis S, Kakali G. SEM examination of clinkers containing foreign elements[J]. Cement and Concrete Composites, 2005, 27(2): 163-170.

[45] 马保国, 柯凯, 李相国, 等. V_2O_5 掺杂对硅酸盐水泥熟料烧成及矿物结构的影响[J]. 硅酸盐学报, 2007, 35(5): 588-592.

[46] Kacimi L, Simon A. Influence of NaF, KF and CaF addition on the clinker burning temperature and its properties[J]. Comptes Rendus Chimie, 2006, 9(1): 154-163.

[47] Huang C, Zhang M, Zhang M, et al. Effect of minor elements on silicate cement clinker[J]. Journal of Wuhan University of Technology (Materials Science Edition), 2005, 20(3): 116-118.

[48] Guan Z, Chen Y, Qin S, et al. Effect of phosphor on the formation of alite—Rich Portland clinker[C]//12th International Congress on the Chemistry of Cement, Montreal , 2007: 0040.

[49] Kamali A, Benchanaa M, Mokhlisse A. The effect of chemical composition on the burnability of cement raw meal[J]. Annales de Chimie Science des Matériaux, 1998, 23(1-2): 147-150.

[50] Raina K, Janakiraman L K. Use of mineralizer in black meal process for improved clinkerization and conservation of energy[J]. Cement and Concrete Research, 1998, 28(8): 1093-1099.

[51] Kacimi L, Simon-Masseron A, Ghomari A, et al. Reduction of clinkerization temperature by using phosphogypsum[J]. Journal of Hazardous Materials, 2006, 137(1): 129-137.

[52] Shih P H, Chang J E, Lu H C, et al. Reuse of heavy metal-containing sludges in cement production[J]. Cement and Concrete Research, 2005, 35(11): 2110-2115.

[53] Ract P G, Espinosa D C R, Tenório J A S. Determination of Cu and Ni incorporation ratios in Portland cement clinker[J]. Waste Management, 2003, 23(3): 281-285.

[54] Kakali G, Tsivilis S, Kolovos K, et al. Use of secondary mineralizing raw materials in cement production. A case study of a wolframite-stibnite ore[J]. Cement and Concrete Composites, 2005, 57(20): 3117-3123.

[55] Katyal N K, Ahluwalia S C, Parkash R. Effect of barium on the formation of tricalcium silicate[J]. Cement and Concrete Research, 1999, 29(11): 1857-1862.

[56] Woermann E, Hahn T, Eysel W. The substitution of alkalies in tricalcium silicate[J]. Cement and Concrete Research, 1979, 9(6): 701-711.

第2章　阿利特的结构表征

2.1　研究概况

C_3S在1250℃以上无多晶转变，但在1100℃到室温的不同的温度区域存在3种晶系和7种变体，即三方晶系(R)、单斜晶系(M1、M2、M3)、三斜晶系(T1、T2、T3)，其演变规律是由R(高温)→M(中温)→T(室温)，转变过程如下：

$$\mathrm{T1} \xleftrightarrow{620℃} \mathrm{T2} \xleftrightarrow{920℃} \mathrm{T3} \xleftrightarrow{980℃} \mathrm{M1} \xleftrightarrow{990℃} \mathrm{M2} \xleftrightarrow{1060℃} \mathrm{M3} \xleftrightarrow{1070℃} \mathrm{R}$$

C_3S不同变体具有非常相似的XRD结果。1952年，Jeffery最早对C_3S的三斜、单斜及三方结构提出假设，认为C_3S最高温变体具有真正的三方对称性(空间群R3m)，冷却过程中，对称性降低，粉末衍射图分裂成若干组衍射线条，通过这些衍射线条数目和位置可以确定C_3S不同变体的对称性和晶胞尺寸。1960年，Yamaguchi等采用高温衍射发现了高温衍射线条的分裂，证实了Jeffery的假设。但由于不同晶型C_3S的XRD衍射花样非常相似，且受限于仪器技术，人们并不能很好地确定C_3S的不同晶型。之后，Regourd等[1]对C_3S粉末样品开展了系统研究工作，通过对衍射数据精修，描述了从室温至熔点温度间纯C_3S的6种不同晶型(不含M3型)。遗憾的是，Yamaguchi和Regourd采用的衍射仪探测器分辨率较低，使得C_3S的衍射峰发生重叠，不能很好地区分C_3S不同变体。Bigaré等[2]改善实验技术提高了衍射仪分辨率，通过高温衍射研究了纯C_3S的高温晶相转变，但只对C_3S的6种不同变体进行了确认(不含M3)，如图2-1-1所示。直至1978年，Maki

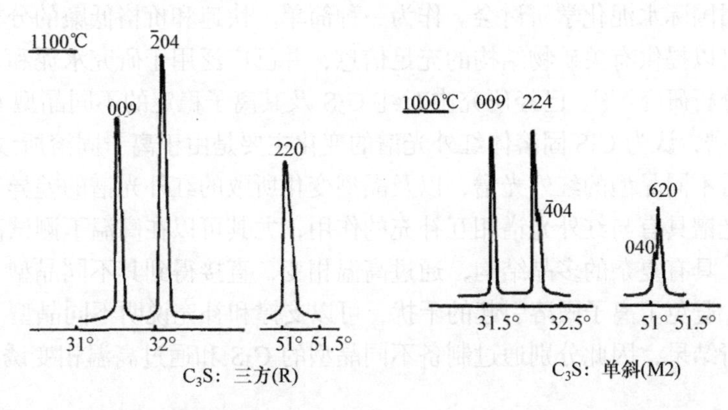

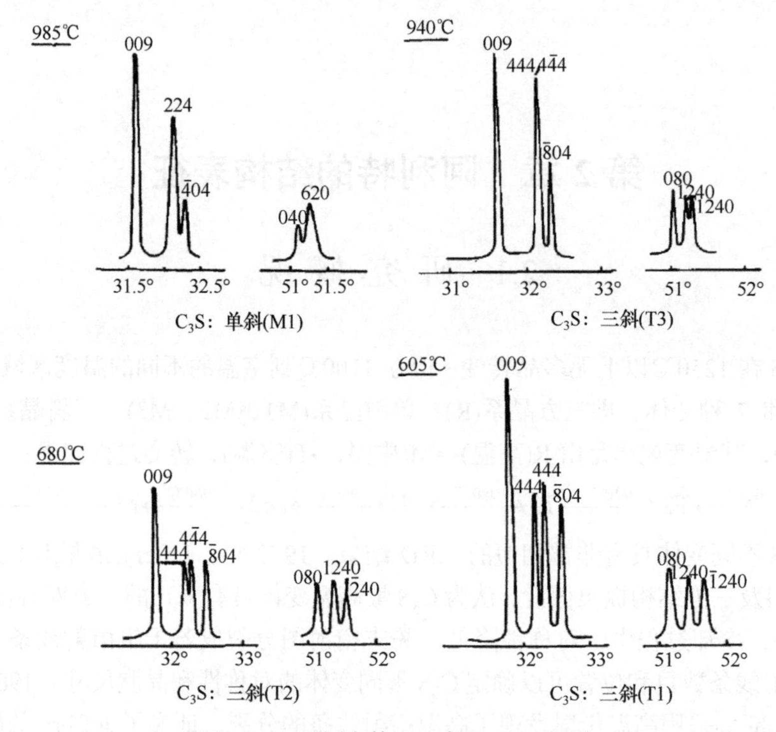

图 2-1-1 不同变体 C_3S 高温 XRD 图谱

等[3]采用高温光学显微镜，通过双折射、光取向和双晶结构清楚地辨别出 T1→T2、T3→M1、M2→M3 和 M3→R 的转变，首次发现介于 M2 和 R 晶型间存在的 M3 晶型，其在很窄的 10℃范围内稳定存在。随着仪器技术条件的进步，通过提高 XRD 分辨率以及剥离 Cu Kα_2 衍射的方法，C_3S 的不同晶型已经可以通过 XRD 清晰地鉴别，如图 2-1-1 所示。

由于分子或官能团可以吸收其结构特征的特定频率，红外(IR)光谱可以用于分析材料的结构特征。红外光谱在水泥化学领域的应用可追溯到 1968 年在东京举行的第五届国际水泥化学研讨会。作为一种简单、快速和价格低廉的分析技术，红外光谱可以提供有关矿物结构的充足信息，并已广泛用于研究水泥和水泥水化产物等的分析研究[4-16]。已经研究中对纯 C_3S 及其离子稳定的不同晶型 C_3S 固溶体的 IR 光谱，认为 C_3S 固溶体红外光谱的变化主要是由于离子固溶所致[4-10]，至今尚未获得不同晶型的红外光谱，以及晶型变化所致的红外光谱的差异。

拉曼光谱具有与红外光谱相互补充的作用，尤其可以在高温下测试高温拉曼光谱。C_3S 具有复杂的多晶结构，通过高温相变，直接得到其不同晶型，测试其拉曼光谱，避免了离子固溶引起的干扰，可以支撑和补充说明不同晶型 C_3S 的红外光谱分析结果，因此分别通过制备不同晶型的 C_3S 和通过高温相变诱导纯 C_3S

相变的方法，研究了不同晶型 C_3S 的红外光谱和拉曼光谱。

2.2 不同晶型阿利特的 XRD 图谱研究

按照第 1 章 C_3S 及其固溶体的制备方法，通过反复煅烧合成了不同晶型的 C_3S 固溶体。通过乙二醇法测定游离氧化钙含量。样品经高温反复煅烧，直至样品中游离氧化钙含量小于 0.2%。表 2-2-1 为制备的不同晶型 C_3S 的固溶体的组成，以氧化物质量分数表示。使用配有位敏感探测器的 Bruker D8 Advance 大功率衍射仪，电压 38kV，电流 270mA，提高 XRD 数据的精度。使用 Topas3 软件对 X 射线数据进行 Rietveld 分析。采用 Pearson Ⅶ函数法，最终精修的参数有零点漂移、背景、比例因子、吸收校正、Pearson Ⅶ系数、晶胞参数和择优取向(需要时)。由于 C_3S 结构的复杂性，不对其原子坐标位置进行精修。

表 2-2-1 不同晶型 C_3S 固溶体的组成(质量分数) (单位：%)

编号	CaO	SiO_2	Na_2O	K_2O	MgO	BaO	Al_2O_3	Fe_2O_3	P_2O_5	SO_3	晶型
X1	73.65	26.35	—	—	—	—	—	—	—	—	T1 C_3S
X2	73.65	26.48	—	—	—	1	—	—	—	—	T2 C_3S
X3	71.60	25.57	0.1	0.1	—	—	1	0.7	0.1	0.1	T3 C_3S
X4	73.65	26.72	—	—	0.75	—	—	—	—	—	主要 M1 C_3S
X5	71.60	25.57	0.1	0.1	1.1	—	1	0.7	0.1	0.1	M3 C_3S
X6	71.60	25.57	0.1	0.1	1.1	—	1	0.7	1	0.1	R C_3S

注：为了更好地对比样品组成差异，不对组成归一化，故数值之和有的不为 100%。

C_3S 在 31.5°～33°以及 51°～52.5°的 XRD 衍射峰是区分 C_3S 不同晶型的特征指纹峰区。图 2-2-1 给出了 C_3S 样品的特征峰区 XRD 图谱(Cu Kα_2 剥离)。由图可见，不同晶型样品之间存在一定的差异。在 R 型 C_3S 的 XRD 图谱中，在 31.5°和 33°之间有两个特征峰，在 51°和 52.5°之间存在一个特征峰，分别对应于(009)、($\bar{2}$04) 和(220)晶面的衍射。随着 C_3S 的晶体结构对称性降低，($\bar{2}$04) 和(220)衍射峰分裂。正如文献所报道，纯 C_3S(样品 X1)为三斜晶系 T1，其在($\bar{2}$04) 和(220)衍射峰分裂成三个峰，即在 31.5°和 33°之间呈现四个衍射峰，在 51°和 52.5°之间呈现三个衍射峰。T2 型 C_3S 的 XRD 图谱与 T1 晶型 C_3S 相似，主要的区别在于 T2 晶型 C_3S 在 31.5°和 33°之间的两个峰更加接近，趋于合并成单峰。在 T3 晶型 C_3S 的 XRD 图谱中，31.5°和 33°之间只有三个衍射峰，而 51°～52.5°的最后两个峰有趋于合并的趋势。在单斜晶型 C_3S 中，($\bar{2}$04) 和(220)衍射峰仅分裂成双峰。样品 X4 呈

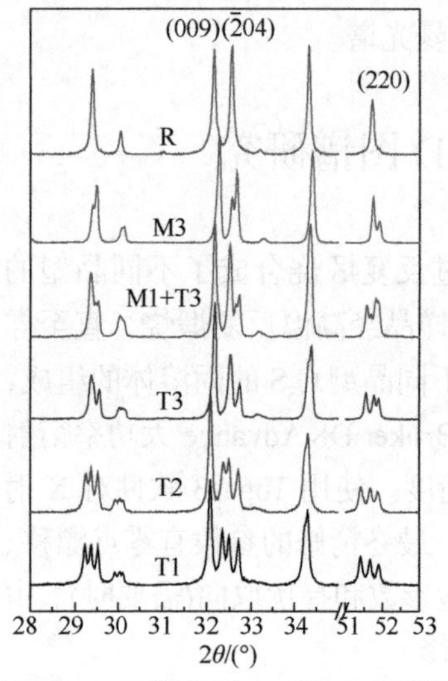

图 2-2-1　不同晶型 C_3S 的 XRD 图谱

现相的共存，主相主要可以识别为 M1 晶型 C_3S。样品 X5 呈现典型的 M3 晶型 XRD 衍射峰特征[17]。

基于 XRD 数据，使用 Rietveld 方法，对不同晶型 C_3S 进行定量分析。以 Golovastikov 等提出的三斜 C_3S 晶体结构数据为模型，拟合了 T1 和 T2 晶型 C_3S 结构。以 de la Torre 等提出的 T3 晶型 C_3S 结构为模型，拟合了 T3 晶型 C_3S 样品。M1 晶型由 de Noirfontaine 等提出的单斜晶型平均胞结构为模型进行拟合[18]。M3 和 R 晶型 C_3S 分别采用由 Nishi 等[19]提出的单斜 M3 晶胞结构模型和 Jeffery[20]提出的三方 R 晶胞结构为模型进行拟合。图 2-2-2 给出了采用所选结构模型对样品的拟合精修结果图。插图为不同晶型 C_3S 特征峰区的拟合结果图。表 2-2-2 给出了对不同晶型 C_3S 的 Rietveld 定量分析结果。由图 2-2-2 和表 2-2-2 可见，五个样品 X1、X2、X3、X5 和 X6 与相应的结构模型均拟合较好。然而，样品 X4 需要两个晶体结构模型来拟合，才能获得较低的误差因子和较好的拟合结果。此外，虽然 Golovastikov 提出的 T1 结构可以用于 T3 晶型 C_3S 的拟合，但对样品 X4 的拟合结果表明，T3 和 M1 结构模型的组合要比 T1 和 M1 晶型的组合使用更为合适，这同时表明 C_3S 晶型组成的定量分析结果直接受所选结构模型的影响。透射电子显微镜(transmission electron microscope，TEM)进一步证实 X4 中存在的主晶相是 M1 晶型 C_3S 。

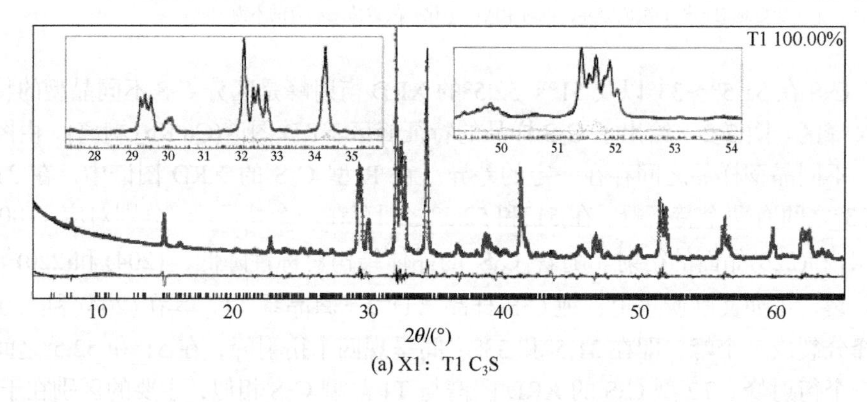

(a) X1：T1 C_3S

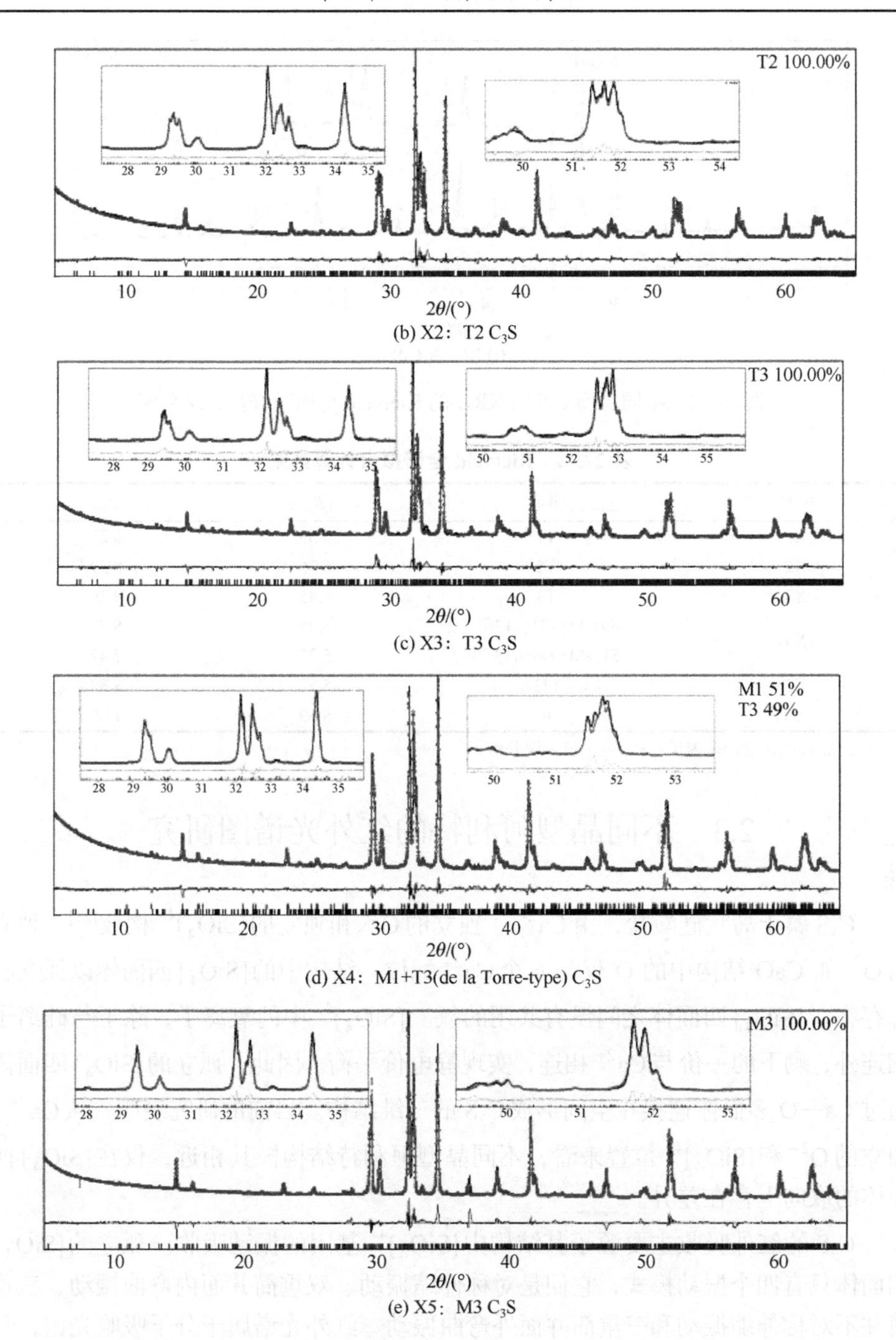

(b) X2：T2 C_3S

(c) X3：T3 C_3S

(d) X4：M1+T3(de la Torre-type) C_3S

(e) X5：M3 C_3S

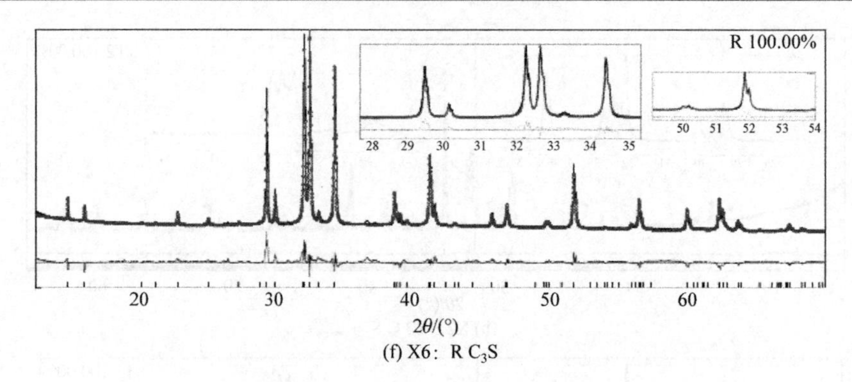

(f) X6：R C_3S

图 2-2-2　不同晶型 C_3S 的 XRD 的 Rietveld 全谱精修拟合结果图

表 2-2-2　Rietveld 全谱拟合计算结果

编号	组成	R_p	R_{wp}
X1	T1	5.53	8.27
X2	T2	5.76	8.39
X3	T3	6.45	9.26
X4	69%M1+31%T3[21]	5.95	8.77
	51%M1+49%T3[17]	5.27	7.47
X5	M3	5.53	8.89
X6	R	8.69	11.8

注：R_p 表示精修误差因子；R_{wp} 表示权重误差因子。

2.3　不同晶型阿利特的红外光谱图研究

C_3S 属于岛状硅酸盐，由 Ca^{2+}、独立的 O^{2-} 和独立的 $[SiO_4]^{4-}$ 构成[21]。独立的 O^{2-} 如 CaO 结构中的 O 仅与 6 个 Ca^{2+} 配位。结构中的 $[SiO_4]$ 四面体以孤立状态存在，$[SiO_4]$ 四面体之间没有共用的氧。$[SiO_4]^{4-}$ 中的氧离子，除了与硅离子相连外，剩下的一价与 Ca^{2+} 相连，实现静电价平衡。因此，孤立的 $[SiO_4]$ 四面体通过 Ca—O 多面体连接在空间形成 C_3S 的三维结构。目前的研究表明，从 Ca^{2+}、独立的 O^{2-} 和 $[SiO_4]^{4-}$ 位置来看，不同晶型阿利特结构极其相近，仅在 $[SiO_4]$ 四面体的取向上存在差异。

C_3S 的红外吸收主要源于其结构中 $[SiO_4]^{4-}$ 基团的振动吸收。孤立的 $[SiO_4]$ 四面体只有四个振动模式，它们是对称伸缩振动、双重简并面内弯曲振动、三重简并不对称伸缩振动和三重简并面外弯曲振动。红外光谱属于分子吸收光谱，只有偶极矩发生变化的振动才出现红外光谱，即永久偶极矩。$[SiO_4]$ 四面体中 Si—O 之间原子轨道发生 sp3 杂化形成四个完全等价的杂化轨道，每个轨道上拥有同样的电子数，这些电子互相排斥，尽可能远离，形成正四面体对称结构。因此，当$[SiO_4]^{4-}$基团具有理想正四面体对称结构时，对称伸缩振动ν1 不具有红外活性。$[SiO_4]$四面体的四种振动中ν1 和ν2 是不具有红外活性的。

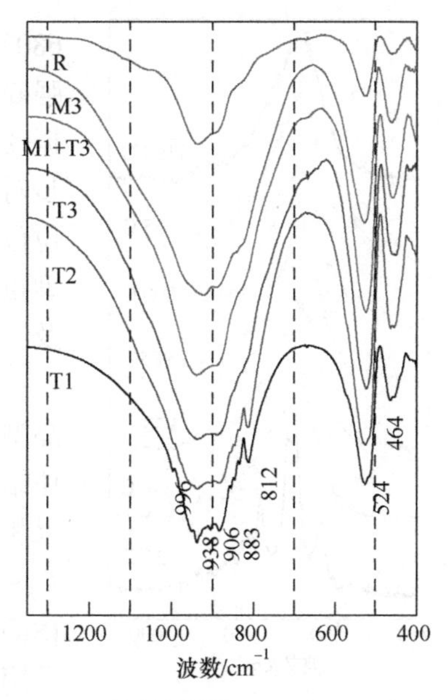

图 2-3-1　不同晶型 C_3S 红外光谱图

图2-3-1给出了不同晶型阿利特样品的指纹区红外光谱图。不同峰位归属见表 2-3-1。由表可见，T1 晶型纯 C_3S 及掺杂少量 BaO 的 T2 晶型 C_3S 固溶体中红外光谱峰位峰数等特征最为接近，且在 812cm^{-1} 等处均存在对称伸缩振动峰谱带。这表明两者结构最为相近，且由于晶体结构的对称性差，两种晶型中$[SiO_4]$四面体在 Ca^{2+} 力场作用下发生了一定形变，不具有正四面体对称结构而使对称伸缩振动具有红外活性。随阿利特晶型对称性的升高 T1→T2→T3→M1→M3，阿利特红外谱带分裂减少，峰形钝化。值得注意的是，T3、M1、M3 和 R 晶型在 812cm^{-1} 等处的对称伸缩振动峰消失，表明 T3、M1、M3 和 R 晶型结构中$[SiO_4]$四面体结构对称性提高，基本达到正四面体对称结构。

表 2-3-1　不同晶型 C_3S 红外振动峰

编号	振动峰位/cm^{-1}			
	ν1	ν2	ν3	ν4
T1	846，834，812，906，883	464，455	996，938，906，883，938，906，883	525
T2	846，834，813	464，455	996，938，884	525
T3	—	454	938，884	524
M1	—	461	938，887	524
M3	—	460	925，890	525
R	—	461	938，886	524

2.4　纯 C_3S 的高温拉曼光谱研究

采用 HR800 型激光拉曼光谱仪，测定 C_3S 的高温拉曼光谱。激光器波长 325nm，拉曼位移范围 700～1100cm^{-1}，光谱分辨率 1cm^{-1}。纯 C_3S 的高温拉曼光谱如图 2-4-1 所示。由图可见，室温纯 C_3S 拉曼光谱最强特征峰在 838cm^{-1} 附近，

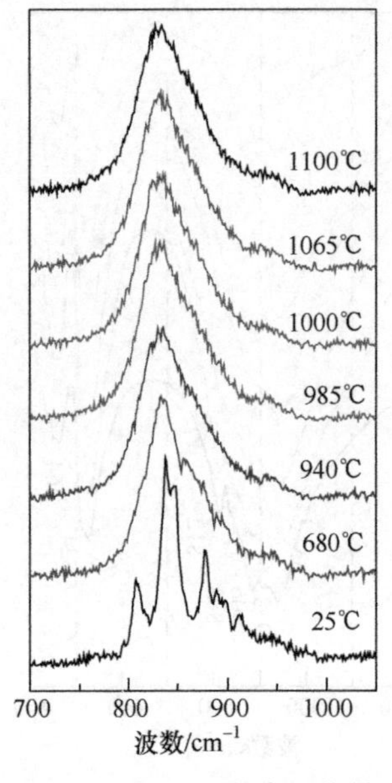

图2-4-1　纯C_3S的高温拉曼光谱

680℃以上，C_3S转变为T2晶型，拉曼峰钝化，且最强峰左移。在940℃以后转变为T3晶型，可以区分的振动峰显著减少，拉曼峰峰形宽化，发生重叠。进一步对拉曼光谱进行分峰拟合，得到纯C_3S高温拉曼峰位位移见表2-4-1。由表可知，T3晶型及以上高温晶型拉曼光谱十分类似，表明T3晶型及以上高对称单斜及三方晶型结构中，$[SiO_4]$四面体对称状态及所处配位环境较为相近。与上述采用红外光谱研究证实的T3晶型及以上高对称单斜及三方晶型结构中$[SiO_4]$四面体结构相近，均具有正四面体对称结构特征的研究结果相吻合，这也与已有研究中C_3S结构的结果相一致。C_3S的不同变体结构非常相近[19,20,22-25]，差异主要在于$[SiO_4]$四面体的取向[21, 26]。R晶型的空间群为R3m，采用三轴定向，晶胞中所有$[SiO_4]$四面体的顶点取向平行于*c*轴，沿*c*轴向上为U取向，向下为D取向。M3空间群为Cm，其亚晶胞大小与R晶胞接近，含有3个$[SiO_4]$四面体，它们沿高温R晶型结构的伪三次轴排列，存在U、D和完全脱离伪三次轴方向的G三种取向；与R和T1晶型结构对比，M3晶型结构中$[SiO_4]$四面体取向的无序性具有介于R和T1之间的特点。与T3晶型相比，具有相同空间群的T1和T2晶型的结构差异与$[SiO_4]$四面体中的O原子位置的漂移有关[17, 27, 28]，导致$[SiO_4]$四面体扭曲形变，不再具有正四面体对称结构特征。

表2-4-1　纯C_3S高温拉曼峰位位移

温度/℃	拉曼位移/cm⁻¹							
25	808	838	846	877	889	897	911	947
680	814	835	860	874	—	896	907	942
940	813	831	866	—	—	896	—	942
985	815	832	865	—	—	891	—	939
1000	817	831	865	—	—	896	—	943
1065	818	832	866	—	—	900	—	935

2.5　不同晶型阿利特的TEM研究

前人的研究表明，室温阿利特多存在超晶胞结构[29]。XRD对弱的晶格衍射不能反映出来，而选区电子衍射可以有效地监测这些弱衍射，提供更多的晶体结构信息。通过 MgO 掺杂以及多离子复合磷掺杂，制备 T1、M1、M3 和 R 晶型 C_3S 的固溶体(组成见表 2-5-1)。使用 TEM(型号 JEM-2010UHR，JEOL，Tokyo，Japan) 在 200kV 的加速电压下记录选区电子衍射(selected area electron diffraction，SAED) 图案。以相同的伪六角亚晶胞 H 结构单元，研究了不同变体 C_3S 中亚晶胞结构参数变化、超晶胞结构，以及超晶胞与伪六角亚晶胞调制波矢量关系，分析不同晶型 C_3S 晶体结构差异及结构转变关系。

表 2-5-1　C_3S 固溶体的组成　(单位：%)

编号	晶型	CaO	SiO_2	Na_2O	K_2O	MgO	Al_2O_3	Fe_2O_3	P_2O_5	SO_3
CM0	T1	73.65	26.35	—	—	—	—	—	—	—
CM1	M1	71.6	25.57	—	—	0.75	—	—	—	—
CM2	M3	71.6	25.57	—	—	1.5	—	—	—	—
CM3	R	71.6	25.57	0.1	0.1	1.1	1	0.7	1	0.1

注：同晶型不同组成样品编号加字母及序号区分。

2.5.1　T1 晶型纯 C_3S 超晶胞结构

目前的研究认为，C_3S 最高温变体具有真正的三方对称性(空间群 R3m)，且这种亚晶胞存在于 C_3S 的所有变体中，只是冷却过程中，其对称性降低，通过扭曲形变形成不同晶型。因此，采用与 R 晶胞参数相近的伪六角亚晶胞 H 标定，可为理解不同晶型 C_3S 结构转变关系提供科学论据。对 T1 晶型纯 C_3S，以及 MgO 稳定的以 M1 和 M3 晶型为主的 CM1 和 CM2 样品，进行选区电子衍射测试，研究了纯 C_3S 三斜 T1 晶型、C_3S 固溶体单斜 M1 及 M3 晶型的超晶胞结构。表 2-5-2 给出了由 XRD 数据计算所得，不同 MgO 掺量稳定 C_3S 固溶体的伪六角亚晶胞的晶胞参数。

表 2-5-2　不同 MgO 掺量稳定 C_3S 固溶体伪六角亚晶胞的晶胞参数

MgO/%	伪六角亚晶胞					
	a/Å	b/Å	c/Å	α/(°)	β/(°)	γ/(°)
0	7.15	7.11	25.14	89.85	90.41	118.90
0.75	7.07	7.06	25.07	89.61	90.46	119.72
1.5	7.06	7.06	24.94	89.89	90.70	120.37

能谱测定纯 C_3S 的两个不同颗粒化学组成分别如图 2-5-1(a)和(b)所示。由图可知，样品主要组成为 Ca、Si 及 O，不含有其他杂质，为较纯的 C_3S 样品。但

Ca/Si 物质的量比高于 3，且 CM1 和 MG6 中 Ca/Si 物质的量比同样存在高于 3 的现象。Ca/Si 物质的量比偏离可能主要由测试误差所致，也可能与晶体中存在大量 O 空位使得阳离子过剩有关。此外，Ca/Si 物质的量比随着 MgO 掺量增加而降低，表明了 Mg 在 C_3S 中的固溶。图 2-5-2 是这两个区域的电子衍射花样及相应高分辨透射电子显微镜(high resolution transmission electron microscope，HRTEM)图像，其中图 2-5-2(a)及(b)为分别采用三斜超晶胞和伪六角亚晶胞对区域 1 的电子衍射花样标定结果，图 2-5-2(c)为采用伪六角亚晶胞对区域 2 的电子衍射花样标定结果。由图 2-5-2(a)可知，采用 Golovastikov 三斜超晶胞结构标定时，该衍射花样为沿 $[\bar{1}10]$ 方向的衍射。结合图 2-5-2(b)给出的该方向模拟衍射结果可知，实际与模拟

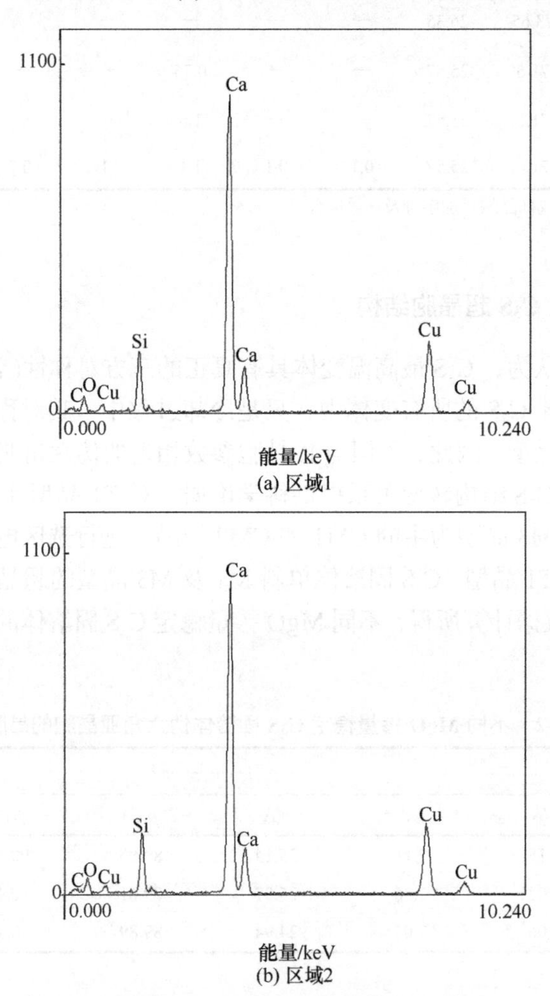

图 2-5-1 纯 C_3S 样品能谱分析

结果一致。当采用伪六角亚晶胞 H 标定时，该区域对应$[4\bar{4}\bar{1}]$方向衍射。对比可知，三斜晶胞的$[\bar{1}10]$方向与伪六角亚晶胞的$[4\bar{4}\bar{1}]$方向平行。值得注意的是，当采用伪六角亚晶胞 H 标定时，衍射花样中存在多余的衍射斑点，这些衍射斑点相对于原斑点的矢量表达式为$\pm m_1/6(2a^*+3b^*-4c^*)$，其中 m_1=0、1、2 或 3。这表明 T1 晶型存在沿$[23\bar{4}]$方向的一维结构调制。同样采用伪六角亚晶胞，对区域 2 电子衍射花样进行标定。结果表明，区域 2 为沿$[50\bar{1}]$方向的衍射，标定结果如图 2-5-2(c)所示。结合图 2-5-2(c)给出的该方向的计算模拟衍射结果可知，实际衍射结果中同样存在多余的衍射斑点。这是由于其在[115]方向存在结构调制，调制波矢量表达式为$\pm m_2/3(a^*+b^*+5c^*)$，其中 m_2=0 或 1。由以上两个不同方向的电子衍射花样分析结果可知，T1 三斜超晶胞结构与亚晶胞结构周期调制关系可以统一为$\pm m/6$，其中 m=0、1、2 或 3。

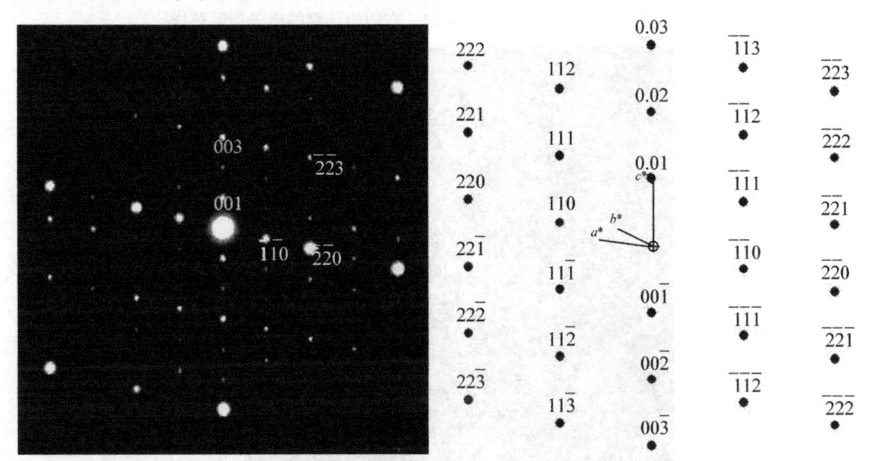

(a) T1晶型电子衍射花样：$[\bar{1}10]$ 方向，右图为计算的电子衍射花样

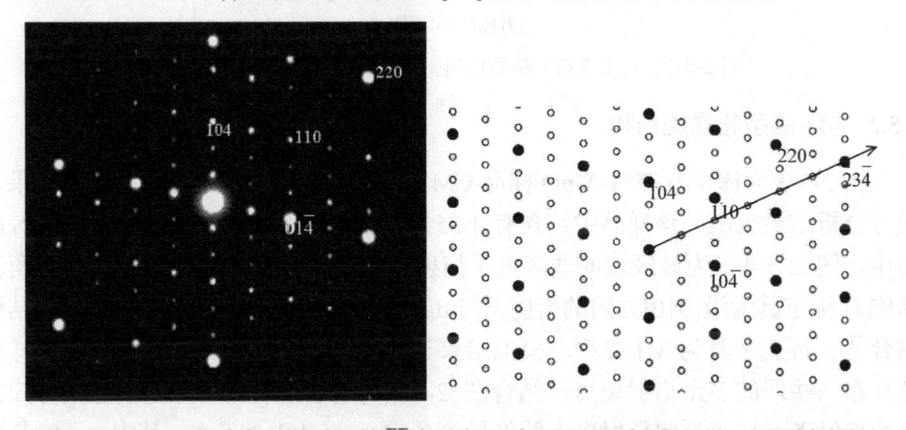

(b) 伪六角亚晶胞：[441]方向，右侧为调制结构矢量关系示意图：●亚晶胞衍射斑点；○超晶胞衍射斑点

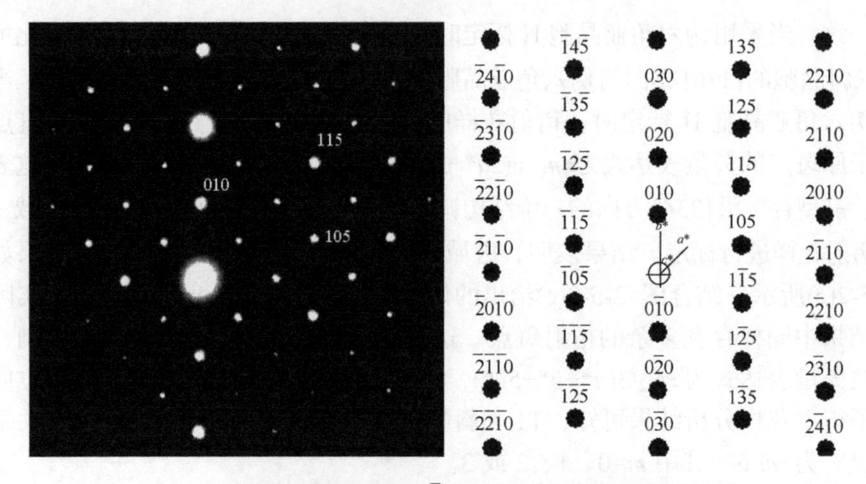

(c) T1晶型电子衍射花样：[50$\bar{1}$]方向，右图为计算的电子衍射花样

(d) HRTEM图像

图 2-5-2　纯 C_3S (T1 晶型)的电子衍射花样及 HRTEM 图像

2.5.2　M1 晶型超晶胞结构

图 2-5-3 为掺杂 0.75% MgO 样品 CM1 所选区域的样品成分能谱扫描结果。成分分析结果表明，该样品中约含有 1.25%的 MgO，证实了 MgO 固溶在 C_3S 晶格中。图 2-5-4(a)为该区域的选区电子衍射花样及模拟衍射花样。按照伪六角亚晶胞 H 标定其为沿[010]方向的衍射，与 de Noirfontaine 提出的单斜 M1 晶胞结构吻合[30]，证实了其为 M1 晶型。模拟结果与实测结果相一致，但实际衍射花样中还存在一些弱的多余衍射斑点。结合图 2-5-4(b)电子衍射花样标定示意图可知，这些衍射斑点与亚晶胞衍射斑点的矢量关系为$\pm m_3/5.4(2a^*+5c^*)$，其中 m_3=0 或 1。这表明 M1 晶型在[205]方向存在结构调制。

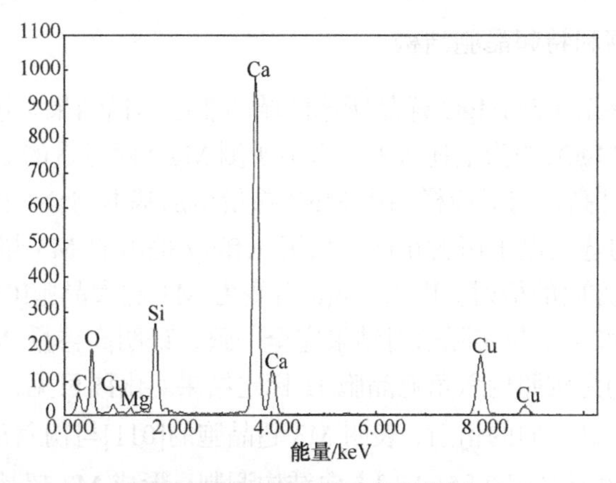

图 2-5-3　CM1 样品能谱分析

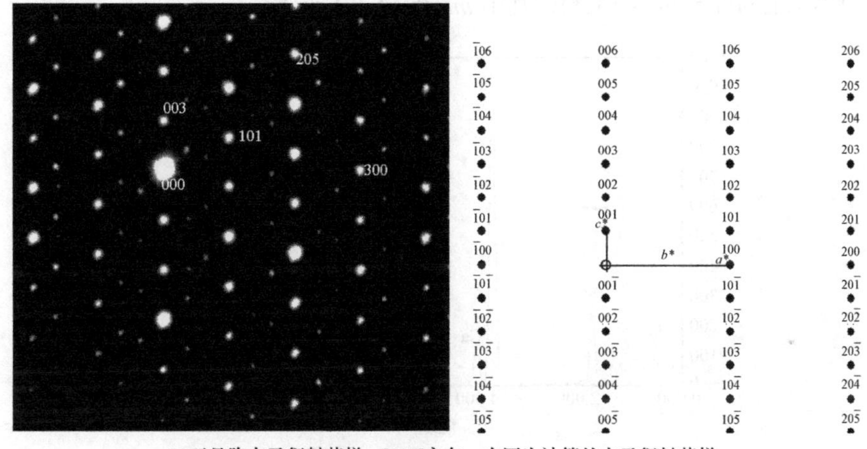

(a)亚晶胞电子衍射花样：[010]方向，右图为计算的电子衍射花样

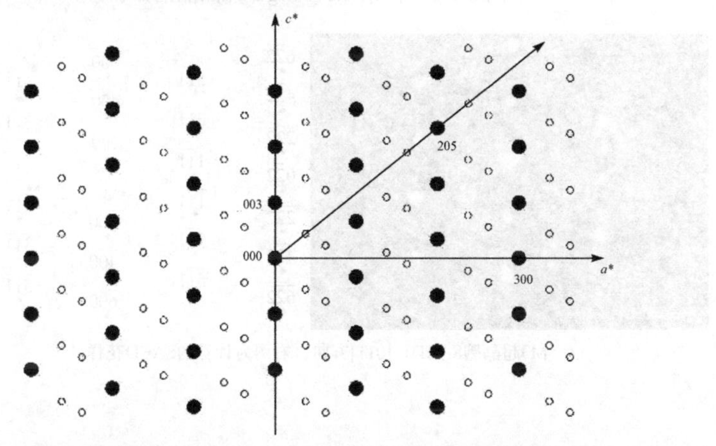

(b) M1晶胞调制结构矢量关系示意图：●亚晶胞衍射斑点；○超晶胞衍射斑点

图 2-5-4　掺杂 0.75%MgO M1 晶型 C_3S 固溶体沿[010]方向电子衍射花样

2.5.3　M3 晶型阿利特超晶胞结构

图 2-5-5 为掺杂 1.5%MgO 样品所选区域的能谱扫描结果。分析结果表明，其含有约 2.57%的 MgO，约为上述 M1 晶型中所测 MgO 固溶量的 2 倍。这表明 MgO 在 C_3S 中固溶量升高，与对应样品中 MgO 掺量增加基本吻合。图 2-5-6(a)为掺杂 1.5%MgO 样品的选区电子衍射花样。采用 Jeffery 提出的 M3 超大晶胞结构进行标定，其为[011]方向的衍射。图 2-5-6(a)右侧为 M3 超大晶胞[011]方向理论模拟衍射花样。由图可见，与实际衍射结果完全一致，证明高掺量 MgO 可稳定 M3 晶型。图 2-5-6(b)为按照伪六角亚晶胞 H 标定结果。由图可见，该衍射花样对应伪六角亚晶胞[4$\bar{1}$2]方向的衍射，表明 M3 超晶胞的[011]与伪六角亚晶胞的[4$\bar{1}$2]方向平行。伪六角亚晶胞在[$5\bar{6}\,\overline{13}$]方向结构调制，形成 M3 超晶胞，调制波矢量表达式为$\pm m_4/6(5a^*-6b^*-13c^*)$，其中 m_4=0、1、2 或 3。

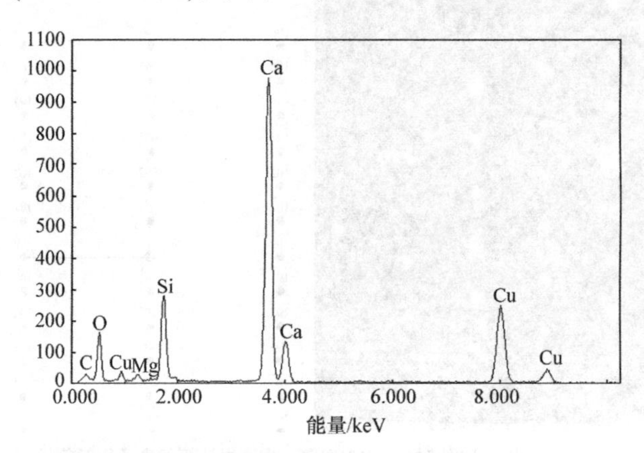

图 2-5-5　掺杂 1.5% MgO 样品能谱分析

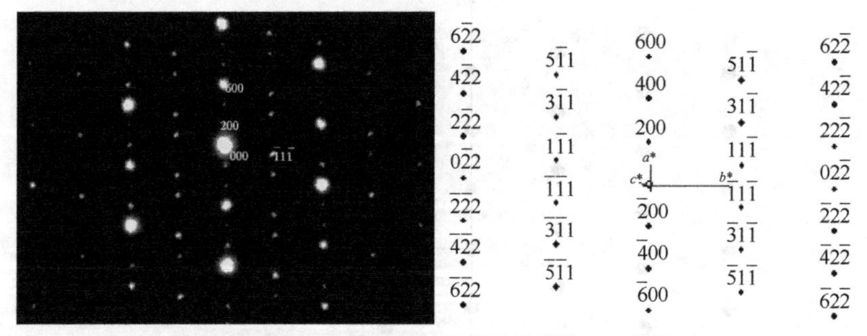

(a) M3超晶胞SAED：[011]方向，右图为计算的SAED花样

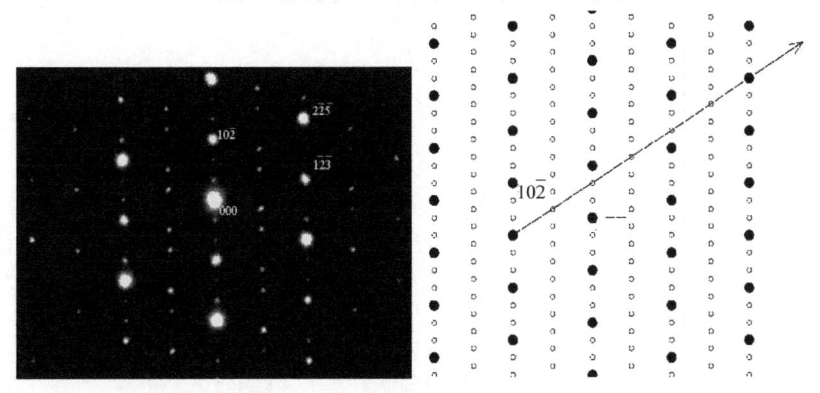

(b) 伪六角亚晶胞SAED 花样：[412]方向，●亚晶胞衍射斑点；○超晶胞衍射斑点

图 2-5-6　掺杂 1.5%MgO 的 M3 晶型 C_3S 固溶体沿 $[4\bar{1}2]$ 方向电子衍射花样

2.5.4　R 晶型阿利特晶体结构的研究

R 晶型是 C_3S 7 种多晶型中的最高温晶型，在室温下最难获得。在 Mg^{2+}、Al^{3+} 等多种离子的复合作用下，通过掺杂 1% P_2O_5，制备获得了 R 晶型 C_3S。实测 XRD 图谱和利用 Jeffery 单晶结构数据模拟计算的 R 晶型 C_3S 的理论 XRD 图谱，分别如图 2-5-7 和图 2-5-8 所示。对比表明，样品为较纯的 R 晶型 C_3S。经 XRD 数据精修拟合计算表明，R 晶型 C_3S 晶胞参数具有真正的三方晶胞参数的特征。但随着 C_3S 结构对称性降低，在单斜以及三斜 C_3S 中该晶胞扭曲变形程度不断加大，亚晶胞对称性逐渐降低，偏离三方晶胞结构特征。

R 晶型 C_3S 在两个方向的选区电子衍射如图 2-5-9 和图 2-5-10 所示。图 2-5-10 中的衍射斑点与模拟该方向衍射花样比较，还存在一些弱的多余衍射斑点。这些衍射斑点与亚晶胞衍射斑点的矢量关系为：$\pm m_1/2.3(a^*-2b^*)$和$\pm m_1/1.8(a^*-2b^*)$，其中 m_1 为 0 或 1，表明室温所得 R 晶型 C_3S 中存在非公度的结构调制，此超晶胞的对称性有待进一步研究。

综上可见，T1、M1 及 M3 晶型 C_3S 结构中均存在一维结构调制。根据 C_3S 晶体结构的研究成果，不同晶型 C_3S 结构差异仅在 $[SiO_4]$ 四面体取向上，其结构调制由 $[SiO_4]$ 四面体取向所致。结合红外光谱(见后续章节)对不同晶型阿利特近程结构的研究，$[SiO_4]$ 四面体配位价键状态主要取决于阿利特结构对称性；固溶离子无论取代 Ca 还是 Si，对其配位价键状态基本不产生影响。这暗示了离子固溶对不同晶型 C_3S 的稳定作用与离子对 $[SiO_4]$ 四面体取向的诱导作用无关。其实质是固溶离子造成较大的晶格扭曲畸变，稳定晶格，阻碍原子位移相变所致。

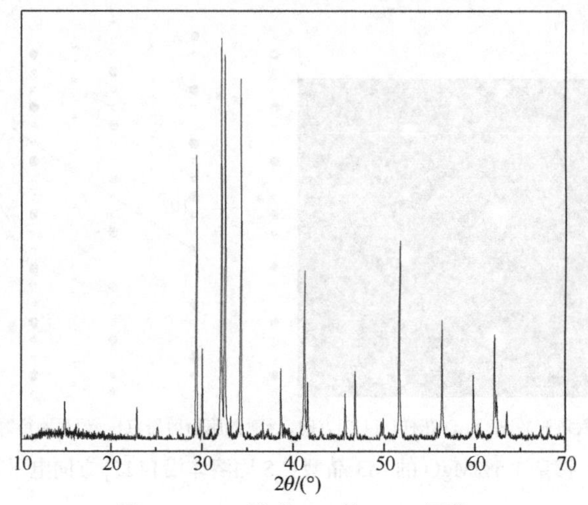

图 2-5-7 R 晶型 C_3S 的 XRD 图谱

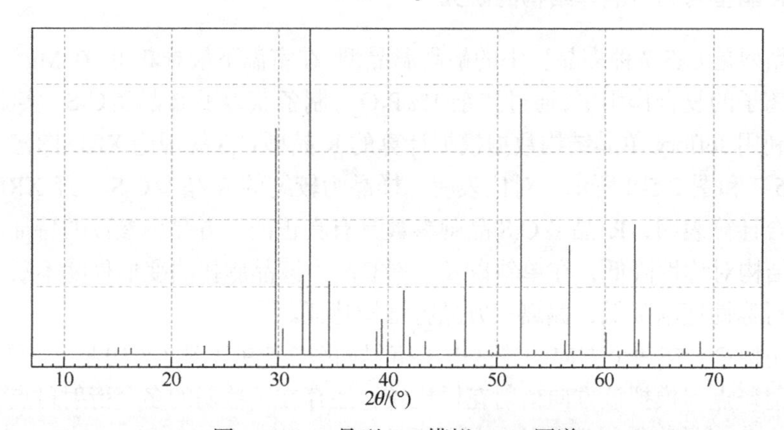

图 2-5-8 R 晶型 C_3S 模拟 XRD 图谱

图 2-5-9 R 晶型 C_3S 固溶体沿 $[1\bar{2}4]$ 方向衍射

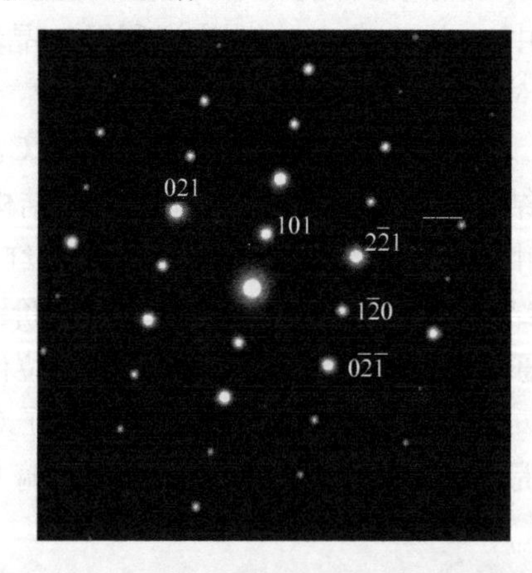

图 2-5-10 R 晶型 C_3S 固溶体沿 $[21\bar{2}]$ 方向衍射

2.6　本 章 小 结

(1) 不同晶型 C_3S 可以通过 XRD 进行有效区分。室温 C_3S 的固溶体多存在超晶胞结构。XRD 表征的 R 晶型 C_3S，并不具有理想对称性，选区电子衍射证实其存在非公度的结构调制。不同晶型 C_3S 中的一维调制结构在 HRTEM 图像中以调制波条纹的形式体现。

(2) T1 和 T2 晶型 C_3S 均存在 $[SiO_4]$ 四面体的对称伸缩振动峰，表明二者结构中 $[SiO_4]$ 四面体结构严重扭曲畸变，偏离正四面体对称性。自 T3 晶型开始以上的高对称晶型中，$[SiO_4]$ 四面体基本达到正四面体对称结构，对称伸缩振动峰消失。

(3) 室温纯 C_3S 拉曼光谱最强特征峰在 838cm^{-1} 附近，680℃以上，C_3S 转变为 T2 晶型，拉曼峰钝化，且最强峰左移。在 940℃以后转变为 T3 晶型，可以区分的振动峰显著减少，拉曼峰峰形宽化，发生重叠。T3 晶型及以上高温晶型拉曼光谱十分类似，与不同晶型 C_3S 的红外光谱特征差异相吻合，再次表明 T3 晶型及以上高对称单斜及三方晶型结构中，$[SiO_4]$ 四面体对称状态及所处配位环境较为相近。

参 考 文 献

[1] Regourd M R. Determination of microcrystal lattices: Application to different forms of tricalcium silicate[J]. Bulletin de la Societe Francaise de Mineralogie et de Cristallographie, 1964, 87(2): 241-272.

[2] Bigaré M, Guinier A, Mazihres C, et al. Polymorphism of tricalcium silicate and its solid solution[J]. Journal of the American Ceramic Society, 1967, 50(11): 609-619.

[3] Maki I, Chromy S. Microscopic study on the polymorphism of Ca_3SiO_5[J]. Cement and Concrete Research, 1978, 8(4): 407-414.

[4] Ghosh S N, Handoo S K. Infrared and Raman spectral studies in cement and concrete (review)[J]. Cement and Concrete Research, 1980, 10: 771-778.

[5] Ghosh S N, Chatterjee A K. Absorption and reflection infra-red spectra of major cement minerals, clinkers and cements[J]. Journal of Materials Science, 1974, 9: 1577-1584.

[6] Handks M, Jurkiewicz M S. IR and Raman spectroscopy studies of tricalcium silicated structure[J]. Annali di Chimica, 1979, 4: 145-160.

[7] Omotosoa O E, Ivey D G, Mikulab R. Characterization of chromium doped tricalcium silicate using SEM/EDS, XRD and FTIR[J]. Journal of Hazardous Materials, 1995, 42: 87-102.

[8] Delgado A H, Paroli R M, Beaudoin J J. Comparison of IR techniques for the characterization of construction cement minerals and hydrated products[J]. Applied Spectroscopy, 1996, 52(8): 970-976.

[9] Hughes T L, Methven C M, Jones T G J, et al. Determining cement composition by Fourier transform infrared spectroscopy[J]. Advanced Cement Based Materials, 1976, 2: 91-104.

[10] Ghosh S N, Chatterjee A K. Infrared spectra of some selected minerals, rocks and products[J]. Journal of Materials Science, 1978, 13: 1877-1886.

[11] Ylm N R, J Glid U, Steenari B M, et al. Early hydration and setting of Portland cement monitored by IR, SEM and Vicat techniques[J]. Cement and Concrete Research, 2009, 39(5): 433-439.

[12] Barnett S J, Macphee D E, Lachowski E E, et al. XRD, EDX and IR analysis of solid solutions between thaumasite and ettringite[J]. Cement and Concrete Research, 2002, 32(5): 719-730.

[13] García Lodeiro I, Macphee D E, Palomo A, et al. Effect of alkalis on fresh C-S-H gels FTIR analysis [J]. Cement and Concrete Research, 2009, 39(3): 147-153.

[14] Števula L, Madej J, Koznkov J, et al. Hydration products at the blastfurnace slag aggregate-cement paste interface[J]. Cement and Concrete Research, 1994, 24(3): 413-423.

[15] Puligilla S, Mondal P. Co-existence of aluminosilicate and calcium silicate gel characterized through selective dissolution and FTIR spectral subtraction [J]. Cement and Concrete Research, 2015, 70: 39-49.

[16] Liang T, Nanru Y. Hydration products of calcium aluminoferrite in the presence of gypsum[J]. Cement and Concrete Research, 1994, 24(1): 150-158.

[17] de la Torre Á G, de Vera R N, Cuberos A J M, et al. Crystal structure of low magnesium-content alite: Application to rietveld quantitative phase analysis[J]. Cement and Concrete Research, 2008, 38(11): 1261-1269.

[18] de Noirfontaine M N, Dunstetter F, Courtial M, et al. Polymorphis of tricalcium silicate, the major compound of Portland cement clinker[J]. Cement and Concrete Research, 2006, 36(1): 54-64.

[19] Nishi F, Takéuchi Y, Watanabe I. Tricalcium silicate $Ca_3O[SiO_4]$: The monoclinic superstructure[J]. Zeitschrift für Kristallographie: Crystalline Materials, 1985, 172(3-4): 297-314.

[20] Jeffery J W. The crystal structure of tricalcium silicate[J]. Acta Crystallographica, 1952, 5(26): 24-35.

[21] Taylor H F W. Cement Chemistry[M]. 2nd ed. London: Thomas Telford, 1997.

[22] Golovastikov N I, Matveeva R G, Belov N V. Crystal structure of the tricalcium silicate $3CaO \cdot SiO_2=C_3S$[J]. Soviet Physics-Crystallography, 1975, 20(4): 441-445.

[23] Takéuchi F N Y. The rhombohedral structure of tricalcium silicate at 1200℃[J]. Zeitschrift Für Kristallographie, 1984, 168(2): 197-212.

[24] Ll'Inets A M, Malinovskii Y A, Nevskii N N. Crystal structure of the rhombohedral modification of tricalcium silicate Ca_3SiO_5[J]. Soviet Physics Doklady, 1985, 33(3): 191.

[25] Mumme W G. Crystal structure of tricalcium silicate from a Portland cement clinker and its application to quantitative XRD analysis[J]. Neues Jahrbuch fuer Mineralogie: Monatshefte, 1995, 4: 145-160.

[26] Maki I. Relationship of processing parameters to clinker properties: Influence of minor components[C]//8th International Congress on the Chemistry of Cement, Rio de Janeiro, 1986: 35-47.

[27] Peterson K V, Hunter B A, Ray A. Tricalcium silicate T1 and T2 polymorphic investigations: Rietveld refinement at various temperatures using synchrotron powder diffraction[J]. Journal of

the American Ceramic Society, 2004, 87(9): 1625-1634.

[28] Peterson V K. A Rietveld refinement investigation of a Mg-stabilized triclinic tricalcium silicate using synchrotron X-ray powder diffraction data[J]. Powder Diffraction, 2004, 19(4): 356-358.

[29] Urabe K, Nakano H, Morita H. Structural modulations in monoclinic tricalcium silicate solid solutions doped with zinc oxide, M(I), M(II), and M(III)[J]. Journal of the American Ceramic Society, 2002, 85(2): 423-429.

[30] Courtial M, de Noirfontaine M N, Dunstetter F, et al. Polymorphism of tricalcium silicate in Portland cement: A fast visual identification of structure and superstructure[J]. Powder Diffraction, 2003, 18(1): 7-15.

第3章 阿利特晶体结构的研究

3.1 研究概况

阿利特不同变体具有非常相似的XRD结果和较小的转变热焓，转变速度快，研究难度大，使它的结构研究工作受到严峻挑战，已有研究情况见表3-1-1。阿利特微小单晶颗粒的获得十分困难，其多晶结构至今尚未被充分理解。

Jeffery 最早合成了纯C_3S单晶，测定了C_3S的晶体结构。通过研究纯C_3S、从熔融$CaCl_2$重结晶得到的阿利特(含 MgO 和Al_2O_3杂质)以及从熟料中提取的阿利特(含 MgO、Al_2O_3、FeO、Fe_2O_3、MnO 和P_2O_5杂质)单晶，Jeffery 最早推演出 R 晶型晶胞结构，其空间群为 R3m，a=7.0Å，c=25.0Å。后来，Nishi 等研究了 1200℃掺杂 Al 的阿利特结构，修正了上述结果，测定的晶胞参数为a=b=7.135Å，c=25.586Å，空间群为 R3m；1985 年 Ll'Inets 等重新合成单晶，研究了C_3S的 R 晶型结构，确定其空间群为 R3m，a=7.057Å，c=24.974Å。

阿利特的M3晶型单斜结构也是首先由Jeffery[1]从$54CaO \cdot 16SiO_2 \cdot Al_2O_3 \cdot MgO$的单晶来确定的。他用2个Al原子和1个Mg原子取代3个Si原子的掺杂方式，确定单斜晶系C_3S的空间群为Cm，晶胞参数为a=33.08Å，b=7.07Å，c=18.56Å，β=94°10′。Nishi 等[2]在 1985 年也研究了单斜晶系的阿利特，晶胞参数为a=33.083Å，b=7.027Å，c=18.499Å，β=94.12°，认为 M3 这种超晶格结构具有大的单位晶胞 4312Å^3。1995 年 Mumme[3]通过单晶制备，得出单斜 M3 晶型的晶胞参数为 a=12.235Å，b=7.073Å，c=9.298Å，β=116.31°，空间群为 Cm。后来de la Torre 等[4]为了便于熟料定量分析，采用同步辐射和中子衍射结合 Rietveld 精修方法对 M3 型阿利特的晶体结构模型进行了简化，其晶胞参数为a=33.108Å，b=7.036Å，c=18.521Å，β=94.14°，空间群为 Cm。

三斜晶系的C_3S至今仅测得了 T1 晶型的结构参数，其他变体似乎具有相似的结构。1975 年 Golovastikov 等[5]测定了 T1 晶型的纯C_3S结构，确定其晶胞参数为a=11.67Å，b=14.24Å，c=13.72Å，α=105°30′，β=94°20′，γ=90°，空间群为P1。Peterson 等[6]采用同步辐射研究纯C_3S的 T1 和 T2 晶型(高温)结构模型，表明T1 和 T2 均具有超晶胞结构，Golovastikov 测得的 T1 晶型结构可以作为 T1 和 T2超结构的亚晶胞结构，并在 Golovastikov 给出的单晶数据基础上，得到了 T2 晶型的结构模型。T3 晶型不具有超晶胞结构，Golovastikov 测得的 T1 结构同样适用于 T3 晶型，同样基于 Golovastikov 给出的单晶数据，de la Torre 等[7]采用粉末衍射精修了 T3 晶型的结构。

表 3-1-1　由 X 射线粉末衍射、差热分析和光学显微镜观察的 C_3S 多种变体

温度/℃	晶型	差热分析	转变热焓 /(J/kg)	光学显微镜
1070	R 纯	无	—	M3→R(孪晶和显著的可见光性能差异)
1060	M3 Zn 掺杂	M2→M3(无)	—	M3 M1，M2→M3(孪晶和显著的可见光性能差异)
990	M2 纯	M1→M2(弱可逆转变峰)	0.05	M1，M2 无显著差异
980	M1 纯	T3→M1(尖锐可逆转变峰)	0.5	T3→M3(孪晶和显著的可见光性能差异)
920	T3 纯	T2→T3(宽大可逆转变峰)	1.0	T2，T3 无差异
620	T2 纯	T1→M2(强可逆转变峰)	0.6	T1，T2→T3(显著的可见光性能差异)
20	T1 纯	冷区过程无转变	—	T1

综上所述，尽管对阿利特的微结构研究已有近百年的历史，但至今阿利特不同变体的精确结构及结构差异仍然未知。目前，阿利特的 R、M3、T1 晶型结构已经用 X 射线单晶法确立，随着 Rietveld 精修方法的应用，T2、T3、M1 晶型也已由 Rietveld 粉末衍射实验获得，M2 晶型的结构模型目前尚未见报道。通过已经测定的晶体结构可以发现，现在所熟知的 R、T1、M3 晶型变体具有非常相似的结构，这种结构由 Ca^{2+}、SiO_4^{2-} 和 O^{2-} 构建而成，O^{2-} 如同 CaO 中的氧一样，仅与 6 个 Ca^{2+} 键合。从 Ca^{2+}、O^{2-} 及 Si 原子的位置来看，所熟知的结构都是极其相似的，只是在 $[SiO_4]$ 四面体的取向上存在显著差异。最高对称晶型 R 的空间群为 R3m，采用三轴定向，晶胞中所有 $[SiO_4]$ 四面体的顶点取向平行于 c 轴，沿 c 轴向上为 U 取向，向下为 D 取向。M3 晶型空间群为 Cm，其超晶胞结构中含有 6 个以三个 $[SiO_4]$ 四面体为一组的单元；M3 晶型亚晶胞大小与 R 晶型晶胞接近，含有 3 个 $[SiO_4]$ 四面体，它们沿高温 R 晶型结构的伪三次轴排列，存在 U、D 和完全脱离伪三次轴方向的 G 三种取向；与 R 和 T1 晶型结构对比，M3 结构中 $[SiO_4]$ 四面体取向的无序性具有介于 R 和 T1 晶型之间的特点。C_3S 的不同变体结构中 $[SiO_4]$ 四面体的取向不同，从而表现出不同程度的无序性。

3.2　三斜(T 晶型)晶系阿利特晶体结构的研究

由于 C_3S 是由稳定相 C_2S 与 CaO 进一步发生固溶反应形成的产物，是热力学亚稳态，一般难以通过 SiO_2 与 CaO 的固相反应直接生成。从 SiO_2-CaO 二元相图可以看出，C_3S 在 2150℃是不一致熔融反应，并且因为 CaO 的熔点(2570℃)比

SiO_2 的熔点(1723℃)高很多，所以长期以来众多学者大都是以合成的 C_3S 粉末进行 X 射线衍射图谱经结构精修来分析其晶体结构参数，其研究结果显然是不精细的。虽然 1975 年苏联科学家 Golovastikov 等[5]曾对 C_3S 的晶体结构进行过测定，但受当时的测试条件限制，其 R 因子达 0.097，误差较大，并且没有给出晶胞中各原子的位置误差。在前人研究基础上，通过纯 C_3S 单晶的制备，进一步解析了三斜 C_3S 的晶体结构。

3.2.1 三斜(T 晶型)晶系 C_3S 微单晶的合成

1. C_3S 预烧结试样的合成

以分析纯的 $CaCO_3$ 和 SiO_2 为原料，按 3mol CaO 和 1mol SiO_2 的比例配料 120g，在玛瑙球磨机中湿磨 4h，烘干、压片，将试样置于铂金坩埚，在硅钼炉中经 1450℃、1530℃和 1580℃的温度煅烧三次，每次保温 1h。试样每次煅烧后随炉冷却，取出后在玛瑙研钵中磨细至 10μm 以下，再压片煅烧。

2. C_3S 试样的预烧结

将采用上述工艺合成的粉末试样装入塑胶球囊中，玻璃棒捣实成长约 50mm、直径为 8mm 的试棒坯料，抽真空，置于油压机中在 68MPa 的压力下稳压 40s。从塑胶球囊中取出试棒料坯后，在 Vetical Molysili Furnace 硅钼炉(型号 VF 1800)中 1650℃的温度下用铂金丝吊烧 1h，制备出预烧结试棒。

3. C_3S 微单晶微粒试样的制备

采用山东大学晶体材料国家重点实验室的高温光浮区熔生长炉(high temperature optical floating zone furnace，型号 FZ-T-12000-X-I-S-Su)。将预烧结试棒置于高温光浮区熔生长炉中，从室温经 2h 升温至约 2000℃，以每小时 0.3mm 和 0.5mm 的激光束移动速度，在预烧结试棒的中段熔制出一段约 4mm 的熔融区域，然后经 3h 随炉冷却至室温，取出并密封送结构分析。

3.2.2 三斜(T 晶型)晶系 C_3S 晶体结构测定

采用厦门大学的 Bruker AXS CCD 单晶衍射仪对 C_3S 单晶微粒的晶体结构进行精确的结构分析。其实验条件为：MoKα 射线，石墨单色器，50kV/40mA，扫描方式：3 个区域 φ=0°、90°、180°，$\Delta\omega$=0.3°，χ=54.74°，每个区域 600 张照片。对原始数据进行了 LP 因子校正及吸收校正，使用 Shelx'97 软件包对晶体结构进行分析，用直接法和差值电子密度函数法获得全部原子的原子坐标。通过最小二乘法精修，最后获得其 R 因子为：R1=0.0358(N_{gt}=8729)，wR2=0.1034(N_{all}=9719)，精修参数个数为 736 个。获得的 C_3S 晶体结构如图 3-2-1 所示，C_3S 晶体结构的精修数据见表 3-2-1，具体结构数据请见本书附表。

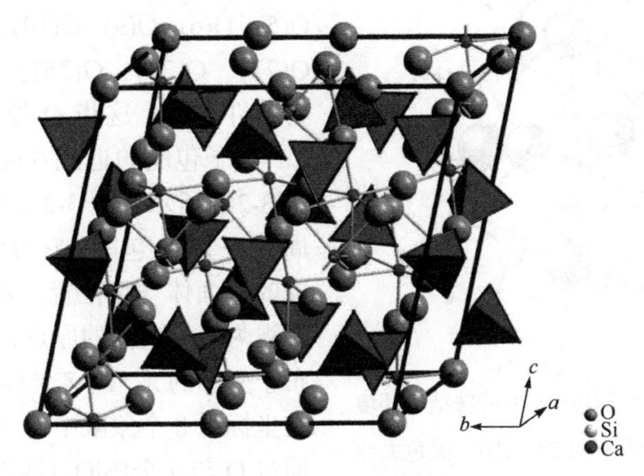

图 3-2-1　C_3S 的晶体结构

表 3-2-1　C_3S 晶体结构的精修数据(具体结构参数详见附表)

类别	Ca_3SiO_5
晶粒尺寸，颜色	0.22m×0.20m×0.15m，无色
分子量 *Z*	228.33，18
晶系，空间群	三斜，P1(No.2)
晶胞参数	a=13.719(2)Å，b=14.291(3)Å，c=11.745(2)Å，α=90.235(3)°，β=94.395(3)°，γ=104.306(4)°
晶轴比	a/b=0.9600，b/c=1.2168，c/a=1.1681
晶胞体积，密度	V=2224.1(7)$Å^3$，3.068g/cm^3
射线/Å，温度 t/K	MoKα(0.71073，石墨单色器)，295(2)
参数 μ，F(000)，$2\theta_{max}$	3.514mm^{-1}，2052，56.48°
米勒指数 e	$-17\leqslant h\leqslant 18$，$-18\leqslant k\leqslant 18$，$-15\leqslant l\leqslant 15$
Rint，Rσ(I)	0.0240，0.0341
拟合度，Npara	1.000，736
Rgt(No.)，wRall(No.)	0.0358(8729)，0.1034(9719)
LDPH，Pearson 码	1.320，−1.443，aP162
SDABD	Ca—O=0.002，Si—O=0.002

注：LDPH 表示电子密度峰/孔的最大差异(e/$Å^3$)；SDABD 表示平均键距的标准差；Rint 表示等效衍射点的平均偏差；Rσ(I)表示等效衍射点的平均方差；Rgt 表示可观测衍射点的残差因子；wRall 表示全部衍射点的权重残差因子。

在 C_3S 晶体结构中，Si 与 O 构成四配位，并形成孤立的[SiO_4]四面体岛状结构单元，即它不与其他[SiO_4]四面体相连。Ca 的配位数可为 5、6 和 7。孤立的[SiO_4]四面体之间通过 Ca 连接形成三维架状结构。此外不难发现，在 C_3S 晶胞

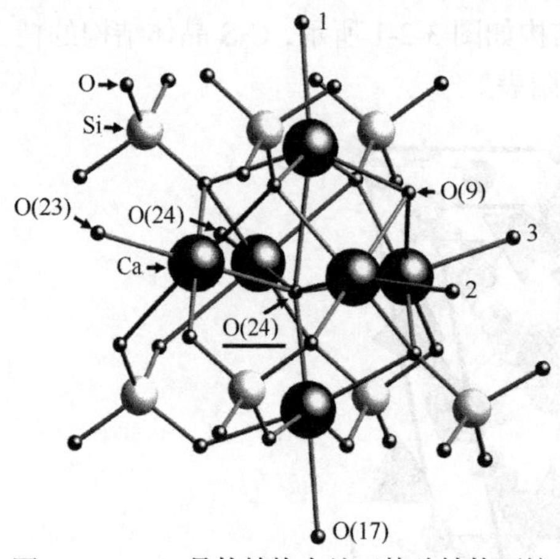

图3-2-2　C_3S晶体结构中处于特殊结构环境的O原子的示意图(以O(24)为例，黑色大球为Ca、白色中球为Si、黑色小球为O)

的45个O原子中有9个O原子处于与其他O原子不同的结构环境，它们是O(5)、O(6)、O(9)、O(10)、O(16)、O(17)、O(23)、O(24)、O(25)。其结构环境的特殊性在于：这些O原子处于由6个Ca原子包围的近似八面体空隙中，如图3-2-2所示。图3-2-2中心的O(24)被周围6个Ca包围，它可以看成由Ca形成的八面体空隙位置。若将O(24)的位置视为直角坐标的原点，则6个Ca分布于坐标的*X*、*Y*、*Z*坐标的正、负轴上。在坐标系8个象限中的7个象限上，Ca通过O与7个[SiO_4]四面体相连接，余下的1个象限通过O(9)与其他3个Ca相邻，也就是说O(9)位置与O(24)类似，也为八面体空隙位置。同时在坐标轴轴向上的其中3个O[O(17)、O(23)和O(24)]也处于八面体空隙位置上，只有在图3-2-2中标示的1、2和3位置的轴向上O为非八面体空隙位置。值得指出的是，处于八面体空隙位置上的O不与离子半径较小的阳离子相连，因此具有较大的活性。这可能是C_3S具有较高水化反应活性的重要原因之一。

3.3　单斜(M晶型)和三方(R晶型)晶系阿利特晶体结构的研究

3.3.1　多离子复合掺杂制备M晶型或R晶型阿利特微单晶

为了制备出单斜(M晶型)或三方(R晶型)晶系的C_3S微晶体，采用前述合成T晶型C_3S单晶的合成工艺，通过引入不同种类和数量的外来离子，稳定C_3S高温晶型，进行多次探索实验。合成实验所制备样品的化学组成见表3-3-1。

表3-3-1　合成M晶型或R晶型样品的化学组成

编号	化学组成
TA1	纯C_3S：CaO：SiO_2=3：1(物质的量比)
TA2	CaO：SiO_2=3：1(物质的量比)，内掺1.34% CaF_2和0.83% $Ca_3(PO_4)_2$ (质量分数)
TA3	CaO：SiO_2=3：1(物质的量比)，外掺Al_2O_3、MgO、Fe_2O_3各1%(质量分数)

由于在 TA2、TA3 试样中加入了助熔组分，采用高温光浮区熔法使原料部分熔融，形成透明度不高、结晶质量不好的微细晶粒，其余大部分仍为未烧结成的粉末和玻璃相。微细晶粒大多数呈现弱衍射斑点，还有许多衍射斑点出现“拖尾”，表明许多大晶粒中包含小晶体，没有生长成较完整的可供测试的微晶体，没有取得预期实验结果，如图 3-3-1 所示。

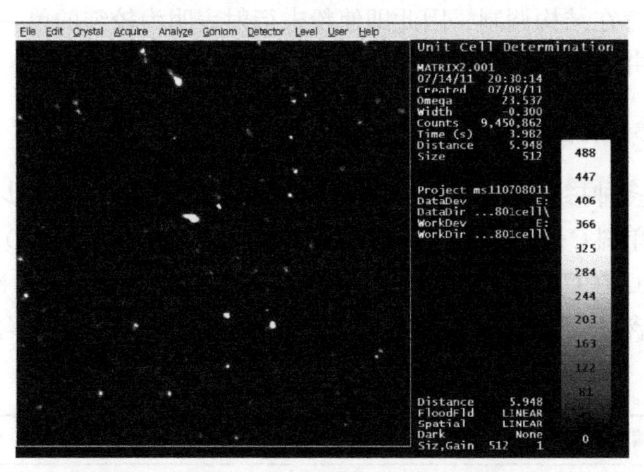

图 3-3-1　第一批合成掺杂试样的衍射斑点图

为了测试和验证合成试样的组成及晶型，将试样中结晶状态较好的微细晶粒进行特别挑选，将挑选的微细晶粒进行 X 射线粉末衍射实验，其 X 射线粉末衍射实测图谱如图 3-3-2 所示。由图可见，样品中含有一定量的非晶态物质，而其结晶相仍主要为 C_3S，且体现出三斜晶型 C_3S 的衍射峰特征。这表明，采用上述掺杂组分并不能合成稳定的 M 晶型或 R 晶型 C_3S 晶体。值得提及的是，粉末 C_3S 合成却能获得以 M 晶型或 R 晶型 C_3S 为主要晶相组成的样品，究其原因，可能是高温光浮区熔合成制备过程中工艺参数失当，或需要探索新的掺杂组分。

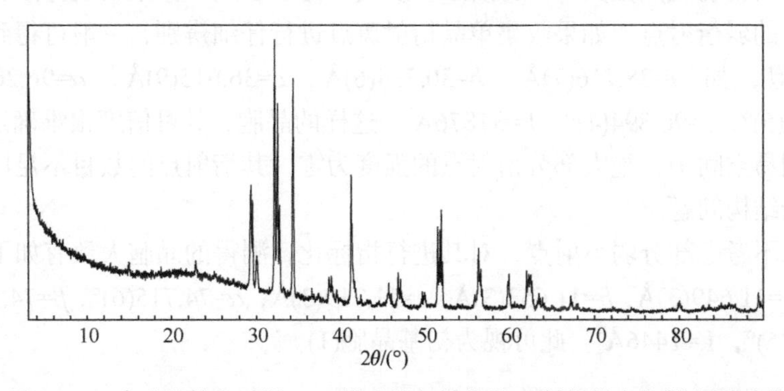

图 3-3-2　合成的掺杂试样 TA3 精选微细晶粒的 X 射线粉末衍射实测图谱

为避免高温光浮区熔法导致易挥发组分的损失，作者将掺杂组分完全相同的第一批预烧成试样送往美国宾夕法尼亚州立大学材料研究所进行微波快速合成制备，虽经多次反复实验，最终仍未能获得所期望的 M 晶型或 R 晶型微晶粒，而是相组成不明确的混合相。这主要由于粉末衍射是统计的测试结果，而单晶衍射需要达到一定尺寸的微单晶才能给出可靠的结果，而实际上通过掺杂制备的C_3S固溶体，往往存在结构调制，因此即使粉末衍射表明为较纯的单一晶相，单晶衍射结果也往往并不是纯的单一晶相。

3.3.2 MgO 掺杂制备 M 晶型或 R 晶型阿利特微单晶

为了减少多种掺杂组分所造成的成分不均匀性的影响，进一步以一种掺杂组分为主，进行单斜C_3S固溶体微单晶的合成。已有研究表明，MgO 可以稳定单斜晶型C_3S。MgO 在C_3S中的最高固溶量约为 2%。因此，根据掺杂 MgO 稳定单斜晶型C_3S所需含量，按表 3-3-2 所给出的不同 MgO 掺量进行单晶合成实验。

表 3-3-2 MgO 掺杂的 C_3S 微单晶合成试样的化学组成

试样编号	主组分	外掺 MgO/%
C1	3mol CaO+1mol SiO_2	0.301
C2	3mol CaO+1mol SiO_2	0.917
C3	3mol CaO+1mol SiO_2	1.07
C4	3mol CaO+1mol SiO_2	1.33

实验流程与合成 T 晶型C_3S微单晶相同，采用高温光浮区熔法制备样品。样品制备完成后，采用厦门大学的 Bruker AXS CCD 单晶衍射仪对所得样品进行晶体结构分析。但遗憾的是，合成的样品均是难以进行精确分析的混合相或超结构，典型样品的衍射斑点如图 3-3-3 所示。从图中可以看到，掺杂后的样品往往出现许多额外的弱衍射点。如果收集单晶衍射斑点进行仔细辨别，一般可得到一个很大的晶胞，如 a=28.716(7)Å，b=30.734(6)Å，c=36.615(9)Å，α=96.202(5)°，β=91.188(5)°，γ=96.894(4)°，V=31876Å^3。这样的晶胞，其可信度很难确定。同时由于在倒易空间中，绝大部分衍射点的强度为零，其衍射点的数目不足以解决这样的复杂结构问题。

如果不考虑部分弱衍射点，对其进行指标化，测得的晶胞大致有如下 7 种：

(1) a=11.649(3)Å，b=11.653(3)Å，c=11.719(3)Å，α=74.715(6)°，β=74.592(4)°，γ=74.606(5)°，V=1446Å^3。此可视为初基晶胞(1)。

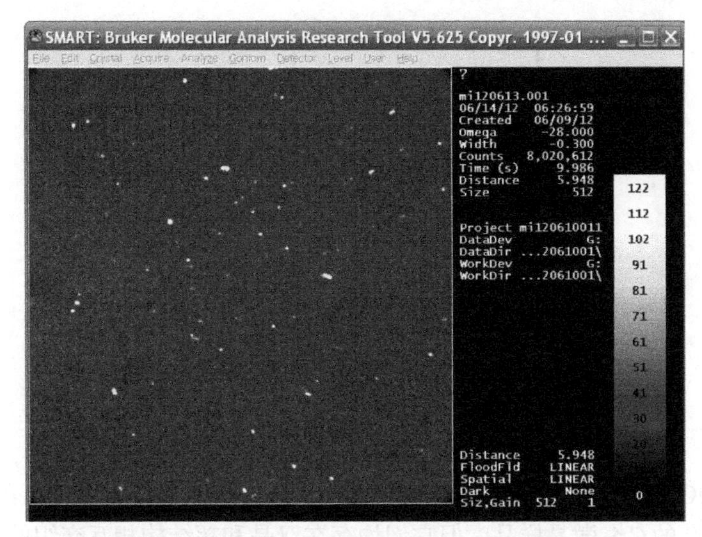

图 3-3-3　MgO 掺杂的典型 C_3S 微单晶衍射斑点图

(2) a=18.590(5)Å, b=14.160(3)Å, c=11.653(3)Å, α=90°, β=109.423(6)°, γ=90°, V=2893Å^3。此为单斜 C 格子晶胞(2)。

(3) a=14.122(3)Å，b=14.122(3)Å，c=25.009(6)Å，α=90°，β=90°，γ=120°，V=4319Å^3。此为三方 R 格子晶胞(3)。

(4) a=13.733(4)Å，b=14.213(5)Å，c=11.660(3)Å，α=90.044(7)°，β=94.576(9)°，γ=104.911(5)°，V=2192Å^3。此为三斜晶胞(4)。

(5) a=52.967(11)Å, b=14.197(3)Å, c=11.656(3)Å, α=90°, β=94.734(6)°, γ=90°, V=8735Å^3。此为单斜晶胞(5)。

(6) 如果考虑前人报道过的晶胞参数[8]，则有 a=7.135(6)Å，b=7.135(6)Å，c=25.586(15)Å，α=90°，β=90°，γ=120°，V=1128.03Å^3。此为三方 R 格子亚晶胞(6)。

(7) a=33.1078(6)Å, b=7.0355(1)Å, c=18.5211(4)Å, α=90°, β=94.137(1)°, γ=90°, V=4303Å^3。此为单斜 C 格子超晶胞(7)。

上述 7 种 C_3S 晶胞之间存在一定的相互转换关系。也就是说，其余 6 种晶胞均可看成由初基晶胞(1)演变而成。该晶胞内的原子有序化方式不同，即形成不同的晶胞，其间轴长和轴角的细微变化，导致了三斜、单斜和三方晶胞的形成。所有晶胞均为近似菱面体晶胞轴长 11.7 Å 或其($1\bar{1}0$)向量 14.2Å 的倍数。14.2Å 相当于[OCa_6]八面体和[SiO_4]四面体棱长之和的 2 倍(图 3-3-4)。也就是说，目前已知的所有 C_3S 晶胞都可以看成[OCa_6]八面体和[SiO_4]四面体由不同有序化组合形成的。

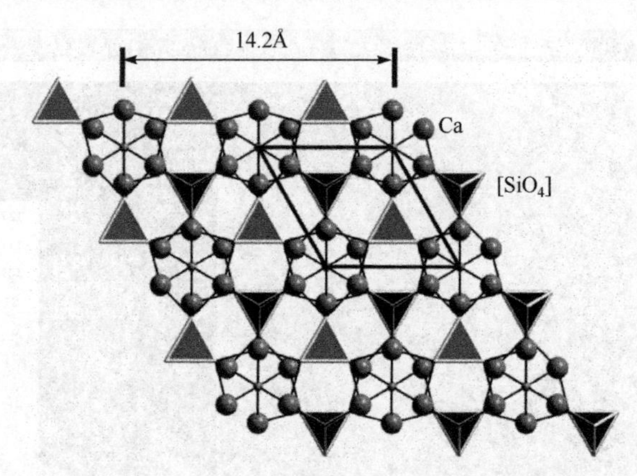

图 3-3-4 C_3S 晶体结构中的初基晶胞示意图

在 MgO 掺杂的 C_3S 样品中，由于找不到真正的单晶样品，尝试测量了上百个 MgO 掺杂的 C_3S 微晶样品，但它们均存在双晶和超结构相互交织的复杂情况。

因此，尽管对 C_3S 初基晶胞(1)和单斜 C 格子晶胞(2)及三方 R 格子晶胞(3)进行单晶结构分析，但因双晶和超结构问题，只能得到部分重原子的原子位置。由于样品无序问题，部分氧原子无法确定其原子位置。若舍弃三方 R 格子晶胞(3)的部分弱衍射点，则可得空间群为 R3m(166)的亚晶胞，晶胞参数为 a=7.0608(17)Å，c=25.009(6)Å，V=1080Å^3，Z=9，但存在部分氧原子无序。其 R1=0.0944，wR2=0.2275。因存在双晶，其 Rint=0.1038，显然其 R 因子较大，即精度较低，误差较大，不宜作为该晶体结构的准确数据。

3.4 本 章 小 结

(1) 获得了三斜(T 晶型)晶系 C_3S 的晶体结构参数，且结构数据的精度目前处于国际水平。但采用高温光浮区熔法始终未能合成出单斜(M 晶型)和三方(R 晶型)晶系 C_3S 单相微晶粒，因而未能获得这两种晶型的精确结构参数，可能需要探索新的合成工艺。

(2) C_3S 晶胞的 45 个 O 原子中有 9 个 O 原子处于与其他 O 原子不同的结构环境，它们是 O(5)、O(6)、O(9)、O(10)、O(16)、O(17)、O(23)、O(24)、O(25)。其结构环境的特殊性在于：这些 O 原子处于由 6 个 Ca 原子包围的近似八面体空隙中。

参 考 文 献

[1] Jeffery J W. The crystal structure of tricalcium silicate[J]. Acta Crystallographica, 1952, 5(26): 24-35.

[2] Nishi F, Takéuchi Y, Watanabe I. Tricalcium silicate Ca_3OSiO_4: The monoclinic superstructure[J]. Zeitschrift fuer Kristallographie, 1985, 172(3-4): 297-314.

[3] Mumme W G. Crystal structure of tricalcium silicate from a Portland cement clinker and its application to quantitative XRD analysis[J]. Neues Jahrbuch fur Geologie und Palaontologie-Monat, 1995, 4: 145-160.

[4] de la Torre Á G, Bruque S, Campo J, et al. The superstructure of C_3S from synchrotron and neutron powder diffraction and its role in quantitative phase analyses[J]. Cement and Concrete Research 2002, 32(9): 1347-1356.

[5] Golovastikov N I, Matveeva R G, Belov N V. Crystal structure of the tricalcium silicate $3CaO \cdot SiO_2 = C_3S$ [J]. Soviet Physics: Crystallography, 1975, 20(4): 441-445.

[6] Peterson K V, Hunter B A, Ray A, et al. Tricalcium silicate T1 and T2 polymorphic investigations: Rietveld refinement at various temperatures using synchrotron powder diffraction[J]. Journal of the American Ceramic Society, 2004, 87(9): 1625-1634.

[7] de la Torre Á G, de Vera R N, Cuberos A J M, et al. Crystal structure of low magnesium-content alite: Application to Rietveld quantitative phase analysis[J]. Cement and Concrete Research 2008, 38(11): 1261-1269.

[8] Nishi F, Takéuchi Y. The rhombohedral structure of tricalcium silicate at 1200℃[J]. Zeitschrift Fuer Kristallographie, 1984, 168: 197-212.

第4章 离子固溶稳定阿利特多晶态的规律及机制

4.1 研究概况

熟料中C_3S往往固溶有不同种类和含量的外来离子，以C_3S固溶体(阿利特)形式存在。纯C_3S只能以T1晶型存在，C_3S的其他高温型变体必须在离子的固溶稳定作用下，才能在室温获得。作为熟料中最主要的胶凝矿相，C_3S的性能对水泥水化能力、水泥和混凝土性能以及辅助性胶凝材料用量等产生直接影响。因此，深入研究离子固溶对C_3S多晶态的稳定作用以及固溶所致的晶体结构差异，充分发挥固溶离子优化提高C_3S强度的作用，是在不增加能耗的情况下，提高熟料强度的根本途径，对于优化提高硅酸盐水泥强度具有重要意义。

4.1.1 离子在阿利特中的固溶

杂质离子在C_3S基质晶体中占据的位置与其电价、离子半径、极性、配位数及电负性等化学结构参数有关。C_3S属于岛状硅酸盐结构，在C_3S晶体中，Ca^{2+}的离子半径较大，进入氧配位八面体，Si^{4+}进入氧四面体，主要有两种配位多面体：$[SiO_4]$四面体和$[CaO_6]$八面体。表4-1-1列出了阿利特中常见元素离子的化学结构参数及外来离子固溶取代类型。由表可以看出：①碱金属离子电价和Ca^{2+}电价不同，与Si^{4+}的半径及电价差异极大，Na^+、K^+仅发生Ca^{2+}位取代，K^+取代Ca^{2+}产生氧空位平衡，Na^+取代Ca^{2+}同时占据间隙位置，还伴随有一些氧空位的产生，而Li^+的半径较小，可以同时发生Ca^{2+}和Si^{4+}取代[1, 2]。②碱土金属Mg^{2+}、Ba^{2+}、Sr^{2+}的电价与Ca^{2+}相同，且半径相近，对应氧化物与CaO的构型相同，在C_3S中置换Ca^{2+}形成置换固溶体。③p区Al、Ga、S、P、F元素，随着电负性的增大取代位置按照Ca/Si→Si→O顺序变化。④d区Cr、Mn及Fe元素离子半径介于Si^{4+}和Ca^{2+}之间，电负性则与 Si(1.8)接近，所以在C_3S中既可以置换Ca^{2+}，也可以置换Si^{4+}。一般而言，二价极性较小的取代Ca^{2+}，而Mn^{4+}和Ti^{4+}电价高且极性较高取代Si^{4+}。而其他电价的离子情况较复杂，会产生一定数量的阳离子空位。⑤ds区元素Cu^{2+}和Zn^{2+}电价、半径与Ca^{2+}接近，主要取代Ca^{2+}。过渡金属离子置换量有限，超过一定限度则可能与碱性氧化物形成独立矿物[3]。

当离子复合掺杂时，缺陷反应发生交互作用。有些离子复合掺杂有利于缺陷反应平衡，可以促进固溶取代反应。例如，阿利特中氟含量增加，可增大 Al^{3+} 和 S^{6+} 在两种硅酸钙中对 Si^{4+} 的双取代作用：$3Si^{4+} \rightarrow S^{6+} + 2Al^{3+}$ [4]。P^{5+} 置换 Si^{4+} 和 F^- 置换 O^{2-} 带来的附加正电荷，可以由 Al 置换 Si 附加的负电荷来平衡，因此随着氟磷的引入，Al^{3+} 的固溶量增加，Fe^{3+} 的固溶量减少[5]。

离子在 C_3S 中的固溶度直接关系到 C_3S 的亚稳性，表 4-1-2 列出了不同研究者得出的不同离子在相应温度时的固溶度(以氧化物质量分数计)。由表 4-1-2 可以看出，杂质离子在 C_3S 中的固溶度与离子的化学结构参数及温度等有关。与 Fe^{3+}、Al^{3+} 相比，Mg^{2+} 半径及电价更接近 Ca^{2+}，相同温度(1550℃)下，MgO 在 C_3S 中的固溶度高于 Al_2O_3、Fe_2O_3 [6]。由于高温时 C_3S 晶体结构中可以容纳更多的离子，温度对取代过程起决定性作用[7]。

表 4-1-1　阿利特中常见元素离子的化学结构参数及其在 C_3S 中的固溶取代类型

离子	离子半径/pm	配位数	电负性	取代类型
O^{2-}	140	—	3.44	—
F^-	136	—	3.98	F→O[8]
Li^+	60	6*	0.98	Li→Ca/间隙/Si[1]
Na^+	95	12	0.93	Na→Ca/间隙[1]
Ca^{2+}	99	6，8	1	—
Sr^{2+}	113	8*	0.95	Sr→Ca [9]
K^+	133	12	0.82	K→Ca[1]
Ba^{2+}	138	12	0.89	Ba→Ca[10]
Mn^{2+}	80	6	1.55	Mn→Ca [11]
Mg^{2+}	65	6	1.51	Mg→Ca[12]
Zn^{2+}	74	4	1.65	Zn→Ca[13]
Cu^{2+}	72*	4	1.9	Cu→Ca[14]
Ti^{4+}	68	6	1.54	Ti→Si[15]
Cr^{3+}	64	6	1.66	Cr→Ca/Si[16]
Al^{3+}	50	4，6	1.61	Al→Ca/Si/空位[6]
Ga^{3+}	62	6	1.81	—
Fe^{3+}	60	6	1.83	2Fe→Ca+Si[6]
Mn^{4+}	52*	4*	1.55	Mn→Si[11]
Si^{4+}	41	4	1.9	—
P^{5+}	34	4	2.19	P→Si[11]
S^{6+}	29	4	2.58	S→Si[4, 17]

注：离子半径为鲍林(Pauling)半径；特殊标有*为戈尔德施米特(Goldschmidt)离子半径。电负性为鲍林标度；配位数标注有*表示根据鲍林规则计算。

4.1.2 离子固溶对阿利特多晶态的稳定作用

C_3S 在 1250℃时发生分解，形成 C_2S 和 CaO，因此 C_3S 必须经快速冷却才可在室温下获得。C_3S 不同变体转变速度极快，极有可能属于位移型结构相变，室温下纯 C_3S 仅以 T1 晶型存在，高温晶型不能通过速冷获得。外来离子的固溶，不仅可以防止 C_3S 在冷却过程中的分解，还可稳定 C_3S 的高温型变体。室温下，C_3S 的晶型取决于固溶离子的种类及数量[18]。表 4-1-2 总结了不同离子固溶对 C_3S 多晶态的稳定作用。由表可以看出，对于特定的离子，随着其固溶量的增加，C_3S 的更高温晶型(更高对称性)可以被稳定，C_3S 的固溶体由高温晶型转变为低温晶型往往需要固溶离子的脱溶才可实现[19]；而随着 C_3S 晶型对称性提高，能够使其稳定的离子种类减少。目前的报道中，只有 BaO 可稳定 T3，BaO 或 ZnO 在一定掺量时可稳定 M2，ZnO 曾被报道可以稳定 M3[20]，ZnO、TiO_2 及 CuO 可以稳定 R 晶型。需说明的是，不同研究者由于实验条件、测试误差等的差异，所得到的某一离子稳定特定晶型所需的具体固溶量范围有一定的差别，但离子稳定 C_3S 多晶态能力(可以稳定的晶型范围)的研究结果基本一致。

与离子单掺作用相比，多种离子的复合作用更容易稳定 C_3S 的高温晶型。五组元 $Ca_{3-x-y}Mg_xAl_y(Si_{1-y}Al_y)O_5$ 可以呈现 T1、T3、M3 晶型[21]。少量 Mn 和 P 元素离子的复合掺杂即可稳定 M3 晶型阿利特[11]。复合掺杂氟磷对改变阿利特对称性有显著作用，只要掺杂 0.4% P_2O_5 和 0.7% CaF_2 即可使 R 晶型阿利特在室温下稳定[22]，只掺杂 3%萤石矿化剂的熟料中，阿利特可稳定为三方晶型[23]。

表 4-1-2 离子对 C_3S 多晶态的稳定作用及其氧化物在 C_3S 中的固溶度 (单位：%)

类别	T1	T2	T3	M1	M2	M3	R	固溶极限(温度)研究者
Li_2O[1]	0～0.5	0.5～1.2	—	—	—	—	—	1.2 (1500℃)
Na_2O[1]	0～0.7	1.3～1.4	—	—	—	—	—	1.4 (1500℃)
K_2O[1]	0～1.3	0.7～1.4	—	—	—	—	—	1.4 (1500℃)
MgO[18]	0.0～0.55	0.55～1.45	—	1.45～2	—	—	—	2.0 (1550℃)
BaO[10]	0.5，1	2	—	4	—	—	—	1.85 (1450℃)
BaO	1	1.99，3.96	—	—	—	—	—	1.99 (1450℃)Appendino
BaO	0.1～0.2	1	1.99	—	2.09～3.45	—	—	2.96 (1600℃) Kurdowski
Fe_2O_3	0～0.9	0.9～1.1	—	—	—	—	—	1.1 (1550℃)
Al_2O_3[18]	0～0.45	0.45～1.0	—	—	—	—	—	1.0 (1550℃)

续表

类别	T1	T2	T3	M1	M2	M3	R	固溶极限(温度)研究者
Ga_2O_3 [18]	0～0.09	0.9～1.9	—	—	—	—	—	1.9 (1550℃)
Cr_2O_3[18]	0～1.4	1.4～1.7	—	—	—	—	—	1.7 (1550℃) Sakurai
Cr_2O_3	—	—	—	0.5，2.0	—	—	—	Enculescu
Cr_2O_3	0～0.5	1～2	—	4～5	—	—	—	1.56 (1450℃) Katyal
TiO_2[15, 24]	1	2	—	4～5	—	—	6	4.5 (1450℃)
TiO_2	—	—	—	1	2	—	>2	(1500℃)VKM
TiO_2	<3.5	3.5～4.5	—	>4.5	—	—	—	(1550℃)Knofel
ZnO[18]	–0.8～0	0.8～1.8	—	1.8～2.2	2.2～4.5	—	4.5～5	5(1400℃)
CuO[25]	1，1.5，2	—	—	3	—	—	0.5	1450℃

4.1.3 离子固溶对阿利特结构参数的影响

当离子在 C_3S 中的固溶量不足以使其晶型改变时，离子固溶会使 C_3S 晶胞参数发生显著变化。文献[2]、[26]系统地报道了 Mg、Al、Fe 的氧化物单掺和复合掺杂对 C_3S 晶体结构的影响。结果表明，与 MgO、Al_2O_3 单掺相比，Fe_2O_3 单掺对 C_3S 晶胞参数的影响最小；三种氧化物相互间复合掺杂对 C_3S 晶胞参数的改变作用相互影响，与氧化物单掺的作用不同。值得注意的是，晶胞参数的变化又可以为进一步分析 C_3S 的晶体结构及性能提供依据。有些情况下，晶胞参数的改变可以用来鉴别固溶离子的种类及含量。文献[21]报道了采用 Rietveld 方法精修得到的阿利特体积参数值(V/Z)，可以用来预测熟料中 MgO 的含量及阿利特晶型。当 V/Z 值介于 121.0～120.3 $Å^3$ 时，应该包含多达 1%的 MgO，且阿利特晶型为 T3；如果 V/Z 值小于 119.8 $Å^3$，熟料中应该有 2.1%的 MgO，且阿利特晶型为 M3；当 MgO 含量介于两者之间时，阿利特的两种晶型共存。更进一步地，根据不同离子复合掺杂所致的晶型及晶胞参数的改变与 C_3S 水化反应活性改变之间的相互关系，还可能实现利用 XRD 数据结果来预测水泥活性。

此外，离子固溶还造成 C_3S 晶格应变(微观应变)。对 Mg、Al 及 Fe 复合掺杂的研究表明，晶格应变并不随离子固溶总量的增加而直接增加，当其中一种离子引入的缺陷可以补偿另一种离子引入的缺陷时，晶格应变反而减小[2]。

4.2 离子单掺稳定阿利特多晶态规律探究

4.2.1 离子固溶取代规律

结合前述对已有文献关于离子在C_3S中固溶类型的分析结果总结可知，随着离子的半径、电价及电负性等化学结构参数的变化，s、p、d及ds等不同区元素离子在C_3S中的固溶取代类型呈现一定的递变性规则。将离子电价、半径及电负性等考虑在内，引入离子与Ca^{2+}结构差异因子D，令$D=Z\Delta x(R_c-R)/R_c$(其中，Z、R分别为离子的电价及半径；Δx为固溶元素与Ca的电负性差；R_c为Ca^{2+}半径)。结合表4-1-1列出的离子化学结构参数，计算出不同离子D值，并按D值由小到大排序，见表4-2-1。由表可以发现，离子在C_3S中的固溶取代类型依D值变化呈现递变性规律。对阳离子而言，随着D值逐渐增大，离子与Ca^{2+}的化学结构差异增大，直到D值为0.491的Cu^{2+}附近，基本只发生Ca位取代，而D值继续增大至0.676的Ti^{4+}附近后，由于离子与Ca^{2+}结构差异过大，而与Si^{4+}结构更为相近，固溶离子(部分或全部)发生Si位取代；对于阴离子，F^-与O^{2-}的D值均为负且最为相近，结构差异最小，F^-进入C_3S晶格取代O。据此，外来离子的D值可作为判据，来理论估测离子在C_3S晶格中的主要固溶取代方式。

表4-2-1 离子取代类型与离子化学结构的关系

离子	取代类型	D值
O^{2-}	—	−2.021
F^-	F→O	−1.114
Li^+	Li→Ca或(Ca+间隙)或(Ca+Si)	−0.008
Na^+	Na→Ca或(Ca+间隙)	−0.003
Ca^{2+}	—	0
Sr^{2+}	Sr→Ca	0.014
K^+	K→Ca	0.062
Ba^{2+}	Ba→Ca	0.087
Mn^{2+}	Mn→Ca	0.211
Mg^{2+}	Mg→Ca	0.213
Zn^{2+}	Zn→Ca	0.328
Cu^{2+}	Cu→Ca	0.491
Ti^{4+}	Ti→Si	0.676
Cr^{3+}	Cr→Ca+Si或Si	0.700

续表

离子	取代类型	D 值
Al^{3+}	Al→Ca+Si 或 Si	0.906
Ga^{3+}	—	0.908
Fe^{3+}	2Fe→Ca+Si	0.981
Mn^{4+}	Mn→Si	1.044
Si^{4+}	—	2.109
P^{5+}	P→Si	3.907
S^{6+}	S→Si	6.703

4.2.2　离子稳定阿利特多晶态规律

结合前述对已有研究成果的分析可知，不同离子稳定 C_3S 多晶态能力存在显著差异。根据表 4-2-1 计算出的外来离子与 Ca^{2+} 化学结构差异因子 D，结合表 4-1-2 给出的对离子固溶稳定 C_3S 多晶态的研究结果，得到固溶阳离子 D 值与其所能稳定的 C_3S 最高对称晶型的关系(图 4-2-1)。由图 4-2-1 可知，离子稳定 C_3S 多晶态范围呈现类“几”字形分布规律(为便于观察，以虚线连接)。对于具有特定 D 值的离子，“几”字形线上分布的对应晶型是该离子能稳定的 C_3S 的最高对称晶型，位于其以下的其他相对低对称型变体大多可以通过改变该离子的固溶量稳定，据此可通过离子 D 值来估测离子对 C_3S 多晶态的稳定作用。这同时也表明，外来离子稳定 C_3S 多晶态能力与离子的化学结构参数有关。图 4-2-1 中除 Li^+、Na^+ 的 D 值小于 0 外，其他所有离子的 D 值均介于 Ca^{2+} 和 Si^{4+} 之间。随着横坐标 D 值的增大，其稳定 C_3S 多晶态的能力也增大，而当 D 值达到 0.676(对应 Ti^{4+} D 值)左右再继续增大时，固溶离子稳定 C_3S 多晶态能力下降，即随着发生 Ca(Si)位取代的离子与 Ca^{2+} (Si^{4+})化学结构差异增大，离子稳定 C_3S 多晶态的能力越高。

从 C_3S 结构中 Ca^{2+}、O^{2-} 及 $[SiO_4]^{4-}$ 中 Si 原子的位置看，C_3S 不同变体结构只在 $[SiO_4]$ 四面体的取向上存在差异[18, 20, 27-41]。C_3S 不同变体间的晶相转变均为位移型相变，可通过 $[SiO_4]$ 四面体的取向改变实现。因此，离子固溶稳定 C_3S 高温晶型可能与离子固溶所致的晶格扭曲畸变有关。固溶离子与取代离子的结构差异越大，其固溶造成的 C_3S 晶格扭曲变形程度越大，原子位移更加困难，$[SiO_4]$ 四面体的取向改变困难，阻止了冷却过程中更多的晶相转变，具有更高的稳定 C_3S 多晶态的能力；反之亦然。同样可以理解，对于特定的离子，随着其固溶量的增加，晶格扭曲变形程度加大，阻碍原子位移相变的作用增大，可以稳定其稳定能力范围内 C_3S 的更高对称晶型。C_3S 除 T1 晶型外的其他高温变体需通过离子的固溶稳定才可在室温下获得，固溶离子与取代离子的结构差异越大，固溶量越高，越能稳定 C_3S 更高对称(更高温)晶型。由此，不但可用 D 来估测离子在 C_3S 中的固溶取代类型，还可预测其对 C_3S 多晶态的稳定作用。更进一步地，固溶离子与基体离子的结构差异因子 D，很可能具有普适性，能应用于分析其他固溶体体系。

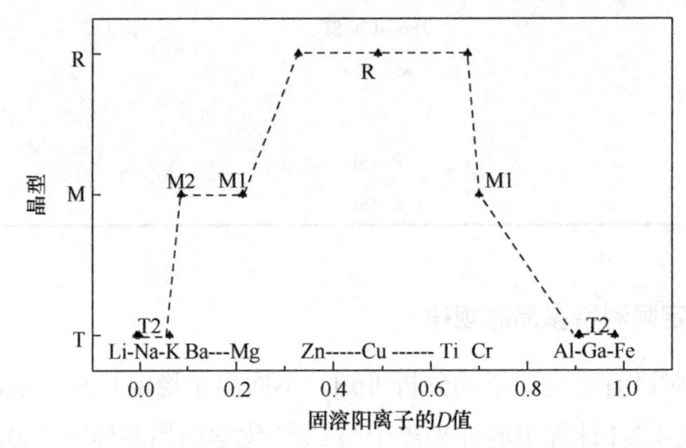

图 4-2-1 固溶阳离子 D 值与离子对 C_3S 高温晶型稳定能力的关系

4.3 离子单掺稳定阿利特多晶态规律验证

按照前述制备 C_3S 固溶体的方法，制备碱金属、MgO、BaO、Al_2O_3 和 Fe_2O_3 等掺杂 C_3S 的固溶体，研究不同种类离子单掺对 C_3S 晶体结构的影响。

4.3.1 碱金属掺杂对阿利特亚稳结构的影响

以前述制备的含碱金属 C_3S 的固溶体为对象，研究了碱金属对 C_3S 晶体结构的影响。不同晶型 C_3S 可通过 32°～33°以及 51°～52°衍射峰的数目及形状区分[18, 37]。图 4-3-1 是 C_3S 样品局部特征指纹区 28°～35°、50°～53°的 XRD 图谱(已扣除 Cu $K\alpha_2$ 衍射)。由图可知，所有样品均在 32°～33°有四个分叉的小峰，在 29°～30°处以及 51°～52°处均为三个独立的小峰，说明所有样品均为 T1 晶型。采用 Golovastikov 的结构数据(C_3S 三斜：ISCD=4331)[28]，对 XRD 实验数据进行 Rietveld 全谱拟合结构精修。图 4-3-2 为纯 C_3S 的精修拟合结果图，图中小圈(○)为实验数据，实线是根据 Golovastikov 晶体结构数据模型全谱拟合精修计算的衍射数据图，底部灰色曲线是实验数据与计算数据的差，左上部分插图为 C_3S 指纹特征峰区 28°～33°拟合结果图。由图可以看出，结构拟合良好。表 4-3-1 给出了所有样品精修后的 R_{wp} 值。由表可知，样品精修拟合的 R_{wp} 值均远低于 15，基本在 7.0 以下，说明结构精修的拟合精度较高。由精修的定量结果可知，样品均为较纯的三斜晶型 C_3S，这与极低的游离氧化钙含量测试结果相一致。

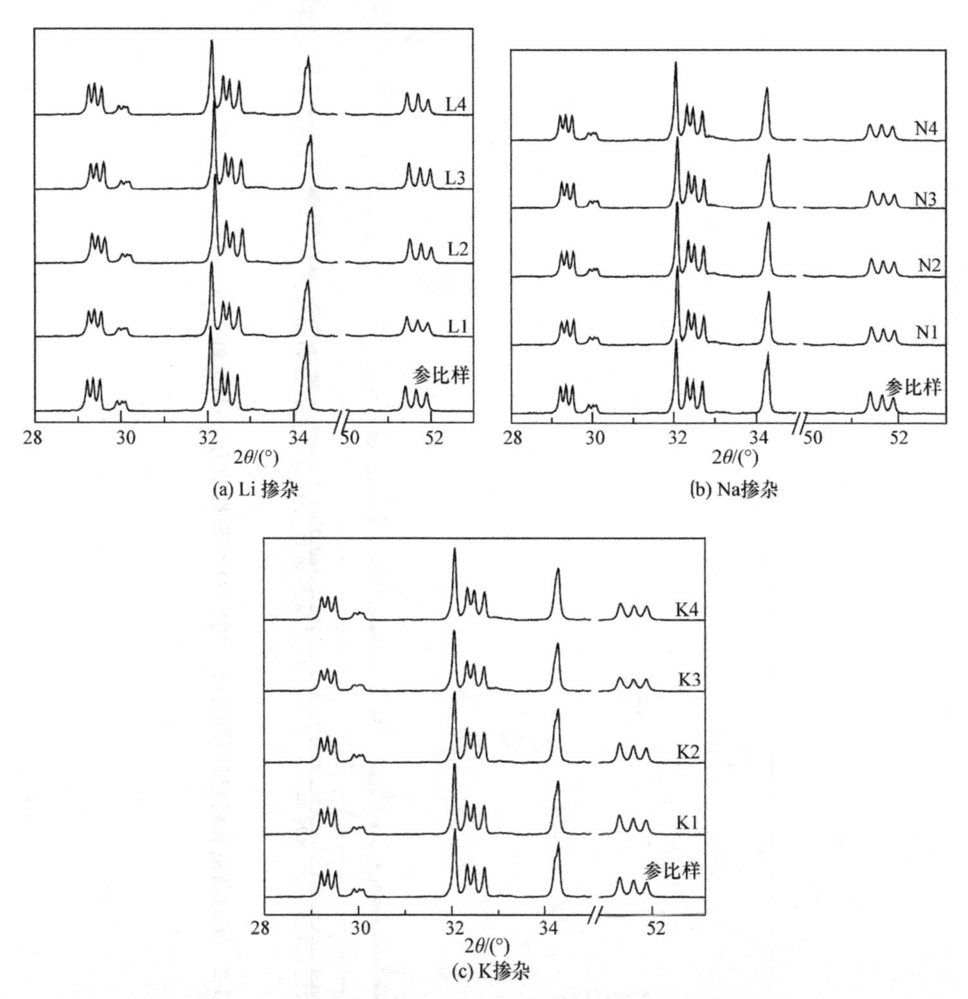

图 4-3-1　掺杂不同碱金属样品局部特征指纹区的 XRD 图谱

碱金属固溶进入 C_3S 晶格后，对 C_3S 晶胞参数产生一定的影响，同时由于 C_3S 由过饱和的亚稳态经快速冷却而得，其晶体结构内部存在一定的晶格应变。外来离子固溶进入 C_3S 晶格，进一步影响 C_3S 晶格应变。采用基本函数(fundamental parameter, FP)精修方法，得到样品的晶胞参数及具有实际物理意义的晶格应变值。碱金属掺杂所致 C_3S 晶胞参数变化见表 4-3-2。由表可以看出，与 Mg、Al、Fe 等的掺杂作用相比，碱金属固溶所引起的样品晶胞参数改变较小，这也与 Woermann 的研究结果相一致[1]。表 4-3-3 给出了样品的晶格应变，结合该表可以看出，Li_2O

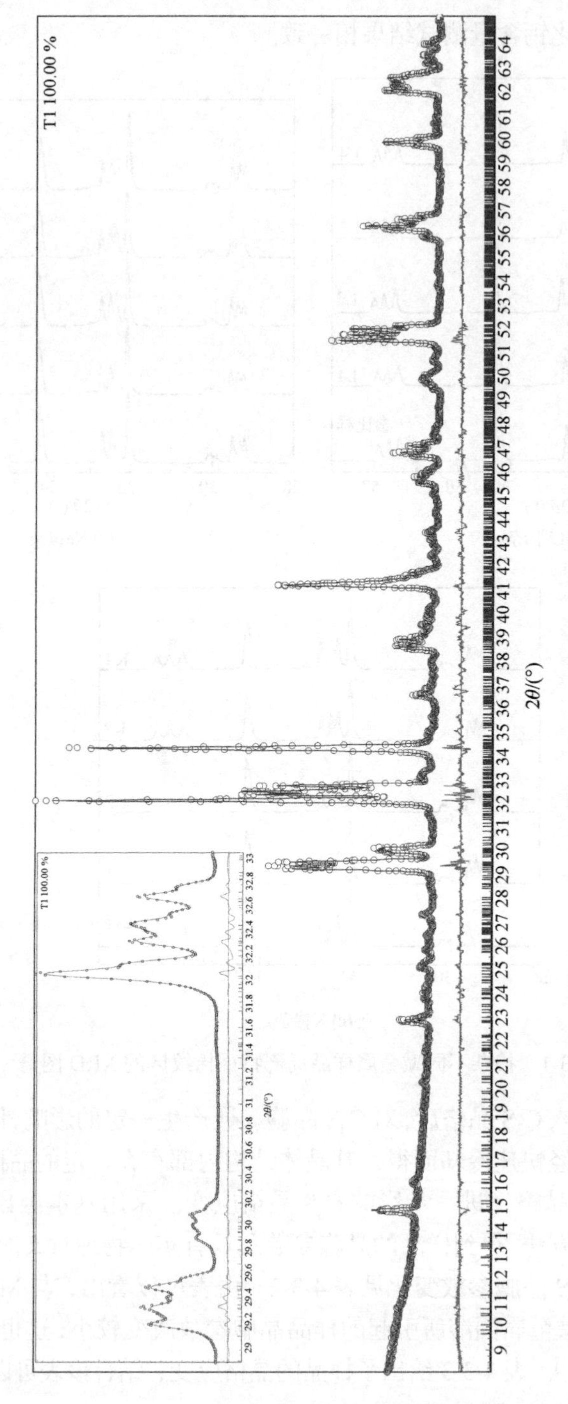

图4-3-2 实验所测和精修计算的纯C_3S的XRD图谱(插图为C_3S特征峰区28°～33°)

掺杂 1%时，C_3S 晶胞参数减小，尽管只是微量固溶，也会造成极大的晶格应变。这是由于当 Li_2O 掺量为 1%或更低时，Li^+ 置换 Ca^{2+}，由于 Li^+ 的电荷及半径与 Ca^{2+} 差异较大，Li^+ 取代 Ca^{2+} 后会引起强烈的晶格畸变和不稳定，这与对应 L1 样品中较高的游离氧化钙含量测试结果相一致。而当 Li_2O 掺量增加(大于 1%)时，C_3S 晶胞参数变化不具规律性，且晶格应变反而小于纯参比样，暗示取代位置发生了改变。这可能由于 Li^+ 的半径介于 Ca^{2+} 和 Si^{4+}之间，随着掺量增大，Li^+ 固溶进入 C_3S 八面体空隙位置，不但可以实现电荷补偿，平衡严重畸变的晶格力场，从而使晶格应变减小，也可能与 Li^+ 取代半径更小的 Si^{4+}等所致的晶格微膨胀，补偿 Li^+ 置换 Ca^{2+} 所致的晶格收缩有关。Na 在 C_3S 基体晶格中存在两种取代方式，一种是仅取代 Ca 以形成 O 空位实现电荷平衡，另外一种是同时发生 Ca 位取代和进入间隙位置实现电荷平衡。由于两种取代方式并存，C_3S 晶胞参数随 Na_2O 掺量变化关系不明显，这也基本与前述对样品游离氧化钙的分析结果一致。K_2O 掺入 C_3S 中后，a、b、α及β 均减小，c 和 γ 增大，且这些参数随 K 掺量增加变化程度增大；此外，晶格应变也随 K 掺量增加而呈现增大趋势，表明 K 在 C_3S 基体晶格仅发生 Ca 位取代。

表 4-3-1　样品 Rietveld 方法精修 R_{wp} 值

掺杂组分	0%	1%	3%	5%	7%
Li_2O	6.64	6.09	6.30	7.71	6.53
Na_2O	6.64	6.64	7.54	6.94	6.86
K_2O	6.64	6.35	6.78	6.64	6.74

表 4-3-2　碱金属固溶所致 C_3S 晶胞参数变化

类型	a/Å	b/Å	c/Å	α/(°)	β/(°)	γ/(°)
参比样	11.6324(5)	14.2084(5)	13.6866(4)	105.30(5)	94.55(3)	89.85(8)
参数变化	Δa	Δb	Δc	$\Delta\alpha$	$\Delta\beta$	$\Delta\gamma$
L1	−0.00051	−0.00282	−0.00150	−0.009	0.003	0.006
L2	−0.00006	0.00259	0.00221	0.003	−0.001	0.003
L3	0.00102	0.00309	0.00276	0.004	0.001	0.002
L4	−0.00094	−0.00057	0.00038	−0.001	−0.003	0.007
N1	0.00042	0.00044	0.00201	−0.003	−0.004	0.008
N2	−0.00013	−0.00176	0.00135	−0.005	−0.008	0.014
N3	0.00057	−0.00109	0.00218	−0.007	−0.008	0.016
N4	−0.00096	−0.00228	0.00076	−0.005	−0.007	0.015

续表

类型	a/Å	b/Å	c/Å	α/(°)	β/(°)	γ/(°)
K1	−0.00049	−0.00091	0.00004	−0.001	−0.002	0.004
K2	−0.00059	−0.00155	0.00027	−0.003	−0.001	0.006
K3	−0.00089	−0.00372	0.00043	−0.008	−0.010	0.015
K4	−0.00056	−0.00349	0.00080	−0.009	−0.007	0.018

表 4-3-3 精修所得掺杂不同碱金属 C_3S 的晶格应变

类型	0%	1%	3%	5%	7%
Li_2O	0.0199	0.0513	0.0001	0.0001	0.0001
Na_2O	0.0199	0.0327	0.0311	0.0400	0.0541
K_2O	0.0199	0.0306	0.0274	0.0510	0.0521

为进一步考察碱金属掺杂对 C_3S 结构中原子配位价键状态，尤其是$[SiO_4]$四面体振动特征的影响，采用红外光谱对 C_3S 近程结构进行表征。图 4-3-3 是不同 C_3S 固溶体的指纹区红外光谱图。883cm^{-1}、906cm^{-1}、938cm^{-1} 和 996cm^{-1} 左右较宽大的吸收峰为$[SiO_4]$四面体非对称伸缩振动ν3，846cm^{-1}、834cm^{-1}、812cm^{-1} 处为对称伸缩振动ν1，524cm^{-1} 左右的吸收峰是由面外弯曲振动ν2 产生的，464cm^{-1}、454cm^{-1} 附近的吸收峰是由面内弯曲振动ν4 所产生的。有些样品在 668cm^{-1} 处微小的振动峰为 CO_2 的红外吸收振动峰，它可能是由于在制样过程中混入了少量的 CO_2。对样品的红外光谱进行比较分析可见，所有样品的红外光谱

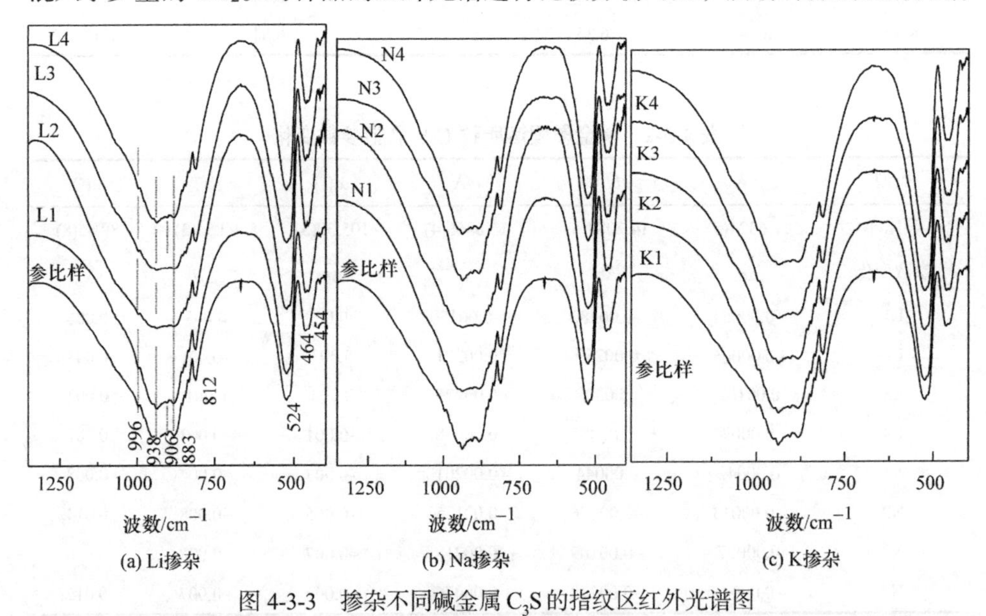

图 4-3-3 掺杂不同碱金属 C_3S 的指纹区红外光谱图

基本一致，与 XRD 测试样品均为 T1 晶型的结果相吻合。这表明碱金属掺杂并未对 C_3S 的红外光谱产生影响，也暗示了碱金属离子掺杂不影响 $[SiO_4]$ 四面体配位体的键合状态。

对参比样及碱金属掺量最高的样品进行热分析测试。结果表明，所有样品的差示扫描量热(differential scanning calorimetry，DSC)曲线基本不存在多余杂质相吸放热峰，热重(thermogravimetry，TG)曲线上也基本不存在热重变化。这说明样品受热过程中的热效应均只与 C_3S 多晶转变有关，证实了碱金属在 C_3S 中的充分固溶，以及 C_3S 的大量充分形成，这与样品极低的游离氧化钙含量、XRD 及红外光谱分析结果一致。图 4-3-4 为样品的 DSC 曲线。由图可知，在升温过程中，纯 C_3S 存在三个吸热峰，分别对应纯 C_3S 的三次晶相转变，其中 590℃时 T1 转变为 T2，916℃时 T2 转变为 T3，976℃时 T3 转变为单斜 M1。尽管碱金属大量挥发，仅少量固溶，但三种碱金属均对 C_3S 相变过程产生了显著影响。其中 L4 相变过程与纯 C_3S 最为一致，存在三个晶相转变吸热峰，但对应相变温度发生变化，其中 T2 向 T3，以及 T3 向单斜 M1 的晶相转变温度均降低。含 Na 及 K 的 C_3S 固溶体吸热峰数目和对应峰温基本相同，表明这两种固溶体晶相转变温度基本相同，590℃、915℃和 980℃分别对应 T1→T2、T2→T3 和 T3→M1 的转变。但两样品均较纯 C_3S 在 883℃附近多出一放热峰，且根据吸热峰积分面积对比可明显看出，在此温度以上的 T2→T3 和 T3→M1 的转变吸热积分面积减小。这可能由于 883℃发生了部分 T2→M1 的转变，使得进一步顺次发生 T2→T3 和 T3→M1 转变的相减少。固溶离子在样品中分布的不均匀性，使得相同类型晶相转变温度存在一定差异。

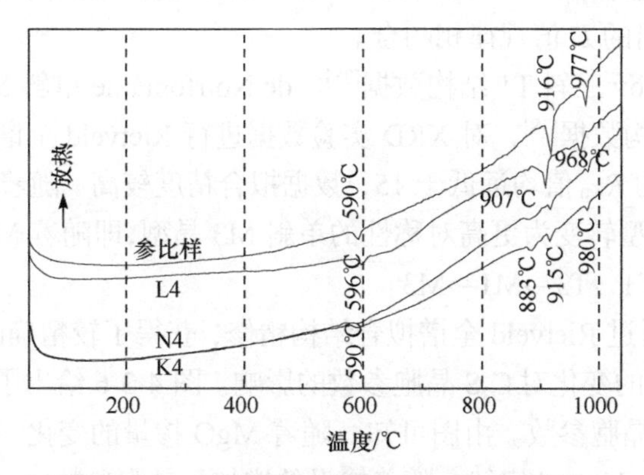

图 4-3-4 不同碱金属掺杂样品的 DSC 曲线

4.3.2 MgO 掺杂对阿利特亚稳结构的影响

按照离子稳定 C_3S 多晶态规律，MgO 对 C_3S 多晶态稳定能力高于 BaO。但由

得出的离子稳定 C_3S 多晶态范围的类“几”字形线图可知，MgO 最高仅能稳定 M1 晶型，存在反常。值得提及的是，MgO 最高稳定 M1 晶型的研究结果在 20 世纪 60 年代获得，限于仪器技术条件，只确立 C_3S 的 6 种变体，且不同变体区分困难。直到 1978 年，Maki 首次发现了介于 M2 和 R 晶型间的 M3 晶型[42]。按照 1.2 节样品制备方法，制备了含 MgO 的 C_3S 固溶体，MgO 掺量及样品编号同前，考证了 MgO 稳定 C_3S 多晶态的能力，并分析了 MgO 对 C_3S 晶胞参数的影响。

图 4-3-5 是 C_3S 的局部特征指纹区 28°～35°以及 50°～53°范围的 XRD 图谱(已扣除 Cu $K\alpha_2$ 衍射)。由图可知，纯 C_3S 在 32°～33°有四个分叉的小峰，在 29°～30°处以及 51°～52°处均为三个独立的小峰，说明其为 T1 晶型。随着 MgO 掺量的增加，C_3S 的 XRD 图谱出现变化，32°～33°的 4 个小衍射峰开始慢慢变为 3 个衍射峰，C_3S 晶型开始向 T3 晶型转变，当 MgO 掺量达到 0.5%时，M0.5 样品的 C_3S 稳定在 T3 晶型。随着 MgO 掺量的持续增加，直到 1%时，C_3S 仍为 T3 晶型。但它的衍射峰开始出现部分单斜晶型衍射峰的特征，以 T3 与 M1 的混晶形式存在。当 MgO 掺量达到 1.5%时，T3 晶型消失，出现 M1 与 M3 晶型共存的状态。当掺量达到 2%时，样品 M2 稳定在 M3 晶型。因此，MgO 的掺杂对 C_3S 产生的晶型依次稳定在 T1→T3→M1→M3。MgO 的掺杂最高可以稳定在 M3 晶型，这与前述得出的 D 值规律相吻合。

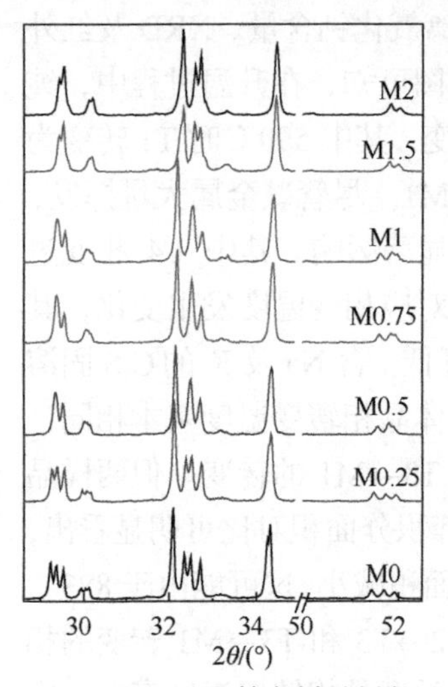

图 4-3-5　MgO 掺杂样品局部特征指纹区的 XRD 图谱

以 Golovastikov 三斜 T1 结构数据[28]、de Noirfontaine 单斜 M1 结构数据[31]、Nishi 单斜 M3 结构数据[38]，对 XRD 实验数据进行 Rietveld 全谱拟合结构精修。所有样品精修后的 R_{wp} 值均远低于 15，数据拟合精度较高。随着 MgO 掺量增加，C_3S 逐渐由 T1 晶型转变为更高对称性的单斜 M3 晶型，即随着 MgO 掺量的增高，依次可以稳定在 T1→T3→M1→M3。

与此同时，通过 Rietveld 全谱拟合结构精修，获得了较精确的 C_3S 晶胞参数，分析了 MgO 掺量的变化对 C_3S 晶胞参数的影响。图 4-3-6 给出了精修所得 C_3S 随 MgO 掺量变化的晶胞参数。由图可知，随着 MgO 掺量的变化，晶胞参数基本上呈线性变化，符合 Vegard 定律。随着掺量的增加，晶胞参数 a、b、c、α 均减小，β 及 γ 呈现增加趋势。这是因为 Mg^{2+} 的半径较 Ca^{2+} 的半径小，随着 Mg^{2+} 在晶体中置换 Ca^{2+} 的增多，造成晶胞不断收缩。另外，随着 MgO 固溶量的增大，晶胞参数 a、b 及 c 不断减小，暗示了 C_3S 晶格扭曲畸变程度不断增大。这说明离子稳

定 C_3S 高温型与离子固溶所致晶格扭曲畸变有关，验证了前述章节得出的离子固溶稳定 C_3S 高温型作用机制。

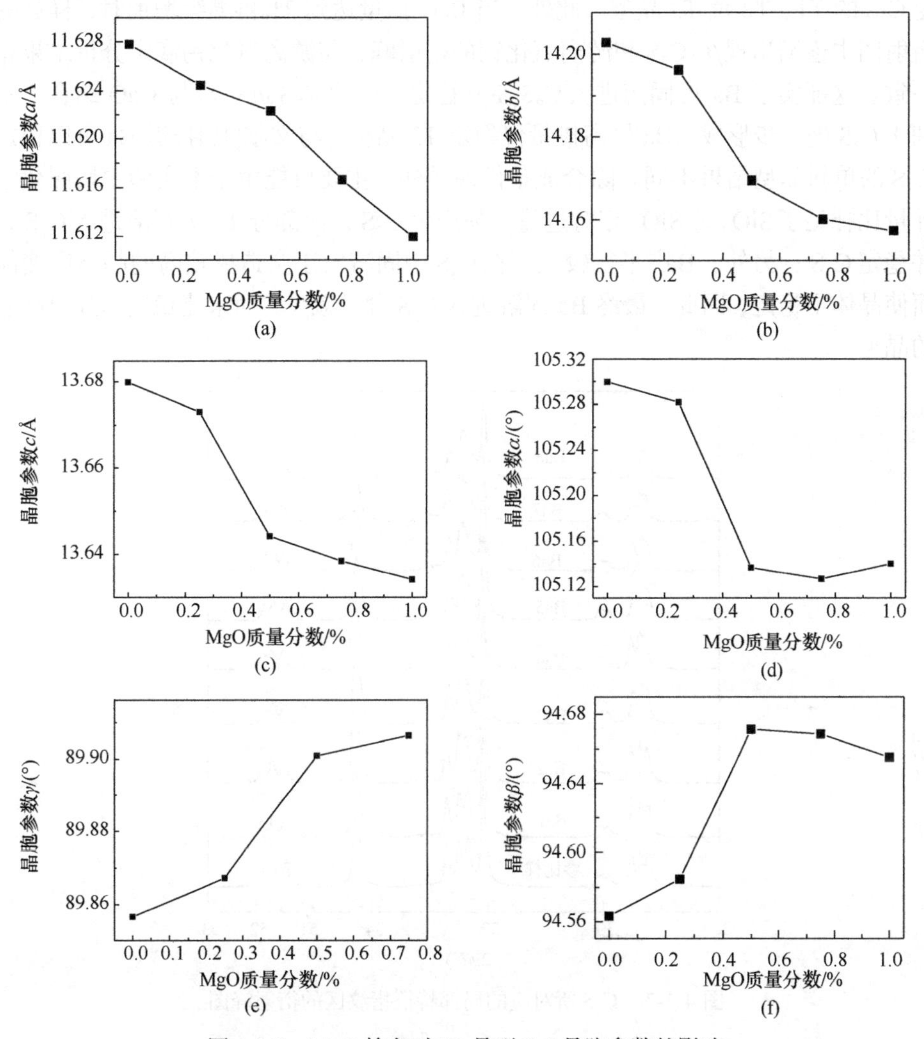

图 4-3-6　MgO 掺杂对 T3 晶型 C_3S 晶胞参数的影响

4.3.3　BaO 掺杂对阿利特亚稳结构的影响

图 4-3-7 为 C_3S 所对应局部特征指纹区 28°～35°和 50°～53°范围的衍射峰图(已扣除 Cu Kα₂ 衍射)。由图可知，纯参比样与 Ba1 在 32°～33°有四个分叉的小峰，在 29°～30°处以及 51°～52°处均为三个独立的小峰，均为 T1 晶型。Ba2 峰形与两者相比稍有变化，存在 T2 晶型特征。BaO 掺量继续增加，样品 32°～33°峰数

目减少为三个，且在29°～30°处以及51°～52°仍然为三个峰，但峰形发生一定改变，主要体现出T3晶型特征。由此可以看出，BaO掺杂后随掺量增加依次可稳定C_3S的T1、T2及T3晶型。此外，当BaO掺量达到2%再继续增加时，样品的衍射图中逐渐出现β-C_2S和游离氧化钙的衍射峰，与游离氧化钙滴定分析结果相一致。这证实了Ba可固溶进入C_2S使其稳定，阻碍C_2S进一步与CaO结合，不利于C_3S进一步形成。Ba最高掺量仅稳定T3晶型，与文献[10]报道Ba可以稳定C_3S的单斜晶型结果不同。除合成条件差异外，主要可能由于本实验中按照化学计量比补足了SiO_2，SiO_2相对过量，易产生C_2S，使部分BaO固溶进入C_2S，并稳定C_2S；另外，Ba^{2+}半径较大，在C_3S中固溶由于会造成较高的晶格应变能而使晶体不稳定，因此，最终Ba固溶进入C_3S含量减少，而未能稳定C_3S更高温的晶型。

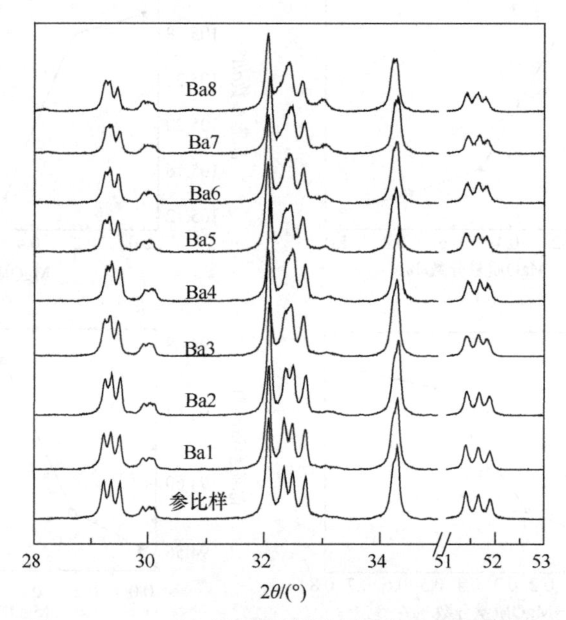

图4-3-7　C_3S所对应的局部特征指纹区的衍射峰图

以Golovastikov三斜结构数据(C_3S三斜：ISCD=4331)[28]为初始模型，采用Rietveld全谱拟合结构精修，对获得的XRD实验数据进行精细的结构演变分析。图4-3-8是Ba7样品的精修拟合结果图，小圈(○)为实验数据，实线是根据晶体结构数据模型全谱拟合精修计算的衍射数据图，底部灰色曲线是实验数据与计算数据的差，左上部分插图为C_3S指纹特征峰区28°～33°拟合结果的放大部分。由图可以看出，精修拟合结果较好。表4-3-4列出了样品精修后的R_{wp}值，由表可知，样品精修拟合R_{wp}值在6.0以下，均远低于15，精修拟合精度较高。通过精修获

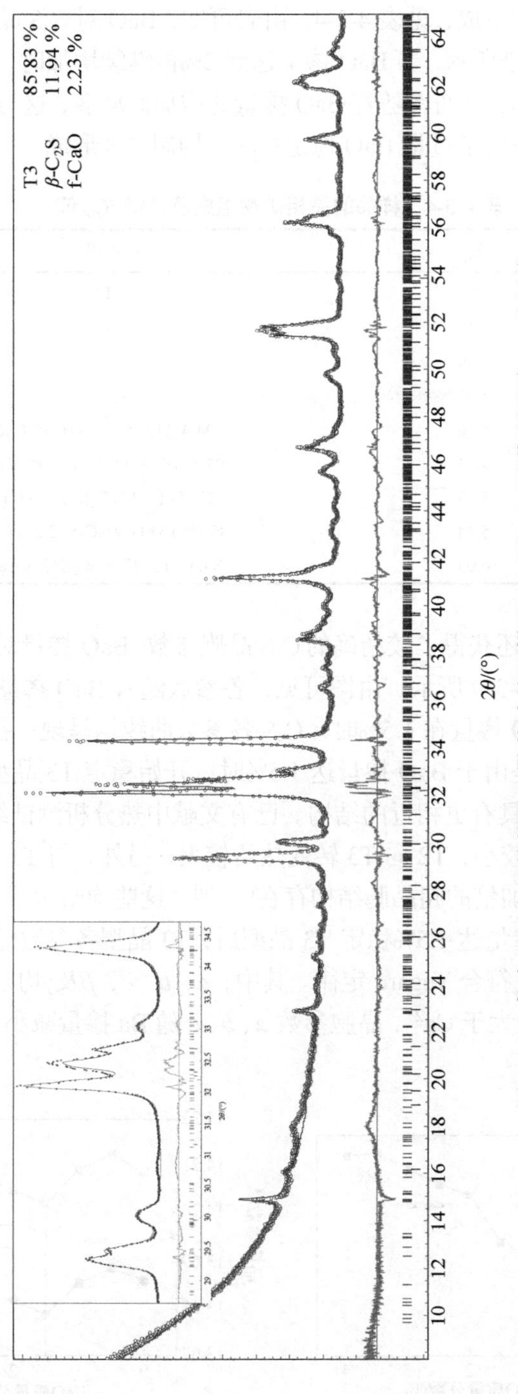

图4-3-8　实验所测和用结构数据精修计算的样品Ba7的XRD图谱(插图为C_3S特征峰)

得了样品的晶相矿物组成，见表 4-3-4。由表可知，BaO 对 C_3S 晶型对称性的影响较大。正如 XRD 图谱所示，当 BaO 掺量达到 2%再继续增加时，出现了β-C_2S 以及少量的游离氧化钙，且两者随着 BaO 掺量的增加而增多，这与游离氧化钙滴定分析结果相一致，证实了过量 BaO 稳定 C_2S，抑制 C_3S 形成。

表 4-3-4　样品的晶相矿物组成及精修 R_{wp} 值

样品	R_{wp}	矿物组成
参比样	4.97	T1
Ba1	4.83	T1
Ba2	4.89	T2
Ba3	4.96	T3+T2
Ba4	5.16	94.4%T3+5%C_2S+0.5%CaO
Ba5	4.93	93.5%T3+5.6%C_2S+0.9% CaO
Ba6	5.13	89.3%T3+9%C_2S+1.6% CaO
Ba7	5.34	85.8%T3+11.9%C_2S+2.2% CaO
Ba8	6.05	84.4%T3+12.6%C_2S+3% CaO

此外，通过精修还获得了较精确的 C_3S 晶胞参数。BaO 掺量对三斜晶型 C_3S 晶胞参数的影响如图 4-3-9 所示。由图可见，各参数随着 BaO 掺量增加，呈现较好的线性变化。但 BaO 掺量在 1.5%时，C_3S 各参数曲线均呈现一拐点，晶胞参数 b 及 c 尤为显著。这是由于 BaO 掺量达 1.5%时，开始稳定 T3 晶型 C_3S。与 T3 晶型相比，T1 和 T2 具有更相近的结构。已有文献中热分析测试结果表明，T1 向 T2 转变的转变热焓较小，T2 向 T3 转变热焓较大；另外，与 T3 晶型相比，T1 和 T2 均具有晶胞参数加倍的超晶胞结构存在[18, 30]，这些均暗示了 T1 和 T2 具有更相近的结构。BaO 掺量达 1.5%稳定 T3 晶型后，T3 晶型各参数随 BaO 掺量增加，呈较好的线性变化，符合 Vegard 定律。其中，a、b、c、β及γ均以增大为主，α 角减小。由于 Ba^{2+}半径大于 Ca^{2+}，晶胞参数 a、b、c 随 Ba 掺量减小，表明 Ba 在 C_3S 中固溶置换 Ca。

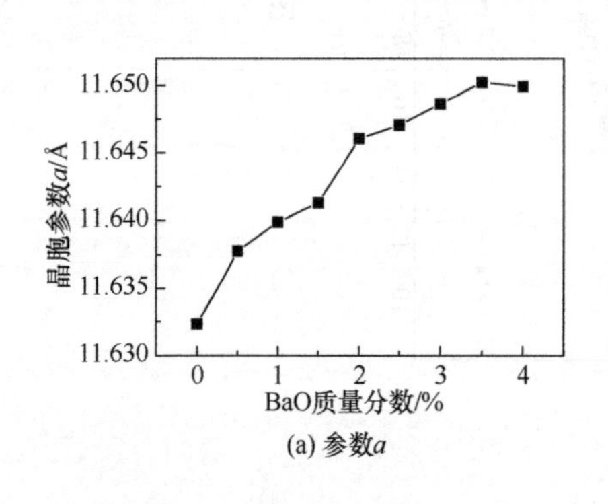

(a) 参数a

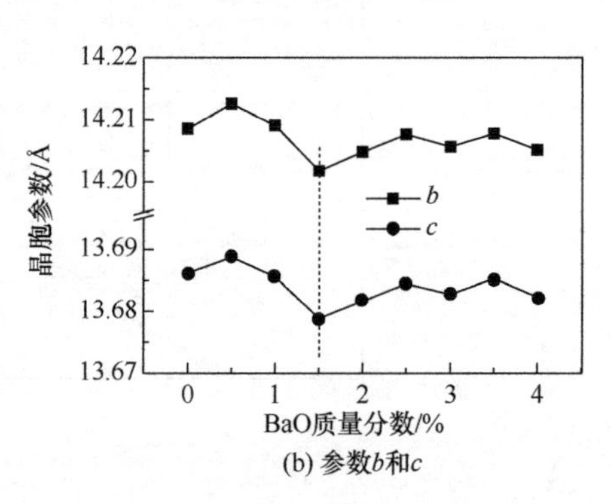

(b) 参数b和c

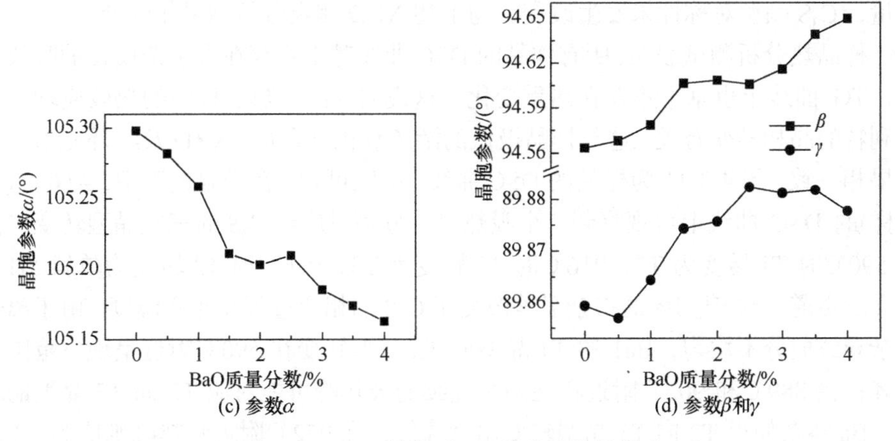

(c) 参数α　　(d) 参数β和γ

图 4-3-9　BaO 掺杂对 C_3S 晶胞常数的影响

相对于 XRD 的宏观远程性，红外更可表征阿利特近程结构特征。图 4-3-10 为样品的指纹区红外光谱图。由图可知，纯 C_3S 在 883cm^{-1}、906cm^{-1}、938cm^{-1} 和 996cm^{-1} 附近存在吸收峰，对应$[SiO_4]$四面体的非对称伸缩振动ν3，846cm^{-1}、834cm^{-1} 及 812cm^{-1} 附近的吸收峰为$[SiO_4]$四面体对称伸缩振动ν1，524cm^{-1} 左右的吸收峰是由面外弯曲振动ν2 产生的，454cm^{-1} 附近的吸收峰是由面内弯曲振动ν4 产生的，与已有文献[43]报道结果相一致。值得注意的是，BaO 掺杂所得 T1 及 T2 晶型的红外光谱基本一致；同时，这也与上述不同晶型 C_3S 红外光谱的研究结果相吻合。此外，结合 XRD 结果可以得出，与 T3 晶型相比，T1 和 T2 晶型具有更相近的结构。这与已有研究中发现的 T1 和 T2 晶型间较小的转变热焓、T2 和 T3 晶型间转变热焓较大的现象相吻合。

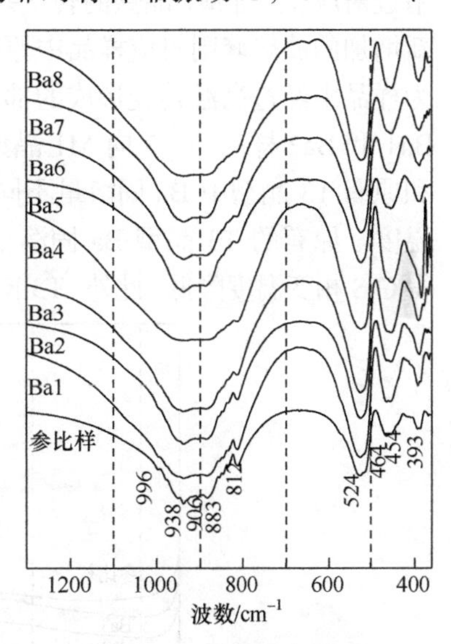

图 4-3-10　BaO 掺杂样品的红外光谱图

在纯 C_3S 三斜 T1 晶型及掺杂少量 Ba 的 T2 晶型中，由于其结构的对称性差，$[SiO_4]$四面体受 Ca^{2+} 力场的作用，破坏了$[SiO_4]$四面体的对称性，使非红外活性的对称伸缩振动成为红外活性，在 812cm^{-1} 等处出现光谱带，并使原来简并的谱带分裂。而随着 BaO 的掺量增加逐渐稳定 T3 晶型，晶体的结构对称性升高，晶体 812cm^{-1} 附近的$[SiO_4]$四面体对称伸缩振动ν1 逐渐消失，与前述对于不同晶型 C_3S 红外光谱的研究结果相一致。在 Ba3 样品中，由于存在一定含量的 T2 晶型，812cm^{-1} 附近振动峰消失不明显。此外，这也证实了 BaO 掺量达到 1.5%时，C_3S 为 T3 晶型，增加 BaO

掺量，C_3S 晶型对称性未发生改变，与上述 XRD 测定分析结果相吻合。

样品热分析测试表明，所有样品的 DSC 曲线基本不存在多余杂质相的吸放热峰，TG 曲线上也基本不存在热重变化。这说明样品受热过程中的热效应均只与阿利特的晶相转变有关，这与样品极低的游离氧化钙含量、XRD 及红外光谱分析结果相一致。图 4-3-11 为样品的 DSC 曲线。由图可知，在升温过程中，纯 C_3S (参比样)的 DSC 曲线上可观察到三个吸热峰，分别对应纯 C_3S 的三次晶型转变。其中 590℃时 T1 转变为 T2，916℃时 T2 转变为 T3，976℃时 T3 转变为单斜 M1，与文献报道一致[18]。Ba 的掺杂显著改变了 C_3S 的相变过程及相变温度。由于离子掺杂导致成分不均匀，Ba1 的 T1 晶型向 T2 晶型转变在 590℃附近呈现宽范围吸热峰；在 889℃和 902℃附近存在两个连续的吸热峰可能对应 T2 向 T3 晶型的转变，Ba 掺杂使得 T2 向 T3 晶型转变温度降低；在 972℃附近吸热峰则应为 T3 晶型转变为单斜 M1 晶型。Ba2 晶相组成主要为 T2 晶型，在 590℃附近的 T1 向 T2 晶型转变消失，继续升温相变过程与 Ba1 相同。同样，由于离子掺杂导致成分不均匀，样品 Ba3 在 882℃和 894℃附近连续吸热峰对应 T2 向 T3 晶型的转变，967℃附近对应 T3 向 M1 晶型的转变。由于 Ba3 晶相组成为 T3 和 T2 的混晶，在 947℃新增加的放热峰则对应样品中原有的一部分 T3 向 M1 晶型转变，967℃对应的仅为样品中经过高温转变形成的部分 T3 向 M1 晶型转变，因此测得的转变潜热较 Ba1 和 Ba2 样品的 T3 向 M1 晶型转变小。Ba3 高温过程中晶相转变新生成的 T3 和原有 T3 晶型中 Ba 固溶量不同，使得 T3 向 M1 晶型转变，呈现出两种不同的温度。原有的 T3 晶型 Ba 固溶量更高，相变温度更低。综上可见，Ba 的掺杂使得 C_3S 相变温度降低；此外，T3 向 M1 晶型转变温度随着 Ba 固溶量的增多而降低。

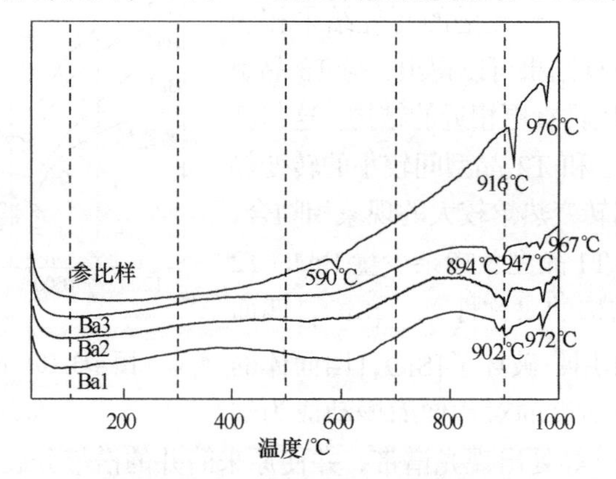

图 4-3-11　BaO 掺杂样品的 DSC 曲线

4.3.4　Al_2O_3 掺杂对阿利特亚稳结构的影响

Al 是熟料 C_3S 中的主要固溶杂质之一。已有研究报道 Al 在最高掺量时仅可以稳定 T2 晶型[44]。该结果是 1968 年获得的，受限于当时 XRD 技术，人们不能很好地区分 C_3S 多晶型。尽管之后学者曾对 Al 掺杂 C_3S 的固溶体进行了研究，但仅监测了 C_3S 晶胞参数的变化，并未关注 C_3S 晶型的变化[6]。Al 具有两性，固溶进入 C_3S 可以同时取代 Ca 和 Si，其是否适用离子稳定 C_3S 多晶态 *D* 值判据规律以及稳定机制有待进一步研究。采用 XRD 步进扫描方式并结合软件扣除 Cu Kα_2 衍射，以及 DSC 及红外光谱等方法，研究了 Al 对 C_3S 多晶型的稳定作用，并考察了 Al 掺杂对 C_3S 活性的影响。

Al_2O_3 掺量分别为 0%、0.2%、0.5%和 1%，对应样品编号依次为参比样、Al1、Al2 和 Al3。采用 Jade 软件扣除 Cu Kα_2 衍射后得到样品的 XRD 图谱，如图 4-3-12 所示。由图可知，纯 C_3S 、掺杂 0.2% Al_2O_3 和掺杂 0.5% Al_2O_3 的样品均在 32°～33°呈现四个分叉的峰，并在 51°～52°呈现三个独立的小峰，表明这三个样品均为 T1 晶型 C_3S 。尽管 C_3S 晶型未发生改变，但随着 Al_2O_3 的掺量增加，C_3S 衍射峰峰位显著左移，表明 Al_2O_3 使 C_3S 晶胞参数发生了显著改变。但当 Al_2O_3 掺量达到 1%时，在 32°～33°的特征衍射峰减少为三个，同时 51°～52°衍射峰形发生改变，表现出典型的 T3 晶型特征[21]。

采用热重法与差示扫描量热法联用分析进一步验证了掺杂 1% Al_2O_3 样品的晶型。样品的 TG 曲线上基本不存在热重变化，说明样品受热过程中热效应主要与 C_3S 多晶转变有关。图 4-3-13 给出了纯 C_3S 和掺杂 1% Al_2O_3 样品的 DSC 曲线。纯 C_3S 分别在 590℃、916℃和 976℃存在三个吸热峰，依次对应 T1→T2、T2→T3 和 T3→M1 的转变，与文献报道结果一致[18]。Al3 样品受热相变数目和温度与纯 C_3S 显著不同，在 873℃附近的吸热峰为 T3→M1 的转变，在 913℃处对应 M1→M3 的转变。可见，1% Al_2O_3 可以稳定 T3 晶型。Al^{3+} 与 Ca^{2+} 的结构差异因子 *D*=0.91，根据离子固溶稳定 C_3S 多晶态规律，Al^{3+} 对 C_3S 多晶态稳定能力应仅

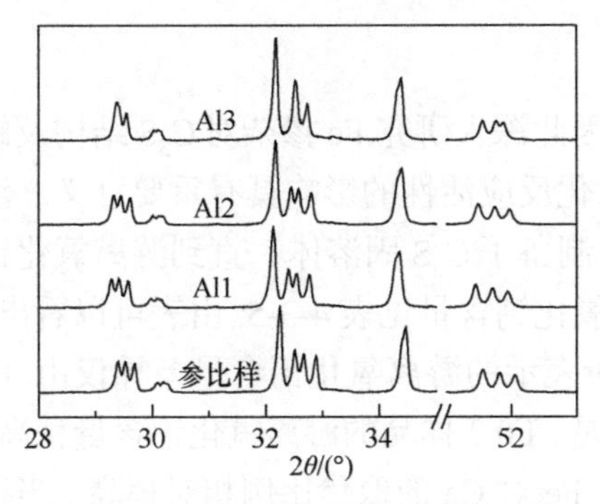

图 4-3-12　Al_2O_3 掺杂样品的 XRD 图谱

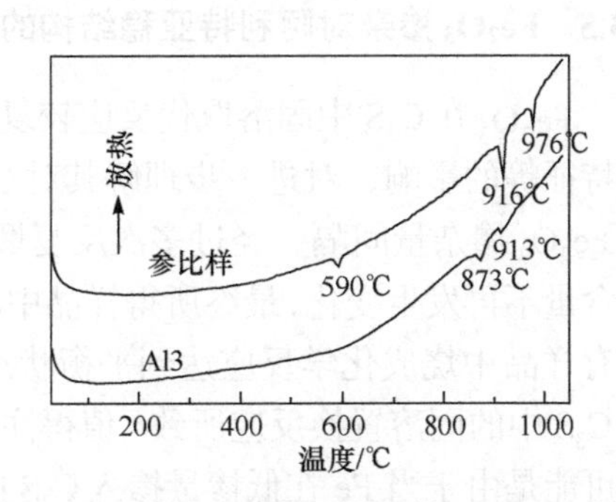

图 4-3-13　纯 C_3S(参比样)和掺 1% Al_2O_3 样品 Al3 的 DSC 曲线

次于Cr^{3+} ($D = 0.7$)，Cr^{3+}可以稳定单斜M1晶型，因此，Al^{3+}稳定T3晶型符合该规律。此外，不难看出，Al可以降低三斜C_3S向单斜转变温度，并使相变潜热减少。

图4-3-14给出了样品的指纹区红外光谱图。由图可知，纯C_3S中分别存在$[SiO_4]$四面体的非对称伸缩振动ν3 883cm^{-1}、906cm^{-1}、938cm^{-1}和996cm^{-1}，对称伸缩振动ν1 846cm^{-1}、834cm^{-1}及812cm^{-1}，面外弯曲振动ν2 524cm^{-1}，面内弯曲振动ν4 454cm^{-1}等红外吸收振动峰，与文献中纯C_3S红外光谱测试结果相一致。对比可见，掺杂0.2%及0.5% Al_2O_3均为T1晶型的C_3S固溶体的红外光谱与纯C_3S基本一致。与这三个T1晶型相比，掺杂1% Al_2O_3的C_3S红外光谱谱带分裂显著减少，更为显著的是其在812cm^{-1}附近的对称伸缩振动峰消失。这与文献中T3晶型红外光谱特征相吻合。

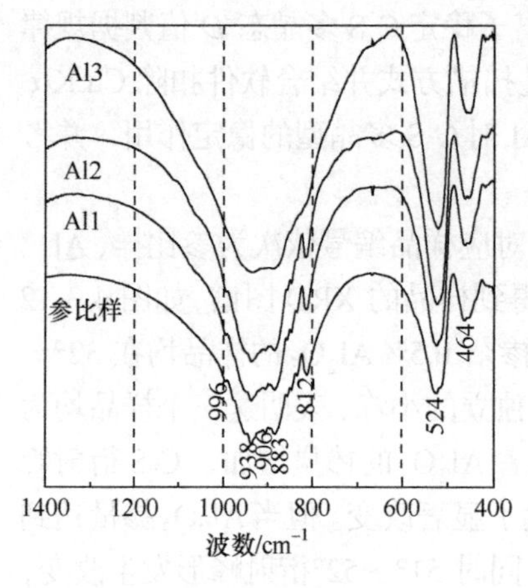

图4-3-14 Al_2O_3掺杂样品的指纹区红外光谱

不同晶型C_3S结构极其相近，不同变体结构差异主要体现在$[SiO_4]$四面体的取向上。管宗甫等[22]认为，固溶杂质离子与被置换离子的半径、电价等差异产生的缺陷是$[SiO_4]$四面体取向改变，从而使C_3S晶型改变的原因。但根据图4-3-14，对于同为T1晶型的C_3S，随着Al_2O_3掺量增加，$[SiO_4]$四面体振动频率基本未发生改变，表明Al对C_3S晶型的稳定作用与缺陷诱导$[SiO_4]$四面体取向关系不大。Al稳定T3晶型主要与离子固溶所致的晶格扭曲畸变有关，阻碍C_3S在冷却过程中对称性进一步降低，这符合离子固溶稳定高温晶型D值判据规律及作用机制。

4.3.5 Fe_2O_3掺杂对阿利特亚稳结构的影响

Fe_2O_3在C_3S中固溶取代反应较复杂，因此深入研究Fe掺杂对C_3S结构及缺陷特征等的影响，对进一步理解其对C_3S水化反应活性的影响具有重要意义。增加Fe_2O_3掺杂量间隔，经过多次反复煅烧，制备了C_3S固溶体，直到游离氧化钙的含量不再发生变化，最终所得样品中游离氧化钙含量见表4-3-5。由表可以看出，所有样品中烧成化学反应达到平衡状态，所表示的游离氧化钙含量差异仅由Fe在C_3S中的固溶置换反应所致。值得注意的是，F0.2样品的游离氧化钙含量稍高。这可能是由于当Fe在低掺量掺入C_3S中时，Fe对Ca的取代比例相对稍高，当掺量增加时，Fe对Si位取代比例增加，降低了游离氧化钙的含量。进一步对C_3S晶体结构参数变化的研究也证实该推论。

表 4-3-5　Fe_2O_3 掺杂 C_3S 固溶体样品游离氧化钙含量　(单位：%)

类别	SF0	SF0.2	SF0.4	SF0.6	SF0.8	SF1	SF1.2
Fe_2O_3	0	0.2	0.4	0.6	0.8	1.0	1.2
f-CaO	0.34	0.40	0.35	0.31	0.32	0.33	0.30

图 4-3-15 给出了 Fe_2O_3 掺杂样品的 XRD 图谱。由图可见，Fe_2O_3 的掺入对 C_3S 晶型改变的掺杂影响较小。纯 C_3S 样品在 29°～30°和 51°～52°都有三个分开的衍射峰，32°～33°有四个分开的衍射峰，为 T1 晶型。当 Fe_2O_3 的掺量较少(<0.8%)时，特征区衍射峰的数目和形状等未发生变化，仍为 T1 晶型。直到 Fe_2O_3 掺量达到 0.8%时，特征区衍射峰发生了一定的变化，32°～33°的四个衍射峰趋向于三个衍射峰，51°～52°的衍射峰趋于两个，开始出现了 T3 晶型和 T1 晶型的混合晶型衍射峰的特征。当 Fe_2O_3 掺量达到 1%时，51°～52°衍射峰基本演变为两个，32°～33°的衍射峰变为三个，C_3S 稳定呈现出完全的典型的 T3 晶型衍射峰特征。Fe_2O_3 的掺量继续增加，C_3S 晶型不再改变，表明 Fe_2O_3 可稳定的 C_3S 的最高温(最高对称)晶型为 T3 晶型。与 Mg^{2+} 等作用较大的离子相比，Fe_2O_3 的掺杂对 C_3S 晶体结构的影响较小。这符合前述提出的离子固溶稳定 C_3S 多晶结构的规律，可用离子结构差异因子 D 判断离子稳定 C_3S 的作用。

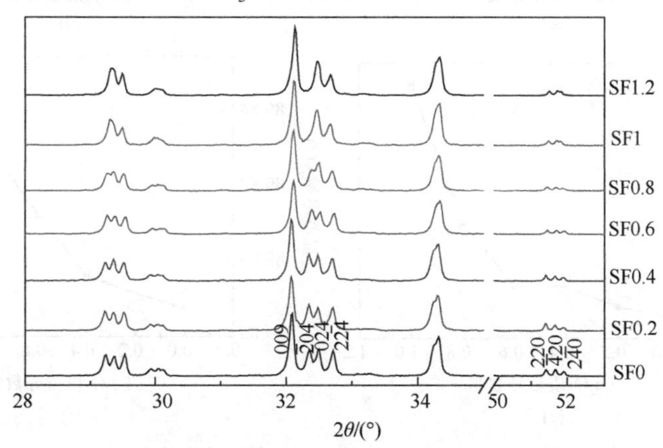

图 4-3-15　Fe_2O_3 掺杂样品的 XRD 图谱

通过 Rietveld 全谱拟合方法，进一步分析 XRD 数据，得到 C_3S 的晶胞参数。图 4-3-16 为 Fe_2O_3 掺量变化对 C_3S 晶胞参数的影响。由图可见，随着 Fe_2O_3 掺量的增加，在 C_3S 晶型未发生转变时，C_3S 晶胞参数基本呈线性变化，符合 Vegard 定律，这也表明 Fe_2O_3 在 C_3S 中固溶。当 Fe_2O_3 掺量在 0.8%之下时，随着 Fe_2O_3 掺量的增加，晶胞参数 a 变化不大，b、c 和 α 显著线性减小，β 和 γ 呈线性增大的规

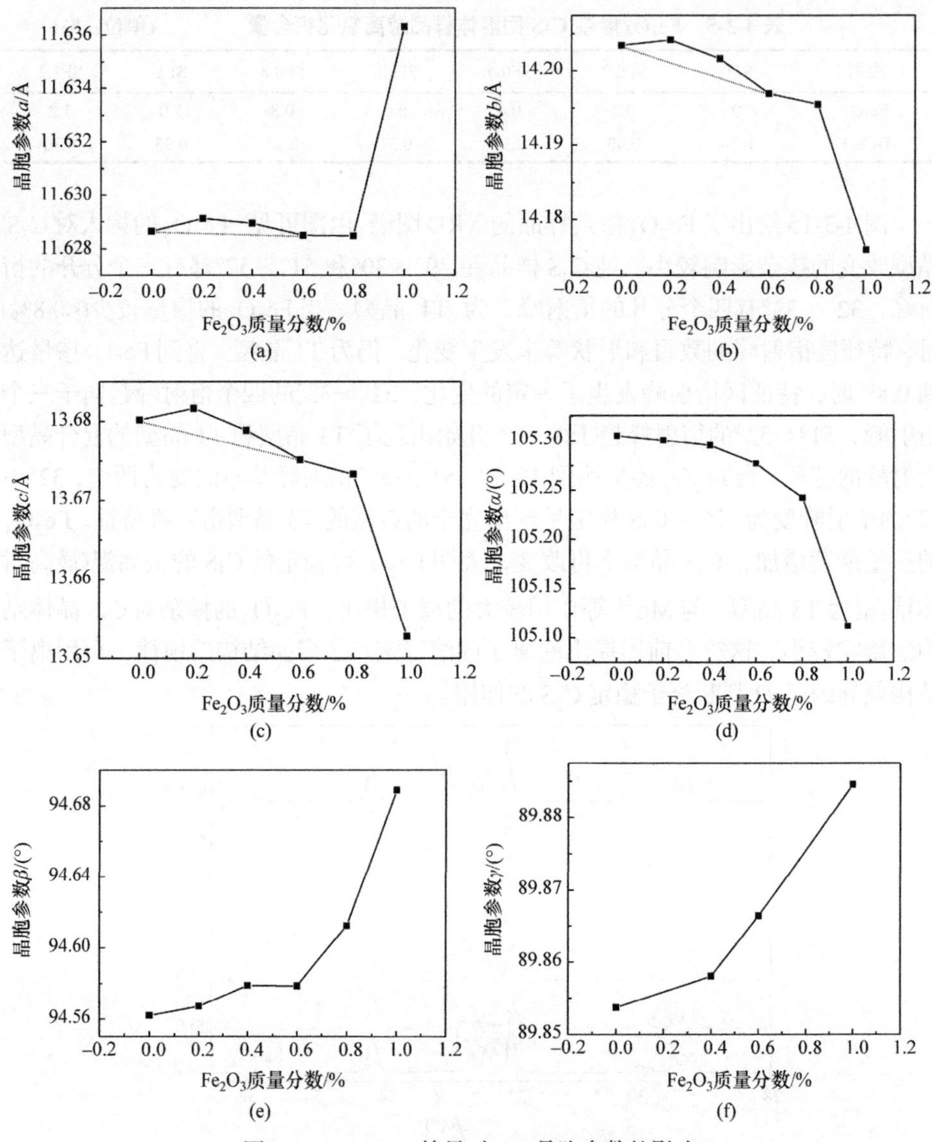

图 4-3-16 Fe_2O_3 掺量对 C_3S 晶胞参数的影响

律。当Fe_2O_3掺量变为 1%时，C_3S 晶型稳定在 T3 晶型，晶型从 T1 向 T3 过渡，晶胞参数曲线上出现拐点，晶胞参数出现较大的变化。因此，Fe_2O_3 的掺杂对 C_3S 晶胞晶体结构的影响，一方面来自离子固溶取代所造成的晶格畸变，另一方面来自 C_3S 晶型的改变。对于同种晶型，晶胞参数的改变程度(曲线斜率)基本一致。但从 *a*、*b*、*c* 三个晶胞参数的变化趋势上对比不难发现，样品 F0.2 与样品 F0.4 的晶胞参数均存在轻微偏离线性关系的现象。同时，表 4-3-5 给出的这两个样品的游离氧化钙含量较高，因此推断，这与 Fe 在 C_3S 中的固溶取代方式的变化有关。当 Fe 在低掺量掺入 C_3S 中时，Fe 在晶体中主要取代晶体中的 Ca 空位，造成游离氧化钙的含量偏高，当掺量增加时，Fe 对 Si 位取代比例增加，降低了游离氧化钙的含量。

图 4-3-17 给出了 Fe_2O_3 掺杂的 SF0、SF0.4、SF0.8 和 SF1 四个样品的红外光谱图。由图可见，纯 C_3S 呈现典型的 T1 晶型 C_3S 的红外光谱特征，分别在 996cm^{-1}、938cm^{-1}、906cm^{-1}、883cm^{-1}、812cm^{-1}、524cm^{-1} 和 454cm^{-1} 附近存在红外吸收谱带。当 Fe_2O_3 掺量在 0.4%时，其红外谱带与纯样基本一致，进一步说明 SF0.4 样品仍为 T1 晶型 C_3S 。当 Fe_2O_3 掺量达到 0.8%时，晶体开始向 T3 晶型转变，主要组成为 T1 和 T3 晶型的混晶，因此样品在 812cm^{-1} 处的$\nu 1$ 对称伸缩振动减弱，谱带的分裂也相对减少。当 Fe_2O_3 掺量达到 1%时，C_3S 基本全部稳定为 T3 晶型，813cm^{-1} 处的对称伸缩振动$\nu 1$ 基本消失。

图 4-3-18 为 Fe_2O_3 掺杂 C_3S 样品的 DSC 曲线。由图可见，DSC 曲线上基本没有多余杂质相的吸放热峰，同时，所测得的 TG 曲线上也未发现有热重变化，说明样品在测试过程中发生的热效应变化均主要与 C_3S 的晶型转变有关。在升温过程中，纯 C_3S 在 DSC 曲线上对应三个吸热峰，分别对应 C_3S 的晶型转变过程，在 590℃附近为 T1 晶型向 T2 晶型转变，917℃附近为 T2 晶型转变为 T3 晶型，973℃附近为三斜 T3 晶型向单斜晶型 M1 转变，与已有文献相吻合。随着 Fe_2O_3 的掺杂，C_3S 的相变过程和相变温度发生了显著变化。对于样品 SF0.4，其仍为 T1 晶型，Fe_2O_3 的掺杂造成 600℃附近 T1 向 T2 晶型转变吸热峰变宽，且向高温区轻微移动，而对进一步 T2 向 T3 晶型转变以及 T3 向单斜 M1 晶型转变过程的影响较小。对样品 SF1 而言，其组成基本为 T3 晶型，相应地其在 590℃附近不存在 T1 向 T2 晶型转变的吸热峰；而其在 907℃附近存在的微弱的吸热峰，表明样品

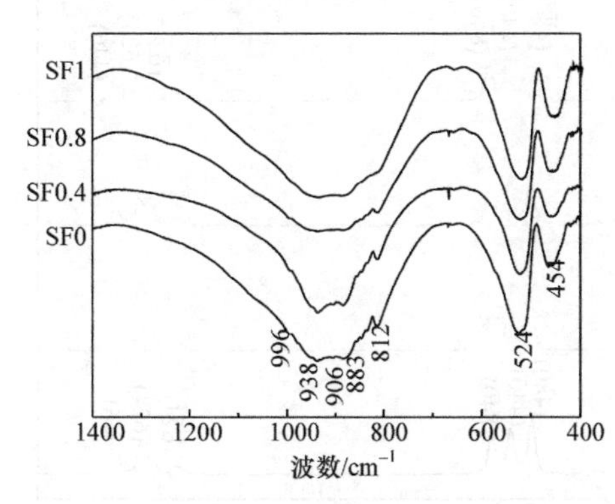

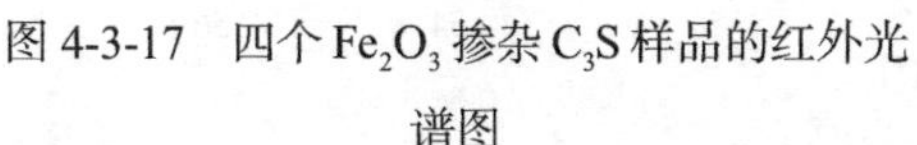

图 4-3-17　四个 Fe_2O_3 掺杂 C_3S 样品的红外光谱图

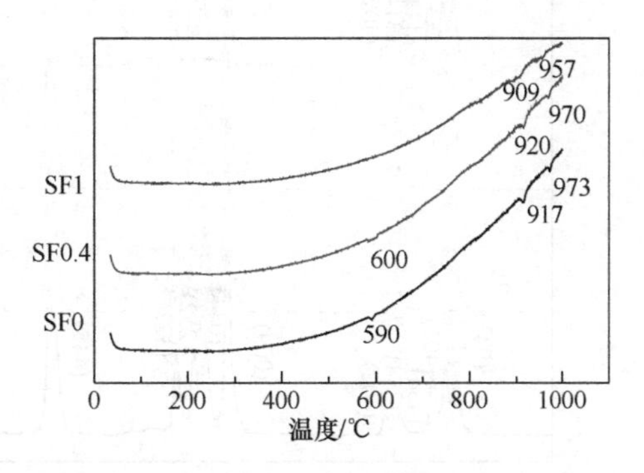

图 4-3-18　Fe_2O_3 掺杂 C_3S 样品的 DSC 曲线

中可能含有少量的 T2 晶型；其在 957℃附近存在的吸热峰，对应三斜 T3 晶型向单斜晶型 M1 转变的过程，其转变温度显著低于纯 C_3S 的 973℃，表明 Fe_2O_3 的掺杂显著降低了 T3 晶型向 M1 晶型的转变温度。因此，Fe_2O_3 的掺杂在未引起晶型改变时，Fe 掺量的多少对 C_3S 的相变过程影响较小，当 Fe_2O_3 的掺量达到引发 C_3S 晶型发生变化时，可明显降低 T3 晶型向 M1 晶型转变的相变温度。

4.3.6 阴离子(团)单掺对阿利特亚稳结构的影响

先制备好 C_3S，然后将 CaF、$CaSO_4$、$CaHPO_4$ 分别按照质量分数 0.5%、1%和 2%掺杂，对应样品标号为掺杂杂质元素英文符号加阿拉伯数字 0、1、2，纯样标为纯参比样。

图 4-3-19 给出了掺杂不同杂质离子 C_3S 的 XRD 图谱。由图可以看出，所有样品的 XRD 峰基本上均为 C_3S 的衍射峰，未见其他物质的衍射峰，说明固相反应进行较完全，这也与低的游离氧化钙含量测试结果一致。由图可见，纯 C_3S 为 T1 晶型，在 32°～33°处有四个分叉的小峰，在 29°～30°处以及 51°～52°处均为三个独立的小峰，具有典型的 T1 晶型衍射峰特征。CaF_2、$CaSO_4$ 和 $CaHPO_4$ 掺入 C_3S 后，并未引起 C_3S 的 XRD 峰明显变化，即在 0%～2.0%的掺量范围内，通过后掺的方法，引入 CaF_2、$CaSO_4$ 和 $CaHPO_4$，并未引起 C_3S 晶型的变化，掺杂后样品均仍为 T1 晶型。

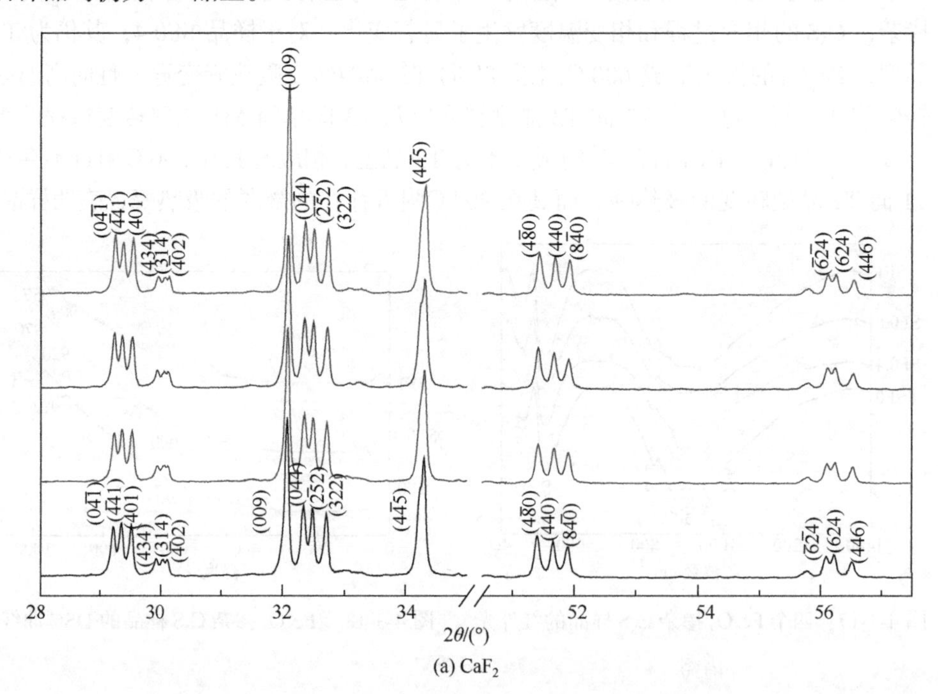

(a) CaF_2

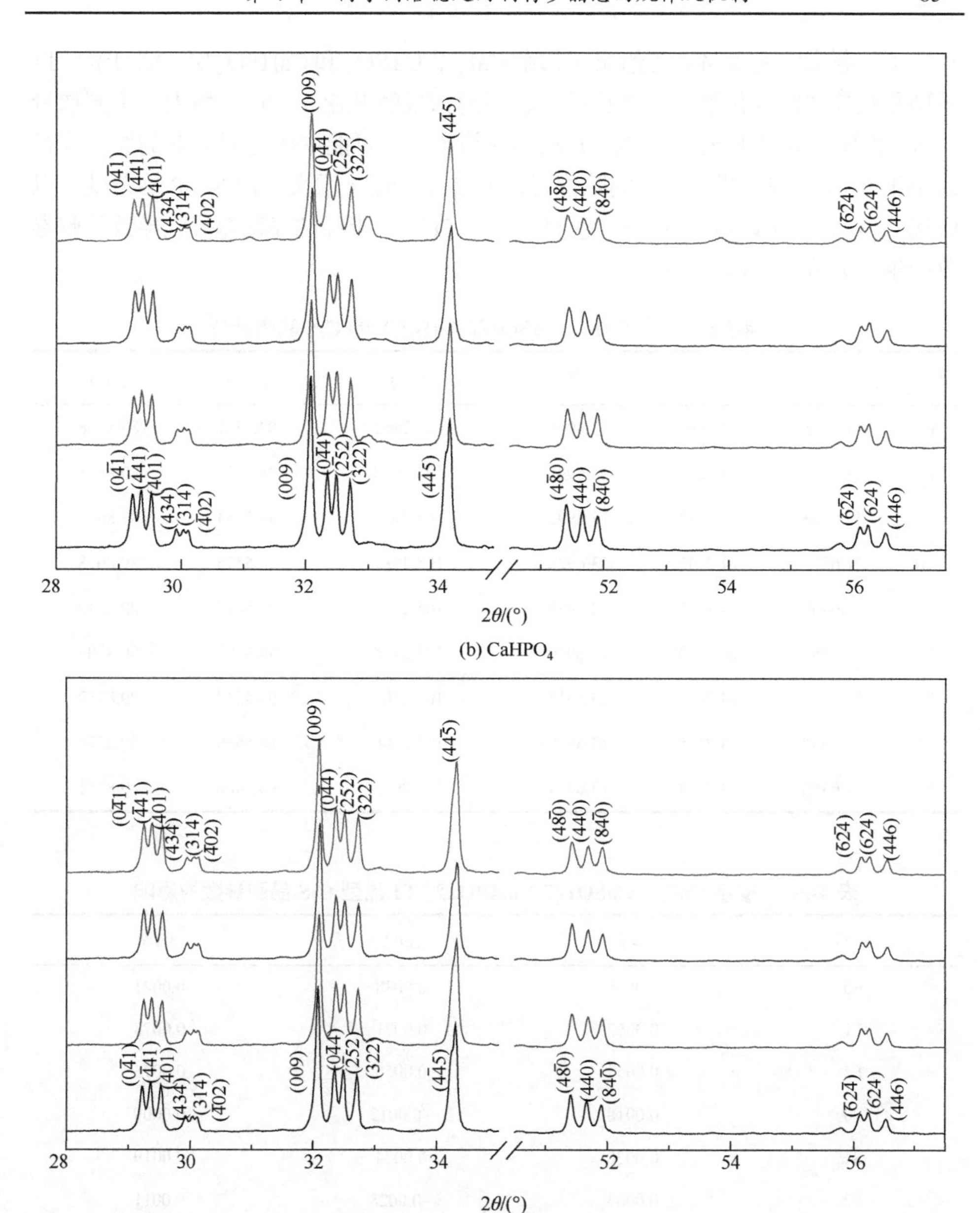

(b) $CaHPO_4$

(c) $CaSO_4$

图 4-3-19　掺杂不同杂质离子 C_3S 的 XRD 图谱

图中自低向高分别代表纯参比样，以及杂质离子掺量为 0.5%、1%和 2%。Al_2O_3 掺量为 0.2%、0.5%和 1%

进一步应用 Topas 软件对以上制备的样品晶胞参数进行全谱拟合精修，得到掺杂 CaF_2、$CaSO_4$ 和 $CaHPO_4$ 后 C_3S 的精修晶胞参数，见表 4-3-6。由表可见，尽管 CaF_2、$CaSO_4$ 和 $CaHPO_4$ 掺杂未引起 C_3S 晶型的变化，但对 C_3S 的晶胞参数产生了显著影响。表 4-3-7 给出了掺杂 CaF_2、$CaSO_4$ 和 $CaHPO_4$(F、S、P)后 T1 晶型晶胞参数的变化情况。对比可见，不同掺量的 F 使 *a*、*b*、*c* 增大，不同掺量的 S、P 基本呈现使 *a*、*c* 增大，*b* 减小的趋势。这可能主要是因为 F 的原子半径远小于 S、P，掺杂进入 C_3S 间隙位置，使得 *a*、*b*、*c* 增大，而 S、P 掺杂既可以取代 Ca 位，也可以取代 Si 位。它们与 Ca、Si 原子半径的显著差异，导致晶胞参数产生或大或小的调整改变。

表 4-3-6　掺杂 CaF_2、$CaSO_4$ 和 $CaHPO_4$ 的 C_3S 晶胞参数

样品	*a*/Å	*b*/Å	*c*/Å	*α*/(°)	*β*/(°)	*γ*/(°)
F0	11.6435	14.2195	13.6990	105.2862	94.5561	89.8768
F1	11.6443	14.2228	13.6993	105.2898	94.5631	89.8631
F2	11.6433	14.2213	13.6992	105.2950	94.5564	89.8649
S0	11.6397	14.2145	13.6928	105.2881	94.5555	89.8658
S1	11.6400	14.2181	13.6938	105.2973	94.5612	89.8540
S2	11.6383	14.2129	13.6930	105.2918	94.5482	89.8704
P0	11.6388	14.2114	13.6915	105.2803	94.5548	89.8737
P1	11.6388	14.2115	13.6928	105.2806	94.5560	89.8776
P2	11.6386	14.2118	13.6934	105.2965	94.5486	89.8751

表 4-3-7　掺杂 CaF_2、$CaSO_4$ 和 $CaHPO_4$ 对 T1 晶型 C_3S 晶胞参数的影响

样品	Δ*a*/Å	Δ*b*/Å	Δ*c*/Å
F0	0.0055	0.0038	0.0071
F1	0.0063	0.0071	0.0073
F2	0.0053	0.0056	0.0073
S0	0.0018	−0.0012	0.0009
S1	0.0020	0.0024	0.0019
S2	0.0003	−0.0028	0.0011
P0	0.0009	−0.0043	−0.0004
P1	0.0009	−0.0042	0.0008
P2	0.0006	−0.0039	0.0015

图 4-3-20 给出了掺杂不同杂质 C_3S 的红外光谱图。由图可见，掺杂不同杂质 C_3S 的红外光谱图中红外吸收峰比较相似，其中 884cm^{-1}、905cm^{-1} 和 940cm^{-1} 左

右较宽大的吸收峰为非对称伸缩振动产生的，525cm^{-1} 左右的吸收峰为面外弯曲振动产生的，465cm^{-1} 和 380～410cm^{-1} 的吸收峰为面内弯曲振动产生的。结合前述掺杂 MgO、Fe_2O_3 和 Al_2O_3 的 C_3S 样品的研究结果再次证实，C_3S 样品的红外光谱主要取决于其晶型。813cm^{-1} 左右的红外吸收峰是区分 T1 晶型与 T3 晶型及 M1 晶型 C_3S 的重要红外特征峰。由此也说明 T1 晶型中[SiO_4]正四面体的结构键角发生了扭曲变化，而使得其在 813cm^{-1} 左右存在明显的对称伸缩振动，而 M1 晶型和 T3 晶型样品中[SiO_4]四面体结构对称性较好，基本为正四面体结构，而使得其在 813cm^{-1} 左右伸缩振动峰消失。进一步说明随着晶型对称性的提高，亚结构[SiO_4]对称性也升高，均已达到正四面体键角对称结构。

此外，由表 4-3-8 给出的样品的红外吸收峰位置列表可知，杂质种类和含量的变化仅对 C_3S 的红外吸收峰位产生微弱的影响。CaF_2 和 $CaSO_4$ 主要引起 C_3S 红外图谱中ν4 向低频移动，但这种移动幅度较小，而且主要发生在 390cm^{-1} 左右的分支上。$CaHPO_4$ 对 C_3S 红外特征的影响是随着掺量增加，引起ν3 中 906cm^{-1} 左右减小直至消失，并且使得ν1 向高频区移动，而ν4 向低频区移动。

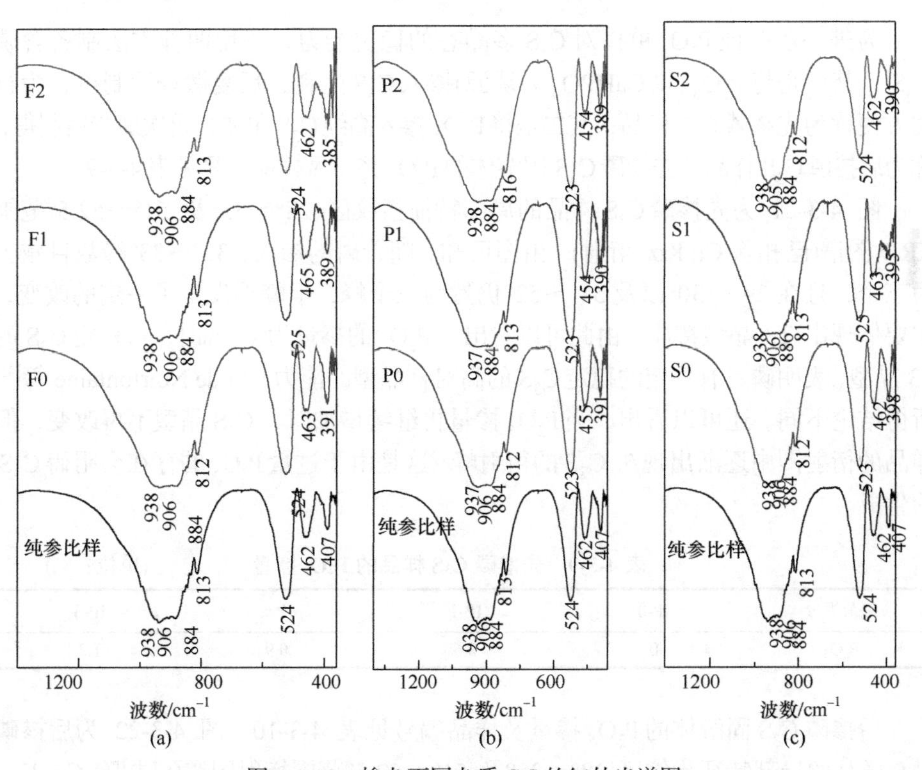

图 4-3-20　掺杂不同杂质 C_3S 的红外光谱图

表 4-3-8　C_3S 样品红外吸收峰位置列表

编号	红外振动峰位/cm^{-1}			
	ν3	ν1	ν2	ν4
F0	938，905，884	812	524	462，390
F1	938，906，884	812	524	463，391
F2	938，906，884	813	525	465，389
P0	937，906，884	812	523	455，391
P1	937，884	813	523	454，390
P2	938，884	816	523	454，389
S0	938，906，884	812	523	462，398
S1	938，905，885	813	525	463，395
S2	938，905，884	812	524	462，390
A1	938，906，884	813	524	464
A2	938，906，884	814	523	464
A3	938，889		522	455

为进一步验证P_2O_5单掺对C_3S多晶态的稳定能力，采用两种方法制备含磷C_3S，其一是将P_2O_5(以$CaHPO_4$为磷源)掺入C_3S生料，反复煅烧后制得，为行文方便称为先掺磷C_3S样品；其二是将P_2O_5掺入高纯C_3S单矿，再次煅烧后制得，称为后掺磷C_3S样品。先掺磷C_3S固溶体的P_2O_5掺量及样品编号见表 4-3-9。

图 4-3-21 为先掺磷C_3S样品的局部特征指纹区 28°～35°及 51°～52.5°范围 XRD 图谱(已扣除 Cu Kα_2衍射)。由图可知，随着磷的掺入，32°～33°峰数目减少为三个，且在 29°～30°以及 51°～52°仍然为三个峰，但峰形发生了一定的改变，主要体现出 T3 晶型特征。由此可以看出，P_2O_5的掺量为 0.6%时，可稳定C_3S的 T3 晶型，表明磷具有一定的稳定C_3S的高对称晶型的能力，与 de Noirfontaine 等[45]所得结论不同。还可以看出，当P_2O_5掺量再继续增加时，C_3S晶型不再改变，但样品的衍射图中逐渐出现β-C_2S的衍射峰，这是由于过量P_2O_5的存在会阻碍C_3S的生成。

表 4-3-9　先掺磷 C_3S 样品的 P_2O_5 掺量　　　　(单位：%)

掺杂组分	IP-0	IP-1	IP-2	IP-3
P_2O_5	0	0.6	0.9	1.2

后掺磷C_3S固溶体的P_2O_5掺量及样品编号见表 4-3-10。图 4-3-22 为后掺磷C_3S样品的局部特征指纹区 28°～35°及 51°～52.5°范围衍射图谱(已扣除 Cu Kα_2衍射)。由图可知，未掺磷的纯 C_3S 仍然呈现 T1 晶型阿利特衍射特征。但与先

掺磷 C_3S 样品的衍射特征变化不同，随 P_2O_5 掺量的升高，后掺磷 C_3S 样品中除 β-C_2S 的衍射峰逐渐明显以外，衍射图谱基本没有变化。对比这两种不同制备方式下相同掺量样品的 C_2S 衍射峰可以发现，后掺磷 C_3S 样品中 C_2S 含量远低于先掺磷样品。这说明，对于后掺磷 C_3S 的制备方式，P^{5+} 既没有固溶进入 C_3S 晶格，也没有导致 C_3S 大量分解生成 C_2S。表明 P^{5+} 只有通过参与 Ca 和 Si 的固相或固液反应才可以大量进入 C_3S，并影响其多晶转变。

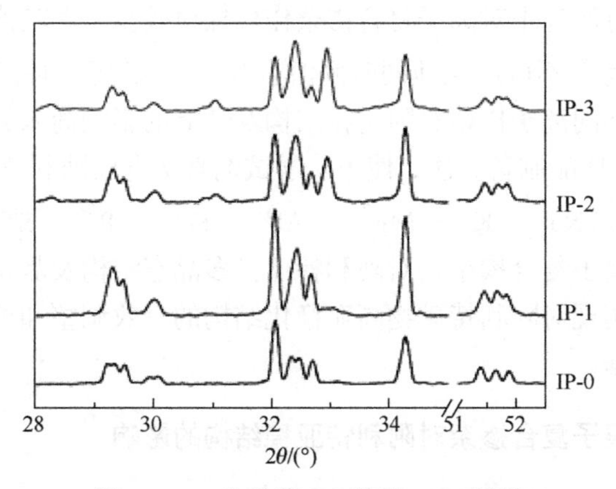

图 4-3-21　先掺磷 C_3S 样品 XRD 图谱

表 4-3-10　后掺磷 C_3S 样品的 P_2O_5 掺量　(单位：%)

掺杂组分	OP-0	OP-1	OP-2	OP-3	OP-4
P_2O_5	0	0.3	0.6	0.9	1.2

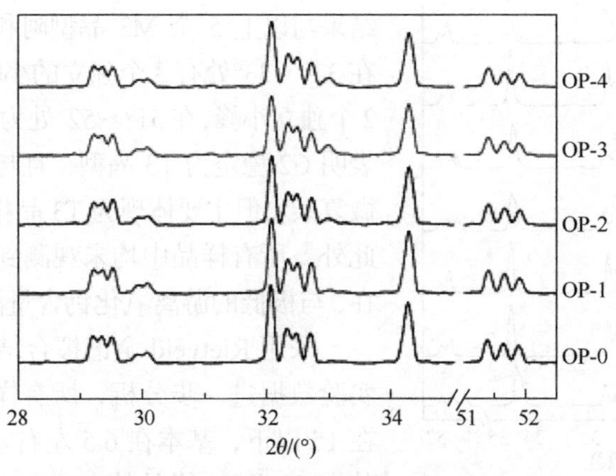

图 4-3-22　后掺磷 C_3S 样品的 XRD 图谱

4.4 多离子复合掺杂稳定阿利特多晶态规律

在第 2 章中，通过外来离子与基体离子结构差异因子概念的提出，量化了固溶离子化学结构与其稳定 C_3S 多晶态能力间的关系，发现离子单掺固溶稳定阿利特多晶态作用规律。但多离子在阿利特中固溶存在复合效应，与单一离子的作用显著不同，而已有研究中对离子复合掺杂作用探讨较少，尤其值得注意的是，实际水泥熟料阿利特中不可避免地同时固溶有 Na^+、K^+ 等多种离子，在这些离子的组合作用下，不同离子掺杂对阿利特结构及性能的影响尚未见报道。因此，本章按照 1.3 节中的样品制备方法，使用化学试剂直接合成阿利特(样品的化学组成与编号同前)，研究 Na^+、K^+、Mg^{2+}、Al^{3+}、Fe^{3+}、P^{5+}、S^{6+} 等熟料阿利特中常见的 7 种典型离子复合掺杂，对阿利特亚稳多晶态结构及晶相转变的影响，以总结规律性，为实现对阿利特矿物高亚稳化结构的有效调整和控制、提高水泥性能等提供科学依据。

4.4.1 不同种类离子复合掺杂对阿利特亚稳结构的影响

图 4-4-1 为阿利特样品的局部特征指纹区 28°～35°和 51°～52°的衍射峰(已扣除 Cu Kα_2 衍射)。由图可见，C0、C1、C4、C5 及 C6(化学组成见表 1-3-1)的 XRD 结果基本相同。在 32°～33°处有 1 个独立峰和 1 个带有明显分叉肩峰的峰，在 29°～30°处为带有弱分叉肩峰的峰，51°～52°处为 2 个分叉小峰，且峰形一致，表明 C0、C1、C4、C5 及 C6 均稳定为 M3 晶型。C2 及 C3 的衍射结果与以上 5 个 M3 晶型阿利特显著不同，C2 在 32°～33°处有 3 个独立的小峰，29°～30°处为 2 个独立小峰，在 51°～52°处为 3 个独立的小峰，表明 C2 稳定为 T3 晶型，且与 C2 相比，C3 稍微复杂，但主要体现为 T3 晶相的衍射谱特征。此外，所有样品中均未观测到其他杂质相的存在，与极低的游离氧化钙含量测定结果相一致。

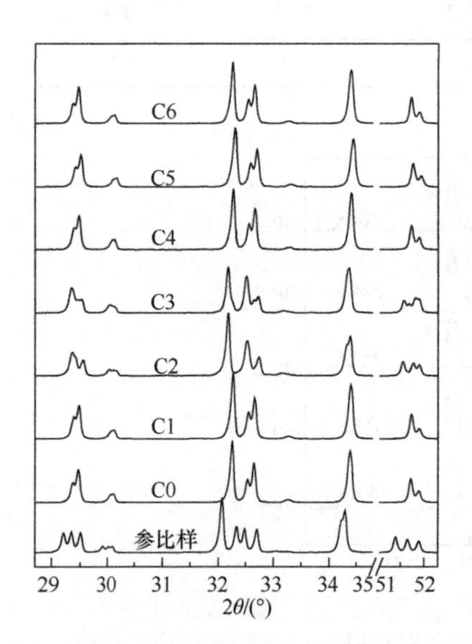

图 4-4-1 样品的 XRD 图谱

采用 Rietveld 全谱拟合结构精修，对 XRD 实验数据进一步分析，所有样品精修 R_{wp} 值远在 15 以下，基本在 6.5 左右。图 4-4-2 给出了其中 C1 及 C2 样品的 Rietveld 全谱及特征区拟合精修结果图，图中小圈(○)为实验数据，实线是根据晶体结构数据模型全谱拟合精修计算的衍射数据图，底部灰色曲线是实验数据与计算数据的差。由图可知，实际衍射与理论拟合较好。根据 Rietveld 拟合结果可知，C0、C1、C4、C5 及 C6 等 5 个样品为较纯的 M3 晶型阿利特，C2 为较纯的 T3 晶型，C3 则为约 72%T3 和 28%M1 的混晶。由此可以看出，多离子复合固溶主要稳定 M3 型阿利特，只有不含 Mg^{2+} 和 Al^{3+} 的阿利特以 T3 晶型为主，说明阿利特中 Na^{+}、Mg^{2+} 等 7 种典型杂质离子以常规含量复合存在时，Mg^{2+} 和 Al^{3+} 对稳定阿利特高温型结构的影响最大。Stephan 对 MgO、Al_2O_3 及 Fe_2O_3 单掺和相互间复合掺杂的研究也表明，Mg^{2+} 和 Al^{3+} 对阿利特结构的影响最大。

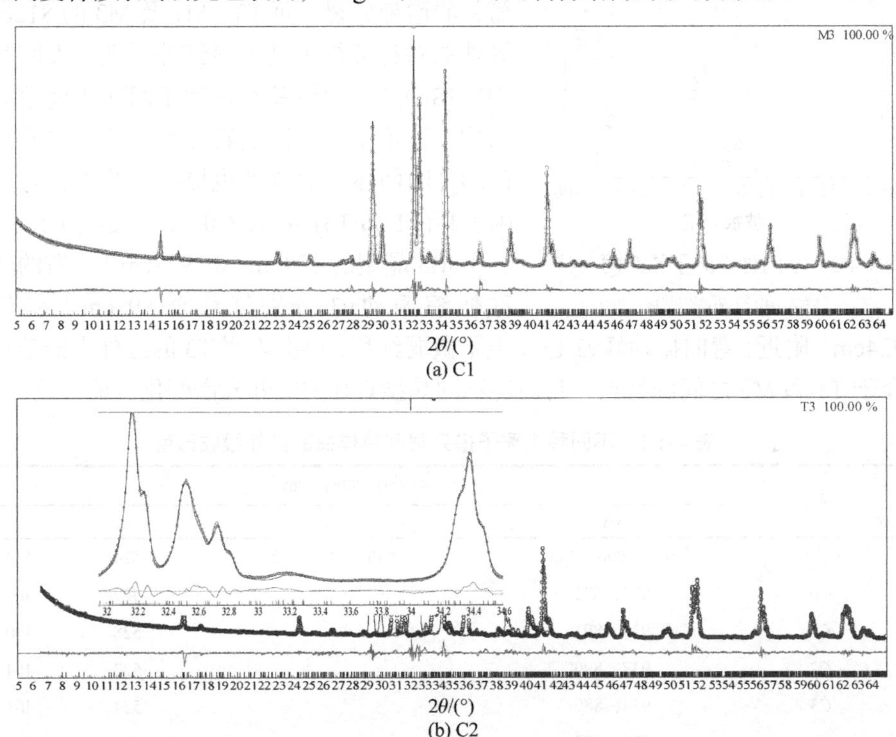

(a) C1

(b) C2

图 4-4-2　实验所测和用结构数据精修计算的不同种类离子掺杂阿利特 XRD 图谱

图 4-4-3 为阿利特样品的指纹区红外光谱图。由图可知，纯 C_3S 在 $883cm^{-1}$、$906cm^{-1}$ 和 $938cm^{-1}$ 附近存在吸收峰，对应 $[SiO_4]$ 四面体的非对称伸缩振动ν3，$996cm^{-1}$ 附近对应 $[SiO_4]$ 四面体外的非对称伸缩振动，$846cm^{-1}$、$834cm^{-1}$ 及 $812cm^{-1}$ 附近的吸收峰为 $[SiO_4]$ 四面体对称伸缩振动ν1，$524cm^{-1}$ 左右的吸收峰是由面外弯曲振动ν2 产生的，$464cm^{-1}$ 附近的吸收峰是由面内弯曲振动ν4 产生的。其中 C2 和 C3 的红外光谱特征较接近，而 C0、C1、C4、C5 及 C6 样品的红外特征较接近，与 XRD 测试结果一致。表 4-4-1 列出了阿利特样品的红外吸收谱带，与纯

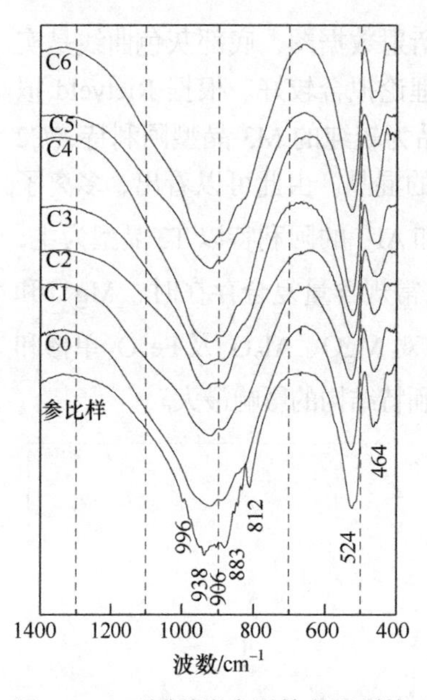

图 4-4-3 不同种类离子掺杂阿利特样品的红外光谱图

C_3S 的 T1 晶型对比可知，随着离子固溶稳定，阿利特晶型对称性升高，即 T1→T3→M3，阿利特红外谱带分裂减少，峰形钝化且在 812cm^{-1} 等处的对称伸缩振动峰消失再一次表明纯 C_3S (三斜 T1 晶型)由于结构对称性低，[SiO_4]四面体受 Ca^{2+} 力场的作用，破坏了[SiO_4]四面体的对称性，使非红外活性的对称伸缩振动成为红外活性，在 812cm^{-1} 等处出现光谱带，并使原来简并的谱带分裂。而 T3、M1 及 M3 的 812cm^{-1} 等处的对称伸缩振动不显红外活性，表明其结构中[SiO_4]四面体基本达到正四面体键角对称结构。这说明随着阿利特晶型对称性的升高，[SiO_4]四面体的对称性也提高。此外，与三斜阿利特(T1 和 T3)相比，C0、C1、C4、C5 及 C6 五个 M3 晶型的 883cm^{-1} 和 938cm^{-1} 左右的非对称伸缩振动ν3 分别红移至 892cm^{-1} 和蓝移 924cm^{-1} 附近，弯曲振动峰ν2 也发生了微弱红移，再次表明 T3 的红外光谱带具有介于 T1 和 M3 之间的特点，与前述不同晶型 C_3S 的红外光谱变化特征一致。

表 4-4-1 不同种类离子掺杂阿利特样品的红外吸收谱带

编号	红外振动峰位/cm^{-1}			
	ν3	ν1	ν2	ν4
参比样	938，906，883	846、834、812	524	464
C0	924，892		527	461
C1	923，891		528	460
C2	937，890		522	464
C3	934，889		524	463
C4	924，892		526	462
C5	924，892		527	466
C6	924，893		527	463

对样品的热分析测试表明，所有样品的 DSC 曲线基本不存在多余杂质相的吸放热峰，TG 曲线上也基本不存在热重变化。这表明样品受热过程中的热效应均只与阿利特的晶相转变有关，也与样品极低的游离氧化钙含量、XRD 及红外光谱分析结果相一致。图 4-4-4 给出了样品的 DSC 曲线，其中图 4-4-4(a)为三斜晶型阿利特的 DSC 曲线。由图可知，在升温过程中，纯 C_3S 的 DSC 曲线上可观察到

三个吸热峰，分别对应纯C_3S的三次晶相转变，其中590℃时T1转变为T2，916℃时T2转变为T3，976℃时T3转变为单斜M1。固溶不同杂质离子的三斜阿利特，在再次受热过程中的晶相转变与纯C_3S显著不同。以T3晶型为主的C2和C3，均在885℃附近存在一吸热峰，根据Maki等[46]对熟料阿利特多晶转变的研究结果，此应为T3向单斜M1的转变，与Bigaré等[18]报道的杂质离子固溶可使三斜C_3S向单斜的转变温度显著降低一致。此外，C2在920℃处还存在一弱小吸热峰，根据上述XRD结果以及文献[42]、[46]，MgO稳定M1晶型阿利特，此峰与C2不含MgO有关，使此温度下M1亚稳，发生晶相转变。文献[46]曾报道阿利特在再次受热过程中，不出现T3晶型也不出现M2晶型，此吸热峰应为M1向M3的转变。

图4-4-4(b)为单斜晶型阿利特DSC曲线，其中C0、C1、C5及C6样品均在600℃附近出现较宽范围的放热峰，后均在858℃附近存在1个较剧烈的吸热峰，与Maki等研究的熟料中单斜M3晶型阿利特的DSC曲线基本一致。这说明通过化学分离合成的M3晶型阿利特，与Maki等研究的熟料中M3晶型阿利特(固溶有各种外来组分)在受热过程中发生的晶相转变过程基本相同。Maki等[46]通过显微镜结合DSC表明，熟料中M3晶型阿利特再次加热过程中，首先在600℃附近放热转变为T2晶型，继续受热后在850℃附近转变为M1晶型，M1将不经M2直接转变为M3晶型，发生T2→M1→M3→R晶型的转变。因此C0等四个样品在600℃附近较宽范围的放热峰和858℃附近的吸热峰，分别对应M3晶型向T2晶型的转变，以及T2晶型向M1型的转变。前述研究表明，与C0同组成的阿利特在700℃、800℃、900℃、1000℃、1100℃以及1250℃以上的若干温度下保温0.5h时热处理后，仅在700℃及800℃处理的阿利特转变为T3晶型，900℃及更高温度以上的均为M3晶型。这表明受热过程中，在800℃以下M3晶型阿利特发生了向三斜晶型的转变，且在800～900℃再次转变为M3晶型，证实了以上阿利特的热晶相转变过程，这同时也说明，多离子复合固溶稳定单斜M3型阿利特，

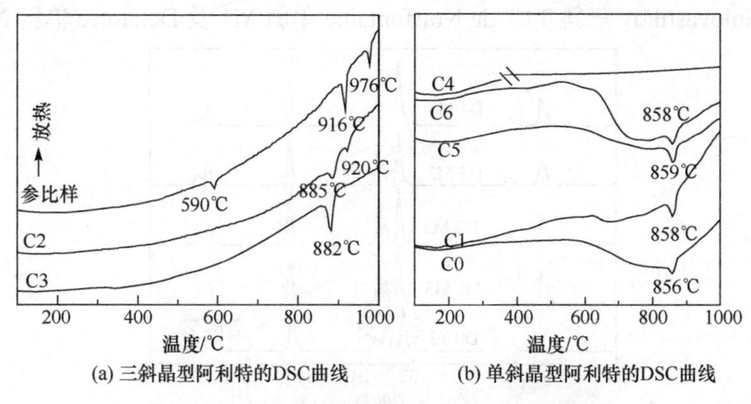

(a) 三斜晶型阿利特的DSC曲线　(b) 单斜晶型阿利特的DSC曲线

图 4-4-4　不同种类离子掺杂样品的 DSC 曲线

在 600℃附近相对低温时更加亚稳。但值得注意的是，不含 Fe 的 C4 样品和后述研究的高含量 MgO(约 2%)的 M3 型阿利特样品，在受热过程中的变化与以上四个 M3 晶型阿利特显著不同，在 1000℃以下，基本观察不到热效应。这说明 Fe 的存在使阿利特更加亚稳，利于 M3 向 T2 晶型转变，这与文献发现的冷却过程中，Fe 使阿利特不稳定促进其分解的研究结果相一致[47]。而高含量 Mg 可阻碍 M3 晶型向 T2 晶型转变，稳定 M3 晶型阿利特，这与 Maki 等研究表明的高含量 MgO 可阻碍熟料中单斜阿利特向 T2 晶型转变的研究结果相一致。这说明 MgO 具有较高的稳定阿利特高温亚稳结构的能力，使阿利特[SiO_4]四面体取向改变困难，在加热或冷却过程中发生晶相转变的数目减少。综上可以看出，阿利特受热过程中的晶相转变，除与阿利特晶型的亚稳性有关外，还受阿利特中固溶离子种类及含量的影响。

4.4.2　Al_2O_3 含量对阿利特亚稳结构的影响

由上述多离子复合掺杂对阿利特的影响研究可知，在典型固溶组分的复合作用下，Al_2O_3 对阿利特结构具有较大影响，但 Al_2O_3 含量变化对阿利特结构的影响规律仍然未知。因此，按照 1.3 节中的样品制备方法，依据 Taylor 得出的水泥熟料中典型阿利特的组成，调整 Al_2O_3 掺杂质量分数为 0%、0.2%、0.5%、1.0%和 1.2%，样品依次编号为 D0、D1、D2、D3 及 D4，制备 Al_2O_3 掺量不同的阿利特样品，研究 Al_2O_3 含量对阿利特晶体结构的影响规律。

图 4-4-5 是不同 Al_2O_3 掺量阿利特样品的局部特征指纹区 28°～35°和 50°～53°的衍射峰图(已扣除 Cu Kα_2 衍射)。由图可知，除 D0 组成以 T3 晶型为主外，其他所有样品的 XRD 结果相似，均在 32°～33°有 3 个分叉的小峰，在 51°～52°均为 2 个独立的小峰，且峰形一致，表明 Al_2O_3 掺杂后阿利特均被稳定为 M3 晶型。此外，所有样品中均未观测到其他杂质物相的存在，与游离氧化钙测定分析结果一致。

以 Golovastikov 三斜 T1、de Noirfontaine 单斜 M1 及 Delatorre 单斜 M3 结构

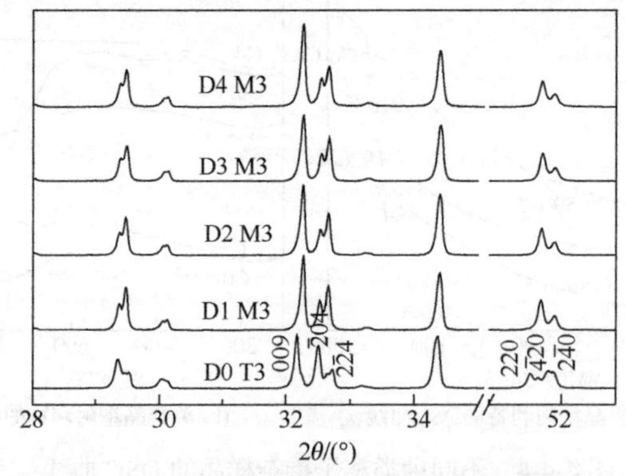

图 4-4-5　不同 Al_2O_3 掺量阿利特样品的 XRD 图谱

数据为初始结构，采用 Rietveld 全谱拟合结构精修，对获得的 XRD 实验数据进行精细的结构演变分析。图 4-4-6 为不含 Al_2O_3 阿利特的精修拟合结果图，小圈(○)为实验数据，实线是根据晶体结构数据模型全谱拟合精修计算的衍射数据图，底部灰色曲线是实验数据与计算数据的差，左上插图为 C_3S 指纹特征峰区 28°～35°拟合结果的放大部分。由图可以看出，精修拟合结果较好。表 4-4-2 给出了样品精修后的权重因子 R_{wp} 值。R_{wp} 反映拟合质量优劣，一般 $R_{wp}<15$，表示结果可靠。由表可知，样品精修拟合的 R_{wp} 均远低于 15，在 6.0 以下，说明结构精修的拟合精度较高。

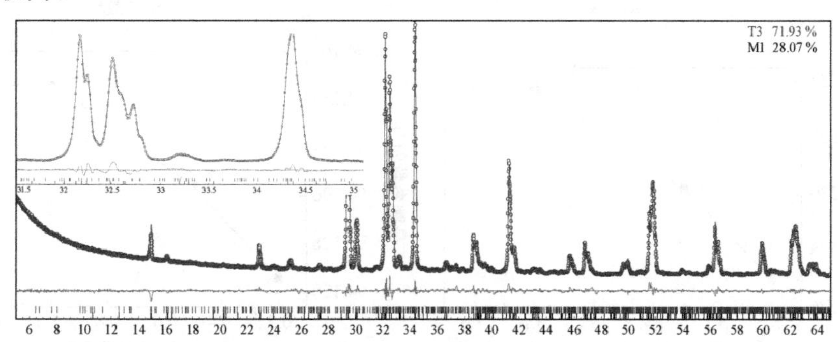

图 4-4-6　实验所测和用结构数据精修计算的不含 Al_2O_3 阿利特的 XRD 图谱

插图为阿利特特征峰区 28°～35°

由 Rietveld 全谱拟合精修得到了阿利特的晶相组成，见表 4-4-2。由表可知，Al_2O_3 对阿利特晶型对称性的影响较大，不掺杂 Al_2O_3 的 D0 为 T3 和 M1 的混晶，仅掺杂 0.2% Al_2O_3 就足以稳定阿利特的 M3 晶型，且随着 Al_2O_3 掺量增大，阿利特晶型不变。Al_2O_3 掺量对 M3 晶型阿利特晶胞参数的影响如图 4-4-7 所示。由图可知，各参数随 Al_2O_3 掺量增加基本呈线性变化，符合 Vegard 定律。其中，a 以减小为主(图 4-4-7 (a))，b、c 及 β 角基本随掺量增加而线性增大(图 4-4-7 (b)～(d))。值得注意的是，当 Al_2O_3 掺量达 1%时，图中各曲线均出现转折点，对于参数 c 及 β 角尤为显著，Al_2O_3 含量继续增加，两者几乎未改变。这说明 Al_2O_3 在阿利特中的固溶极限为 1%，与文献报道结果一致，也进一步暗示了 D4 样品中 Al_2O_3 稍过量，存在少量 C_3A，但由于含量过低，XRD 不足以检测到其存在。

表 4-4-2　样品的晶相组成及精修 R_{wp} 值

编号	晶相组成	R_{wp}
D0	72%T3+28%M1	5.57
D1	M3	5.34
D2	M3	5.69
D3	M3	5.54
D4	M3	5.75

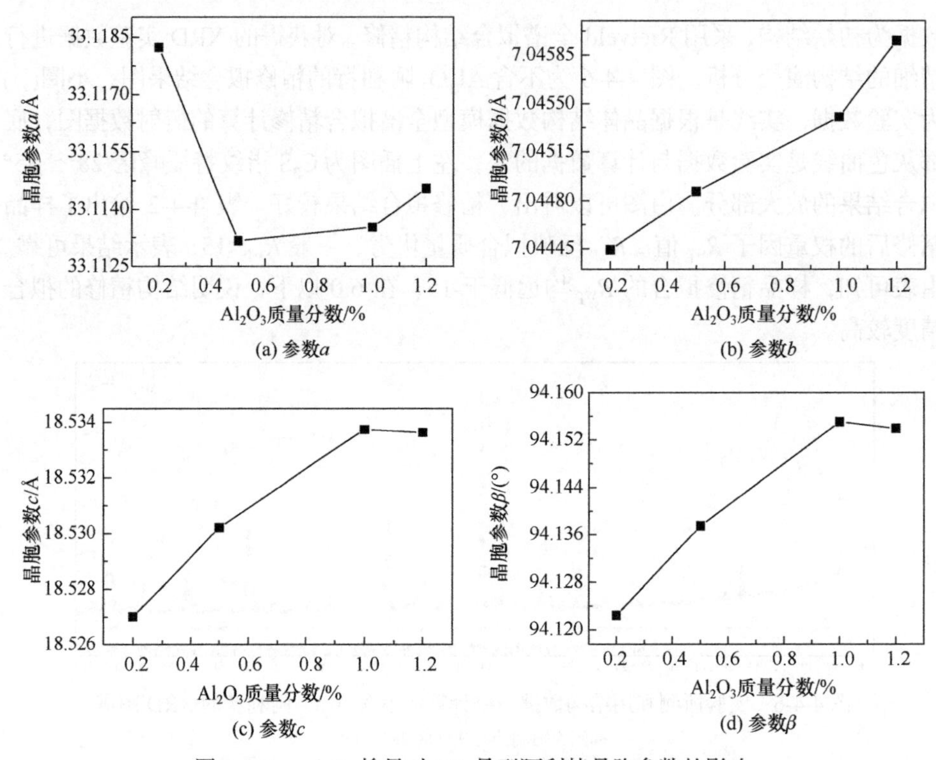

图 4-4-7　Al_2O_3 掺量对 M3 晶型阿利特晶胞参数的影响

图 4-4-8 为阿利特样品的指纹区红外光谱图。由图可知，D0 样品与其他样品红外光谱存在较明显的差异。与其他样品相比，D0 在 934cm^{-1} 附近的[SiO_4]四面体非对称伸缩振动ν3 峰发生明显的蓝移，且峰形更加尖锐，524cm^{-1} 左右弯曲振动峰ν2 也发生了微弱红移。结合 XRD 结果可知，这主要是由于 D0 主要由三斜 T3 晶型组成，其他三个样品均为 M3 晶型。此外，结合前述不同种类离子固溶稳定的不同晶型阿利特红外光谱特征，对比可以发现，Al 固溶对[SiO_4]四面体红外振动特征影响不大，表明 Al 固溶对[SiO_4]四面体配位体的键合状态的基本不产生影响，同时也再次说明阿利特红外振动特征主要取决于其结构对称性。

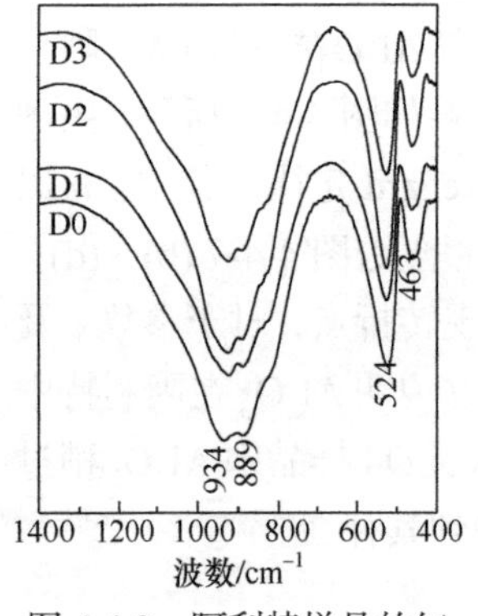

图 4-4-8　阿利特样品的红外光谱图

4.4.3　Fe_2O_3 含量对阿利特亚稳结构的影响

Fe 在阿利特中固溶可同时置换 Ca 和 Si，缺陷反应复杂，研究多离子作用下，

Fe 对阿利特结构的影响，有利于进一步理解离子固溶、阿利特结构、缺陷与活性的关系，对深入理解水化动力学等具有重要意义。

在 1550℃下，Fe_2O_3 在阿利特中的固溶极限约为 1.1%。按照 1.3 节中的方法，调整 Fe_2O_3 引入量分别为 0%、0.2%、0.4%、0.6%、0.8%、1.0%和 1.2%，制备了 Fe_2O_3 掺量不同的阿利特样品，样品依次编号为 Fe0、Fe1、Fe2、Fe3、Fe4、Fe5 及 Fe6。采用勃氏比表面积仪测定并控制样品比表面积在 Fe0 比表面积±20m²/kg 之内变化。热释光方法能很好地表征阿利特缺陷特征，且热释光强度与阿利特活性存在相关性关系。本节同样采用热释光方法研究 Fe_2O_3 掺杂对阿利特缺陷特征的影响，以及阿利特亚稳能量与活性的关系。

图 4-4-9 为样品的局部特征指纹区 28°～35°和 51°～52°范围的衍射峰图(已扣除 Cu $K\alpha_2$ 衍射)。由图可知，所有样品中均未观测到杂质物相的存在，与游离氧化钙测定分析结果一致。所有样品的 XRD 衍射结果相似，均在 32°～33°有 3 个分叉的小峰，在 51°～52°处均为 2 个独立的小峰，且峰形一致，说明所有样品均为 M3 晶型，Fe_2O_3 掺杂不改变阿利特稳定晶型。但随着掺量增加，峰位发生明显偏移，自 Fe_2O_3 掺量达 1%的 Fe4 开始变化更为显著，表明 Fe_2O_3 掺杂改变了 M3 晶型的晶胞参数。

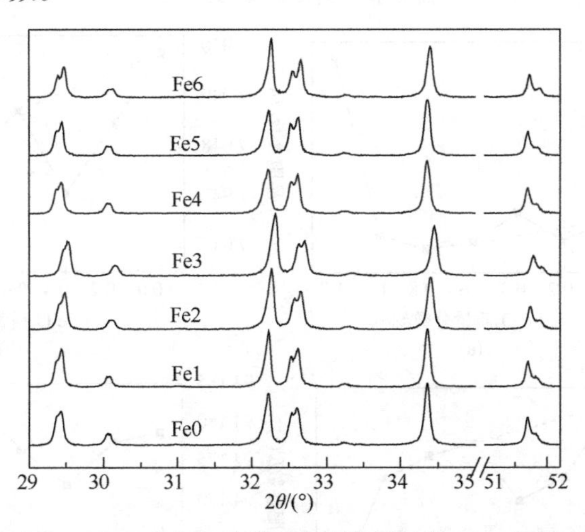

图 4-4-9 不同 Fe_2O_3 掺量阿利特样品的 XRD 图谱

以 Nishi 单斜 M3 结构数据为初始结构，采用 Rietveld 全谱拟合结构精修，进一步对获得的 XRD 实验数据进行精细的结构演变分析。图 4-4-10 为不掺杂 Fe_2O_3 阿利特的精修拟合结果图，小圈(○)为实验数据，实线是根据晶体结构数据模型全谱拟合精修计算的衍射数据图，底部灰色曲线是实验数据与计算数据的差，左上插图为阿利特指纹特征峰区 28°～35°拟合结果的放大部分。可以看出，拟合结果较好。样品精修后 R_{wp} 值均低于 15，说明精修拟和结果可靠性较高。Fe_2O_3 掺量对 M3 晶型阿利特晶胞参数的影响如图 4-4-11 所示。由图可知，阿利特各参数随 Fe_2O_3 掺量增加基本均呈线性变化，符合 Vegard 定律。但在 0.4%掺量时存在拐点，掺量高于 0.4%时，晶胞参数随 Fe_2O_3 掺量线性变化，且与不掺杂 Fe_2O_3 的阿利特晶胞参数基本在一条线上；掺量低于 0.4%时，晶格常数随 Fe_2O_3 掺量也呈线性变化。这暗示了 Fe 在阿利特中固溶取代机制的变化，与 1.3 节中通过游离氧化钙含量及烧结收缩率对 Fe 在阿利特中固溶取代机制的分析结果相一致。Fe_2O_3 对阿利

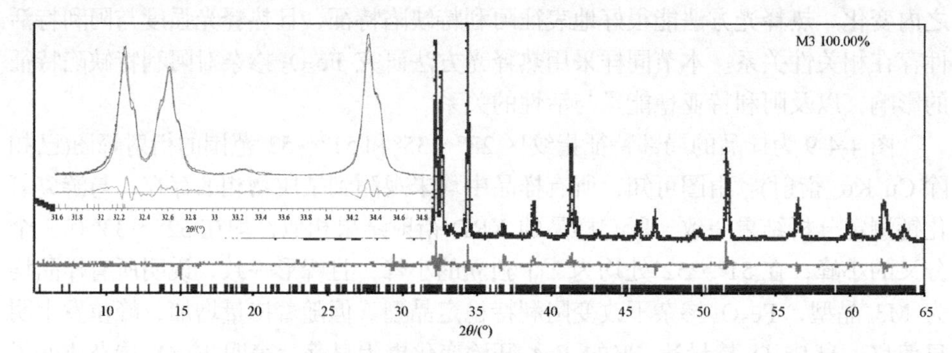

图 4-4-10　实验所测和用结构数据精修计算的不掺杂 Fe_2O_3 阿利特的 XRD 图谱

插图为阿利特特征峰区 31°～35°

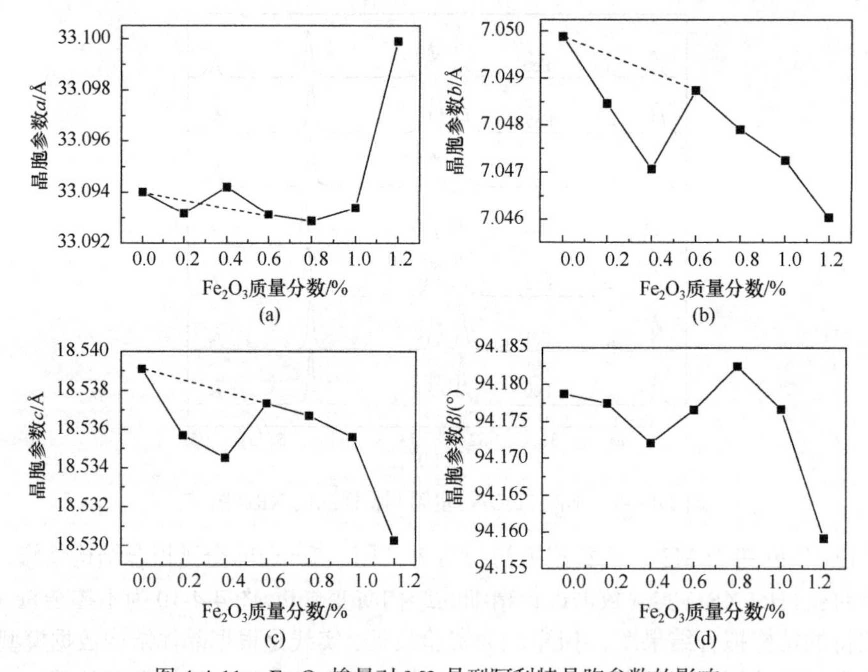

图 4-4-11　Fe_2O_3 掺量对 M3 晶型阿利特晶胞参数的影响

特晶格应变的影响如图 4-4-12 所示。由图可以看出，阿利特晶格应变随 Fe_2O_3 掺量增加基本线性增大，同时也在 0.4%掺量处存在显著的拐点，这与上述对阿利特晶胞参数的分析以及 Fe 的取代类型等分析结果相吻合。

图 4-4-13 为阿利特样品的指纹区红外光谱图。由图可知，所有样品的红外光谱基本一致，这与 XRD 测试样品均为 M3 晶型的结果相吻合。Fe 掺杂与 Al 掺杂的作用类似，对 $[SiO_4]$ 四面体红外振动特征影响不大。这表明 Fe 对 $[SiO_4]$ 四面体配位体的键合结构状态基本不产生影响。这也再次证明了阿利特红外振动特征主要取决于其晶体结构对称性，即 $[SiO_4]$ 四面体键合结构状态主要取决于阿利特晶型结构对称性。

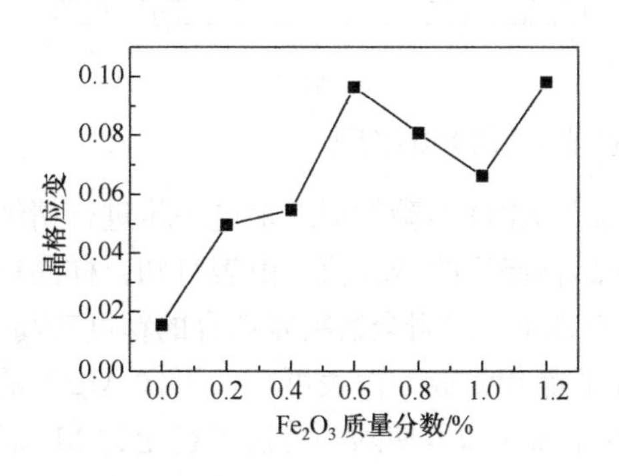

图 4-4-12　Fe_2O_3 掺杂对阿利特晶格应变的影响

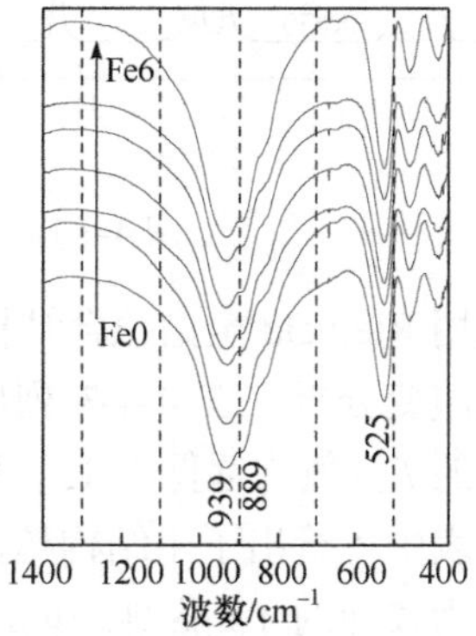

图 4-4-13　Fe_2O_3 掺杂阿利特样品的指纹红外光谱图

4.4.4　MgO 含量对阿利特亚稳结构的影响

随着优质石灰石减少，高镁石灰石的应用变得更为重要，加之 MgO 掺杂对 C_3S 结构对称性的影响较大，因此研究多离子复合作用下，MgO 掺杂对阿利特结构的影响具有重要的实际和理论意义。按照 1.3 节中的样品制备方法，调整 MgO 质量分数分别为 0%、0.25%、0.5%、0.75%、1.0%、1.25%、1.5%、1.75%和 2%，制备了不同 MgO 掺量的阿利特，样品依次编号为 MG0、MG1、MG2、MG3、MG4、MG5、MG6、MG7 和 MG8。比表面积控制在(375±25)m^2/kg。

图 4-4-14 为不同 MgO 掺量的阿利特的局部特征指纹区 28°～35°和 51°～52°的衍射峰图(已扣除 Cu Kα_2 衍射)。由图可以看出，不含 MgO 的 MG0 样品在 32°～33°处有三个分叉的小峰，在 29°～30°处有两个独立小峰，在 51°～52°处也有三个小峰，其中后两个小峰由一个峰开叉而成，表现出 T3 晶型特征，与前述 3.2 节表明的不含 Mg 阿利特为 T3 晶型的研究结果相吻合。MgO 掺入后，随着其掺量的增加，MG1、MG2、MG3 及 MG4 衍射峰形逐渐发生变化，表现出单斜和三斜的

混合晶型特征。当 MgO 掺量达到 1%时，MgO 掺量继续增加，阿利特晶型不变，均稳定为 M3 晶型。

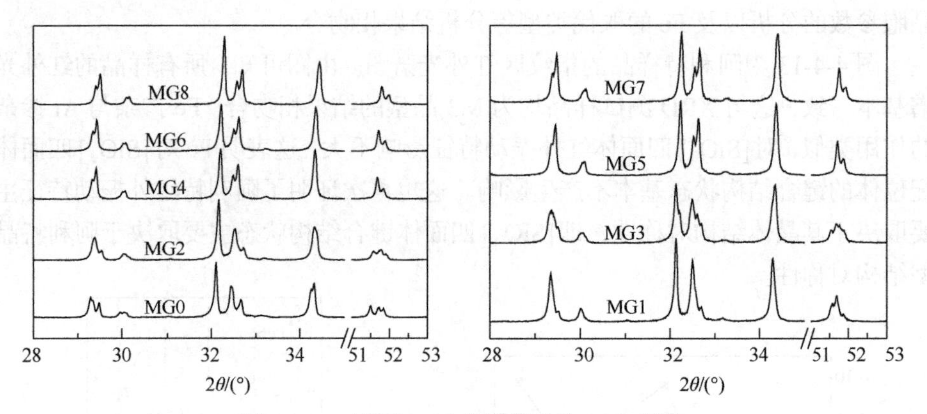

图 4-4-14　不同 MgO 掺量样品的 XRD 图谱

采用 Rietveld 全谱拟合结构精修,对以上 XRD 实验数据结果进一步进行精细的结构演变分析。表 4-4-3 列出了所有样品精修后的 R_{wp} 值。由表可知，样品精修拟合的 R_{wp} 值均远低于 15，基本远在 7.0 以下，说明全谱精修拟合的精度较高。此外，表中还给出了由结构精修所得样品的晶相组成。由表可知，不含 MgO 的阿利特为较纯的 T3 晶型，少量 MgO(0.25%)加入即可使阿利特近半稳定为 M1 晶型。这与文献报道的熟料中阿利特晶型受 MgO 含量影响的研究结果一致。在含有适量 MgO(约 0.6%)的熟料中，当 MgO 含量高于 1.2%时，阿利特稳定为 M3 晶型，低于 0.8%时，稳定为 M1 晶型[48]。MgO 掺量增加至 0.5%时，MG2 阿利特开始向 M3 晶型阿利特转变。这暗示了 MgO 在相对低温相 T3 和 M1 晶型中的固溶极限可能为 0.5%。当 MgO 掺量达到 1%时，阿利特全部稳定为 M3 晶型，此后，MgO 掺量继续增加直至最高掺量 2%，阿利特晶型不变。

T3 晶型晶胞参数随 MgO 掺量变化见表 4-4-4。由表可知，在 T3 晶型中，随着 MgO 掺量的增加，各个参数均发生了不同程度的改变。除 MG1 中晶胞参数稍反常外，其他三斜阿利特晶胞参数 a、b 及 c 均减小。这与小半径的 Mg^{2+} 置换 Ca^{2+} 使得阿利特晶胞收缩有关。MgO 对 M3 晶型晶胞参数的影响如图 4-4-15 所示。由图可以看出，在 M3 晶型中，随着 MgO 固溶量的增加，阿利特晶体的 a、b 及 c 均线性减小，符合固溶体的晶胞参数与固溶组分含量成正比的 Vegard 定律。这也表明 Mg 固溶进入阿利特晶格取代 Ca。Mg^{2+} 的半径小于 Ca^{2+}，固溶后使得 M3 晶胞发生收缩，因此，M3 晶胞参数随 MgO 掺量减小。β角随 MgO 掺量增加先急剧减小，达到 0.75%掺量后基本不发生改变。

表 4-4-3　样品的晶相组成及精修 R_{wp} 值

编号	R_{wp}	晶相组成	编号	R_{wp}	晶相组成
MG0	7.17	T3	MG5	3.58	M3
MG1	4.65	57.4%T3+42.6%M1	MG6	5.77	M3
MG2	6.08	29.5%T3+70.5%M3	MG7	3.98	M3
MG3	3.19	32.7%T3+67.3%M3	MG8	5.57	M3
MG4	6.03	M3			

表 4-4-4　MgO 固溶所致 T3 晶型阿利特晶胞参数变化

编号	Δ*a*/Å	Δ*b*/Å	Δ*c*/Å	Δ*α*/(°)	Δ*β*/(°)	Δ*γ*/(°)
MG0	0	0	0	0	0	0
MG1	0.0267	–0.0178	0.0030	0.0384	0.2130	–0.1136
MG2	–0.0107	–0.0116	–0.0116	0.0078	–0.0039	–0.0113
MG3	–0.0146	–0.0145	–0.0175	–0.0006	–0.0161	–0.0161

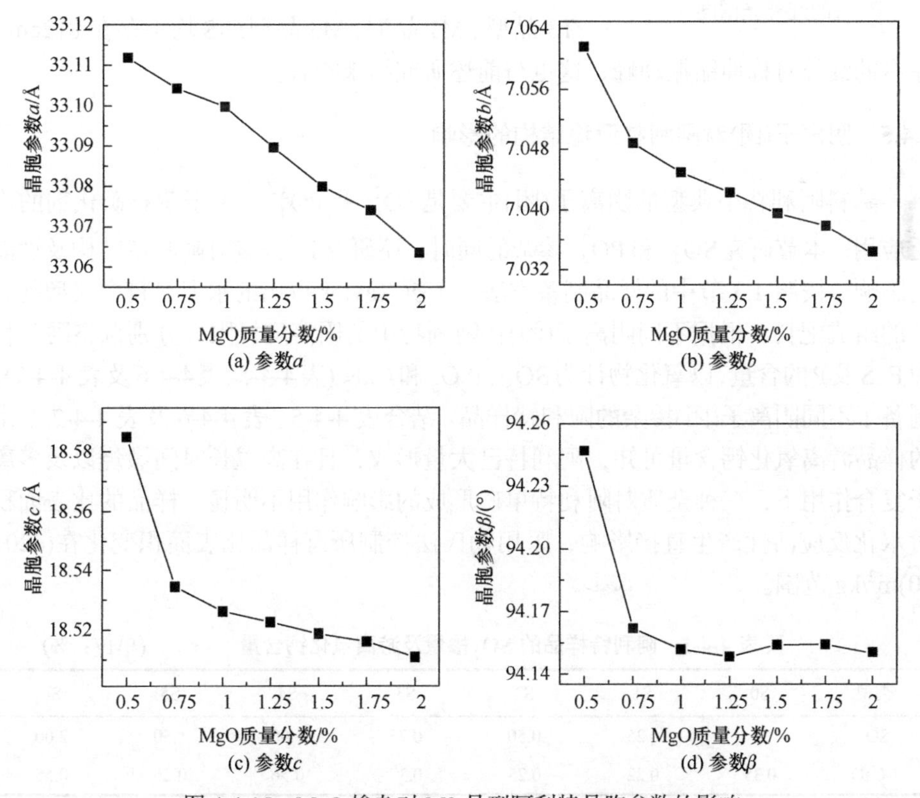

图 4-4-15　MgO 掺杂对 M3 晶型阿利特晶胞参数的影响

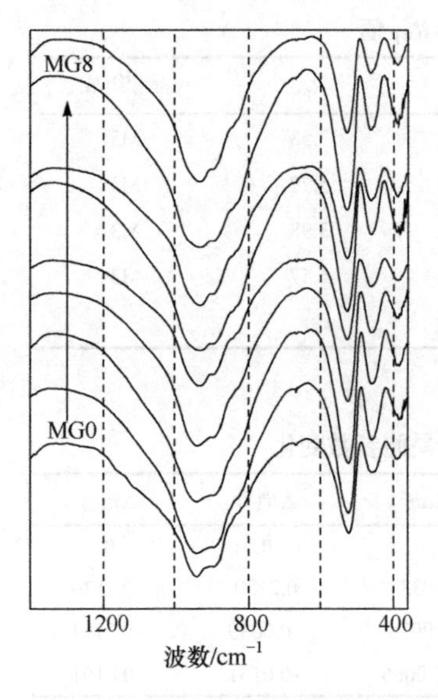

图 4-4-16　不同 MgO 掺量阿利特的红外光谱图

图 4-4-16 为不同 MgO 掺量阿利特的红外光谱图。由图可见，随着 Mg 稳定阿利特不同晶型，阿利特红外光谱发生了一定变化，尤其是$[SiO_4]$四面体非对称伸缩振动ν3 峰呈现较为显著的峰位位移或峰形变化。由 T3 晶型组成的 MG0 样品的红外特征峰区与其他含有单斜阿利特的样品存在差异较大。随着阿利特稳定为单斜晶型，$[SiO_4]$四面体 937cm^{-1} 附近非对称伸缩振动ν3 峰峰形钝化，且随着晶型对称性升高，937cm^{-1} 附近振动峰发生微小蓝移。自阿利特开始稳定为 M3 晶型的 MG4 样品开始，随 MgO 掺量增加，样品的红外峰形基本保持不变。这表明 Mg 在阿利特中固溶基本不对阿利特红外光谱产生影响。这与前述 Al 及 Fe 对阿利特红外振动的影响一致，再次证实阿利特红外振动主要取决于晶体结构对称性。此外，由图还可以看出 T3 晶型、M1 晶型、M3 晶型 C_3S 均不存在 812cm^{-1} 左右的红外对称伸缩振动峰，这也与前述研究结果吻合。

4.4.5　阴离子(团)对阿利特亚稳结构的影响

熟料阿利特中典型的阴离子(团)主要是 SO_4^{2-} 和 PO_4^{3-} 。由于萤石矿化剂的广泛应用，本节研究 SO_4^{2-} 和 PO_4^{3-} 掺杂的同时，还研究 F^- 掺量对阿利特结构及性能的影响。按照 1.3 节中的样品制备方法，依据 Taylor 得出的水泥熟料中典型阿利特的组成配料，根据不同阴离子(团)在阿利特中的固溶度极限，分别调整阿利特中 F、S 及 P 的含量，以氧化物计为 SO_3、P_2O_5 和 CaF_2 (表 4-4-5、表 4-4-6 及表 4-4-7)，制备了不同阴离子(团)掺杂的阿利特样品。结合表 4-4-5、表 4-4-6 及表 4-4-7 给出的样品游离氧化钙含量可知，阿利特已大量形成，且在高温长时间煅烧以及多离子复合作用下，三种杂质对阿利特单矿形成的影响作用不明显。样品的比表面积对水化反应活性产生直接影响，采用勃氏法控制所有样品比表面积变化在(420±20)m^2/kg 范围。

表 4-4-5　阿利特样品的 SO_3 掺量及游离氧化钙含量　　(单位：%)

类型	S0	S1	S2	S3	S4	S5	S6
SO_3	0	0.25	0.50	0.75	1.00	1.50	2.00
f-CaO	0.35	0.22	0.25	0.37	0.56	0.26	0.55

表 4-4-6　阿利特样品的 P_2O_5 掺量及游离氧化钙含量　(单位：%)

类型	P0	P1	P2	P3	P4
P_2O_5	0	0.20	0.50	1.00	1.20
f-CaO	0.29	0.27	0.29	0.29	0.32

表 4-4-7　阿利特样品的 CaF_2 掺量及游离氧化钙含量　(单位：%)

类型	F0	F1	F2	F3	F4
CaF_2	0	0.20	0.50	1.00	1.20
f-CaO	0.29	0.29	0.34	0.31	0.28

图 4-4-17 为阿利特样品的局部特征指纹区 28°～35°和 50°～53°范围的衍射峰图(已扣除 Cu Kα_2 衍射)。掺杂 CaF_2、SO_3 的阿利特样品均在 32°～33°有 3 个分叉的小峰，在 51°～52°处均为 2 个独立的小峰，且峰形一致，所有阿利特均稳定为 M3 晶型(图 4-4-17(a)和(b))。这说明 F、S 掺杂对阿利特晶型对称性影响不大。而由图 4-4-17(c)可知，P_2O_5 掺杂显著影响了阿利特结构对称性。当 P_2O_5 掺量达 0.5%时，M3 晶型 $(\bar{2}04)$ 和 $(\bar{2}24)$ 晶面衍射峰进一步合并，仅出现 $(\bar{2}04)$ 晶面衍射，在 51°～52°衍射峰也以 R 晶型 (220) 晶面衍射峰为主，表明阿利特组成以 R 晶型为主。当 P_2O_5 掺量达 1%时，32°～33°单斜 $(\bar{2}04)$ 和 $(\bar{2}24)$ 晶面衍射峰合并更加彻底，基本仅出现 $(\bar{2}04)$ 晶面衍射，在 51°～52°也基本仅出现 R 晶型 (220) 晶面衍射，表明阿利特基本全部稳定为 R 晶型。相比于单掺作用，多离子复合影响了 P 在阿利特中的固溶行为，使得 P 的固溶量增大，因此可以稳定阿利特的更高温晶型。综上可见，多离子复合作用下，CaF_2、SO_3 掺量变化对稳定阿利特晶型的作用不明显，P 具有较高的稳定阿利特高温晶型的能力，符合 *D* 值判断离子对阿利特高温晶型稳定能力的作用规律。

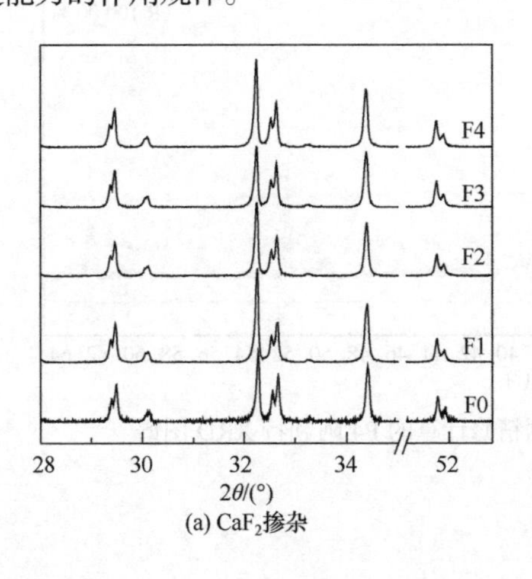

(a) CaF_2掺杂

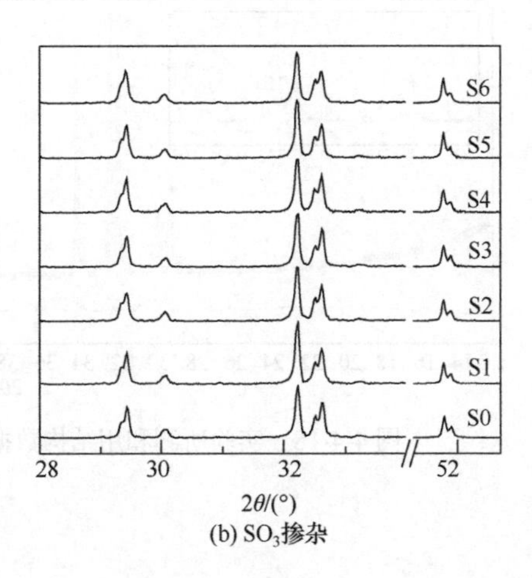

(b) SO_3掺杂

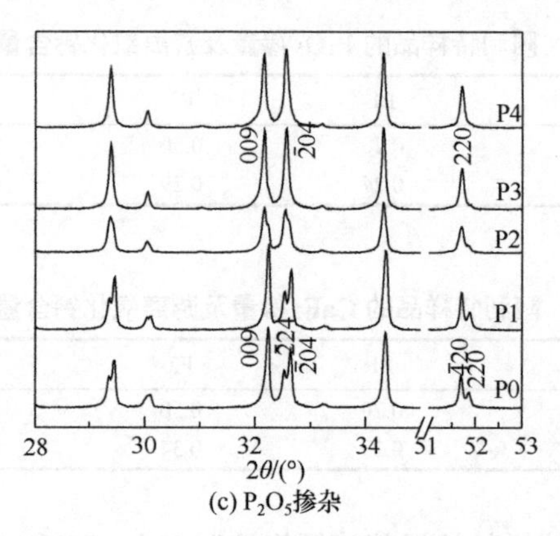

(c) P_2O_5掺杂

图 4-4-17　CaF_2、SO_3、P_2O_5掺杂阿利特样品的 XRD 图谱

以 Golovastikov 三斜 T1、de Noirfontaine 单斜 M1 及 Nishi 单斜 M3 结构数据为初始结构，采用 Rietveld 全谱拟合结构精修，对掺杂 CaF_2 及 P_2O_5 的阿利特样品的 XRD 实验数据进行分析。以 P4 样品的精修拟合结果为代表，图 4-4-18 给出精修拟合效果图，插图为 C_3S 指纹特征峰区 28°～35°拟合结果的放大部分。由图可以看出，精修拟合结果较好。表 4-4-8 给出了 P_2O_5 掺杂阿利特精修所得晶相组成、对应晶型晶格参数以及权重因子 R_{wp}。由表可知，R_{wp} 值均远低于 15，说明结构精修的拟合精度较高。P_2O_5 掺量达 0.5%时开始稳定 R 晶型阿利特。结合 XRD 谱图还可看出其结晶度明显降低。当 P_2O_5 掺量增加至 1%时，阿利特基本全部稳定为 R 型。此外，当阿利特晶型不变时，随着 P_2O_5 掺量增加，M3 晶型晶胞参数 a、c 及β角均增大，b 减小；M1 晶型晶胞参数 a 和 b 均减小，c 及γ角增大。当 P_2O_5 掺量达 0.5%稳定 R 晶型阿利特后，R 晶型晶胞参数 a 随 P_2O_5 掺量增加呈线性减小趋势，c 随 P_2O_5 掺量增加线性增大，符合 Vegard 定律。

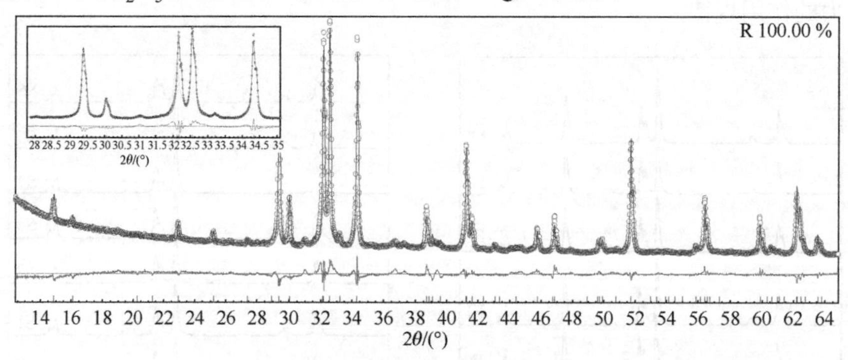

图 4-4-18　实验所测和用结构数据精修计算的 P4 阿利特 XRD 图谱

表 4-4-8　样品精修 R_{wp} 值、晶相组成及晶胞参数

参数	P0	P1	P2		P3		P4
	M3	M3	15%M1	85 %R	6%M1	94 %R	R
a/Å	32.951	32.953	9.260	7.064 0	9.328	7.063 6	7.063 2
b/Å	7.060	7.058	7.082	7.064 0	7.100	7.063 6	7.063 2
c/Å	18.518	18.513	12.231	25.015 9	12.201	25.026 9	25.028 4
β/(°)	94.25	94.28	90.00	90.00	90.00	90.00	90.00
γ/(°)	90.00	90.00	116.32	120.00	115.99	120.00	120.00

CaF_2 掺杂对 M3 晶型阿利特晶体结构参数的影响如图 4-4-19 所示。由图可知，掺杂少量 CaF_2 即可使阿利特 *a*、*b* 及 *c* 各参数急剧减小，这可能与小半径 F^- 固溶置换 O^{2-}所致的晶胞收缩有关。随着 CaF_2 掺量继续增加，各参数基本呈线性变化，符合 Vegard 定律。其中，*a*、*b*、*c* 及 β 角基本均随掺量增加而线性增大(图 4-4-19(a)～(d))，这可能由于 CaF_2 掺量增大时，小半径 F^- 可固溶进入阿利特基质晶体间隙。此外，通过基本函数精修方法，得到 CaF_2 掺杂对阿利特晶体晶格应变的影响。CaF_2 掺杂对阿利特晶格应变的影响如图 4-4-19(e)所示。由图可知，阿利特晶格应变随 CaF_2 掺量线性减小。这可能由于 F^- 固溶可以使 Al^{3+} 等异价离子置换 Ca^{2+}，形成多余电荷实现平衡。

图 4-4-20 为阿利特样品的指纹区红外光谱图。由图 4-4-20(a)及(b)可知，F、S 掺杂样品红外光谱特征基本一致，仅 P 掺杂对阿利特红外光谱特征产生了一定影响。结合 XRD 结果可知，这与前述研究结果吻合，即阿利特红外光谱特征主要取决于晶型。由图 4-4-20(c)给出的 P 掺杂阿利特样品的指纹区红外光谱图可知，R 型阿利特具有较高对称性。其与三斜 T1 晶型纯 C_3S 相比，谱带简并，在 812cm^{-1} 等处的对称伸缩振动峰消失外；与典型组成的单斜 M3 晶型阿利特相比，927cm^{-1} 及 891cm^{-1} 附近的$[SiO_4]$四面体非对称伸缩振动ν3 峰形钝化，且 927cm^{-1} 振动峰

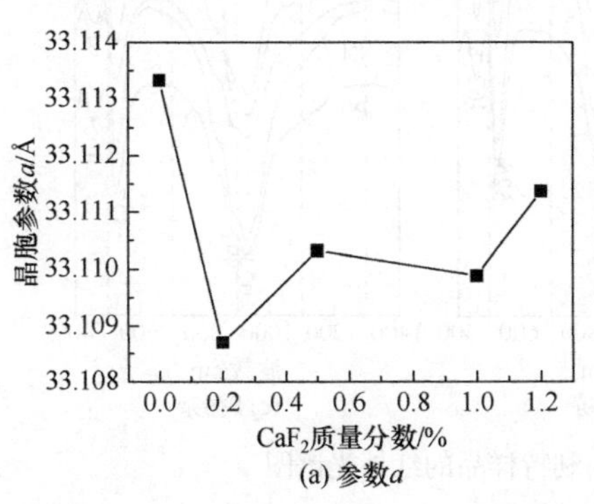

(a) 参数*a*

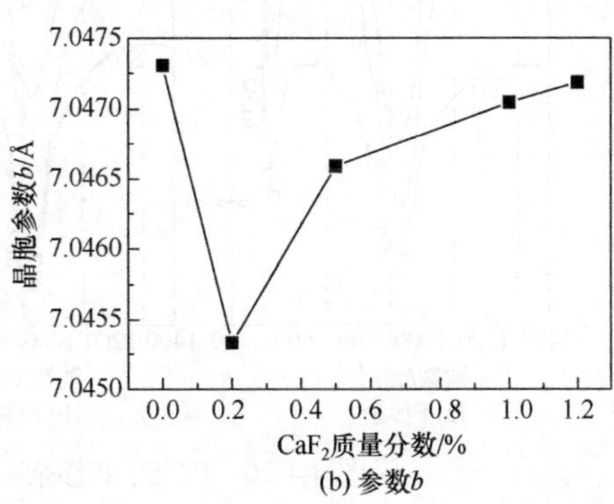

(b) 参数*b*

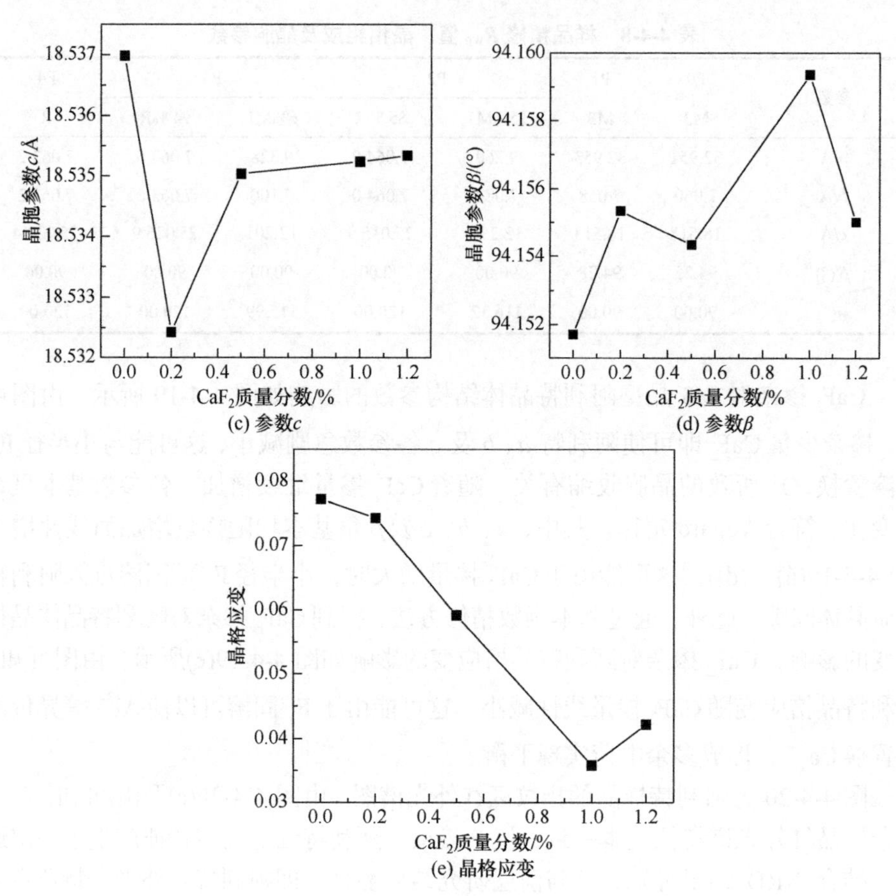

图 4-4-19　CaF_2 掺杂对 M3 晶型阿利特晶体结构参数的影响

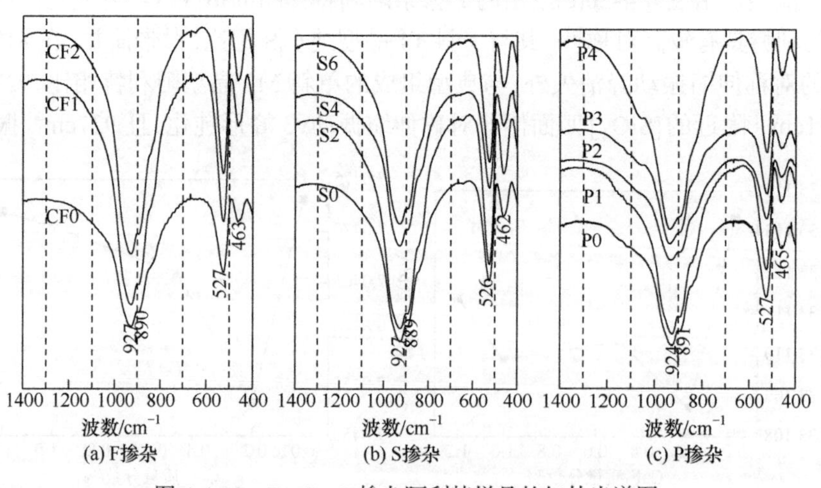

图 4-4-20　F、S、P 掺杂阿利特样品的红外光谱图

红移至 942cm^{-1} 附近，527cm^{-1} 左右的面外弯曲振动v2，蓝移至 522cm^{-1} 附近。结合前述章节研究结果，不同离子固溶进入阿利特，无论发生 Ca 位取代还是 Si 位取代，对$[SiO_4]$四面体红外振动特征基本不产生影响，$[SiO_4]$四面体结构特征主要取决于阿利特结构对称性。这暗示了离子固溶对不同晶型 C_3S 的稳定作用与离子对$[SiO_4]$四面体取向的诱导取向作用无关。

对样品进行热分析测试表明，TG 曲线上基本不存在热重变化。图 4-4-21 为部分样品的 DSC 曲线。由图可知，样品中基本不存在多余杂质相的吸放热峰。这表明样品受热过程中的热效应均只与阿利特的晶相转变有关，这也与样品极低的游离氧化钙含量及 XRD 分析结果相一致。结合 XRD 测试结果，当 P_2O_5 掺量为 0.5%时，样品中含有少量单斜晶型，由 P1 样品的 DSC 曲线可知，此部分单斜阿利特首先在 600℃发生了向三斜的转变,在 856℃附近吸热变化为三斜向单斜的再次转变。这与掺杂 0.1% P_2O_5 的 M3 晶型阿利特变化过程相同，也与前述单斜阿利特受热多晶转变过程相吻合。P_2O_5 掺量增至 1%时，阿利特基本全部稳定为 R 晶型，基本不存在吸热相变等变化。但温度升高至 700℃附近开始，直至 850℃附近，该样品存在一个宽范围的放热峰。这可能由于 R 晶型在此温度范围内亚稳，通过放热向低温单斜等晶型转变。

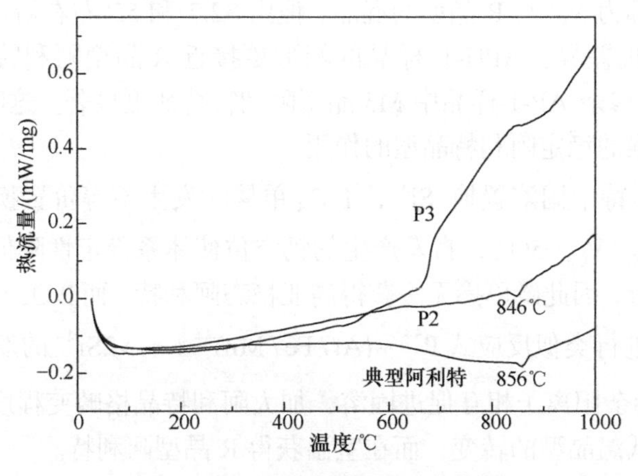

图 4-4-21　部分样品的 DSC 曲线

4.4.6　不同形式磷酸钙盐对阿利特亚稳结构的影响差异及机制

前已述及，实际工业废渣中磷的来源形式多样，且上述研究表明，不同形式磷酸钙盐对阿利特烧成的影响存在差异，可能进一步造成对阿利特结构的影响差异。因此，本节进一步研究不同形式磷酸钙盐对阿利特亚稳结构的影响差异及机制。分别调整 P_2O_5 质量分数为 0%、0.3%、0.6%、1%、1.5%、2%，制备不同磷源 P_2O_5 掺杂阿利特，样品组成及编号同表 1-3-8。

图 4-4-22 为不同磷酸钙盐掺杂阿利特局部指纹区 28°～35°和 51°～52°的衍射峰图(已扣除 Cu Kα$_2$ 衍射)。由图可知，磷酸钙盐掺杂对阿利特晶体结构具有显著影响。未掺杂磷酸钙盐的参比样品在 32°～33°处有两个独立衍射峰，其中一个明显分叉，带有肩峰，29°～30°处衍射峰带有微弱肩峰，51°～52°处为两个小峰，说明参比样为 M3 晶型阿利特。对于掺杂 $CaHPO_4$ 的样品，随着掺量的增加，由样品 APH-1 开始，29°～30°处衍射峰肩峰弱化，位于 32°～33°中间的分叉小峰出现合并迹象，52°附近小峰也明显减弱，APH-1 样品阿利特呈现 M3 向 R 晶型转变的特征，但仍表现出以 M3 晶型为主。APH-2 和 APH-3 样品峰形基本一致，并主要表现出 R 型阿利特衍射峰特征；$CaHPO_4 \cdot 2H_2O$ 掺量继续增加，APH-4 和 APH-5 的衍射峰形不变，仍以 R 晶型为主，但 APH-5 样品中出现少量 C_2S 相衍射峰，这与该样品中稍高的游离氧化钙含量测定结果一致。

其他两种含磷化合物掺杂样品的衍射图的变化趋势基本与上述分析一致，表明不同形式磷酸钙盐对阿利特晶体结构的影响规律差异不大，但在某些掺量点处存在微弱差异。对比 2.0%掺量的三个样品，明显发现 C_2S 的衍射峰强度大小关系为 APH-5 < AP-5 < AP2H-5。这与样品中游离氧化钙含量的分析结果相吻合。图 4-4-22(d)为磷酸钙盐掺量为 0.3%时的样品局部衍射图。由图可见，不同磷酸钙盐掺杂的样品都为 M3 与 R 晶型的混晶，但由 32.7°和 52°左右衍射峰肩峰的钝化程度仍可以发现差异：APH-1 样品的峰形更接近 R 晶型阿利特的单峰特征，AP2H-1 其次，掺杂 AP-1 样品中 M3 晶型阿利特特征更显著。这暗示了 $CaHPO_4$ 可能具有相对强的稳定阿利特晶型的作用。

P^{5+} 在阿利特中固溶置换 Si^{4+}，P_2O_5 单掺时发生不等价置换，遵循反应式 $P_2O_5 \xrightarrow{C_3S} 2P_{Si}^{\cdot}+V_{Ca}^{''}+5O_O$，自发产生的钙空位使体系稳定性降低，阻碍固溶反应的进一步进行，因此磷单掺无法获得高亚稳态阿利特；而 P_2O_5 与其他阳离子复合掺杂时，可进行类似反应式 $P^{5+}+(Al/Fe/Mn)^{3+} \longleftrightarrow 2Si^{4+}$ 的双取代反应[39]，此时 P^{5+} 可与掺杂阳离子相互促进固溶，加大阿利特晶格畸变程度，进而阻碍其降温过程中向低温晶型的转变，而在室温获得 R 晶型阿利特。

以 M3[43]及 R[44]晶型结构数据为初始结构，对游离氧化钙含量 1.0%以内的样品 XRD 测试数据进行 Rietveld 全谱拟合精修，所有样品精修值 R_{wp} 均低于 14。图 4-4-23(a)为样品 APH-3 的 Rietveld 全谱拟合精修结果图，图 4-4-23(b)为该样品衍射 28°～35°指纹特征区的拟合结果。由图可知，实验数据结果与理论计算拟合数据结果拟合较好。表 4-4-9 给出了由 Rietveld 拟合分析所得的样品晶相组成。由表可知，未掺 P_2O_5 的参比样品为较纯的 M3 晶型阿利特，P_2O_5 掺量为 0.3%时阿利特为 M3 晶型为主和少量 R 晶型为辅的混晶。掺量增至 0.6%时阿利特基本为以 R 晶型为主的混晶，掺量达到 1.0%时，基本全部稳定为 R 晶型阿利特，这与前述研究结果一致。然而，P_2O_5 掺量继续增加至 1.5%时，样品中可以发现有少量 C_2S 的存在。P_2O_5 掺量在 0.3%时，三种不同磷源制备的样品中 R 型阿利特含量大小关系为 APH-1>AP2H-1>AP-1，证实了上述 XRD 分析结果，表明同掺量下，$CaHPO_4$ 具有相对强的稳定阿利特晶型的作用。

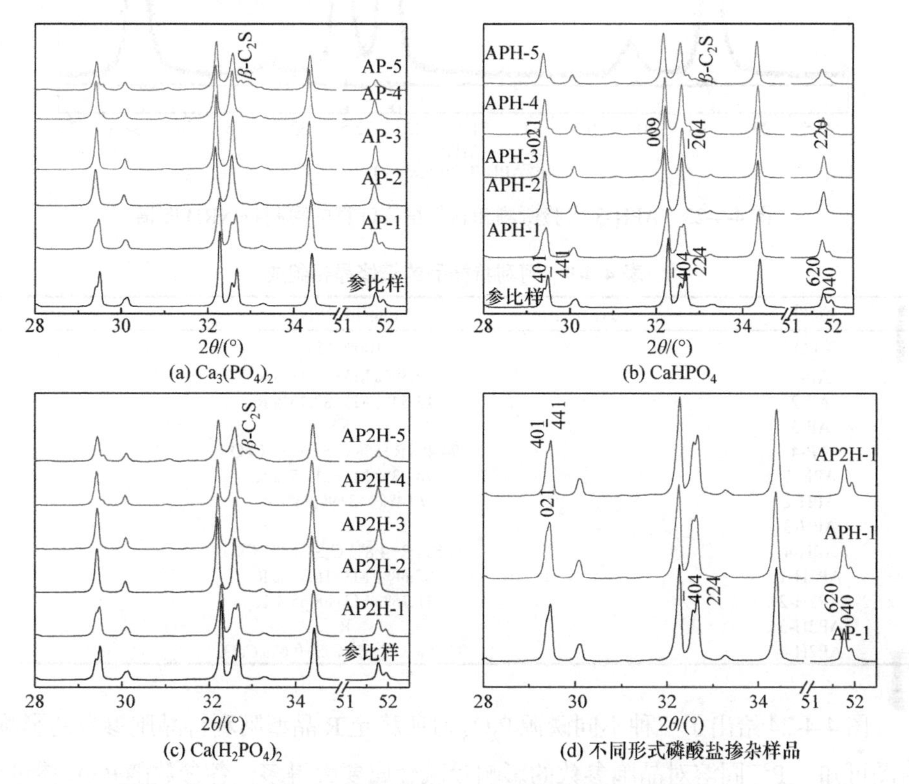

(a) $Ca_3(PO_4)_2$　(b) $CaHPO_4$　(c) $Ca(H_2PO_4)_2$　(d) 不同形式磷酸盐掺杂样品

图 4-4-22　不同磷酸钙盐掺杂阿利特样品的 XRD 图谱

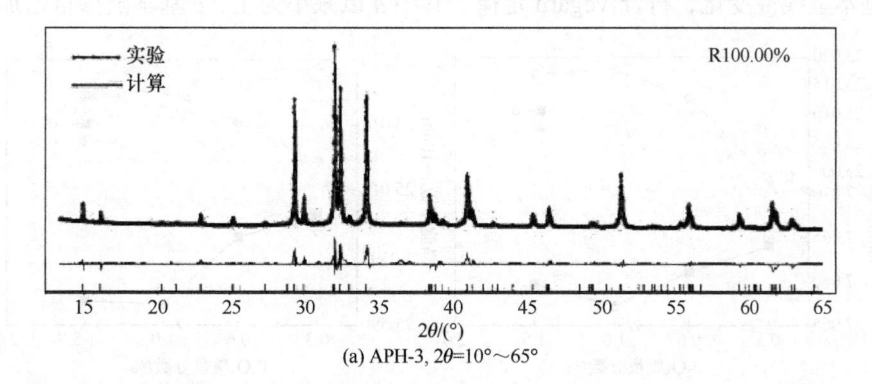

(a) APH-3, 2θ=10°～65°

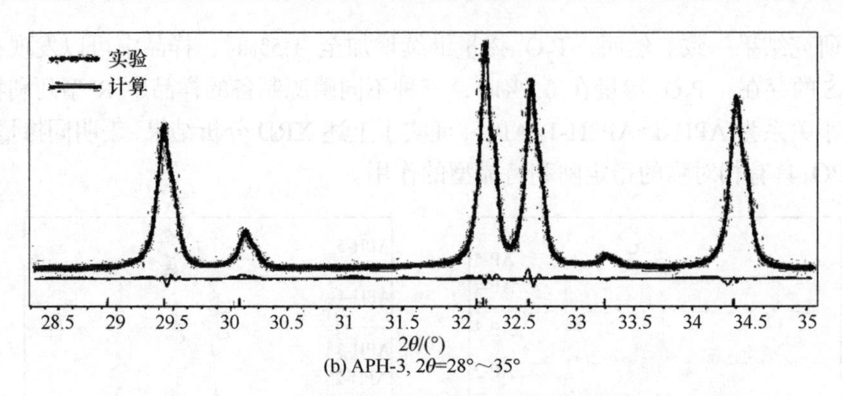

(b) APH-3, 2θ=28°～35°

图 4-4-23 APH-3 实验所测和软件精修计算的阿利特 XRD 图谱

表 4-4-9 阿利特样品的精修晶相组成

编号	晶相组成
参比样	100% M3
AP-1	82.59% M3+17.41% R
AP-2	12.54% M3+87.46% R
AP-3	R
AP-4	94.4% R+5% C_2S+0.6% CaO
APH-1	78.23% M3+21.77% R
APH-2	9.14% M3+90.86% R
APH-3	R
APH-4	94.8% R+4.8% C_2S+0.4% CaO
AP2H-1	83.68% M3+16.32% R
AP2H-2	11.35% M3+88.65% R
AP2H-3	R
AP2H-4	93.8% R+5.6% C_2S+0.6% CaO

图 4-4-24 给出了三种不同磷源 P_2O_5 对所稳定 R 晶型阿利特晶胞参数的影响。由图可知，P^{5+} 固溶对晶胞参数的影响较碱金属要大得多。各参数随 P_2O_5 掺量增加基本呈线性变化，符合 Vegard 定律。其中 *a* 以减小为主，*c* 基本随掺量增加而

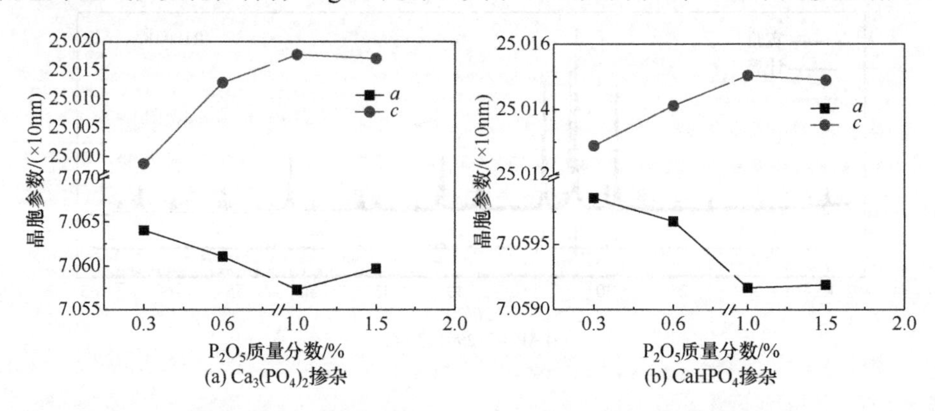

(a) $Ca_3(PO_4)_2$掺杂　(b) $CaHPO_4$掺杂

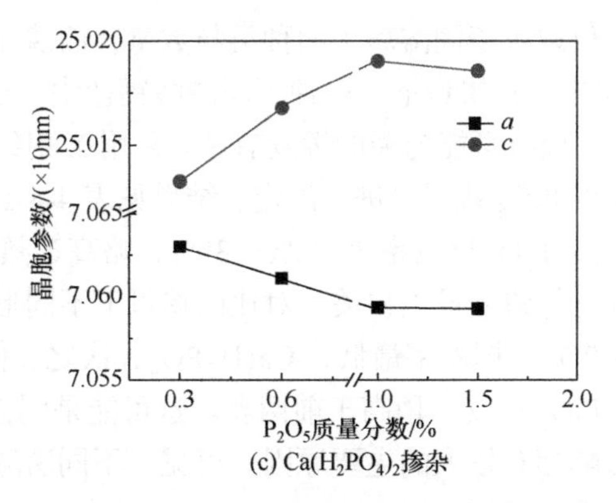

(c) $Ca(H_2PO_4)_2$掺杂

图 4-4-24　不同磷源 P_2O_5 对所稳定 R 晶型阿利特晶胞参数的影响

线性增大，但掺量达到 1.0%之后各参数基本保持不变。这说明 1.0%掺量附近为 P_2O_5 在该条件下制备阿利特的固溶极限，与文献[48]、[49]报道的 P_2O_5 在 C_3S 中的固溶极限为 1.1%相吻合。

图 4-4-25 为三种磷酸钙盐复掺阿利特样品的红外光谱图。与 XRD 分析结果相似，不同形式磷掺杂对阿利特的红外吸收光谱影响规律相近。典型组成的单斜 M3 晶型阿利特，$[SiO_4]$ 四面体非对称伸缩振动v3 分裂为 $927cm^{-1}$ 及 $894cm^{-1}$ 两条谱带，随着磷掺量升高，红外振动峰形存在显著钝化，尤其转变为 R 晶型阿利特时，呈现以 $927cm^{-1}$ 谱带为主的峰形，$894cm^{-1}$ 附近的振动峰基本消失。相同磷掺量，不同磷酸钙盐掺杂的样品，红外光谱特征差异较小。

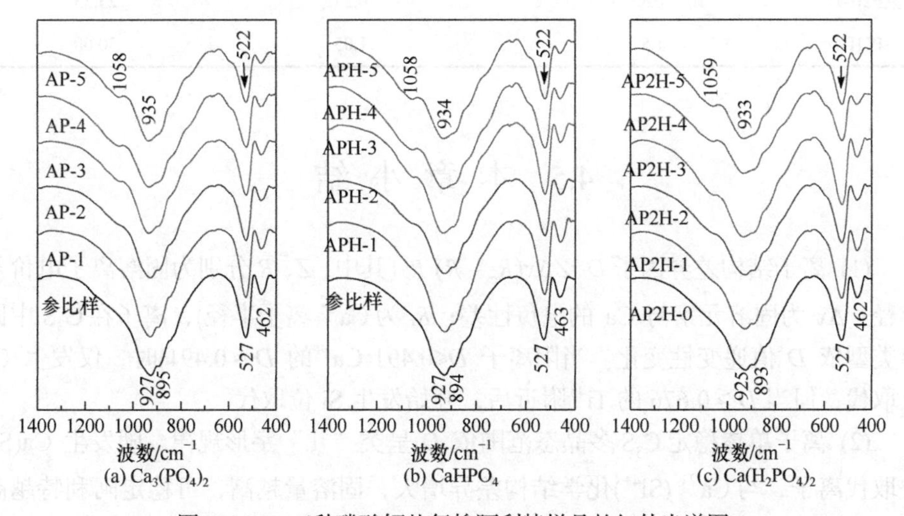

(a) $Ca_3(PO_4)_2$　(b) $CaHPO_4$　(c) $Ca(H_2PO_4)_2$

图 4-4-25　三种磷酸钙盐复掺阿利特样品的红外光谱图

阿利特室温晶型仅取决于固溶离子的种类与数量，而磷在高温状态下有一定的挥发性。因此，相同P_2O_5掺量下，三种不同磷酸钙盐中，$CaHPO_4$对阿利特结构对称性的影响最大，极有可能与磷的挥发有关。采用X射线荧光分析仪进一步对不同磷源掺杂样品的P_2O_5残留量进行测定，结果见表4-4-10。由表可知，样品经1600℃煅烧6h后，P_2O_5挥发率为23%～39%，略高于熟料体系下的14%～27%[49]；且挥发率变化与磷掺量正相关。对比同掺量下不同形式磷酸钙盐在样品中的挥发情况，$CaHPO_4$的挥发率最低，$Ca(H_2PO_4)_2$次之，但与$CaHPO_4$相近，而$Ca_3(PO_4)_2$样品的P_2O_5挥发率稍高于前两者。这可能是同掺量下，$CaHPO_4$对阿利特结构对称性影响相对较大的主要原因。可见，不同磷酸钙盐对阿利特结构的影响差异极有可能来源于P^{5+}固溶量的差异。

表4-4-10　不同磷源掺杂阿利特样品的P_2O_5含量及挥发率

样品	理论含量/%	测定含量/%	挥发率/%
AP-1	0.3	0.20	33.33
AP-4	1.5	0.92	38.67
APH-1	0.3	0.23	23.33
APH-2	0.6	0.45	25.00
APH-3	1.0	0.74	26.00
APH-4	1.5	1.09	27.33
AP2H-1	0.3	0.23	23.33
AP2H-4	1.5	1.05	30.00

4.5 本章小结

(1) 离子结构差异因子$D=Z\Delta x(R_c-R)/R_c$(其中，Z、R分别为固溶离子电价及半径；Δx为固溶元素与Ca的电负性差；R_c为Ca^{2+}离子半径)，离子在C_3S中固溶类型依D值递变性变化。当阳离子$D\leqslant 0.491$(Cu^{2+}的$D=0.491$)时，仅发生Ca位取代，但当$D\geqslant 0.676$的Ti^{4+}附近后，开始发生Si位取代。

(2) 离子单掺稳定C_3S多晶态范围依D呈类“几”字形规律。随发生Ca(Si)位取代离子，与Ca^{2+} (Si^{4+})化学结构差异增大，固溶量越高，可稳定阿利特越高的对称晶型，D可用来估测离子固溶类型和对C_3S多晶态稳定作用。

(3) 掺杂离子的种类和掺量对C_3S的晶型结构、晶胞参数有不同的影响。C_3S结构参数变化与固溶离子结构、取代类型及固溶量等有关。随离子固溶量增加，晶胞参数线性变化，符合 Vegard 定律，暗示了离子固溶所致晶格扭曲畸变程度增加，稳定 C_3S 更高温晶型，符合并验证了离子稳定 C_3S 多晶态规律及机制。

① 当 MgO 固溶掺杂时，小半径 Mg^{2+} 置换 Ca^{2+}，晶胞收缩，C_3S 晶胞参数减小，且依次稳定 T1→T3→M1→M3 晶型；大半径 Ba^{2+}取代 Ca^{2+}，C_3S 晶胞参数以增大为主，高掺量时稳定 T3 晶型。

② 当 Fe_2O_3 固溶掺杂时，随着 Fe_2O_3 固溶量的增加，C_3S 逐渐向 T3 型转化。C_3S 中 Fe_2O_3 的掺量为 0.5%时，为 T1 晶型和 T3 晶型的混合物；Fe_2O_3 掺量在 1.0%～2.0%时，能使 C_3S 在常温下呈现 T3 晶型。

③ 当 Al_2O_3 掺杂时，Al 同时取代 Ca 和 Si，且高掺量时取代 Si 比例增加稳定 T3 晶型，较低掺量掺杂并不改变 C_3S 的晶型结构，仅对晶胞参数产生影响。

④ 当 CaF_2、$CaSO_4$ 和 $CaHPO_4$ 掺入 C_3S 时，在 0%～2.0%的掺量范围内，CaF_2、$CaSO_4$ 和 $CaHPO_4$ 掺杂后样品仍为 T1 晶型，并不引起 C_3S 晶型的变化。固溶进入间隙位置，使得晶胞参数增大。

(4) 碱金属显著影响 C_3S 热稳定性，Li 和 K 使 C_3S 分解，Na 基本不影响 C_3S 稳定性，尽管碱金属仅微量固溶，却显著改变了 C_3S 受热多晶转变温度及过程。BaO 掺量低于 2%时，促进 C_3S 形成，高掺量时，固溶稳定 C_2S，反而不利于 C_3S 形成。Ba 及 Al 显著影响 C_3S 多晶转变，其中 Al 使三斜向单斜转变温度显著降低，且转变热焓减少。

(5) 熟料中阿利特常有的 Na^+、K^+ 等 7 种典型固溶离子复合掺杂时，依然基本遵循离子稳定 C_3S 多晶态能力的规律。多离子复合主要稳定 M3 晶型阿利特。Mg^{2+} 和 Al^{3+}，尤其是 P^{5+} 对阿利特亚稳高温型结构的稳定能力最强。不含 Mg^{2+} 或 Al^{3+} 阿利特以 T3 晶型为主，MgO 掺量小于 1.0%时，阿利特为单斜和三斜的混晶，掺量增大至 1.0%直至其固溶极限 2.0%，阿利特为 M3 晶型；Al_2O_3 掺量由 0.2%增至其固溶极限，阿利特为 M3 晶型；P_2O_5 掺量达 0.5%时，阿利特 85%稳定为 R 晶型，达到 1%掺量及以上时阿利特均为 R 晶型；Fe^{3+}、S^{6+} 及 F^- 等掺量变化基本不影响阿利特晶型。

(6) 多离子复合作用下，Al_2O_3 在阿利特中固溶极限为 1%，Al 约 1/3 取代 Ca，2/3 取代 Si。Fe_2O_3 掺量低于 0.4%时，Fe^{3+} 固溶置换 Ca^{2+}，为保持电荷平衡形成 V''_{Ca} 空位，V''_{Ca} 空位有利于固相反应扩散传质，显著促进阿利特烧结；掺量达 0.4%时，开始以 Si^{4+}位取代实现电荷平衡。阿利特晶胞参数随离子固溶量呈线性变化，并在离子固溶极限或固溶机理改变处存在拐点，符合 Vegard 定律。

(7) 不同磷酸钙盐引入 P^{5+} 掺杂对阿利特多晶态稳定作用相近；低掺量(<1.0%)下 $CaHPO_4$ 更易于稳定 R 晶型阿利特。P_2O_5 在阿利特中的固溶极限约为

1.0%，R 晶型阿利特晶胞参数随P_2O_5掺量增加基本呈线性变化，直至 1.0%之后基本保持不变。不同磷酸钙盐引入P_2O_5的高温挥发性不同，导致不同磷源阿利特P^{5+}固溶量不同，很可能是造成不同含磷化合物稳定阿利特多晶态能力差异的根本原因。

(8) 阿利特受热多晶转变，不但与其晶型亚稳态有关，还受固溶离子种类及含量影响。M3 晶型阿利特在相对低温时亚稳，约 600℃转变为三斜晶型；高含量 MgO(2.0%)阻碍$[SiO_4]$四面体的取向改变，利于 M3 晶型稳定，使加热过程中三斜转变受阻，而Fe^{3+}使 M3 晶型更加亚稳，增加促进这一转变；P^{5+}稳定的 R 晶型阿利特在 700～850℃温度范围内亚稳，放热向低温晶型转变。

(9) 离子固溶通过增大C_3S晶格扭曲畸变程度，阻碍原子位移型相变，从而实现稳定不同高温晶型。固溶离子不足以稳定C_3S晶格时，在冷却过程中$[SiO_4]$四面体取向逐渐改变，R 晶型晶胞发生不同程度的扭曲形变，对称性降低，并在某些方向上一维结构调制，形成不同晶型的C_3S超晶胞结构，C_3S结构对称性降低。

参 考 文 献

[1] Woermann E, Hahn T, Eysel W. The substitution of alkalies in tricalcium silicate[J]. Cement and Concrete Research, 1979, 9(6): 701-711.

[2] Stephan D, Dikoundou S N, Raudaschl-Sieber G. Influence of combined doping of tricalcium silicate with MgO, Al_2O_3 and Fe_2O_3: Synthesis, grindability, X-ray diffraction and ^{29}Si NMR[J]. Materials & Structures, 2008, 41(10): 1729-1740.

[3] 管宗甫, 陈益民, 秦守婉. 杂质离子对硅酸盐水泥熟料烧成影响的研究进展[J]. 硅酸盐学报, 2003, 31(8): 795-800.

[4] Emanuelson A, Hansen S, Viggh E. A comparative study of ordinary and mineralised Portland cement clinker from two different production units: Part I: Composition and hydration of the clinkers[J]. Cement and Concrete Research, 2003, 33(10): 1613-1621.

[5] 管宗甫, 陈益民, 秦守婉, 等. 掺杂阳离子在水泥熟料矿物阿利特中的固溶[J]. 硅酸盐学报, 2007, 35(4): 461-466.

[6] Stephan D, Wistuba S. Crystal structure refinement and hydration behaviour of $3CaO \cdot SiO_2$ solid solutions with MgO, Al_2O_3 and Fe_2O_3[J]. Journal of the European Ceramic Society, 2006, 26(1): 141-148.

[7] Andrade F R D, Maringolo V, Kihara Y. Incorporation of V, Zn and Pb into the crystalline phases of Portland clinker[J]. Cement and Concrete Research, 2003, 33(1): 63-71.

[8] Tran T T, Herfort D, Jakobsen H J, et al. Site preferences of fluoride guest ions in the calcium silicate phases of Portland cement from $^{29}Si\{^{19}F\}$ CP-REDOR NMR spectroscopy[J]. Journal of the American Chemical Society, 2009, 131(40): 14170-14181.

[9] Kolovos K, Tsivilis S, Kakali G. SEM examination of clinkers containing foreign elements[J]. Cement and Concrete Composites, 2005, 27(2): 163-170.

[10] Katyal N K, Ahluwalia S C, Parkash R. Effect of barium on the formation of tricalcium silicate[J]. Cement and Concrete Research, 1999, 29(11): 1857-1862.

[11] Diouri A, Boukhari A, Aride J, et al. Stable Ca_3SiO_5 solid solution containing manganese and phosphorus[J]. Cement and Concrete Research, 1997, 27(8): 1203-1212.

[12] Gotti E, Marchi M, Costa U. Influence of alkalis and sulphates on the mineralogical composition of clinker[C]//12th International Congress on the Chemistry of Cement, Montreal, 2007: 00216.

[13] Sinclair W, Groves G W. Transmission electron microscopy and X-ray diffraction of doped tricalcium silicate[J]. Journal of the American Ceramic Society, 1984, 67(5): 325-330.

[14] 马素花, 沈晓冬, 龚学萍, 等. 氧化铜对硅酸三钙和硫铝酸钙矿物形成及共存的影响[J]. 硅酸盐学报, 2005, 33(11): 1401-1406.

[15] Katyal N K, Parkash R. Influence of titania on the formation of tricalcium silicate[J]. Cement and Concrete Research, 1999, 29(3): 355-359.

[16] Bhatty J L. Role of minor elements in cement manufacture and use[M]. Skokie, Illinois: Research and Development Bulletin RD109T, 1995.

[17] Emanuelson A, Landa-Cánovas A R, Hansen S. A comparative study of ordinary and mineralised Portland cement clinker from two different production units Part II: Characteristics of the calcium silicates[J]. Cement and Concrete Research, 2003, 33(10): 1623-1630.

[18] Bigaré M, Guinier A, Mazihres C, et al. Polymorphism of tricalcium silicate and its solid solution[J]. Journal of the American Ceramic Society, 1967, 50(11): 609-619.

[19] Golovastikov N I, Matveeva R G, Belov N V. Crystal structure of the tricalcium silicate $3CaO \cdot SiO_2 = C_3S$[J]. Kristallografiya, 1975, 20(4): 721-729.

[20] Urabe K, Nakano H, Morita H. Structural modulations in monoclinic tricalcium silicate solid solutions doped with zinc oxide, M(I), M(II), and M(III)[J]. Journal of the American Ceramic Society, 2002, 85(2): 423-429.

[21] de la Torre Á G, de Vera R N, Cuberos A J M, et al. Crystal structure of low magnesium-content alite: Application to Rietveld quantitative phase analysis[J]. Cement and Concrete Research, 2008, 38(11): 1261-1269.

[22] 管宗甫, 陈益民, 郭随华, 等. 杂质缺陷诱导阿利特晶胞常数的改变及多晶转变[J]. 硅酸盐学报, 2006, 34(1): 70-75.

[23] 刘宝元, 薛君玕. 萤石、石膏复合矿化剂对硅酸盐水泥熟料矿物的影响[J]. 硅酸盐学报, 1984, (4): 45-56.

[24] Katyal N K, Ahluwalia S C, Parkash R. Effect of TiO_2 on the hydration of tricalcium silicate[J]. Cement and Concrete Research, 1999, 29(11): 1851-1855.

[25] 王培铭, 李好新, 吴建国. 不同氧化铜掺量下硅酸三钙矿物的形成[J]. 硅酸盐学报, 2007, 35(10): 1353-1358.

[26] Stephan D, Dikoundou S N, Raudaschl-Sieber G. Hydration characteristics and hydration products of tricalcium silicate doped with a combination of MgO, Al_2O_3 and Fe_2O_3[J]. Thermochimica Acta, 2008, 472(1): 64-73.

[27] Jeffery J W. The crystal structure of tricalcium silicate[J]. Acta Crystallographica, 1952, 5(26): 24-35.

[28] Golovastikov N I, Matveeva R G, Belov N V. Crystal structure of the tricalcium silicate 3CaO · SiO_2=C_3S[J]. Soviet Physics: Crystallography, 1975, 20(4): 441-445.

[29] Courtial M, de Noirfontaine M N, Dunstetter F, et al. Polymorphism of tricalcium silicate in Portland cement: A fast visual identification of structure and superstructure[J]. Powder Diffraction, 2003, 18(1): 7-15.

[30] Peterson K V, Hunter B A, Ray A. Tricalcium silicate T1 and T2 polymorphic investigations: Rietveld Refinement at various temperatures using synchrotron powder diffraction[J]. Journal of the American Ceramic Society, 2004, 87(9): 1625-1634.

[31] de Noirfontaine M N, Dunstetter F, Courtial M, et al. Polymorphism of tricalcium silicate, the major compound of Portland cement clinker[J]. Cement and Concrete Research, 2006, 36(1): 54-64.

[32] Dunstetter F, de Noirfontaine M N, Courtial M. Polymorphism of tricalcium silicate, the major compound of Portland cement clinker 1. Structural data: review and unified analysis[J]. Cement and Concrete Research, 2006, 36(1): 39-53.

[33] Berliner R, Ball C, West P B. Neutron powder diffraction investigation of model cement compounds[J]. Cement and Concrete Research, 1997, 27(4): 551-575.

[34] Min H, Liu Y, Lu H, et al. Structural evolution and characterization of modulated structure for alite doped with MgO[J]. Chinese Journal of Inorganic Chemistry, 2012, 28: 2444-2450.

[35] Ludwig H M, Zhang W. Research review of cement clinker chemistry[J]. Cement and Concrete Research, 2015, 78: 24-37.

[36] Nishi F, Takeuchi Y. C_3S-The monoclinic superstructure[J]. Z Kristallogr, 1985, 172: 297-314.

[37] Taylor H F W. Cement Chemistry[M]. 2nd ed. London: Thomas Telford Edition, 1997.

[38] Nishi F, Takeuchi Y, Watanabe I. Tricalcium silicate $Ca_3O[SiO_4]$: The monoclinic superstructure[J]. Zeitschrift für Kristallographie-Crystalline Materials, 1985, 172(1-4): 297-314.

[39] Urabe K, Nakano H, Morita H. Structural modulations in monoclinic tricalcium silicate solid solutions doped with zinc oxide, M(I), M(II), and M(III)[J]. Journal of the American Ceramic Society, 2010, 85(2): 423-429.

[40] Nishi F, Takéuchi Y. The rhombohedral structure of tricalcium silicate at 1200℃[J]. Zeitschrift für Kristallographie-Crystalline Materials, 1984, 168:197 -212.

[41] Urabe K, Shirakami T, Iwashima M. Superstructure in triclinic phase of tricalcium silicate[J]. Journal of the American Ceramic Society, 2000, 83(5): 1253-1258.

[42] Maki I, Chromy S. Microscopic study on the polymorphism of Ca_3SiO_5[J]. Cement and Concrete Research, 1978, 8(4): 407-414.

[43] Handke M, Jurkiewicz M. IR and Raman spectroscopy studies of tricalcium silicate structure[J]. Annales de Chimie(Paris, France)1979, (4): 145-160.

[44] Woermann E, Eysel W, Hahn T. Chemical and structual investigations of solid solutions of tricalcium silicate[J]. Zement-Kalk-Gips, 1968, 57(6): 241-251.

[45] de Noirfontaine M N, Sandrine T N, Marcel S F, et al. Effect of phosphorus impurity on tricalcium silicate T1 : From synthesis to structural characterization[J]. Journal of the American Ceramic Society, 2010, 92(10): 2337-2344.

[46] Maki I, Kato K. Phase identification of alite in Portland cement clinker[J]. Cement and Concrete Research, 1982, 12(1): 93-100.

[47] Tenório J A S, Pereira S S R, Ferreira A V, et al. CCT diagrams of tricalcium silicate: Part I. Influence of the Fe_2O_3 content[J]. Materials Research Bulletin, 2005, 40(3): 433-438.

[48] Maki I, Fukuda K, Yoshida H, et al. Effect of MgO and SO_3 on the impurity concentration in alite in Portland cement clinker[J]. Journal of the American Ceramic Society, 1992, 75(11): 3163-3165.

[49] 管宗甫. 高阿利特水泥熟料的烧成和掺杂阿利特的研究[D]. 北京：中国建筑材料科学研究总院, 2005: 90.

第 5 章　阿利特的水化及产物结构

5.1　研 究 概 况

硅酸盐水泥是一种多化合物混合的复杂体系，研究其水化过程往往较为复杂且极其困难。C_3S 是硅酸盐水泥胶凝性能最好的物相。由于硅酸盐水泥与水的化学反应决定了砂浆和混凝土的凝结硬化，深入理解水泥水化硬化过程及机制，实现对水泥水化的基本化学反应过程的掌握和控制，有利于促进水泥工业可持续发展。国内外学者对纯 C_3S 水化过程，以及化学外加剂和次要成分(如碱)在水化过程中的影响作用开展了广泛的研究。尤其是近年来，先进仪器分析方法的应用，新的理论得以提出，人们对水化过程的认识日益丰富。但由于水化反应过程的复杂性，依然存在一些有争议的重要科学问题有待深入探讨。

5.1.1　硅酸三钙的水化过程

C_3S 在常温下的水化反应，大体上可用下面的方程式表示：

$3CaO \cdot SiO_2 + n\,H_2O = xCaO \cdot SiO_2 \cdot y\,H_2O + (3-x)\,Ca(OH)_2$，简写为 $C_3S + nH = C\text{-}S\text{-}H + (3-x)CH$

上式表明，C_3S 的水化产物主要为水化硅酸钙(C-S-H)凝胶和氢氧化钙。C-S-H 组成不定，其 CaO/SiO_2 物质的量比(简写成 C/S)和 H_2O/SiO_2 物质的量比(简写为 H/S)都在较大范围内变动。C-S-H 凝胶的组成与它所处液相的 $Ca(OH)_2$ 浓度有关。当溶液的 CaO 浓度小于 1mmol/L 时，生成 $Ca(OH)_2$ 和硅酸凝胶。当溶液的 CaO 浓度为 1～2mmo1/L 时，生成水化硅酸钙和硅酸凝胶。当溶液的 CaO 浓度为 2～20mmo1/L 时，生成 C/S 为 0.8～1.5 的 C-S-H，其组成可用 $(0.8\sim1.5)CaO \cdot SiO_2 (0.5\sim2.5)\,H_2O$ 表示，称为 C-S-H(Ⅰ)。当溶液中 CaO 的浓度饱和(即 CaO 含量大于等于 20mmo1/L)时，生成碱度更高(C/S=1.5～2.0)的 C-S-H，一般可用 $(1.5\sim2.0)CaO \cdot SiO_2 \cdot (1\sim4)\,H_2O$ 表示，称为 C-S-H(Ⅱ)。

C-S-H(Ⅰ)和 C-S-H(Ⅱ)的尺寸都非常小，接近胶体范畴，在显微镜下，C-S-H(Ⅰ)为薄片状结构；而 C-S-H(Ⅱ)为纤维状结构，像一束棒状或板状晶体，它的末端有典型的扫帚状结构。$Ca(OH)_2$ 是一种具有固定组成的六方板状晶体。

C_3S 的水化速率很快，其水化过程根据水化放热速率-时间曲线(图 5-1-1)，可分为五个阶段：①初始水解期加水后立即急剧反应，迅速放热，Ca^{2+}和OH^-迅速从C_3S粒子表面释放，几分钟内 pH 上升超过 12，溶液具有强碱性，此阶段约在 15min 内结束。②诱导期，此阶段水解反应很慢，又称为静止期或潜伏期。一般维持 2～4h，是硅酸盐水泥能在几小时内保持塑性的原因。③加速期，反应重新加快，反应速率随时间延长而增长，出现第二个放热峰，在峰顶达最大反应速率， 相应为最大放热速率。加速期处于 4～8h，然后开始早期硬化。④衰减期，反应速率随时间下降，又称减速期，处于 12～24h。由于水化产物 CH 和 C-S-H 从溶液中结晶出来而在C_3S表面形成包裹层，故水化作用使水通过产物层的扩散控制而变慢。⑤稳定期，从减速期结束后，即第二次放热峰结束后，反应达到稳定状态。

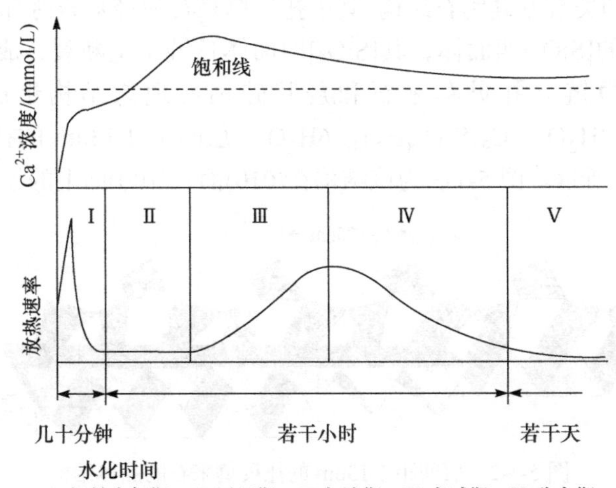

Ⅰ-初始水解期；Ⅱ-诱导期；Ⅲ-加速期；Ⅳ-衰减期；Ⅴ-稳定期

图 5-1-1　C_3S水化放热速率和Ca^{2+}浓度变化曲线

水化机理一直是水泥化学研究的热点和难点。目前，人们对于水化的主要特征已经有了比较一致的认识，但是对细节的解释还有很大的差别，尤其是对水化最初几个小时内所发生反应的解释。研究水泥早期水化的实际意义在于了解水泥微结构的形成规律，而微结构的变化对控制水泥早期强度发展有重要意义，并将最终影响硅酸盐水泥和用其所拌制的混凝土的各种性能。

C_3S的水化诱导期产生机理、硬化浆体的性能与水化早期浆体结构形成密切相关，诱导期的终止时间与浆体的初凝时间相关，而终凝大致发生在加速期的终止阶段。人们对C_3S早期水化进行了大量研究，主要围绕形成诱导期的本质这个关键问题进行。针对反应初期的放缓，提出许多理论来解释这些现象，主要包括保护膜理论，双电层理论和成核长大等三种理论。但近年来 Karen 等提出，初始阶段C_3S /阿利特反应速率的下降可以简单解释为溶液浓度的变化，并不需要有保护层的出现来抑制反应的进行，否定了保护膜理论[1]，并提出 C_3S 水化反应实际是矿物的溶解沉淀过程。

5.1.2　水化产物 C-S-H 的结构

Taylor[2]就C-S-H的结构进行了较为详细的描述。C-S-H在不同的形成条件下，会以不同的状态存在。一般说来，温度高于 100℃的水热合成条件(压力高于 1 个标准大气压)所得 C-S-H 以良好的结晶状态存在。在温度低于 100℃时，通常得到的是结晶度差的 C-S-H[3]。硅酸盐水泥或 C_3S 在常温下水化形成的 C-S-H 就属于后者，主要以凝胶相状态存在，一般用 C-S-H 凝胶来表示。一直以来，有关 C-S-H 凝胶的结构是各国学者研究的焦点。Taylor[4]认为 C-S-H 凝胶的结构是高度变形的类托贝莫来石和类羟基硅钙石结构，其中托贝莫来石和羟基硅钙石均为层状结构，但因缺少桥式的$[SiO_4]$四面体，其$[SiO_4]$四面体长链发生断裂，成为不同组成的$[SiO_4]$四面体短链。托贝莫来石和羟基硅钙石理想结构组成通式分别为 $C_5(S_6O_{18}H_2)_8 \cdot 8H_2O$、$C_9(S_6O_{18}H_2)_8 \cdot 6H_2O$。层间距 1.13nm 的托贝莫来石晶体结构如图 5-1-2 所示。图 5-1-3 为该结构在(010)面、(100)面上的投影。

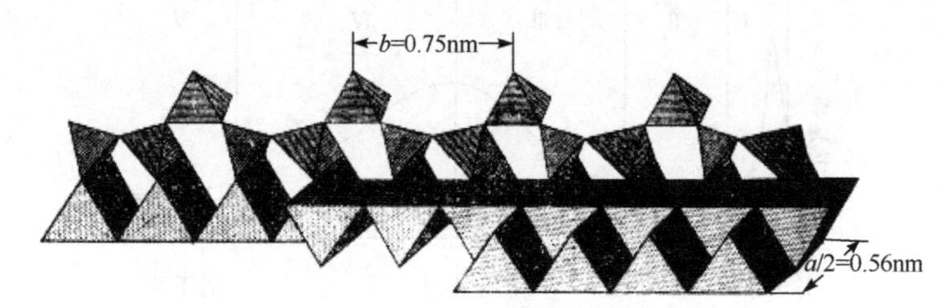

图 5-1-2　层间距 1.13nm 的托贝莫来石的晶体结构
(部分 Ca—O 层，三排 CaO_6 聚合物体)[3]

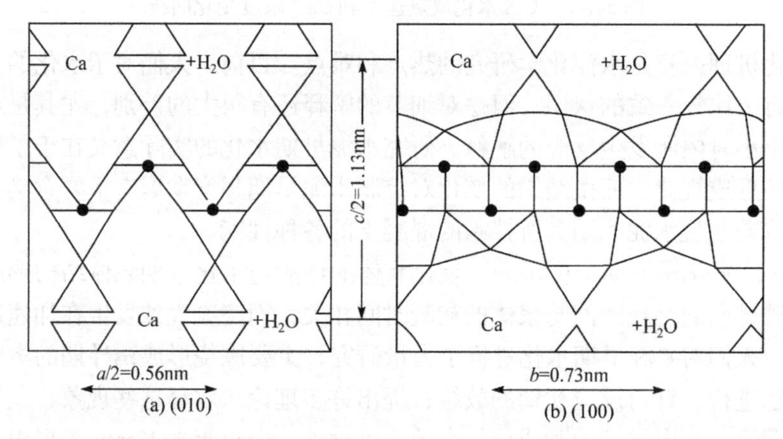

图 5-1-3　层间距 1.13nm 的托贝莫来石晶体结构在(010)面、(100)面上的投影[4]

1.4nm 的托贝莫来石结构与 1.13nm 的结构可能相近，推测只是在相近层与层间吸附水分子增多。羟基硅钙石结构与托贝莫来石相仿，只是 OH 基团和 Ca—O 面在组合上有所不同。研究[5]还发现，由 SiO_2 和 CaO 水热合成的托贝莫来石凝胶 CaO 的质量分数在 37%～42%时，会向 1.0nm 的托贝莫来石转变。

近年来，随着测试技术的发展，C-S-H 结构的研究也更为深入。有研究者在上述基础上，提出了如下问题：①C-S-H 凝胶结构与托贝莫来石和羟基硅钙石的结构有多大程度的相近？②$[SiO_4]$四面体链到底有多长？③C-S-H 是如何划分的？它是构成一个连续的体系还是其中存在不同的相？针对上述问题，运用 ^{29}Si 核磁共振(nuclear magnetic resonance，NMR)技术的研究发现[6-9]：所有 C-S-H 凝胶结构均包含 Q^1、Q^2(Q^1、Q^2 分别指$[SiO_4]$四面体与另外 1 个$[SiO_4]$四面体和 2 个$[SiO_4]$四面体的结合)，即为单链的$[SiO_4]$四面体。并认为在 $CaO-SiO_2-H_2O$ 体系中 C-S-H 凝胶存在两种不同的结构，即富硅 C-S-H 和富钙 C-S-H。富硅 C-S-H (C/S = 0.65～1.0) NMR 谱的研究发现，它主要存在 Q^2 特征峰，这表明其结构中存在硅氧四面体长链，并且其结构类似于 1.4nm 的托贝莫来石；富钙 C-S-H (n(Ca)/n(Si) =1.1～1.3)的 NMR 谱特征峰中 Q^2 与 Q^1 峰值比为 0.7，几乎固定不变，其结构受组成上的变化影响很小，但 Q^2/Q^1 比对合成温度相当敏感，因此推测它可能由合成得到的羟基硅钙石的$[SiO_4]$四面体短链和二聚体混合组成[10]。在后续的研究中 Grutzeck 等[11]提出富钙 C-S-H 具有通式 $Ca_4Si_2O_7(OH)\cdot H_2O$，属组群状硅酸盐结构，而不是羟基硅钙石结构。

图 5-1-4 是在 $CaO-SiO_2-H_2O$ 体系中室温条件下存在的各种物相。从图中可看到，C-S-H 凝胶被划分为富硅 C-S-H 和富钙 C-S-H。Cong 等[7]对上述理论做了验证，但并未找到支持这两种 C-S-H 结构的热力学依据，而是对由β-C_2S 或 CaO、硅灰水化得到的 C-S-H 进行分析后，认为 C-S-H 凝胶的结构是以 1.4nm 托贝莫来石为基础，并在此基础上发生单层内和相邻层间的变形和缺陷。

图 5-1-5 是这种 C-S-H 的结构模型。上图层代表一个相对完整的 1.4nm 托贝莫来石，其中缺失少量的桥式$[SiO_4]$四面体，整个$[SiO_4]$四面体链较长；下图层表示一个有缺陷的托贝莫来石，其中单个$[SiO_4]$四面体或整个链发生了倾斜、旋转或在 b 轴上被取代，并缺失许多桥式$[SiO_4]$四面体而产生二聚体，有些情况下也可能缺失部分$[SiO_4]$四面体长链。这一理论与 C-S-H 的“固-溶”模型一致。有关 C-S-H 的“固-溶”模型认为其是托贝莫来石和 $Ca(OH)_2$ 的共溶体，$Ca(OH)_2$ 被吸附在托贝莫来石的结构层间。从上述 C-S-H 凝胶结构的模型研究结果可以发现，虽然对 C-S-H 的结构已有了进一步的认识，但有些问题还不是很清楚，对上述提出的问题仍有许多方面值得探讨。为此，有研究者将光电子能谱(X-ray

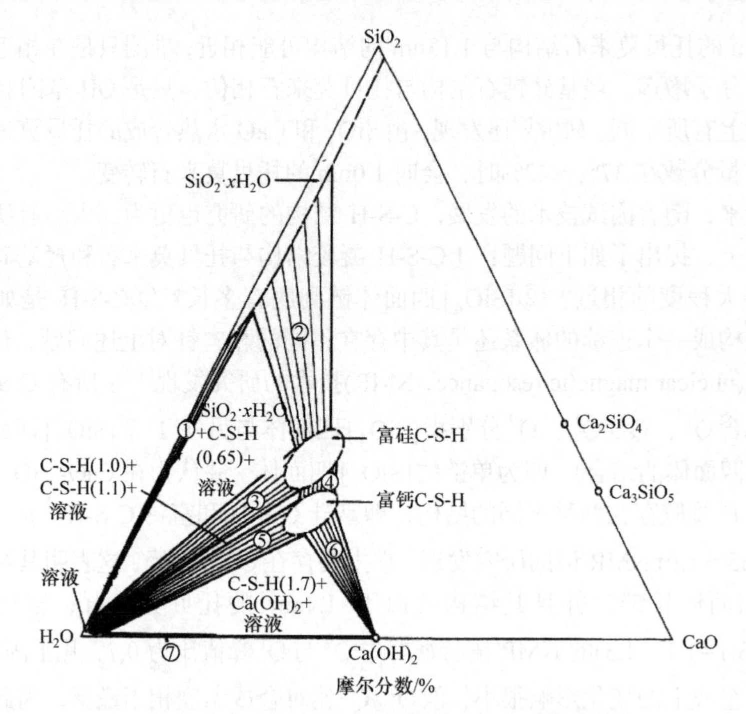

图 5-1-4　CaO-SiO_2-H_2O 体系中的室温相图[9]

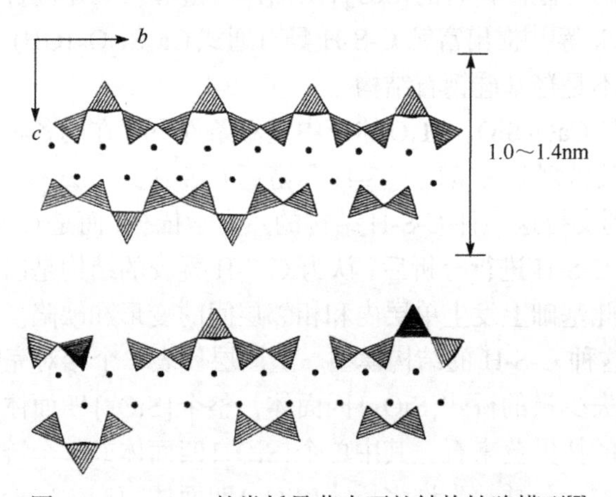

图 5-1-5　C-S-H 的类托贝莫来石的结构缺陷模型[7]

photoelectron spectroscope, XPS)运用于 C-S-H 晶体结构(C/S = 0.5～2.0)的研究[12]，希望通过对 C-S-H 晶体结构的研究，分析在实际水泥水化环境中的 C-S-H 凝胶结构。该研究运用二氧化硅结合能的变化推测 C/S 的变化；利用 O_{1S} 结合能的变化来区别桥式氧原子和非桥式氧原子；对桥式氧原子和非桥式氧原子做半定量分析等。也有研究者运用高分辨透射电子显微镜对 C/S =1.7、温度 130℃、压力 100kPa

下形成的 C-S-H 凝胶进行研究[13]，发现在 500～1000nm 的 C-S-H 薄层中出现了一个完整的 C-S-H 纳米镶嵌结构，并认为这一结构与一些有机高聚物体系中形成的纳米结构相似。晶体在这些有机高聚物体系中，是分散在凝胶中的。据此提出用类似于分析有机聚合物的方法分析 C/S=0.85～1.4 时，C-S-H 纳米结构的形成机理。

C-S-H 组成及其结构在一定条件下的转变过程如图 5-1-6 所示。

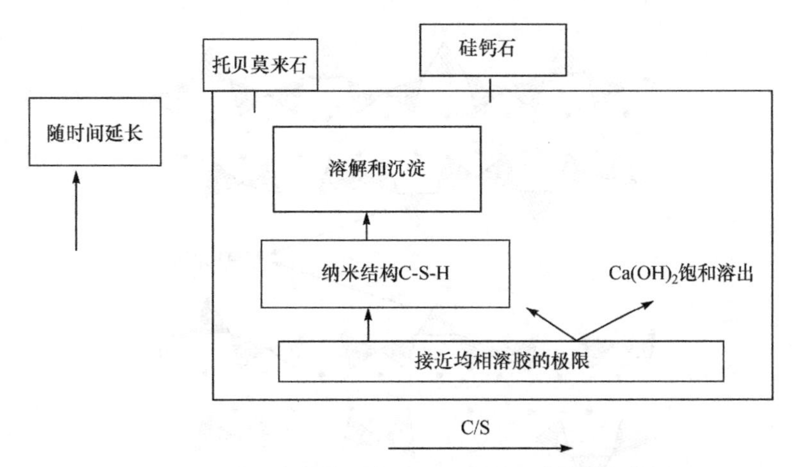

图 5-1-6 在一定条件下的 C-S-H 凝胶组成结构变化[13]

5.1.3 水化硅酸钙结构模型

C-S-H 的组成结构一直是水泥科学研究的重要内容，各国学者都进行了深入研究，并建立了一系列结构模型。

1. 类托贝莫来石和类羟基硅钙石模型

根据晶体学特点和化学计量可将 C-S-H 划分为两相：类托贝莫来石结构的 C-S-H(Ⅰ)和类羟基硅钙石结构的 C-S-H(Ⅱ)[3, 14]。托贝莫来石和羟基硅钙石均为两层硅氧四面体链层“夹”一层钙氧层的层状结构，其理想组成通式分别为 $Ca_4Si_6O_{18}(OH)\cdot 8H_2O$ (C/S=0.66)、$Ca_8(Si_6O_{18}H_4)\cdot 6H_2O$ (C/S=1.33)。考虑到脱水作用，结构失去两个氢，为了平衡电荷，一个钙会进入层间，两者组成通式变为 $Ca_5(Si_6O_{18}H_2)_8\cdot 8H_2O$ (C/S=0.83)、$Ca_9(Si_6O_{18}H_2)_8\cdot 6H_2O$ (C/S=1.5)[15]。在上述两种结构中，$[SiO_4]$四面体链都以三元重复单元延伸，与钙发生配位关系的两个非桥$[SiO_4]$四面体位于下列，而连接这两个$[SiO_4]$四面体的第三个$[SiO_4]$四面体，即桥$[SiO_4]$四面体位于上列，如图 5-1-7 所示[6]。在托贝莫来石结构中，非桥硅氧四面体中的两个非桥氧都与钙配位，而羟基硅钙石只有一个非桥氧与钙配位[16]。对于托贝莫来石和羟基硅钙石的结构研究，Merlino 等[17-19]和 Hamid 等[20]做出了显著贡献，两位学者研究了它们的空间群、晶胞参数、原子间距离并确定了各原子在晶胞中的位置。C-S-H(Ⅰ)和 C-S-H(Ⅱ)的结构分别相似于托贝莫来石和羟基硅钙石，只是前两者[SiO_4]四面体链中的某些[SiO_4]四面体发生了倾斜、旋转，甚至会缺失部分桥[SiO_4]四面体而产生多个二聚体，如图 5-1-7 所示[6]。

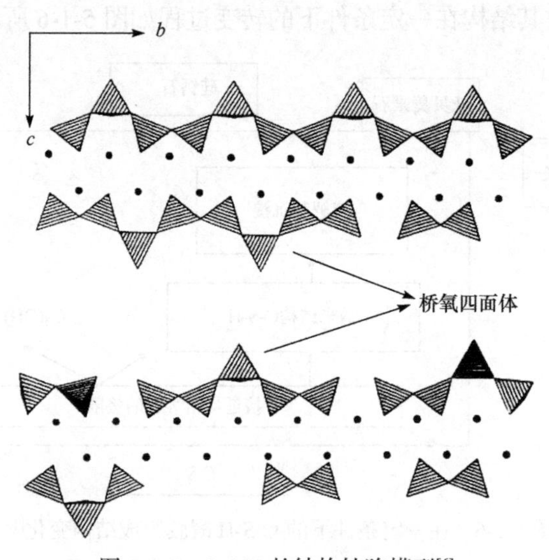

图 5-1-7　C-S-H 的结构缺陷模型[6]

2. 富钙和富硅模型

根据 C/S 可将 C-S-H 分为富硅 C-S-H(C/S=0.65～1.0)和富钙 C-S-H(C/S= 1.1～1.3[10]。经 NMR 测试分析可知，富硅 C-S-H 的 $Q^1/Q^2 \approx 0.15 \pm 0.05$，几乎是恒定值，而且没有 Q^3 存在，这表明其结构中存在[SiO_4]四面体长链，其结构类似于 1.4nm 的托贝莫来石；富钙 C-S-H 的 Q^1/Q^2 在 1.0～1.5 波动，这可认为约有 50%的二聚体和 50%的三元重复[SiO_4]四面体链，因而其结构与托贝莫来石、羟基硅钙石的结构都不同，并由此推断该类 C-S-H 的结构应是组群状硅酸盐结构，其通式应为 $Ca_4Si_2O_7(OH) \cdot H_2O$。

3. 固溶体模型

该模型从热力学的观点出发，认为 $Ca(OH)_2$ 溶于 C-S-H 中形成固溶体，对其结构的描述基本上趋于类托贝莫来石结构层夹在 $Ca(OH)_2$ 层中间形成三明治结构[21]。

4. 中介结构模型

该模型认为在 1.0～10nm 范围内，C-S-H 应具有这样的结构：短程有序、纳米晶体和局部组成有序[22]。在纳米晶体范围内(5nm 以下)，C-S-H 的组成是稳定的；在短程有序范围内(1nm 以下)，C-S-H 的结构和组成是可变的；作为基体的无定形部分，C-S-H 的组成变化很大。

5.1.4　水化产物的分子动力学模拟

对水化产物的分子动力学模拟始于 20 世纪 90 年代中期 Faucon 等[23, 24]对 $0.66 \leqslant C/S \leqslant 0.83$ 的 C-S-H 结构的模拟研究，但遗憾的是该项工作并没有随即展开，自此之后未见其他相关报道。

Faucon 以 Hamid[20]的 0.9nm 托贝莫来石结构为输入，采用等容分子动力学法，模拟了 C-S-H 结构不稳定的原因、$[SiO_4]$四面体链的断裂机理和阳离子(Al)取代硅对结构的影响。研究表明，随着 C/S 增加，桥$[SiO_4]$四面体变得不稳定，但链不会断裂；若有水分子进入结构，则链在桥$[SiO_4]$四面体与非桥$[SiO_4]$四面体间断裂而形成两个 Q^1，同时水分子发生分解并分别连接到新形成的两个 Q^1 上以保证硅的四配位；若 Al 取代桥$[SiO_4]$四面体中的硅，链不发生断裂；若 Al 取代非桥硅氧四面体中的硅且有水分子参与，则链在桥硅氧四面体与非桥硅氧四面体间发生断裂。

5.1.5　水化过程及浆体微结构形成的模拟

水泥净浆和砂浆、混凝土等在化学和结构上都极其复杂[25]。在化学上，水泥水化时在材料的各个不同部位都在同时进行反应速率不一致的多种化学反应，即使是同一反应，因局部物理、化学环境不同反应速率也不尽相同，且水化产物多为组成不定的无定形体。因此，水化是一个非常复杂的、非均质的、多相的化学反应过程，而且水化体系随着水化进行逐渐由黏性悬浮液变为能够承受载荷的刚性固体[3]。在结构上，不仅有纳米尺寸的 C-S-H 凝胶结构，还有毫米尺寸的混凝土集料。这就要求必须运用多层次方法来模拟水泥基材料的微结构[26]。另外，在混凝土中一些相的数量和性质还会影响另一些相的性质，如集料的体积和比表面积会影响集料-浆体界面过渡区域水泥浆体的性质[27]。

正因如此，很难从描述其他工程材料(如陶瓷、金属)的方法中借鉴某个方法来表述这样一个如此复杂的体系，哪怕近似表述存在极大困难[25]。因此，从水泥基材料的化学和结构复杂性来看，模拟和预测水泥基材料的水化及微结构是非常困难的。其实，当谈论到硬化水泥基材料的微结构特征时，早在 1980 年 Wittmann[28]就曾指出：微结构是如此复杂，真实地模拟它几乎是不可能的。1986 年，Diamond[29]

在讨论 Jennings 对C_3S浆体微结构形成的模拟时，也类似地认为：把C_3S浆体微结构形成的模拟思想引申到波特兰水泥浆体水化非常困难，因为水泥系统更复杂，准确模拟水泥基材料水化及微结构形成在近期难以实现。

随着计算机科学技术的蓬勃发展，计算机模拟在材料科学研究中扮演越来越重要的角色。现代计算机能够处理大量的、各种不同的数据或信息，如物理的、化学的、体视学的、热力学的等，因而在各学科之间架起了一座消除隔膜的桥梁，甚至把微观与宏观、宏观与工程实际也联系起来了[30]，使得对水泥(或单相矿物)水化和浆体微结构形成的模拟日益成为现实。

早在 20 世纪 80 年代中期，Wittmann 等[31]对混凝土结构和性能进行了二维数字模拟的原创性工作。他们建立了简单模型，并运用该模型模拟了混凝土集料的形状和分布状态。随后，他们又采用有限元计算了混凝土的导热系数、弹性模量等物理性质。

随后，Jennings 等完成了C_3S水化、微结构形成的三维模型的建立[27]。他们的模型类似于以前的无定形体半导体模型，但不是在原子水平上，而是在水泥颗粒水平上，这使得计算材料学第一次在水泥科学的微观尺度上得以实现。在他们的模型中，各种大小不同的球形水泥颗粒参照真实水泥系统的粒度分布随机地分散在三维空间中，然后对这些连续的球形颗粒运用一些规则来模拟水泥的溶解(包括水化反应)和水化产物的“生长”。这是后来得到广泛应用的水泥水化连续基模型的基础。依照 Jennings 思路，后来发展了一系列连续基模型，如 HYDRASM、HYMOSTRUC[32, 33]、DuCOM、SPACE[34, 35]等。其中，前三种模型都是以水泥颗粒在参考单元中的随机分布为出发点，没有考虑水泥颗粒的本征聚集及颗粒间的交互作用，而 SPACE 系统以水泥颗粒的动态混合过程为出发点，能够较为真实地模拟实际生产中水泥颗粒的堆积过程。

在 20 世纪 90 年代，结合随机行走算法、数字图像和细胞自动机模型思想，产生了第一代水泥浆体水化模型——三维水泥水化与结构模型(CEMHYD3D)[36-38]，通常认为它就是数字图像基模型的典型代表。三维水泥水化与结构模型不同于连续基模型，它不是以球形水泥颗粒在参考单元的空间分布为出发点，而是以代表水泥各相矿物像素的空间分布为出发点，模拟时应用一系列细胞自动机规则来对表达微结构的像素直接操作，因而它是从亚颗粒水平上来考察整个系统的[39]。又因该水化模型以细胞自动机模型为基础，所以它在空间上和时间上都是不连续的。经过多年的不断完善和改进，该模型的功能日益强大，不但可以运用数字图像技术和细胞自动机模型模拟水化过程和水泥浆体微结构形成过程，还可以运用数字集料建构混凝土三维微观结构，运用渗透理论分析显微结构，运用有限元、有限差分、随机行走算法计算混凝土的物理性质并预测混凝土的耐久性和服役行为。

5.2 不同C/S水化硅酸钙的结构研究

5.2.1 XRD分析

对C/S为0.67、0.83、1.0、1.5的C-S-H进行XRD测试，其图谱见图5-2-1。由图可见，样品中存在一弥散衍射峰，这一衍射峰对应C-S-H(Ⅰ)的(002)面。已有研究结果表明，在C/S为0.8～1.5的范围内由硅酸钠和硝酸钙溶液制备得到的均为结晶度较差的C-S-H(Ⅰ)，其结构类似于不完整的1.4nm托贝莫来石。并随C/S的增加，结晶度减小，晶格间距d值(如果存在)减小。

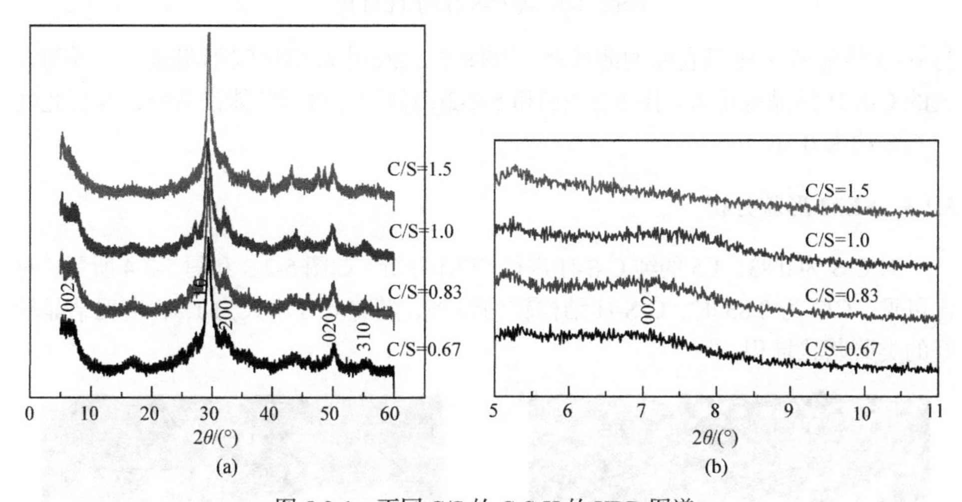

图5-2-1 不同C/S的C-S-H的XRD图谱

5.2.2 晶体结构TEM明场相分析

图5-2-2给出了C/S为0.83的纯C-S-H的TEM明场相图片。由图可见，C/S

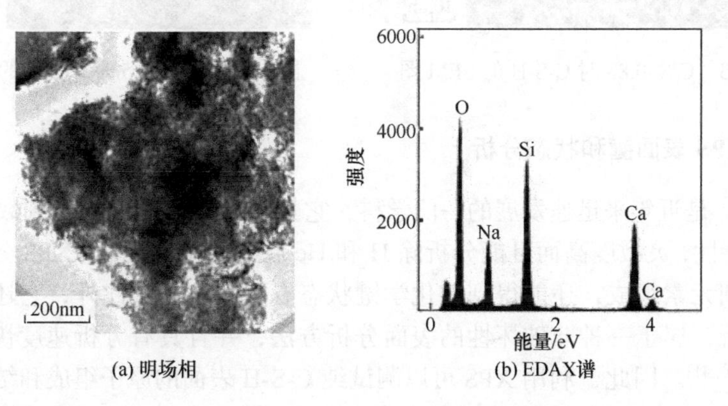

(a) 明场相 (b) EDAX谱

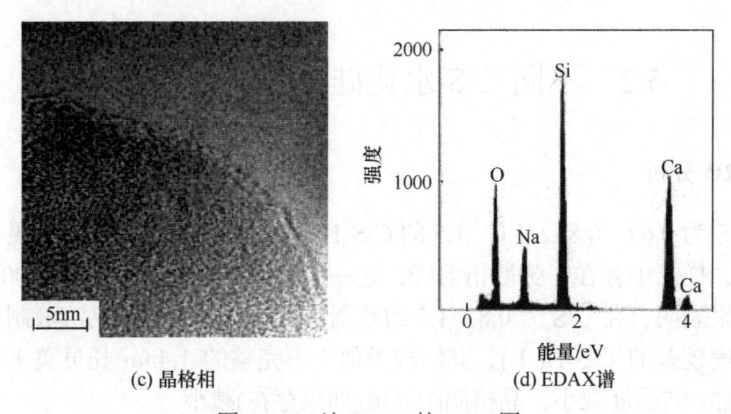

(c) 晶格相　　(d) EDAX谱

图 5-2-2　纯 C-S-H 的 TEM 图

为 0.83 的纯 C-S-H 呈卷曲的薄片状。其图 5-2-2(c)中晶格区很不明显，这说明合成的 C-S-H 结晶度很差。图 5-2-2(b)和 5-2-2(d)分别是对应的能谱分析，表明此处的 C/S 约为 0.56。

5.2.3　SEM 形貌分析

对 C/S 为 0.83、1.5 的纯 C-S-H 进行 SEM 分析，如图 5-2-3 和图 5-2-4 所示。对比可见，C/S 为 0.83 时，C-S-H 结构较为致密，随着 C/S 增大为 1.5，出现结晶较好的类蘑菇状堆积。

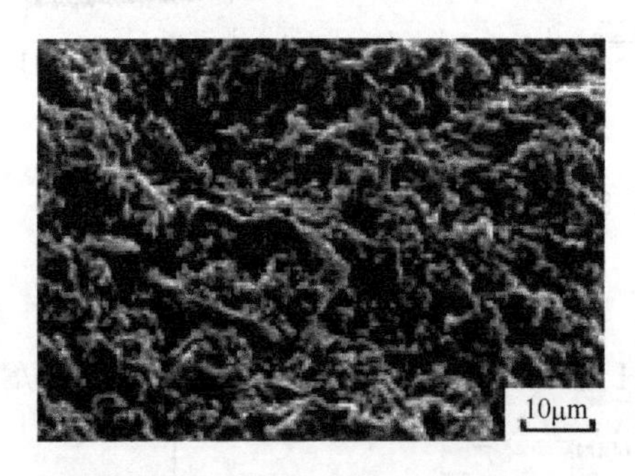

图 5-2-3　C/S=0.83 时 C-S-H 的 SEM 图

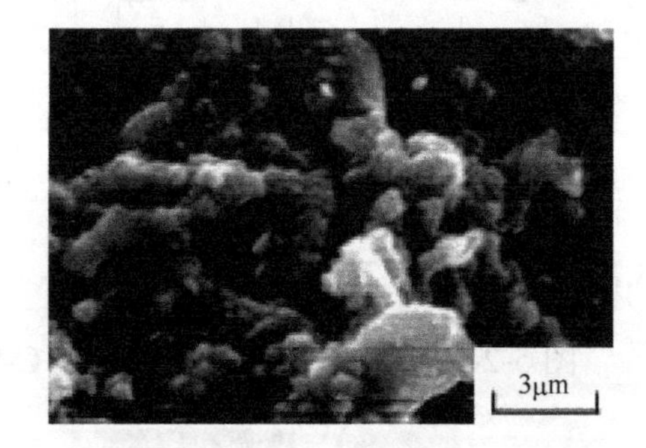

图 5-2-4　C/S=1.5 时 C-S-H 的 SEM 图

5.2.4　XPS 表面键和状态分析

XPS 是近年来迅速发展的一门学科，它具有对浅层表面(数埃到数十埃)进行分析的特性，灵敏度高而且能分析除 H 和 He 以外的全部元素。XPS 分析技术不仅能得到元素组成，还能得到与化学键状态有关的信息。此外，它还可以进行原样分析，属于一种非破坏性的表面分析方法，并且具有分析速度快与周期短的优点[40, 41]。因此，利用 XPS 可以测试纯 C-S-H 表面的原子组成和结构。

图 5-2-5 是 C/S 为 0.83 的 C-S-H 的 XPS 分析谱图。由图可以看出，C/S 为 0.83 时，纯 C-S-H 的 Ca_{2p} 结合能可解叠成两部分，即 346.82eV、350.10eV。两者分别归属于纯 C-S-H 中间层 CaO_2 的 Ca 及层间用于平衡电荷的 Ca 两种化学结合态。图 5-2-5(b)中谱峰光滑对称，峰位 101.82eV 对应 C-S-H 的 Si_{2p} 结合能。图 5-2-5(c)中，纯 C-S-H 的 O_{1S} 谱可解叠为三个谱峰。其结合能分别为 530.30eV、531.57eV、532.2eV。其中 532.2eV 对应 Si—O—Si 基 O_{1S} 谱峰的结合能，即桥式氧原子(BO)的 O_{1S} 结合能。531.57eV 是 Si—O—H 基结合能。530.30eV 对应内层中的 Si—O—Ca 基的 O_{1S} 谱峰结合能。图 5-2-5(d)中，C-S-H 的 C_{1S} 有两种结合能：285.0eV、288.3eV，其中 285.00eV 对应 C_{1S} 的标准结合能，288.30eV 可能是部分碳化的 CO_3^{2-}。

图 5-2-6 分别是 C/S=1.5 的 C-S-H 的 XPS 分析谱图。由图 5-2-6(a)可以看出，C/S=1.5 时 C-S-H 的 Ca_{2p} 谱峰可解叠成两部分，其结合能分别为 347.24eV、

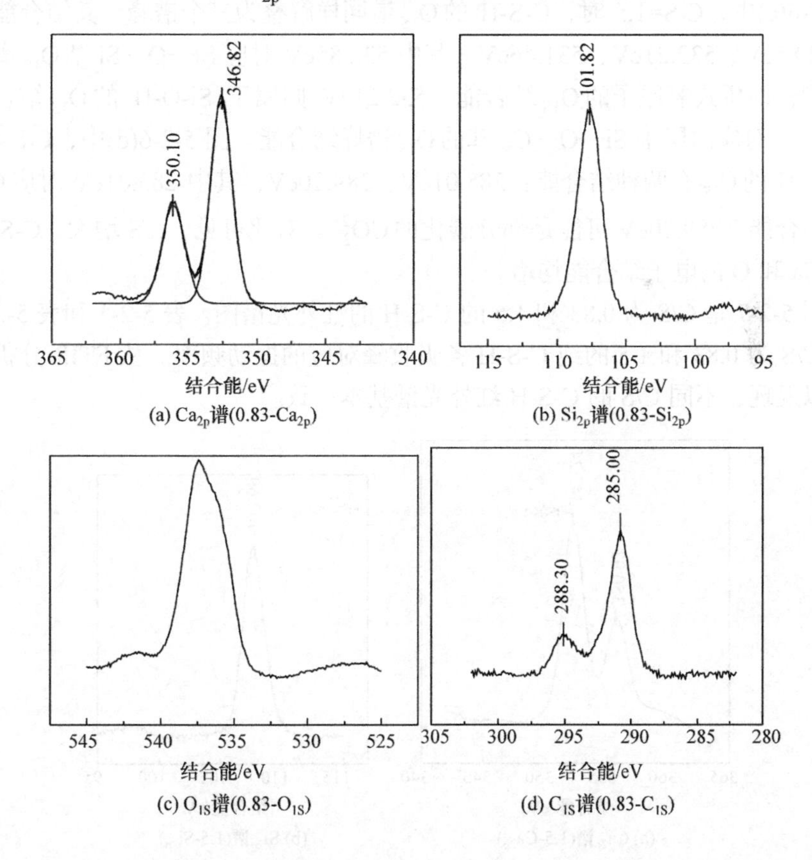

(a) Ca_{2p}谱(0.83-Ca_{2p})　(b) Si_{2p}谱(0.83-Si_{2p})

(c) O_{1S}谱(0.83-O_{1S})　(d) C_{1S}谱(0.83-C_{1S})

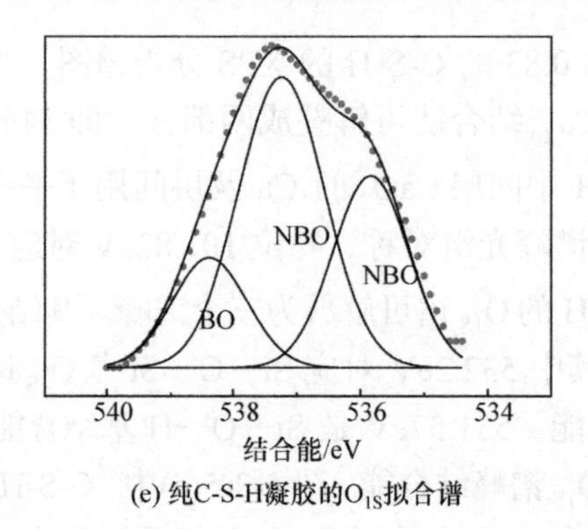

(e) 纯C-S-H凝胶的O_{1S}拟合谱

图 5-2-5　C/S 为 0.83 的 C-S-H 的 XPS 分析谱图

350.93eV。两者分别对应 C-S-H 中间层 CaO_2 的 Ca 及层间用于平衡电荷的 Ca 的两种化学结合态。图 5-2-6(b)中，C/S=1.5 时，C-S-H 的 Si_{2p} 结合能为 102.69eV。图 5-2-6(c)中，C/S=1.5 时，C-S-H 的 O_{1S} 谱同样解叠为三个谱峰，其结合能分别为 532.85eV、532.21eV、531.46eV。其中 532.85eV 对应 Si—O—Si 基 O_{1S} 谱峰的结合能，即桥式氧原子的 O_{1S} 结合能。532.21eV 归属于 Si-O-H 的 O_{1S} 结合能。531.46eV 对应内层中 Si—O—Ca 基的 O_{1S} 谱峰结合能。图 5-2-6(d)中，C/S 为 1.5 时 C-S-H 的 C_{1S} 有两种结合能：285.01eV、289.20eV，其中 285.01eV 对应 C_{1S} 的标准结合能，289.20eV 可能是部分碳化的 CO_3^{2-}。对比可见，C/S 增大，C-S-H 结构中 Ca 和 O 的电子结合能均增大。

图 5-2-7 是 C/S 为 0.83 和 1.5 的 C-S-H 的红外光谱图。表 5-2-1 和表 5-2-2 分别是 C/S 为 0.83 和 1.5 的纯 C-S-H 各吸收峰对应的振动频率。从 FTIR 分析图谱中可以发现，不同 C/S 的 C-S-H 红外光谱基本一致。

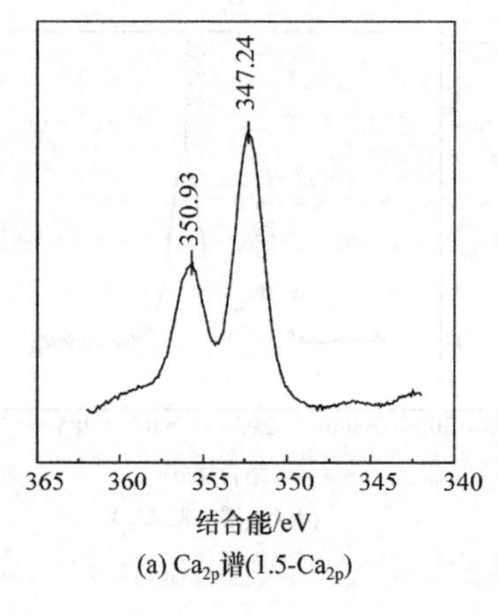

(a) Ca_{2p}谱(1.5-Ca_{2p})

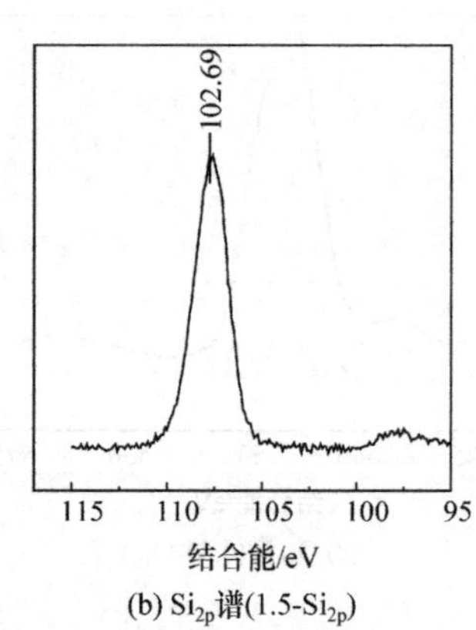

(b) Si_{2p}谱(1.5-Si_{2p})

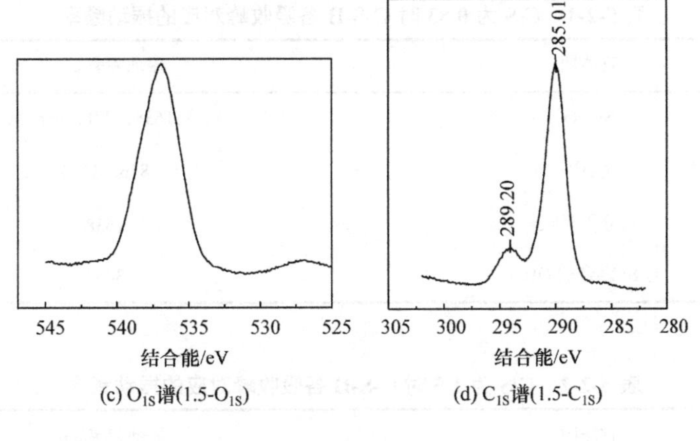

(c) O_{1S}谱(1.5-O_{1S})　　(d) C_{1S}谱(1.5-C_{1S})

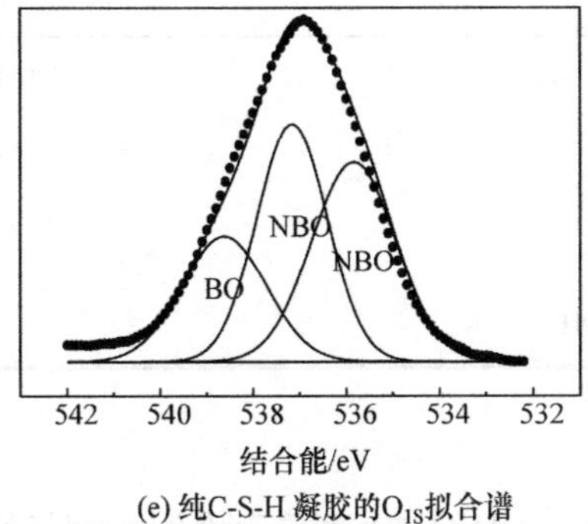

(e) 纯C-S-H 凝胶的O_{1S}拟合谱

图 5-2-6　Ca/Si 为 1.5 的 C-S-H 的 XPS 分析谱图

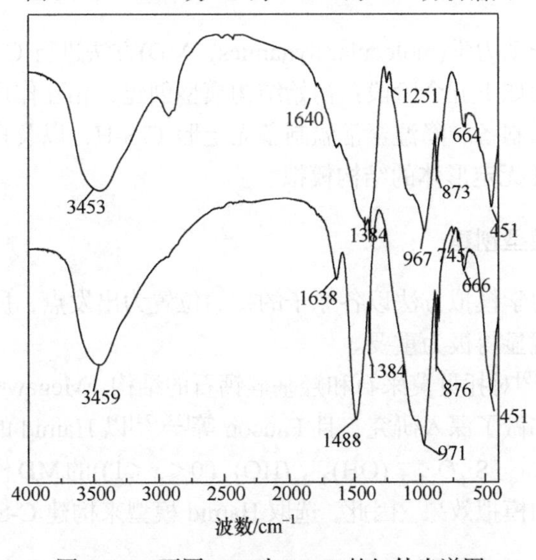

图 5-2-7　不同 C/S 时 C-S-H 的红外光谱图

表 5-2-1　C/S 为 0.83 时 C-S-H 各吸收峰对应的振动频率

官能团	振动频率/cm^{-1}
Si—O	1638，971，666
CO_3^{2-}	876，1384
水分子吸收	1638
与 Si 键合的 OH^-	3459

表 5-2-2　C/S 为 1.5 时 C-S-H 各吸收峰对应的振动频率

官能团	振动频率/cm^{-1}
Si—O	1640，967，664
CO_3^{2-}	873，1384
水分子吸收	1640
与 Si 键合的 OH^-	3453

5.3　水化硅酸钙的结构模拟

本章运用分子动力学(molecular dynamics，MD)方法进行 C-S-H 的结构模拟，整个模拟过程分为如下五个阶段：初始结构模型创建、相互作用势及参数选择、高温稳定液态体系制备、降温至常温制备无定形 C-S-H，以及托贝莫来石晶体、高温液体和 C-S-H 无定形体的结构模拟。

5.3.1　初始结构模型创建

因为分子动力学模拟方法以各原子的初始位置为出发点，所以创建模拟对象的合理初始结构就显得极为重要。

Merlino 等[17-19]对托贝莫来石和羟基硅钙石的结构，Megaw[42]、Hamid[20]对托贝莫来石的结构都做了深入研究，且 Faucon 等[23, 24]以 Hamid 的托贝莫来石结构模型作为 C-S-H($Ca_{4+x}Si_6O_{14+2x}(OH)_{4-2x}(HO)_2$ ($0 \leqslant x \leqslant 1$))的 MD 模拟的初始位置输入并取得了不错的模拟效果。因此，选取 Hamid 模型来构建 C-S-H 的分子动力学模拟初始结构。

托贝莫来石通式：$Ca_{4+x}Si_6O_{14+2x}(OH)_{4-2x} \cdot H_2O$ (x=0, 1)；晶系：单斜；晶胞

参数：$a_m = 6.69Å$，$b_m = 7.39Å$，$c_m = 22.77Å$，$\gamma=123.49°$；空间群：$P2_1$；各原子位置及三维结构分别如表 5-3-1 和图 5-3-1 所示。模拟尺寸设为$5a_m \times 4b_m \times 3c_m$，即$a_m$方向尺寸为 33.45Å，$b_m$方向尺寸为 29.56Å，$c_m$方向尺寸为 68.31Å；各原子对应的离子电荷采用经验电荷(formal charges)，如 Si 的电荷取+4。为了考虑 Si—H、O—H、H—H 的两体作用势和 Si—O—H、H—O—H 的三体作用势，必须将 OH、H_2O拆为单个原子。查得 O—H 键长 0.96nm，∠Si—O—H 为 109.5°，∠H—O—H 为 104.5°，于是在设定 O 的位置就是 OH / H_2O 位置的前提下并根据键长键角求得 H 的位置，见表 5-3-2。虽然这样处理可能存在如下问题：一是不一定符合$P2_1$的对称关系；二是这样生硬地将 H 放在这一位置可能使之与另一原子相距很近，进而导致排斥强烈，使结构不稳定。因此，为了消除这样处理对结构造成的潜在不利影响，在选定相互作用势及参数后还对初始结构进行了预处理，处理方法如下：在 NVT 系综中，300K 下平衡 5000 步(时间步长为 0.1fs)；然后，以 VNT 系综的输出作为 VNE 系综的初始输入，在相同温度下以相同步长再平衡 5000 步。

表 5-3-1　空间群为 $P2_1$ 的托贝莫来石各原子坐标[20]

原子	x	y	z	原子	x	y	z
Ca(1)	0.75	0.75	0.0	Ca(4)	0.75	0.25	0.413
Ca(2)	0.75	0.25	0.0	$Ca(5)^+$	0.506	0.38	0.198
Ca(3)	0.75	0.75	0.413	$Ca(6)^+$	0.506	0.88	0.198
O(1)	0.25	0.17	0.12	O(10)	0.25	0.0	0.348
O(2)	0.015	0.137	0.0189	O(11)	0.015	0.122	0.4108
O(3)	0.484	0.322	0.0189	O(12)	0.484	0.357	0.4108
O(4)	0.25	0.50	0.077	O(13)	0.25	0.335	0.31
O(5)	0.015	0.622	0.0189	OH/O(14)	0.1	0.425	0.213
O(6)	0.484	0.856	0.0189	O(15)	0.25	0.645	0.31
O(7)	0.25	0.83	0.12	O(16)	0.015	0.638	0.4108
OH/O(8)	0.068	0.909	0.211	O(17)	0.484	0.872	0.4108
OH/O(9)	–0.18	0.785	0.113	OH/O(18)	–0.175	0.288	0.306
Si(1)	0.25	0.287	0.056	Si(4)	0.25	0.207	0.373
Si(2)	0.25	0.707	0.056	Si(5)	0.084	0.417	0.282
Si(3)	0.068	0.909	0.141	Si(6)	0.25	0.787	0.373
$H_2O(1)$	0.75	0.75	0.303	$H_2O(2)$	0.75	0.25	0.11

注：$Ca(5)^+$、$Ca(6)^+$ 两个位置被钙占据的概率为 50%。

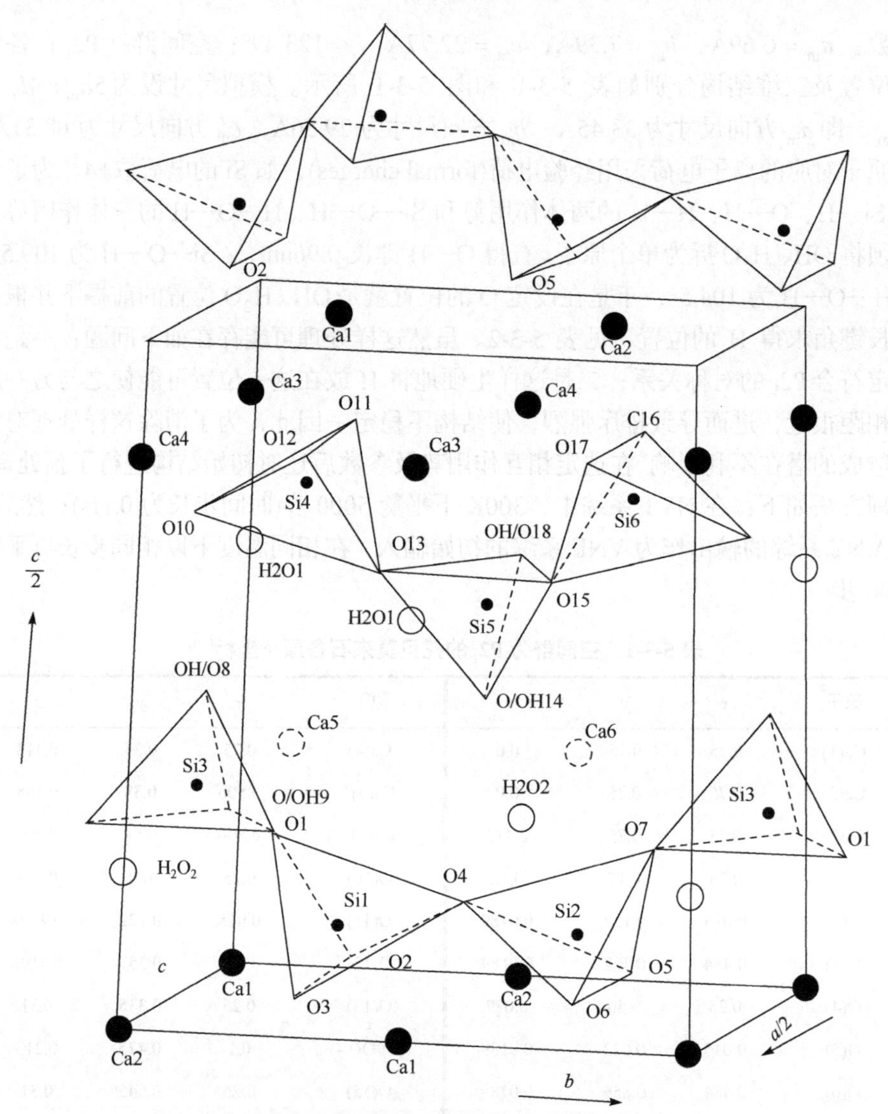

图 5-3-1　托贝莫来石在正交坐标系中的三维结构[20]

虚线圈(◌)表示 Ca 原子在这两个位置呈统计分布

表 5-3-2　OH、H_2O 中 O、H 的位置

原子		*x*	*y*	*z*	原子		*x*	*y*	*z*
OH/O(8)	O	0.068	0.909	0.211	OH/O(14)	O	0.1	0.425	0.213
	H	0.068	0.785	0.226		H	0.1	0.30	0.20
OH/O(9)	O	–0.18	0.785	0.113	OH/O(18)	O	–0.175	0.288	0.306
	H	–0.18	0.658	0.126		H	–0.175	0.164	0.291

续表

原子		x	y	z	原子		x	y	z
	O	0.75	0.75	0.303		O	0.75	0.25	0.11
H_2O (1)	H	0.75	0.648	0.277	H_2O (2)	H	0.75	0.147	0.136
	H	0.75	0.853	0.277		H	0.75	0.353	0.136

5.3.2　相互作用势选取及参数设定

该过程的目的就是选择适当的相互作用势经验函数及其参数，并设定分子动力学模拟控制参数。其方法为以本书提出的初始结构作为输入，选定势函数及设定参数后在微正则(NVE)系综下运行 1000 步，其中平衡 900 步。因为 NVE 系综在合适的初始条件下能够很快达到平衡(通常为数百步)，若系统能够达到平衡且数据不溢出(没有太高的能量作用)，则势函数和参数是合理的。

DL_POLY_2.16 支持各种作用势，包括非键结势、库仑势(静电作用势)、共价键势、反键势、三体作用势、四体作用势、双面角扭曲势、氢键势和共价体系的 Tersoff 势等[43]。值得注意的是，DL_POLY_2.16 并不在定义相互作用势的文件 FIELD 中定义库仑势，因此它认为模拟体系总的结构能量(configuration energy，除静电势能外各势能之和)为

$$
\begin{aligned}
U(r_1,r_2,r_3,\cdots,r_N) = & \sum_{i_{\text{bond}}=1}^{N_{\text{bond}}} U_{\text{bond}}(i_{\text{bond}},r_a,r_b) \\
& + \sum_{i_{\text{angle}}=1}^{N_{\text{angle}}} U_{\text{angle}}(i_{\text{angle}},r_a,r_b,r_c) \\
& + \sum_{i_{\text{dihed}}=1}^{N_{\text{dihed}}} U_{\text{dihed}}(i_{\text{dihed}},r_a,r_b,r_c,r_d) \\
& + \sum_{i_{\text{inv}}=1}^{N_{\text{inv}}} U_{\text{inv}}(i_{\text{inv}},r_a,r_b,r_c,r_d) \\
& + \sum_{i=1}^{N-1}\sum_{j>i}^{N} U_{\text{pair}}(i,j,|r_i-r_j|) \\
& + \sum_{i=1}^{N-2}\sum_{j>i}^{N-1}\sum_{k>j}^{N} U_{3\_\text{body}}(i,j,k,r_i,r_j,r_k) \\
& + \sum_{i=1}^{N-1}\sum_{j>i}^{N} U_{\text{Tersoff}}(i,j,r_i,r_j,R^N)
\end{aligned}
$$

$$+\sum_{i=1}^{N-3}\sum_{j>i}^{N-2}\sum_{k>j}^{N-1}\sum_{n>j}^{N} U_{4\_body}(i,j,k,n,r_i,r_j,r_k,r_n)$$

$$+\sum_{i=1}^{N} U_{Metal}(i,r_i,R^N)$$

$$+\sum_{i=1}^{N} U_{extn}(i,r_i,v_i) \tag{5-3-1}$$

式中，U_{bond}、U_{angle}、U_{dihed}、U_{inv}、U_{pair}、U_{3_body}、$U_{Tersoff}$、U_{4_body}、U_{Metal}、U_{extn} 为化学键结势、共价键角势、双面角扭曲势、反键势、两体作用势、三体作用势、Tersoff 势(多体共价键势)、四体作用势、金属势、外部力场势的经验函数；i、j、k、n 为原子标签；r_i、r_j、r_k、r_n 和 r_a、r_b、r_c、r_d 为存在相互作用关系的各原子位置矢量；v_i 为第 i 个原子的速度矢量；R^N 意指有多个原子存在相互作用；i_{bond}、i_{angle}、i_{dihed}、i_{inv} 用于标记相应作用势的数目；N_{bond}、N_{angle}、N_{dihed}、N_{inv} 为相应作用势的总个数。DL_POLY_2.16 认为其结构能量的前三项是分子内相互作用势，而接下来的五项是分子间相互作用势。至于体系总能量(total energy)，则还需再加上库仑势、动能及其他有贡献的项(如自动调温器引起的体系膨胀而导致的能量变化)。针对 C-S-H 成键特点及前人研究成果，只选取两体作用势、三体作用势和库仑势。

两体作用势经验函数选择及参数设定。DL_POLY_2.16 单独定义库仑势，因此两体作用势就是范德瓦耳斯力短程作用势。经过反复试验，最终选择 BHM (Born-Huggins-Meyer)作用势，其函数表达式见式(4-2)，各参数见表 5-3-3。

$$U(r_{ij}) = A_{ij}\exp\left(-\frac{r_{ij}}{\rho_{ij}}\right) - \frac{C_{ij}}{r_{ij}^6} + \frac{D_{ij}}{r_{ij}^8} \tag{5-3-2}$$

为了体现水的作用(他们有可能离解为 H^+ 和 OH^-)，Si—H、H、O—H 的两体作用势除了 BHM 作用势还需加上额外项[44, 45]：

$$U(r_{ij}) = \frac{a_{ij}}{1+\exp[b_{ij}/(r_{ij}-c_{ij})]} \tag{5-3-3}$$

Si—H 只需加一项，而 H—H 则需加两项，O—H 更是需加三项。两体作用势的截断半径取 7.6Å。

三体作用势经验函数选择及参数设定。三体作用势是一种比范德瓦耳斯力作用势更短程、更弱的作用势，其对总能量的贡献通常弱于 1%。本书所选三体作用势经验函数的表达式见式(5-3-4)，其参数见表 5-3-4，截断半径取 3.45Å。

$$U(r_{ij},r_{ik},\theta_{ijk})=\lambda \mathrm{xep}\left(\frac{\gamma_{ij}}{r_{ij}-r_{cij}}+\frac{\gamma_{ik}}{r_{ik}-r_{cik}}\right)(\cos\theta_{ijk}-\cos\theta_0)^2 \tag{5-3-4}$$

库仑势算法选取及参数设定。库仑势是一种长程作用势，DL_POLY_2.16 内嵌了很多种库仑势算法，包括只能用于周期性或假周期性边界条件的 Ewald 求和算法、SPME(smoothed particle mesh ewald)算法、Hautman-Klein-Ewald(HKE)算法和其他算法。DL_POLY_2.16 通过在 CONTROL 文件中的指令设置来选择库仑势计算算法。本节所用边界条件为平行六面体周期性边界条件，相应的库仑势算法选用 Ewald 求和算法。Ewald 求和算法的精确性由以下三个参数控制：Ewald 收敛参数α、静电作用力在正空间的截断r_{cut}和最大倒易矢量。收敛参数α控制正、倒易空间的求和收敛速度，α越大倒易空间求和收敛速度越慢；在合理收敛参数α配合下，当$r>r_{\mathrm{cut}}$时静电作用力对正空间求和的贡献可忽略；最大倒易矢量对倒易空间求和有影响，其值越大计算时间越长，但太小又不会得到正确结果。由此可见，设置合理的 Ewald 求和参数至关重要。判定上述参数设置是否合理最简便的方法就是判断库仑势的绝对值是否与其维里(Virial)量大致相等，若两者绝对相等，则参数是最优化的[43]。DL_POLY_2.16 在指定长程作用力(静电作用力)截断和求和精度(相对误差)的前提下，可由其内部函数估算出上述参数。设定模拟尺寸为 5×4×3，截断半径为 12.326Å，求和精度为 1.0×10^{-5}，求得$\alpha=0.22807\text{Å}^{-1}$，$k_1$=7，$k_2$=6，$k_3$=15($k_1$、$k_2$、$k_3$分别为晶胞矢量$a$、$b$、$c$倒易矢量的整数倍)。在输出结果中查得库仑势的绝对值与其维里量几乎相等，可见参数设置合理，不需调整。

表 5-3-3　BHM 作用势参数[44, 45]

化学键	A_{ij} /(10^{-9}erg)	ρ_{ij} /Å	a_{ij} /(10^{-9}crg)	b_{ij} /Å	c_{ij} /Å
Si—Si	1.877	0.29	—	—	—
Si—O	2.692	0.29	—	—	—
O—O	0.3984	0.29	—	—	—
Si—Ca	7.2	0.29	—	—	—
O—Ca	10.5104	0.29	—	—	—
Ca—Ca	27.373	0.29	—	—	—
Si—H	0.069	0.29	−4.6542	6.0	2.2
			−5.2793	6.0	1.51
H—H	0.034	0.35			
			0.3473	2.0	2.42
			−2.084	15.0	1.05
O—H	0.3984	0.29	7.6412	3.2	1.5
			−0.8336	5.0	2.0

注：C_{ij}(Ca—O)=0.86511×10^{-57}erg · cm^6，D_{ij}(Ca—O)=14.167×10^{-74}erg · cm^8 · 1erg=10^{-7}J。

表 5-3-4　三体作用势的参数[44]

化学键	λ /(10^{-11}erg)	γ /Å	r_c /Å	θ_0 /(°)
O—Si—O	19.0	2.8	3.0	109.5
Si—O—Si	0.3	2.0	2.6	144.0
H—O—H	35.0	1.3	1.6	104.5
Si—O—H	5.0	γ (O—Si)=2.0 γ (O—H)=1.2	r (O—Si)=2.6 r (O—H)=1.5	109.5

注：Si—O—Si 的键角并不按照该文献给出的数据，而是取 144.0°，这更符合实际情况。

5.3.3　高温液态体系及无定形水化硅酸钙的制备

高温稳定液态体系的制备。将预处理过的初始结构作为初始输入，时间步长设为 1fs，在 3000K 下先以 NVT 系综(采用 Hoover-Nose 调温器，其弛豫常数设为 0.5ps)平衡 80ps，然后以 NVT 系综的最终输出作为 NVE 系综的初始输入，以相同的时间步长再平衡 80ps，平衡期间每 10 步标定一次速度。经过如此充分的弛豫，最终可得到稳定的液态体系。

常温无定形 C-S-H 的制备。以得到的稳定液态体系作为初始输入，采用 VNT 系综，其弛豫常数仍设为 0.5ps，时间步长仍设为 1fs，以 10K/ps 的冷却速度将高温液态从 3000K 冷却到 300K(运行步数为 270000)。然后在 300K 下，将输出先以 NVT 系综(参数设置同前)平衡 80ps 再以 NVE 系综平衡相同时间，最终制得稳定的无定形 C-S-H 以备结构模拟。

5.3.4　结构模拟

采用 NVE 系综，速度和位置算法采用青蛙跳(leap-frog，LF)算法，边界条件选为平行六面体周期性边界条件，时间步长设为 1fs，速度、位置、力等轨迹数据和结构能量、总能量、温度等统计数据每 10 步存取一次，总共运行 20000 步，分别模拟托贝莫来石晶体、高温液态体系和无定形 C-S-H 的结构。

为了节省模拟时间，提高效率，在以上所有过程中本书都采用复合时间步(multiple timestep)算法[43]。该算法将 Verlet 近邻表(Verlet neighbour list)分为两部分：小于首要截断半径(r_{prim})的首要近邻表(primary list)，以及介于首要截断半径(r_{prim})和长程截断半径 r_{cut} 的次要近邻表(secondary list)，相应原子也分为首要原子和次要原子，如图 5-3-2 所示。首要原子施予中心原子的力要比次要原子大很多。鉴于此，该算法对源于首要原子的力每个时间步都计算一次，而对源于次要原子的力只是在复合时间步数的前两步精确计算而后采取外推的方法。该算法的执行过程如下：每当 Verlet 近邻表更新时或复合时间步算法完成时，程序都将再一次划分近邻表并重新启动复合时间步算法，如此循环直到模拟结束。其精确性取决于复合时间步数 n，n 越大精确性越差。参数 $n(n>2)$由 CONTROL 文件中的指令 mult n 给定，本节设定 n 为 5。

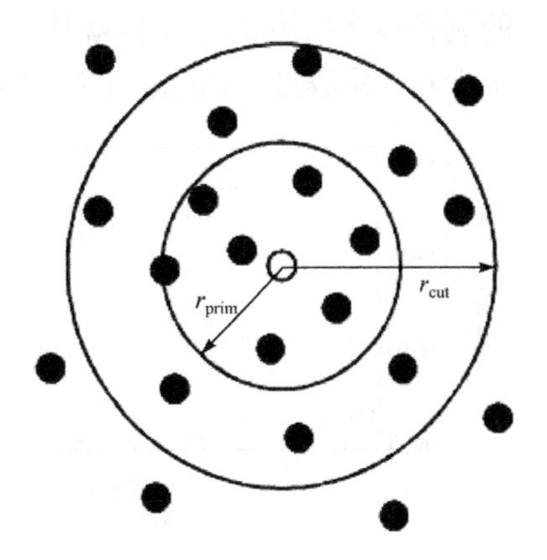

图 5-3-2　复合时间步算法

5.3.5　模拟能量统计特征分析

分子动力学模拟可获得很多有用的信息，包括系统的运动轨迹、各种物理量的平均、热力学性质及动力特征[46]。本节着重分析结构特征(包括运动轨迹/瞬时结构、基于偏径向分布函数的键长/原子间距和配位数分析)、能量统计特征。

通过监视模拟过程总能量的变化，在一定程度上可判别初始结构的合理性及最终结构的稳定性。

由图 5-3-3(a)可知，本节给定的初始结构能量很高，高达−5850MJ/mol，但经 VNT 系综弛豫后能量逐渐下降到−6080MJ/mol 左右，即结构向优化方向转变，证明对初始结构进行预处理是必要且有效的；初始结构的能量在超过 2ps 后基本保持不变，即系统达到平衡，这是一个很短的平衡时间，证明初始条件(如步长、截断半径、近邻搜索半径增量 Δr 等)设置非常合理。将经 VNT 系综弛豫的结构再在 VNE 系综中弛豫 5ps，其能量起伏非常小，稳定在−6077.5MJ/mol 左右(图 5-3-3(b))。以上证明对初始结构进行如上预处理可使其达到优化/稳定构型，可将其作为后续模拟(晶态托贝莫来石的结构的模拟和高温稳定液态体系的制备)的初始结构输入。如图 5-3-3(c)和(d)所示，高温液态相的能量非常高，经 VNT 系综弛豫后能量可由−5905MJ/mol 左右降至约−5927MJ/mol，虽然平衡过程极其缓慢，历时长达 40～50ps，但在 VNE 系综中能量并无明显起伏，证明先后经 80ps 的 NVT 和 VNE 充分弛豫，最终能够得到该温度下的稳定体系。经 270ps 的降温后，将体系在 VNT 系综中弛豫 80ps，能量降幅非常小(图 5-3-3(e))且在 NVE 系综中能量稳定在−6097.5MJ/mol 左右(图 5-3-3(f))，证明降温速率合理，能够得到常温下的优化结构，该结构可作为后续模拟(无定形 C-S-H 的结构模拟)的初始结构输入。比较本节给定的初始结构的能量(−5850MJ/mol)、经预处理的初始结构的能量(−6077.5MJ/mol 左右)和最终得到的结构的能量(−6097.5MJ/mol)发现，最终结构的能量比前两者(晶态)的能量都要低，说明前文所述的初始结构的得到方法(将 OH、H_2O 分解为单个原子置于满足键长、键角要求的某一任意位置)存在一定的局限性，因为按照常理某物质呈晶态时它应处于最低能量状态，同时也说明本节给出的制备最终结构(最终结构就是无定形 C-S-H，后文可证明流程是合理的，消除或至少在一定程度上消除了上述方法对结构造成的潜在不利影响。

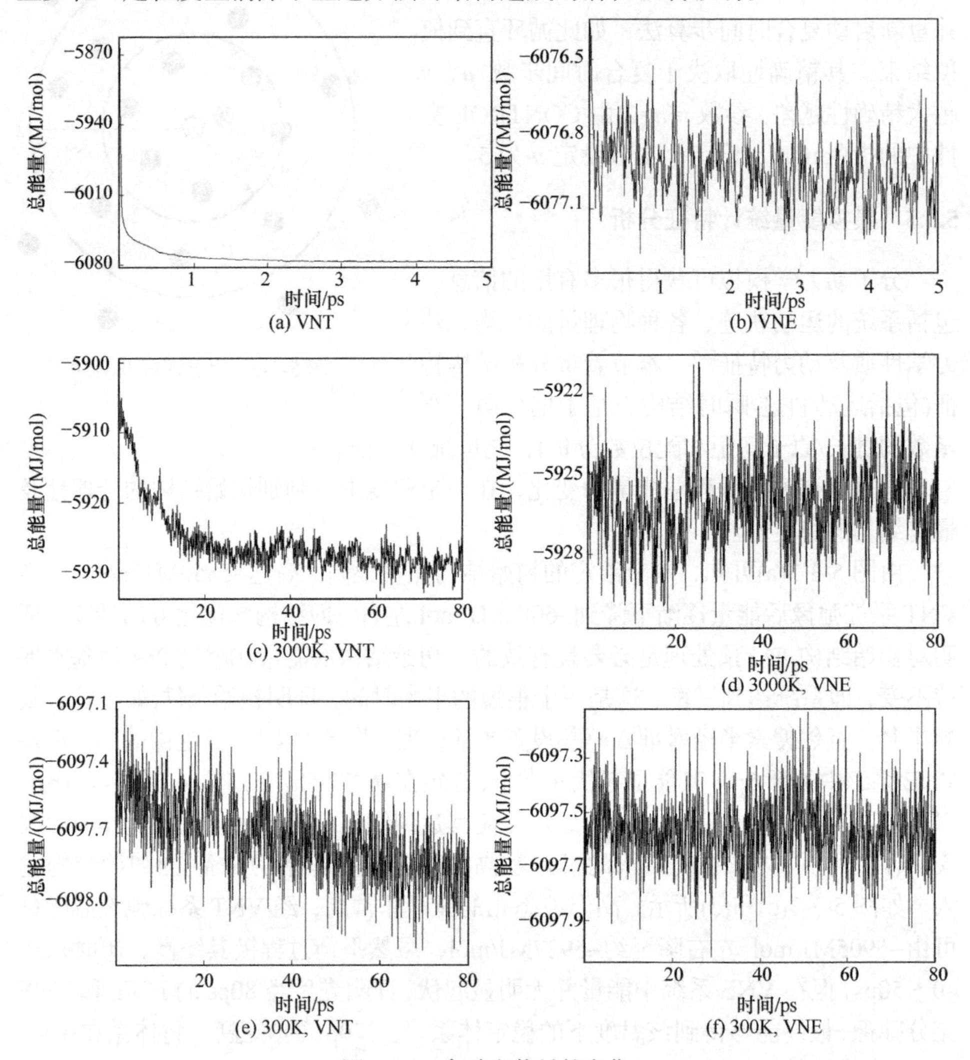

图 5-3-3　各阶段能量的变化

5.3.6　模拟结构特征分析

1. 偏径向分布函数 $g(r)$分析

偏径向分布函数(partial radial distribution function, RDF)又称对关联函数(pair correlation/distribution function, PCF/PDF)，其物理意义可理解为与目标原子α相距 r 处原子β的局域密度与原子β在系统中的平均密度之比。在目标原子α附近(r 值

较小)，原子β的局域密度不同于其平均密度，但与目标原子相距较远时原子β的局域密度应与其平均密度相同，即当r足够大时偏径向分布函数$g(r)$的值应接近1[46]。通过分析偏径向分布函数$g(r)$，可得到键长或原子间距离、配位数及结构有序程度等重要信息。

图 5-3-4 为 Ca—O、Si—O、O—O 和 Si—Si 的偏径向分布函数(图 5-3-4(a)、(b)、(c)和(d))和相应的近邻原子数(图 5-3-4(a-1)、(a-2)、(b-1)和图 5-3-4(b-2), (c-1)、(c-2)、(d-1)和(d-2))。为了在短程内比较晶态、液态、无定形态 C-S-H 的原子配位情况，对$N(r)$ - r图做了局部放大处理，放大区域为r的初始值到液体或无定形体偏径向分布函数第二近邻峰完成时的r值，如图 5-3-4(a-2)、(b-2)、(c-2)和(d-2)所示。图中 Crystal 对应的体系为预处理过的初始结构，Liquid 对应的体系为以处理过的初始结构为输入制备得到的高温相，Amorphism 对应的体系为由高温相冷却得到的常温相。

由图 5-3-4(a)、(b)、(c)和(d)可知，Crystal 对应体系的各偏径向分布函数的各层次峰布满整个半径r取值范围，且在较大半径r范围内其值并不趋于 1，说明该体系不但短程有序而且长程也是有序的；Amorphism 和 Liquid 对应体系的各偏径向分布函数相对 Crystal 对应体系而言，只存在较明显的第一近邻峰和明显宽化的第二近邻峰，其他各峰均消失，且在较大半径r范围内其值趋于 1，表明 Amorphism 和 Liquid 对应体系处于短程有序、长程无序的结构状态。比较 Amorphism 和 Liquid 对应体系的偏各径向分布函数还发现，前者的第一近邻峰都比后者的尖锐，即前者峰的半高宽要比后者的小，表明前者的短程有序程度要比后者明显。另外，仔细研究 Amorphism 的 Si—O 偏径向分布函数发现，其第一峰比 Crystal 的低且宽，在其第二近邻峰中的 4Å 附近出现了峰的分裂现象(图 5-3-4(c)中的小图)，这是明显的无定形态特征[47]。综上所述，Crystal 对应的体系就是晶态的托贝莫来石，而 Liquid 对应的体系是其高温液态相，Amorphism 对应的体系

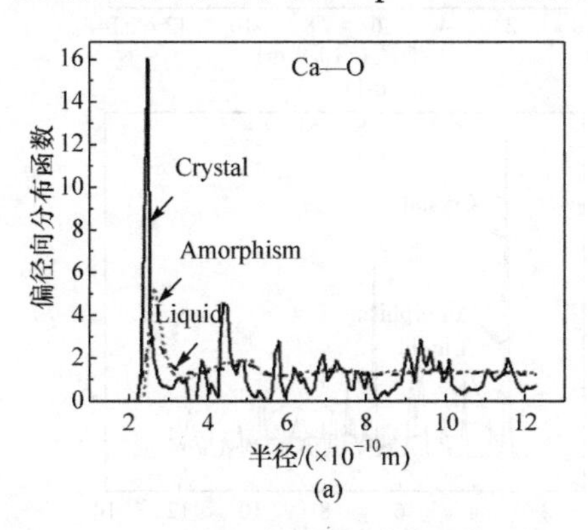

(a)

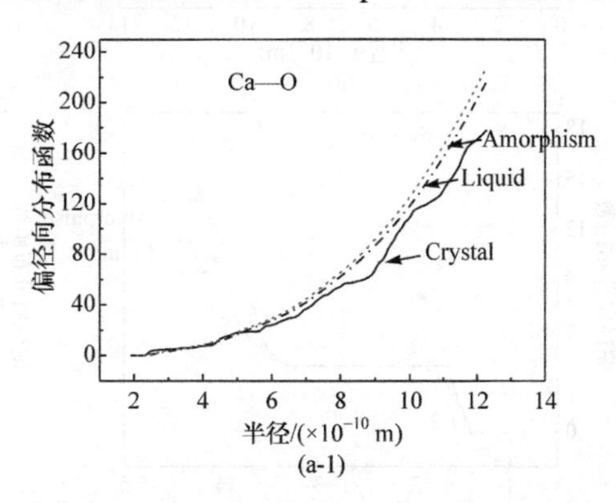

(a-1)

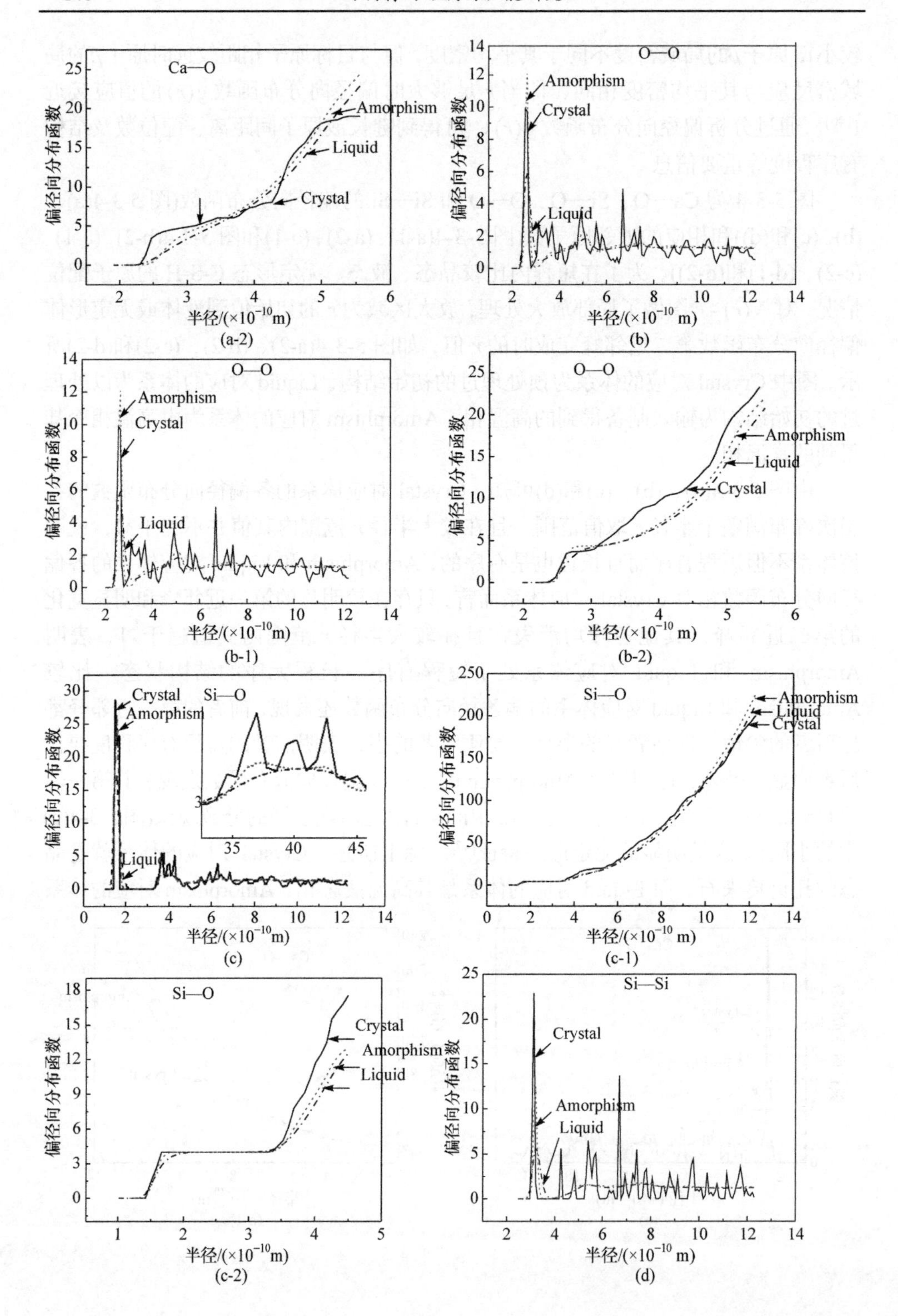
Ca—O
Amorphism
Liquid
Crystal
偏径向分布函数
半径/(×10⁻¹⁰m)
(a-2)
O—O
Amorphism
Crystal
Liquid
(b)
(b-1)
(b-2)
Si—O
(c)
(c-1)
(c-2)
Si—Si
(d)

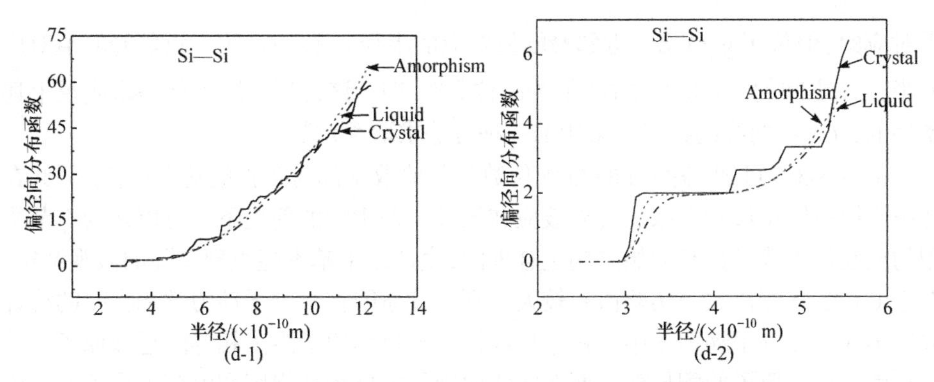

图 5-3-4　Ca—O、O—O、Si—O 和 Si—Si 的偏径向分布函数

图(a)、(b)、(c)、(d)分别为 Ca—O、O—O、Si—O、Si—Si 的偏径向分布函数；图(a-1)、(b-1)、(c-1)、(d-1)分别为较大半径范围内(0～12.36Å)Ca—O、Si—O、O—O、Si—Si 的近邻原子数情况；图(a-2)、(b-2)、(c-2)、(d-2)分别为较小半径范围内 Ca—O、Si—O、O—O、Si—Si 的近邻原子数情况

则是无定形的 C-S-H。同时，这也说明由前文所述方法来制备高温液态、常温无定形态体系是切实可行的。

比较图 5-3-4(a-1)、(b-1)、(c-1)、(d-1)可知，晶体对应的各 $N(r)$ -r 曲线在半径 r 取值范围内总存在几个明显的台阶，说明它不但有确切的最近邻配位，还有次近邻甚至更远近邻的配位，这与晶体的近、远程都有序的结构特征是一致的。液态体系和无定形体系对应的各 $N(r)$ -r 曲线只是在较小半径 r 范围内才有台阶，而在较大范围内曲线几乎呈直线上升，说明他们只存在相距很近的近邻配位，而在相距较远的范围内原子个数与相距半径 r 成正比，即不存在特定的配位关系，也即长程有序结构完全被破坏，这与液体和无定形体的短程有序而长程无序的结构特点是一致的。

为了进一步考察三者的近程结构，由图 5-3-4(c-2)可知，无论晶体还是无定形体、液体，都在 $N(r)=4$ 处出现了较宽范围的长台阶，表明 Si 的 O 配位在三者中都以四配位形式存在，说明三者的基本结构单元均为硅氧四面体。另外，由图 5-3-4(d-2)结合图 5-3-4(d-1)可知，无定形体在 $N(r)=2$ 处出现了较宽范围的长台阶且在较大半径 r 范围内并无其他台阶出现，表明无定形 C-S-H 中 Si 与 Si 之间只存在二配位关系，即硅氧四面体链只以 Q^2 形式连接并无 Q^3 和 Q^4 。这与 Wieker 的 NMR 测试结果非常一致[48]。

表 5-3-5 为晶态托贝莫来石和无定形 C-S-H 的键长或原子间距离、配位数等结构信息。键长或原子间距离取偏径向分布函数第一近邻峰的峰值对应的半径 r，配位数则有两种计算方法。第一种方法为根据偏径向分布函数的物理意义，对偏径向分布函数 $g(r)$ 从零到第一峰之后、第二峰之前的 $g(r)$ 最小值所对应的 r 进行积分，积分值就为配位数。第二种方法为对 $N(r)$ -r 曲线进行二次微分，取其值为

零对应的、但位于 $g(r)$ 第一近邻峰峰值对应的半径 r_1 和 $g(r)$ 第二近邻峰峰值对应的半径 r_2 之间的 r 对应的 $N(r)$ 值为配位数[49, 50]。该过程实际上就是求满足上述条件的 $N(r)$ -r 曲线的拐点。采用前一种方法求取配位数。

由表 5-3-5 可知，除 Ca 的 O 配位数外其他数据都与实验值基本符合，因此在考虑到模拟体系尺寸有限、边界效应和统计误差影响的前提下，可以认为本节采用的相互作用势函数和初始结构是合理的，模拟结果基本能重现实际的微观结构。至于 Ca 的 O 配位数与实验值有较大差别，其原因在于分子动力学和实验的统计方法不同。在分子动力学中，程序自动搜索与目标原子距离相等的近邻原子，其个数就是目标原子的配位数，而在实验中则是根据鲍林规则和电荷平衡关系来确定目标原子的配位数。在托贝莫来石($Ca_4(Si_6O_{18}H_4)\cdot 2H_2O$ (C/S 为 0.66))结构中，Ca 不仅与同半层的 4 个 O 配位，还与相距较远的另一半层的两个 O 配位，剩下的一个 O 配位则来自 H_2O 或同半层的 OH，因而由分子动力学计算得到的 Ca 的 O 配位数总是小于实验值。

表 5-3-5　键长或原子间距离、配位数的分子动力学模拟值及实验值

类型	分子动力学模拟值		实验值		
	Crystal	Amorphism	Hamid	Merlino[a]	Merlino[b]
$N_{Ca—O}$	5.03(3.122Å)	5.915(3.5275Å)	7	7	7
$N_{Si—O}$	4(1.8264Å)	4(2.1489Å)	4	4	4
$N_{Si—Si}$	1.994(3.2031Å)	1.945(3.7708Å)	—	—	—
$N_{O—O}$	3.704(2.7977Å)	4.387(3.0410Å)	—	—	—
$r_{Si—O}$/Å(±0.0811)	1.57	1.624	1.62[c]	1.63[c]	1.616[c]
$r_{Ca—O}$/Å(±0.0811)	2.473	2.636	2.63[c]	2.48[c]	2.461[c]
$r_{O—O}$/Å(±0.0811)	2.60	2.641	2.64[c]	—	—

注：括号内给出了每个分子动力学模拟配位数对应的距离。

a 约为 0.9nm 的托贝莫来石，来自 Merlino 等的数据[17]。

b 约为 1.1nm 的托贝莫来石，来自 Merlino 等的数据[17]。

c 表示平均值。

另外，需要指出的是，图 5-3-4(c)中的 Si—O 偏径向分布函数的第一近邻峰中出现了两个亚峰(subpeak)，这两个亚峰对应于硅氧四面体链中的桥氧(BO)与非桥氧(NBO)。因此，Si—BO 和 Si—NBO 的键长稍有不同，但本节只计算 Si—O 的平均键长。值得注意的是，在液态相、无定形体中并未出现此现象，其原因有待进一步深究。

2. 瞬时结构分析

利用 DL_POLY_12.6 自带的用户图形界面[51]可以查看模拟对象的瞬时结构。

图 5-3-5 中结构图均为模拟结束时不同观察方向的瞬时结构。由晶态托贝莫来石的瞬时结构图(图 5-3-5(a)、(b)和(c))可知，托贝莫来石呈层状的有序结构，即每两层硅氧四面体链层夹钙氧层；硅氧四面体链沿 *b* 轴延伸(图 5-3-5(b))，链中硅氧四面体位于高低不同的两列，其中桥硅氧四面体位于上列，而非桥硅氧四面体位于下列；Ca 不仅与同半层但属不同链的硅氧四面体中的 4 个氧配位(图 5-3-5(c))，还与一个水分子中的氧配位(图 5-3-5(b))，因此从构型图判断 Ca 的 O 配位至少为 5。由图 5-3-5(d)、(e)和(f)可知，对晶态托贝莫来石的有序结构而言，无定形 C-S-H 的结构已经变得混乱无序(至少长程范围内已经变得完全无序)，但硅氧四面体结构依然存在；无定形 C-S-H 结构中硅氧四面体链已发生扭曲、旋转，甚至断裂，其存在形式并不是单纯地沿 *b* 轴无限延伸，而是毫无方向性地扭曲、旋转延伸而去。

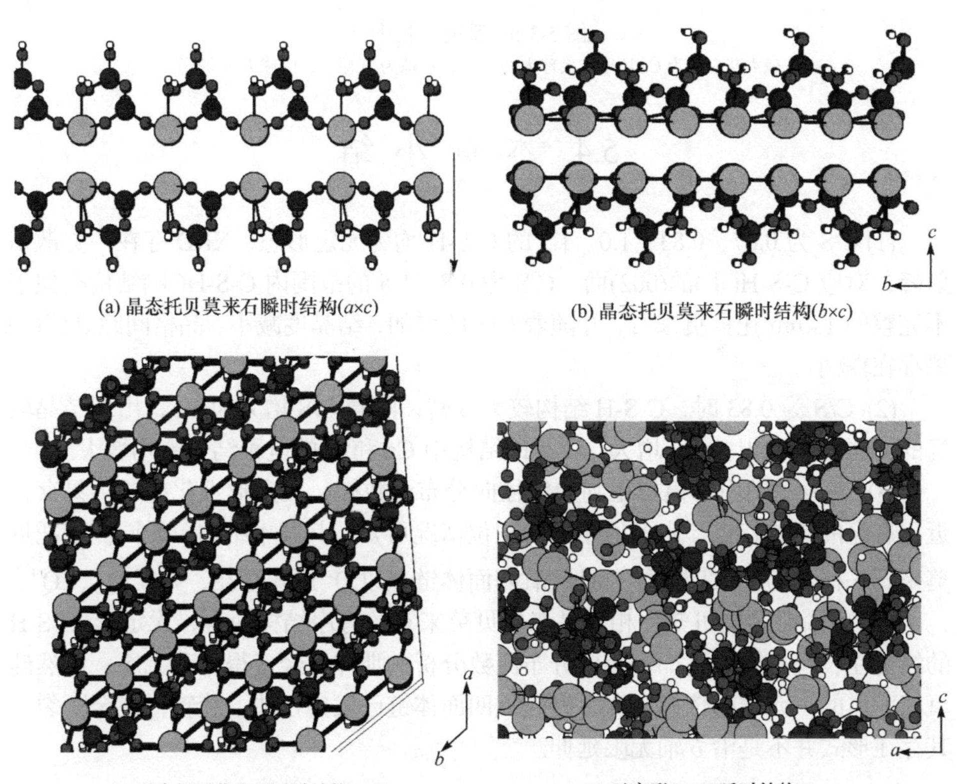

(a) 晶态托贝莫来石瞬时结构($a \times c$)　(b) 晶态托贝莫来石瞬时结构($b \times c$)

(c) 晶态托贝莫来石瞬时结构($a \times b$)　(d) 无定形C-S-H瞬时结构($a \times c$)

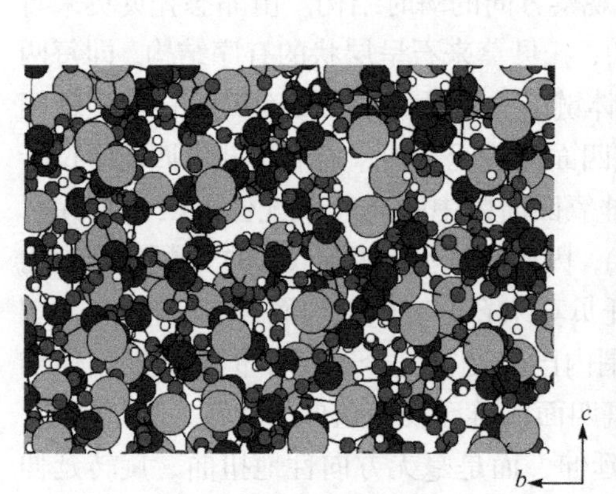

(e) 无定形水化硅酸钙瞬时结构(*b*×*c*)

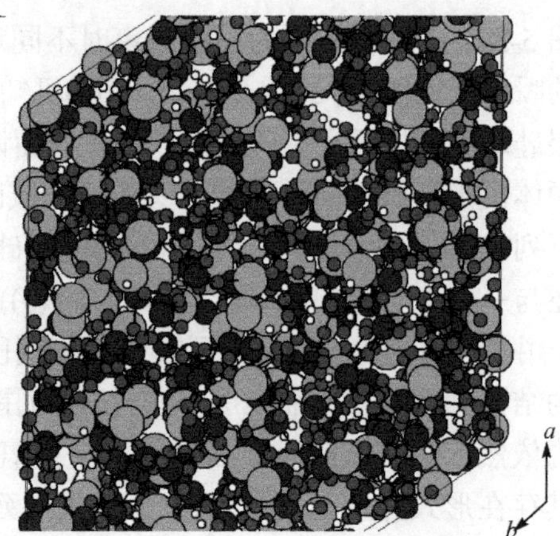

(f) 无定形水化硅酸钙瞬时结构(*a*×*b*)

图 5-3-5　瞬时结构图

较大灰白球为 Ca 原子，大球为 O 原子，小球为 H 原子，中球为 Si 原子

5.4　本 章 小 结

(1) C/S 为 0.67、0.83、1.0、1.5 的 C-S-H 均为无定形态，XRD 存在一弥散衍射峰，对应 C-S-H(Ⅰ)的(002)面。C/S 为 0.8～1.5 的范围内 C-S-H(Ⅰ)结构类似于不完整的 1.4nm 托贝莫来石，并随着 C/S 的增加，结晶度减小，晶格间距 *d* 值(如果存在)减小。

(2) C/S 为 0.83 时，C-S-H 结构较为致密，随着 C/S 增大为 1.5，出现结晶较好的类蘑菇状堆积。C/S 增大，C-S-H 结构中 Ca 和 O 的电子结合能均增大。

(3) 由分子动力学模拟得到的偏径向分布函数知，无定形水化硅酸钙只存在近程有序的结构特点，由各原子对的配位情况可知，其基本结构单元同晶态托贝莫来石一样仍为硅氧四面体，且硅氧四面体链只以 Q^2 形式存在，并无 Q^3 、Q^4 。

(4) 由瞬时结构可知，相对晶态托贝莫来石的有序结构而言，无定形 C-S-H 的结构在长程范围内正如偏径向分布函数分析的那样已经变得混乱无序，虽然硅氧四面体的三元结构依然存在，但硅氧四面体链已发生扭曲、旋转，甚至断裂，其存在形式并不是沿 *b* 轴无限延伸。

参 考 文 献

[1] Scrivener K, Nonat A. Hydration of cementitious materials, present and future[J]. Cement and Concrete Research, 2011, 41(7): 651-665.

[2] Taylor H F. The Chemistry of Cements[M]. London: Academic Press, 1964: 169-195.

[3] Jauberthie R, Temimi M, Laquerbe M. Hydrothermal transformation of tobermorite gel to 10 Å

tobermorite[J]. Cement and Concrete Research, 1996, 26(9): 1335-1339.

[4] Taylor H F. Cement Chemistry[M]. London: Thomas Telford Publishing, 1997: 114-141.

[5] Okada Y, Ishida H, Mitsuda T. ^{29}Si NMR spectroscopy of silicate anion in hydrothermally formed C-S-H[J]. Journal of the American Ceramic Society, 1994, 77(3): 765-768.

[6] Cong X, Kirkpatrick R J. ^{29}Si MAS NMR study of the structure of calcium silicate hydrate[J]. Advanced Cement Based Material, 1996, 3(3): 144-156.

[7] Cong X, Kirkpatrick R J. ^{29}Si and ^{17}O NMR investigation of the structure of some crystalline calcium silicate hydrates[J]. Advanced Cement Based Material, 1996, 3(3): 133-143.

[8] Grutzeck M W, Benesi A J, Fanning B, et al. Silicon-29 magic angle spinning nuclear magnetic resonance study of calcium silicate hydrates[J]. Journal of the American Ceramic Society, 1989, 72(4): 665-668.

[9] Komarneni S, Roy D M, Fyfe C A, et al. Naturally occurring 1.4nm tobermorite and synthetic jennite: characterization by ^{27}Al and ^{29}Si MASNMR spectroscopy and cation exchange properties[J]. Cement and Concrete Research, 1987, 17(6): 891-895.

[10] Elhemaly S A, Mitsuda T, Taylor H F, et al. Synthesis of normal and anomalous tobermorites[J]. Cement and Concrete Research, 1977, 7(4): 429-438.

[11] Grutzeck M W, Larosa T J, Kwan S. Characteristics of C-S-H gels[C]// Proceedings of the 10th International Congress on the Chemistry of Cement, Vol Ⅱ, Gothenburg, 1997.

[12] Black L, Garbev K, Stemmermann P, et al. Characterization of crystalline C-S-H phases by X-ray photoelectron spectroscopy[J]. Cement and Concrete Research, 2003, 33(6): 899-911.

[13] Glasser F P, Hong S Y. Thermal treatment of C-S-H gel at 1 bar H_2O pressure up to 200℃[J]. Cement and Concrete Research, 2003, 33(2): 271-279.

[14] Gard J A, Taylor H F. Calcium silicate hydrate (Ⅱ)[J]. Cement and Concrete Research, 1976, 6(5): 667-677.

[15] Taylor H F. Proposed structure for calcium silicate hydrate gel[J]. Journal of the American Ceramic Society, 1986, 69(6): 464-467.

[16] Nonat A. The structure and stoichiometry of C-S-H[J]. Cement and Concrete Research, 2004, 34(9): 1521-1528.

[17] Merlino S, Bonaccorsi E, Armbruster T, et al. Tobermorites: Their real structure and order-disorder (OD) character[J]. American Mineralogist, 1999, 84(10): 1613-1621.

[18] Merlino S, Bonaccorsi E, Armbruster T. The real structure of tobermorite 11 Å: Normal and anomalous forms, OD character and polytypic modifications[J]. European Journal of Mineralogy, 2001, 13(3): 577-590.

[19] Bonaccorsi E, Merlino S, Taylor H F, et al. The crystal structure of jennite, $Ca_9Si_6O_{18}(OH)_6\cdot 8H_2O$[J]. Cement and Concrete Research, 2004, 34(9): 1481-1488.

[20] Hamid S A. The crystal structure of the 11 Å natural tobermorite $Ca_{2.25}[Si_3O_{7.5}(OH)_{1.5}]\cdot 1H_2O$[J]. Zeitschrift für Kristallographie, 1981, 154: 189-198.

[21] Richardson I G, Groves G W. The composition and structure of C-S-H in hardened slag cement pastes[C]//Proceedings of the 10th International Congress on the Chemistry of Cement, Gothenburg, 1997.

[22] Viehland D, Li J, Yuan L, et al. Mesostructure of calcium silicate hydrate (C-S-H) gels in Portland cement paste: Short-range ordering, nanocrystallinity, and local compositional order[J]. Journal of the American Ceramic Society, 1997, 80(11): 1731-1744.

[23] Faucon P, Delaye J M, Yirlet J, et al. Study of the structural properties of the C-S-H (I) by molecular dynamics simulation[J]. Cement and Concrete Research, 1997, 27(10): 1581-1590.

[24] Faucon P, Delaye J M, Yirlet J. Molecular dynamics simulation of the structure of calcium silicate hydrates I. $Ca_{4+x}Si_6(OH)_{4-2x}(H_2O)_2(0\leqslant x\leqslant 1)$[J]. Journal of Solid State Chemistry, 1996, 127(1): 92-97.

[25] Bullard J W, Ferraris C，Garboczi E J, et al. Virtual cement[J]. Chapt, 2004, 10:1311-1331.

[26] Bentz D P, Quenard D A, Baroghel B V, et al. Modelling drying shrinkage of cement paste and mortar: part I. structural models from nanometers to millimeters[J]. Materials & Structures, 1995, 28: 450-458.

[27] Garboczi E J, Bentz D P, Frohnsdorff G J, et al. The past, present, and future of computational materials science of concrete[C]//Materials Science of Concrete Workshop (in honor of J. Francis Young), Lake Shelbyville, 2000.

[28] Wittmann F H. Properties of hardened cement paste[C]//7th International Congress on the Chemistry of Cement, Paris, 1980.

[29] Diamond S. Cement paste microstructures: An overview at several levels[C]//Proceedings of Conference at the University of Sheffield, Cement and Concrete Association, Sheffield, 1986: 2-30.

[30] van Breugel K. Numerical simulation of hydration and microstructural development in hardening cement-based materials: (II) Application[J]. Cement and Concrete Research, 1995, 25(3): 522-530.

[31] Wittmann F H, Roelfstra P E, Sadouki H. Simulation and analysis of composite structure[J]. Materials Science & Engineering, 1984, 68(2): 239-248.

[32] Ye G, van Breugel K, Fraaij A L, et al. Three-dimensional microstructure analysis of numerically simulated cementitious materials[J]. Cement and Concrete Research, 2003, 33(2): 215-222.

[33] van Breugel K. Numerical simulation of hydration and microstructural development in hardening cement-based materials: (I) Theory[J]. Cement and Concrete Research, 1995, 25(2): 319-331.

[34] Stroeven P, Stroeven M. Reconstructions by SPACE of the interfacial transition zone[J]. Cement and Concrete Composites, 2001, 23(2): 189-200.

[35] Stroeven M, Stroeven P. SPACE system for simulation of aggregated matter application to cement hydration[J]. Cement and Concrete Research, 1999, 29(8): 1299-1304.

[36] Bentz D P, Garboczi E J. Percolation of phases in a three-dimensional cement paste microstructure model[J]. Cement and Concrete Research, 1991, 21(2-3): 325-344.

[37] Bentz D P. A Three-dimensional Cement Hydration and Microstructure Program. I. Hydration Rate, Heat of Hydration, and Chemical Shrinkage[M]. Washington：America National Institute of Standards and Technology, 1995.

[38] Bentz D P. Three-dimensional computer simulation of Portland cement hydration and

microstructure development[J]. Journal of the American Ceramic Society, 1997, 80(1): 3-21.

[39] Bentz D P. Modelling cement microstructure: Pixels, particle, and property prediction[J]. Materials and structure, 1999, 32: 187-195.

[40] 王典芬. X 射线光电子能谱在非金属材料研究中的应用[M]. 武汉：武汉工业大学出版社，1994.

[41] 刘世宏,王当憨,潘承璜. X 射线光电子能谱分析[M]. 北京：科学出版社，1998.

[42] Megaw H D, Kelsey C H. Crystal structure of tobermorite[J]. Nature, 1956, 177: 390-391.

[43] Smith W, Forester T R, Todorov I L, et al. The DL_POLY user manual[EB/OL]. http://www.cse.clrc.ac.uk/msi/software/DL_POLY[2007-6-8].

[44] Feuston B P, Garofalini S H. Oligomerization in silica sols[J]. The Journal of Physical Chemistry, 1990, 94(13): 5351-5356.

[45] Stillinger F H, Rahman A. Revised centred force potentials for water[J]. The Journal of Chemical Physics, 1978, 68(2): 666-670.

[46] 陈正隆,徐为人,汤立达. 分子模拟的理论与实践[M].北京：化学工业出版社, 2007.

[47] 刘翠华. 非晶态 $SrTiO_3$ 的分子动力学模拟[J]. 四川师范大学学报（自然科学版）, 2006, 29(5): 591-594.

[48] Wicker W. Recent results of solid state NMR investigations and their possibilities of use in cement chemistry[C]//Proceedings of the 10th International Congress on the Chemistry of Cement , Gothenburg, 1997.

[49] Park B, Li H, Corrales L R. Molecular dynamics simulation of La_2O_3-Na_2O-SiO_2 glasses. Ⅰ. The clustering of La^{3+} cations[J]. Journal of Non-Crystalline Solids, 2002, 297(2-3): 220-238.

[50] Kang E, Lee S, Hannon A C, et al. Molecular dynamics simulations of calcium aluminate glasses[J]. Journal of Non-Crystalline Solids, 2006, 352(8): 725-736.

[51] Smith W. The DL_POLY java graphical user interface Ⅱ[EB/OL]. http://www.cse.clrc.ac.uk/msi/software/DL_POLY[2007-6-8].

第 6 章　离子固溶对硅酸三钙水化性能的影响

6.1　研究概况

离子固溶进入C_3S晶格显著影响其各项物化性能，如化学成分、晶型、缺陷的种类和数量、颗粒分布、机械应力、微裂纹、易磨性、颗粒的单多晶性、晶粒尺寸及晶貌；有些离子还在烧成或水化过程中形成了影响水化的副产物等，进而影响C_3S水化硬化性能。因此，离子固溶对C_3S水化的影响往往是复杂的，使已有的有些研究结果存在一定的矛盾性。室温下，C_3S的不同晶型必须靠引入一定的外来离子才能获得，至今仍未得到不同晶型C_3S水化硬化性能差异的定量化结果。

6.1.1　离子固溶对硅酸三钙易磨性的影响

通过调整水泥熟料矿物组成，可以制备容易粉磨的硅酸盐水泥熟料[1]。杂质离子固溶进入水泥熟料矿物影响晶体微观对称性和静电平衡关系，影响离子间化学键(共价键和离子键)，影响离子配位数等，使得熟料微观和介观结构产生重大改变，最终可能引起熟料矿物的某些物化性能，如硬度、刚性等的改变。

Mg^{2+}掺杂几乎不影响C_3S易磨性。Fe^{3+}掺杂使易磨性变差，Al^{3+}掺杂阿利特易磨性更差，当三种离子间进行复合掺杂时，阿利特易磨性主要由易磨性差的固溶离子决定，但外来离子对易磨性的复合影响作用并非简单的叠加[2]。

外来组分的加入一方面影响熟料的形成过程(质量及熔体的性质)，另一方面与硅酸盐矿物(阿利特、贝利特)形成固溶体，从而降低它们的硬度。共价键型为主的晶体硬度一般大于以离子键型为主的晶体。Cr、Zn、Ba、Ti 及 P 加入后一般可改善熟料易磨性，这些微量元素对熟料的多孔结构，阿利特的形状尺寸等有利。在包含 Cr 的熟料中，阿利特晶粒尺寸一般大于 100μm，Cr^{3+}在还原气氛中煅烧熟料时转变为六价，以$[CrO_4]^{2-}$阴离子团的形式取代$[SiO_4]^{4-}$形成固溶体，Si—O 键中共价键成分占 50%，而在 Cr—O 键中共价键占 39%，因此晶体中共价键成分减少，强度降低。由于 Cr 显著降低熔体相含量，对熟料易磨性产生显著影响。Ni 主要存在于铁铝酸盐相中，但也存在于硅酸盐矿物中，Ni 固溶进入阿利特晶格，占据Ca^{2+}位置。由于Ni^{2+}半径(R = 72pm)小于Ca^{2+} (R = 104pm)，固溶后并不造成强的应力和变形，因此晶体的硬度及易磨性不发生改变[3]。按照氧化物对熟料易磨性降低作用排序为 MnO、Cr_2O_3、Ni_2O_3、ZrO_2、CuO、Co_2O_3、V_2O_5、MoO_3、TiO_2、ZnO。其中 MnO 或 Cr_2O_3 有利于熟料孔结构增加，熟料易磨性好与熔体含量减少及硅酸盐晶体存在裂缝有关；ZnO 对易磨性不利，与熔体含量增加以及熟料中孔的减少有关[4]。

6.1.2　阿利特的热释光性

晶体接受一定能量之后，产生的激发态电子被陷阱俘获亚稳存在，当再次受热激发时这些电子得以释放，在发光中心与空穴复合发光，即热释光现象。晶体中缺陷可以是辐射复合中心，即发光中心，也可以是无辐射复合中心或陷阱。显然，三种缺陷中，陷阱和发光中心是热释光过程需要的两种缺陷。热释光强度除取决于接受的能量大小外，主要受这两种缺陷(陷阱和发光中心)数目的影响。热释光峰值温度与陷阱的能级深度有关，是陷阱本质特征的反映。因此，热释光可以给出晶体的缺陷特征信息。

Fierens 等曾借助对缺陷敏感的热释光方法研究了离子固溶、缺陷与活性的关系，指出杂质离子对 C_3S 活性的影响主要与其所致的缺陷有关。研究表明，C_3S 本身具有热释光性。这是因为 C_3S 是由高温速冷制备而得的，该过程中大量多余的能量来不及释放，以俘获电子形式储存在晶体中，使其具有强的原始热释光性。本章应用热释光方法，研究离子固溶、缺陷、热释光与水化反应活性的关系，得到一些新的数据和结果。

6.1.3　硅酸三钙的水化反应活性及离子固溶的影响

1. s 及 p 区元素离子的影响

s、p 区元素几乎包括了熟料阿利特所有常见固溶元素，如 Na、K、Mg、Al、S、P、F 等，为讨论方便，Fe 元素也在此一并论述。

MgO 稳定的单斜 C_3S 的水化反应活性低于三斜，且单斜与三斜晶型的水化反应机制不同[5]。Stephan 等系统研究了 Mg、Al、Fe 氧化物单掺和复合掺杂对 C_3S 结构及性能的影响[6,7]。结果表明，Mg、Al、Fe 三种外来离子掺杂中，MgO 对晶体结构的影响最大，但其对水化反应活性的影响非常小；Al 对水化的影响复杂，使早期水化加速，但中期稍微放慢，Al 在 C_3S 固溶产生较多缺陷，因此从总过程看，显著加速水化，使水化反应活性提高；Fe_2O_3 的引入使得晶胞参数变化最小，活性变化最大，存在显著的水化延迟。尽管如此，9d 后的累积放热量基本与纯样持平。前 7d，MgO 对其水化影响最小，而 Al_2O_3 主要加速早期水化，Fe_2O_3 使得主水化峰加宽从而使得最高水化放热速率降低。总之，MgO 对 C_3S 的晶体结构影响最大，但其对水化反应活性的影响非常小，而 Fe_2O_3 仅使晶胞参数产生了很小的改变，却使C_3S的活性发生了巨大变化，由此 Stephan 等认为离子固溶所致的C_3S晶体结构的改变与其水化反应活性的变化没有直接关系，固溶离子的种类及缺陷类型是影响C_3S活性的主要因素；但固溶离子是通过改变C_3S晶体的活性反应点的数量直接影响C_3S的水化反应活性，还是通过影响早期水化所形成的保护膜的稳定性影响其活性？离子固溶对C_3S水化过程的影响机制还需要进一步探讨。

离子复合掺杂对C_3S水化的影响同样存在复合效应。Mg、Al、Fe 的氧化物复合掺杂对C_3S水化具有交互作用。在水泥熟料中，当 P 与 F 同时引入时，可以改变阿利特的对称性而影响熟料的强度性能[8,9]。生料中分别引入 1%的 NaF、KF、CaF_2后，NaF 使阿利特大量形成，从而提高熟料水化反应活性；KF 使阿利特晶体结构扭曲，使其水化反应活性提高，且保证了良好的耐久性；CaF_2可能会降低熟料水化反应活性[10]。在普通水泥熟料中引入$CaSO_4$及CaF_2后，离子的固溶取代使其水化反应活性提高[11]。

2. d 及 ds 区元素离子

TiO_2固溶进入阿利特，一方面引起其晶格发生扭曲，提高其活性[12]；另一方面，TiO_2改变C_3S晶型，同时形成影响C_3S水硬性的钙钛复合氧化物，进而对C_3S的水化产生影响[13]。研究表明，在低于 2%掺量时，TiO_2对C_3S早期水化具有抑制作用，其中掺杂 1%阿利特 1d 后水化程度最小；低于 2%时，TiO_2对水化的减速作用大约持续 2d，2d 之后水化程度将超过纯C_3S；高于 2%时，早期和末期均加速水化。

ZnO 稳定的C_3S不同变体中，R 晶型水化反应活性最高，T1 晶型活性最低(与 Peterson 报道的 MgO 稳定的单斜C_3S的水化反应活性低于三斜相矛盾)，不考虑 ZnO 含量，所有三斜晶型C_3S的抗压强度接近，M1、M2、R 晶型抗压强度接近且显著高于三斜晶型[14]。

对重金属离子Cr^{3+}、Ni^{2+}、Zn^{2+}等的水泥固化处理研究表明，当重金属离子的含量远高于其在一般水泥中的含量时，才对C_3S及水泥熟料矿物的结构及水化等产生影响。Ni 掺杂与纯C_3S相比差别不大，Zn 阻碍水化放热。对所有的重金属离子而言，当它们的含量远高于普通水泥时，才对C_3S的结构及活性产生影响[15]。将 Cr、Ni、Zn 引入水泥熟料中，发现了同样的规律，所有的重金属离子只有含量远高于普通水泥中的含量时，对主要水泥熟料矿物水化的影响才增大。Zn、Ni、Pb、Cr 引入水泥生料中后，Zn、Ni、Pb 不影响水泥混凝土的性能，长期使用并没有表现出有害性，含有这些元素的原料可以无限制使用，但 Cr 的存在有害，Cr^{3+}被氧化成Cr^{6+}，在水中或弱酸中易溶，长期使用对环境不利[16]。此外，尽管重金属离子由于自身水化降低溶液的 pH 而阻碍$Ca(OH)_2$沉淀的形成，但H^+可以侵蚀水泥相和钙重金属离子复合氢氧化物沉淀，消耗Ca^{2+}，从而加速C_3S和硅酸盐水泥的水化[17]。

基于重金属离子水泥固化技术的应用，许多学者在研究重金属离子对C_3S结构及水化动力学影响的同时[17]，还密切关注了重金属离子在C_3S水化产物中的存在形式及有害性等[18, 19]。Cr 可进入水泥熟料主要矿物相实现固化[20]。水化后，3 价 Cr 掺杂的C_3S水化产物中发现了两种 Ca-Cr 复合物，早期的复合物一般在水化若个小时内形成，随着水化进行其含量增加，直到大部分 Cr 被消耗。这种早期 Ca-Cr 复合物在潮湿有水的环境下几天后分解为后期的 Ca-Cr 复合物。而在隔绝潮湿的环境中，早期 Ca-Cr 复合物到彻底水化将一直存在。较多的 3 价 Cr 被充分稳定在C_3S中，而 5 价并没有被稳定。由于中心配位体的取代及硅烷醇与$[Cr(OH)_4]^-$在水化的碱性环境中的共聚，Cr 原子可能占据 Si 位置，键合在硅酸盐聚合单元的边上或桥氧原子上[21]。当 6 价 Cr 掺入C_3S中后，随着 6 价 Cr 含量增加，水化过程中C_3S消耗速率也增大。当 n(Cr)/n(Ca)高于 1 时，在几分钟内形成可溶解的$CaCrO_4 \cdot 2H_2O$，孔溶液中Ca^{2+}浓度增加，使$CaCrO_4 \cdot 2H_2O$形成更加稳定的部分溶解的$Ca_2CrO_5 \cdot 3H_2O$相，它将存在于整个水化过程中。$Ca_2CrO_5 \cdot 3H_2O$的浓度随着龄期增长而减少，少量剩余的 6 价 Cr 可能占据水化 C-S-H 的四面体位置[22]。当 Pb 固溶进入熟料阿利特中后，阿利特的水化显著加速，水化后并没有其他相形成，微观结构显示出 Pb 主要进入 C-S-H，束缚在致密均匀的水化硅酸钙 C-S-H(很难区分，高度连接，颗粒细小)的表面，但当其同时与石膏加入后，硫酸根离子与Pb^{2+}结合成$PbSO_4$，水化明显延迟[23]。

6.2　离子单掺对硅酸三钙水化反应活性的影响

采用热释光方法，以前述制备合成的C_3S或阿利特单矿为研究对象，系统研究不同离子掺杂对其水化反应活性的影响，分析缺陷与活性的关系，尤其理解原始热释光性与水化反应活性内在相关性关系的本质。

6.2.1　碱金属掺杂的影响

图 6-2-1 为样品经^{90}Sr β 辐射前后样品的热释光(thermoluminescence，TL)曲线图。由图可以看出，四个样品均在未辐射前的原始热释光曲线中具有深陷阱(对应高温)热释光峰。纯参比样、L1 及 N1 热释光峰出现在 420℃附近，掺 K 样品 K1 出现在 410℃附近，热释光峰稍移向低温区(对应更浅陷阱)。样品在高温速冷过程中多余能量以俘获电子的形式储存在晶体中，是C_3S具有原始热释光性的原

因[24]。这些深陷阱俘获电子受热激发后，在发光(或复合)中心与空穴复合发光，发光强度测量的是俘获电子的数目，表征了C_3S晶体中转存能量的多少。由此，根据图 6-2-1(a)对比可以看出，不同碱金属掺入，尽管微量固溶，也可显著提高C_3S的原始热释光强度，说明碱金属可以极大地影响C_3S俘获电子数目，即冷却过程中能量在C_3S晶体中的储存。这是由于不同碱金属固溶进入C_3S，形成了杂质缺陷能级，影响了可以捕获电子的陷阱数目。但深陷阱能级一般由多个能级复合作用所致，碱金属影响的准确作用机制尚难判断。

热释光峰位温度与陷阱本质特征直接相关，而它们的强度取决于陷阱和复合中心的数目。由图 6-2-1(b)可知，纯C_3S在 50～200℃浅陷阱区，热释光峰以 TL(100)*为主且有其他峰的重叠。不同方法制备的材料以及不同测试条件直接影响材料热释光曲线，这与文献[25]中报道的在 50～200℃浅陷阱区有三个热释光峰，尤其均在 100℃附近存在一显著热释光峰基本一致。对于掺杂样品，TL(100)峰温T_m向低温发生微小位移，掺杂 Li、Na 及 K 的三个样品分别在 97℃、94℃和 94℃处呈现一强的热释光峰。与此同时，碱金属固溶还使C_3S浅陷阱热释光峰强度显著增大，这与它们对原始热释光强度的影响类似，暗示了在掺杂样品中存在更多的浅陷阱。C_3S及其固溶体的热释光强度与晶体中的本征和非本征点缺陷有关，其中纯C_3S的浅陷阱热释光主要源于其本征结构缺陷。由于C_3S结构中存在六面体间隙，形成 Ca 空位的能量较高，TL(100)可能是与$V_O^{\cdot\cdot}$空位有关的电子捕获陷阱中心，这也与上述对碱金属在C_3S中固溶机制的分析相一致，三种碱金属固溶均形成$V_O^{\cdot\cdot}$空位。但 Na 掺杂进入C_3S置换 Ca，以Na^+进入间隙实现电荷平衡，并未形成大量$V_O^{\cdot\cdot}$，此外，带有正电荷的间隙Na^+，可作为载流子复合中心，使得$V_O^{\cdot\cdot}$空位捕获电子减少，因此尽管三种碱金属中 Na 的固溶量最高，但其 TL(100)热释光峰强度相对最弱。

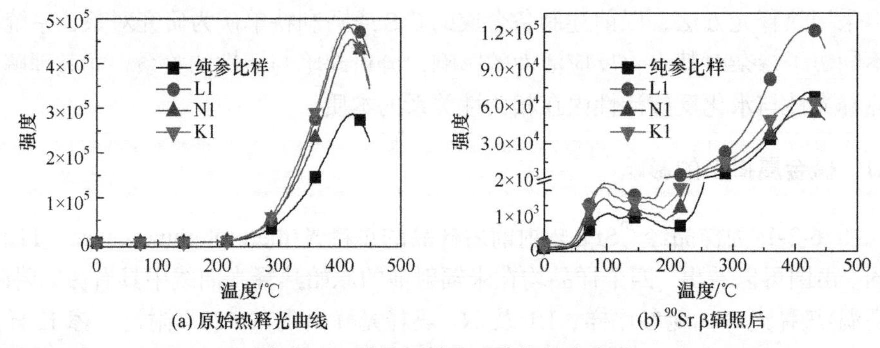

(a) 原始热释光曲线　　(b) ^{90}Sr β辐照后

图 6-2-1　样品辐射前后的热释光曲线

* TL(100)表示 100℃左右的热释光峰，其他温度同。

利用微量热仪测试C_3S及其固溶体的水化反应活性，图 6-2-2 及图 6-2-3 分别为掺杂C_3S固溶体的水化放热速率及累积放热曲线图。由图 6-2-2(a)、(b)及(c)可以看出，尽管碱金属微量固溶，但对C_3S水化反应活性产生了显著影响。不同碱金属掺杂使C_3S早期水化放热峰均显著高于纯参比样，说明碱金属可以显著提高C_3S早期水化反应活性。Stewart 的研究结果也表明离子固溶对C_3S早期水化的影响是非常显著的[26]。这可能是因为外来离子的引入增加了C_3S晶体的缺陷数目，从而增加了水化反应活性点的数目。对于 Li 掺杂，在 1%掺量时活性最高，掺量高于 1%时，水化反应活性降低；Na 掺杂时，少量掺杂或稍过于某掺量点的掺杂均有利于提高C_3S的水化反应活性；K 掺杂时，C_3S的活性基本随其掺量的增加而增大，其中，掺杂 3% K_2O 的C_3S水化反应活性反常偏低，主要由于该样品的比表面积显著低于其他样品。通过对样品的游离氧化钙含量、比表面积、缺陷特征与对应样品的水化反应活性进行对比分析可以发现，L1 的高活性与样品中稍高的游离氧化钙含量关系不大。其高的活性主要是由于 1% Li_2O 掺杂时，Li 主要取代 Ca，Li^+ 的半径远小于 Ca^{2+} 的半径，且属于不等价置换，因此固溶后会引起晶格的严重畸变和不稳定，从而使对应C_3S固溶体的活性显著高于其他样品。而当 Li 掺量高于 1%时，Li 主要固溶进入间隙位置，使得C_3S晶体内部的扭曲能进一步

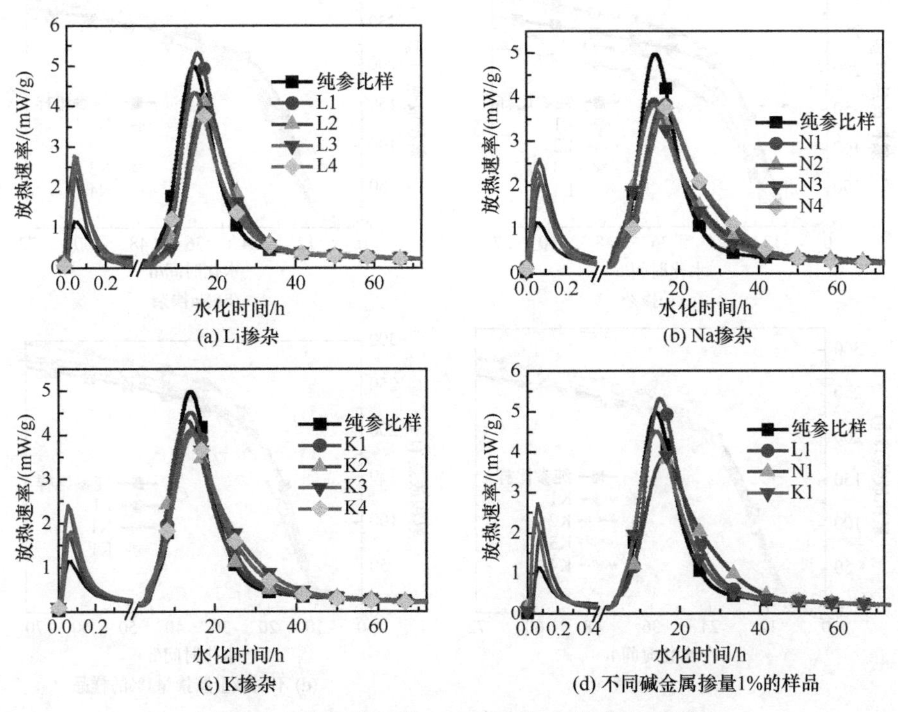

图 6-2-2　掺杂碱金属C_3S固溶体的水化放热速率图

平衡而变得稍加稳定，样品活性反而降低。Na 在 C_3S 基体晶格中可以同时发生 Ca 位取代和进入间隙位置，当在某一掺量下时，两种取代的平衡作用使 C_3S 晶格相对稳定，从而存在某掺量点的 N3 水化反应活性相对最低。K 掺杂主要取代 Ca 位，因此随着其掺量的增加，C_3S 晶格更加趋向不稳定，活性基本呈现增高趋势。

根据上述分析可知，当碱金属掺量低(碱金属氧化物掺量为 1%)时，Li、Na 及 K 基本以发生 Ca 位取代为主，因此该掺量时考察碱金属固溶对 C_3S 活性影响更具有可比性。图 6-2-2(d)及图 6-2-3(d)分别为掺杂 1% Li_2O、1% Na_2O 及 1% K_2O 样品的水化放热速率图及水化累积放热曲线图。由图可以看出，掺杂不同碱金属的 C_3S 固溶体的水化放热反应活性具有显著差异。早期水化反应活性大小 L1 > N1 > K1>纯参比样，与热释光给出的浅陷阱热释光强度大小一致，这是由于两者均与 $V_O^{\cdot\cdot}$ 空位浓度有关，$V_O^{\cdot\cdot}$ 空位有利于质子化反应，而显著提高早期水化反应活性。样品的 3d 累积水化反应活性大小顺序为 L1 > N1 > K1 > 纯参比样，表明 C_3S 的水化反应活性随着掺杂碱金属离子半径的减小而增大，小半径离子掺杂更有利于提高 C_3S 的活性。这是由于小半径离子能够引起更大的晶格畸变而使晶格更加不稳定，与 Butt 对小离子取代 Ca 可提高 C_3S 活性的预言相符[27]。

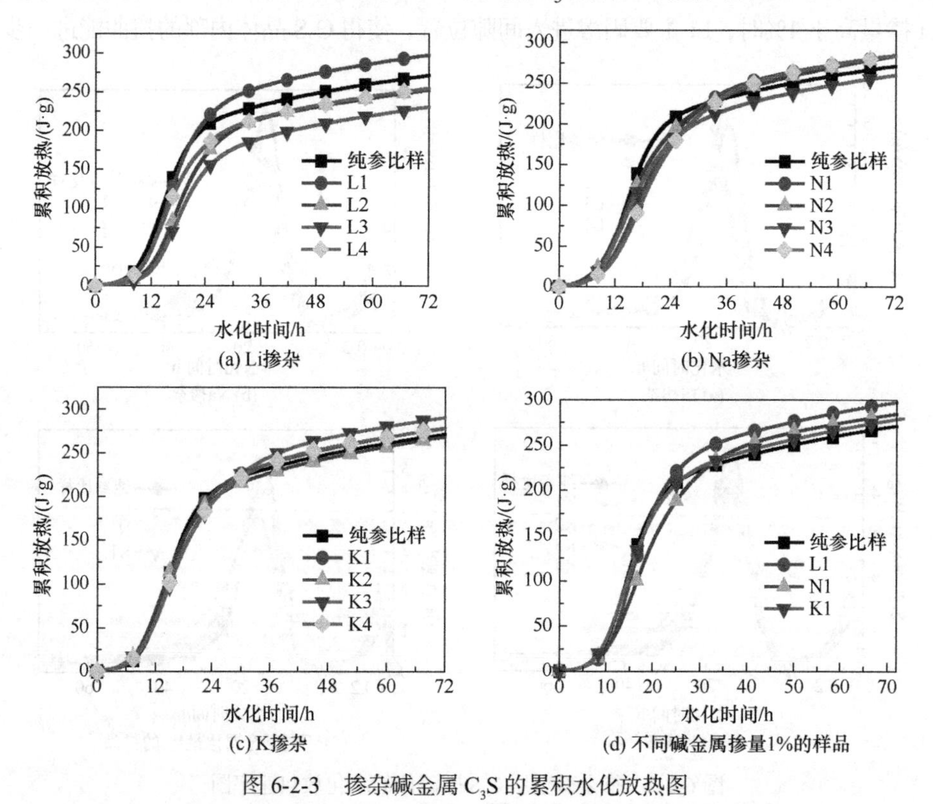

图 6-2-3　掺杂碱金属 C_3S 的累积水化放热图

C_3S及其固溶体的水化反应过程除受水化反应外在环境、样品比表面积等影响外，还主要取决于晶体的本质活性。通过上述对C_3S及其固溶体结构特征(晶型、晶胞参数、晶格应变)的分析，结合样品的水化反应活性分析，发现样品的晶格应变与水化反应活性之间存在一定关系。图 6-2-4 为掺杂碱金属样品的晶格应变与其水化反应 3d 累积放热量的关系图。由图可以看出，样品的 3d 累积水化反应活性与晶体的晶格应变恰好呈现一定的正相关趋势。结合 XRD 结果，这是由于样品均为 T1 晶型，晶型本身结构变化所致反应活性差异较小，晶格应变产生于晶体中结构缺陷的形成，缺陷数目增多往往使得晶体晶格应变增大。例如，大量空位等结构缺陷的存在，不但可作为水化反应活性反应点，还可促进水化过程中的化学传质，往往使C_3S活性提高，因此这种相关性趋势的实质是晶体中结构缺陷对C_3S水化影响的反应，与上述离子固溶及缺陷对C_3S水化过程的分析相吻合。

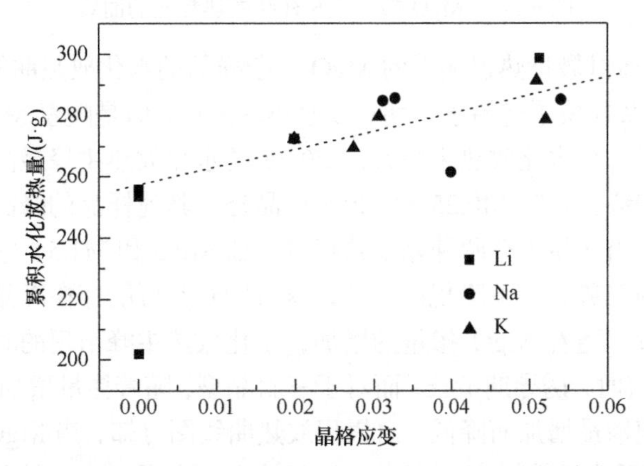

图 6-2-4　掺杂碱金属C_3S的晶格应变与其 3d 累积水化放热量关系

6.2.2　MgO 掺杂的影响

图 6-2-5 给出了 MgO 掺杂C_3S样品的原始热释光曲线图。由图可见，样品均在深陷阱区(对应高温峰区)存在原始热释光峰，且峰值主要约在 400℃附近。随着 MgO 掺量增加，热释光峰的峰位、峰形尤其是峰强等发生了显著变化。结合前述研究表明的样品的晶型组成，这种变化与 MgO 所致的C_3S晶型转变有关。不同晶型C_3S的周期势阱能级函数不同，直接影响以电子形式储存在晶体中的能量多少，导致热释光强度存在显著差异。结合 XRD 分析结果，三斜晶型C_3S(T1 晶型纯C_3S和 T3 晶型的 M0.5 样品)的原始热释光强度显著低于单斜晶型C_3S(M1 晶型的 M1.5 样品和 M3 晶型的 M2 样品)。这表明单斜晶型C_3S晶体中储存了更多的能量。由于 MgO 在C_3S中为等价置换，随着 MgO 掺量增加，C_3S中储存能量的增加主要可以归因于 MgO 固溶所致的晶型改变。

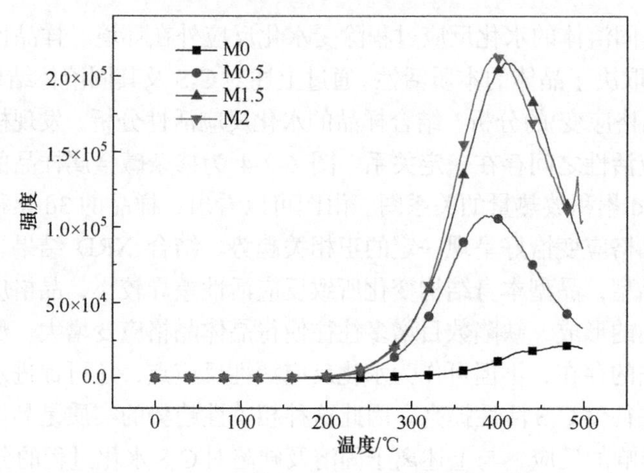

图 6-2-5 MgO 掺杂 C_3S 样品的热释光的曲线

图 6-2-6 是通过微量热仪测得的 MgO 掺杂样品的水化放热曲线。由图可见，少量 MgO 的掺杂加快了初始水化期 C_3S 放热峰出现，但是随着 MgO 掺量的增加放热峰逐渐降低。从水化放热主峰看，M0.25 的水化放热主峰最高，随掺量增加峰高呈现下降趋势，且除 M0.25 和 M0.5 样品外，其他样品的峰高都低于纯参比样。不难发现，当样品中有两种晶型共存时，如 M0.5 和 M1.5，它们的水化速率具有显著增大的趋势，与下降规律不符，这表明 C_3S 可能存在准晶型效应。从诱导期的特征来看，随着 MgO 掺量的增加，水化放热主峰出现的时间先延后再提前，在掺量为 1%时，诱导期最长；而对于三斜晶型，随着掺量增加，诱导期变短，但主峰高度都随掺量增加而降低。由累积放热曲线图可知，当 MgO 掺量低于 1%时，C_3S 的水化反应活性提高，说明 MgO 稳定的三斜晶型 C_3S 较单斜 C_3S 具有相对高的水化反应活性。

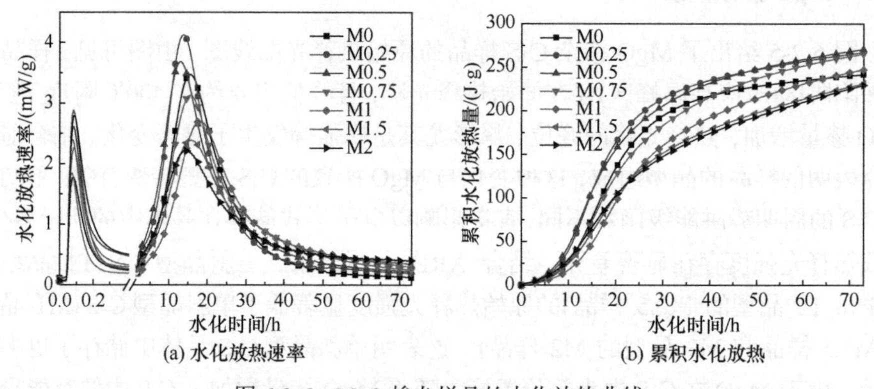

图 6-2-6 MgO 掺杂样品的水化放热曲线

6.2.3　Al_2O_3 掺杂的影响

图 6-2-7 给出了 Al_2O_3 掺杂样品的水化放热曲线。由图可以看出，Al_2O_3 掺杂使 C_3S 第一个水化放热速率峰显著增强，表明 Al 掺杂可以显著提高 C_3S 早期水化反应活性，这与 Al 固溶形成大量非本征缺陷有关。其中，Al_2O_3 掺量为 0.5%时，早期水化反应活性最高，水化诱导期最短。由图 6-2-7(b)给出的水化反应累积放热曲线可以看出，Al_2O_3 掺量为 0.2%的 Al1 样品水化反应活性最高，说明 Al^{3+} 少量固溶可提高 C_3S 水化反应活性。但随着 Al^{3+} 在 C_3S 中固溶量增加，C_3S 主水化反应减缓(图 6-2-7(a))，3d 总体活性降低。其中，掺杂 1% Al_2O_3 稳定的 T3 晶型 C_3S 水化反应活性最低。

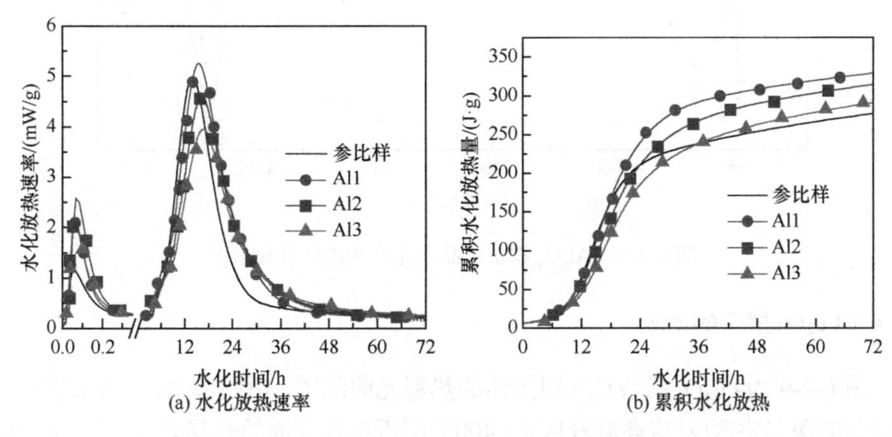

图 6-2-7　Al_2O_3 掺杂样品水化放热曲线

采用 0.3 水灰比，将样品加水拌和均匀后，密封在聚氯乙烯(PVC)瓶中，并置于真空且干燥的环境中。水化反应 28d 后，用酒精浸泡终止水化，对 C_3S 水化产物进行红外光谱测试。图 6-2-8 是样品水化产物的红外光谱图。纯 C_3S 水化产物在 3644cm^{-1} 附近对应 $Ca(OH)_2$ 中的 O—H 伸缩振动，3432cm^{-1} 及 1634cm^{-1} 分别对应吸附水的伸缩振动及弯曲振动峰。957cm^{-1} 及 872cm^{-1} 附近为$[SiO_4]^{4-}$非对称伸缩振动，465cm^{-1}、518cm^{-1} 及 668cm^{-1} 附近峰为$[SiO_4]^{4-}$弯曲振动峰。随着 Al_2O_3 掺杂，C_3S 水化产物红外振动峰仅发生微小变化，957cm^{-1} 附近伸缩振动峰发生微小红移，当 Al_2O_3 掺量达到 1%时，C_3S 水化产物谱带分裂显著减少，且 957cm^{-1} 附近伸缩振动峰红移至 964cm^{-1} 附近。这表明水化 28d 后，随着样品中 Al 掺量的增加，$[SiO_4]^{4-}$的聚合度增加。结合水化反应活性分析结果，Al_2O_3 掺量为 1%时，3d 后 C_3S 活性还在继续增长，因此 28d 后水化程度高。

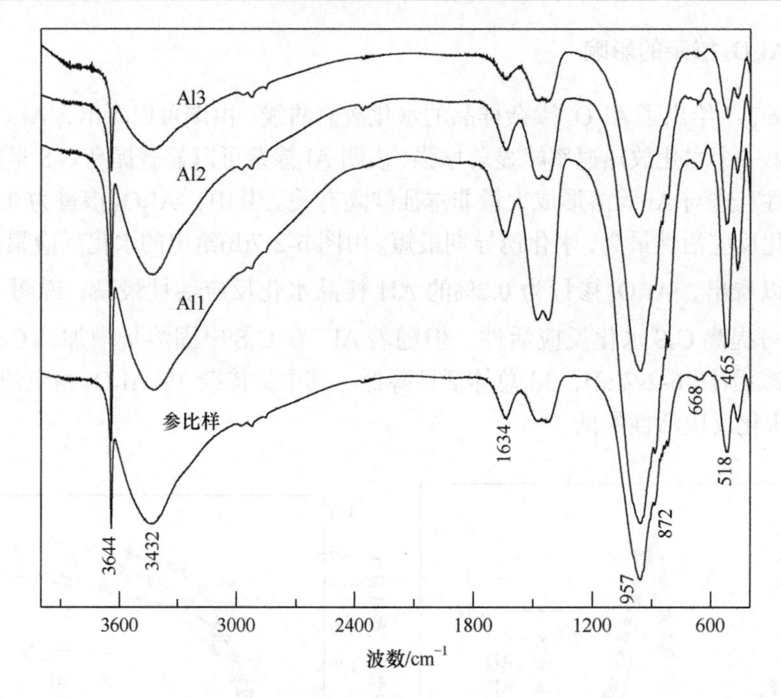

图 6-2-8 Al_2O_3 掺杂样品水化产物的红外光谱图

6.2.4 Fe_2O_3 掺杂的影响

图 6-2-9 为 Fe_2O_3 掺杂 C_3S 固溶体的热释光曲线图。由图可知，三个试样在未辐射前的深陷阱区(对应高温峰区)约 400℃附近都存在原始热释光峰。结合前述研究结果，F0 和 F0.6 为 T1 晶型的 C_3S，F1.2 为 T3 晶型 C_3S。对于同为 T1 晶型的 F0 和 F0.6，随着 Fe 含量增加，原始热释光峰的强度显著提高。对于 T3 晶型的样品 F1.2，热释光峰较 T1 晶型的 F0 和 F0.6 更加尖锐。通过热释光峰的积分强度比较样品的亚稳能量。对于同为 T1 晶型的 F0 和 F0.6 样品，Fe_2O_3 的掺杂可以增加 C_3S 的能量储存。对于 T3 晶型的 F1.2，由于晶体周期势阱函数不同，晶体间能带结构不同，储存的能量本身存在较大差异。由对比样品的组成、晶型及热释光性能可见，Fe_2O_3 的掺杂可以提高 C_3S 的原始热释光强度，这主要与 Fe 在 C_3S 中复杂的固溶置换缺陷反应有关。Fe_2O_3 在 C_3S 中为异价置换，同时形成了受主能级缺陷和施主能级缺陷，显著改变了 C_3S 固溶体的缺陷能级分布，从而显著影响能量在 C_3S 中的储存。但结合前述 MgO 掺杂对 C_3S 热释光性的影响对比，当 Fe_2O_3 掺量增加时，原始热释光强度出现下降趋势。这可能是 Fe 的猝灭效应导致的。

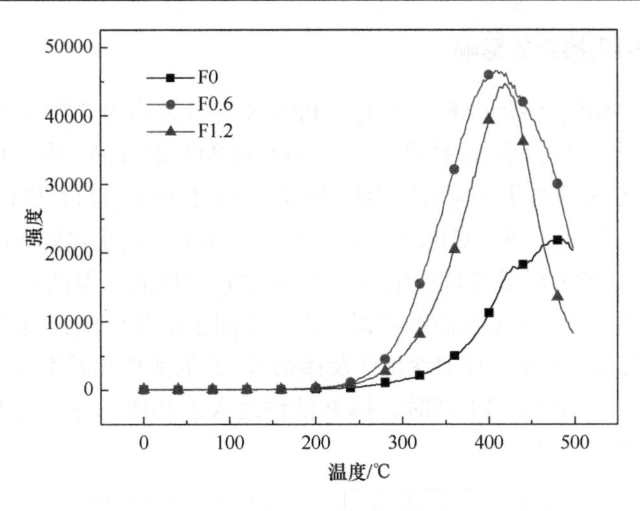

图 6-2-9　Fe_2O_3 掺杂 C_3S 固溶体的热释光曲线

图 6-2-10 为 Fe_2O_3 掺杂 C_3S 样品水化放热曲线。由图可见，在初始水化期，Fe_2O_3 掺杂使早期水化反应加速。尤其当 Fe_2O_3 掺量为 0.2%时，C_3S 的早期水化反应活性最高，但随着 Fe_2O_3 掺入量增加，C_3S 的早期水化放热峰开始降低。当 Fe_2O_3 掺量低于 1%时，水化放热速率主峰随掺量的增加而增大，1%时达到最大值；而当 Fe_2O_3 掺量高于 1%后，随着掺量增加，水化峰反而出现降低现象。结合样品的 XRD 分析可以认为，在 C_3S 晶型为 T1 时，随着 Fe_2O_3 掺量的增加，C_3S 的水化速率提高；当 C_3S 的晶型为 T3 时，随着 Fe_2O_3 掺量的增加，水化速率降低。由累积放热曲线可见，当掺量低于 1%时，水化反应活性高于纯样，但掺量高于 1%后活性相差不大。因此，C_3S 中 Fe_2O_3 的掺量低于 1%时提高了它的水化反应活性，但如果掺量过大，对 C_3S 的水化活性影响不大。

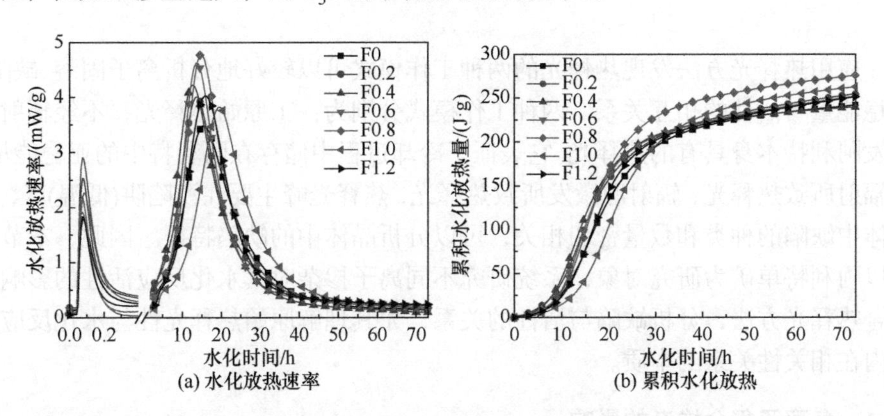

图 6-2-10　Fe_2O_3 掺杂 C_3S 样品水化放热曲线

6.2.5 阴离子(团)掺杂的影响

图 6-2-11 给出了掺杂 CaF_2 、SO_3 、P_2O_5 质量分数均为 0.5%时样品的水化放热曲线图，F、S、P 分别对应掺杂 CaF_2 、SO_3 和 P_2O_5 的样品。由图可以看出，不同离子掺杂对 C_3S 的水化反应活性影响不同。参比样纯 C_3S (T1 型)早期水化反应活性最高，诱导期短；掺杂 CaF_2 对 C_3S 水化影响不大，其水化放热曲线几乎与参比样一致；掺杂 SO_3 样品(T1)水化快于掺杂 P_2O_5 的样品，但两者均显著慢于纯 C_3S 。对比 3d 反应累积放热曲线可以看出，不同掺杂对 C_3S 3d 水化反应活性的影响为：P>参比样>S≥F。其中参比样及掺杂 S、F 的活性相差不大，主要由于其晶型均为 T1 型；而同为 T1 型时，掺 P 活性远大于其他三者。这主要可能由于 F 和 S 的挥发性高于 P。

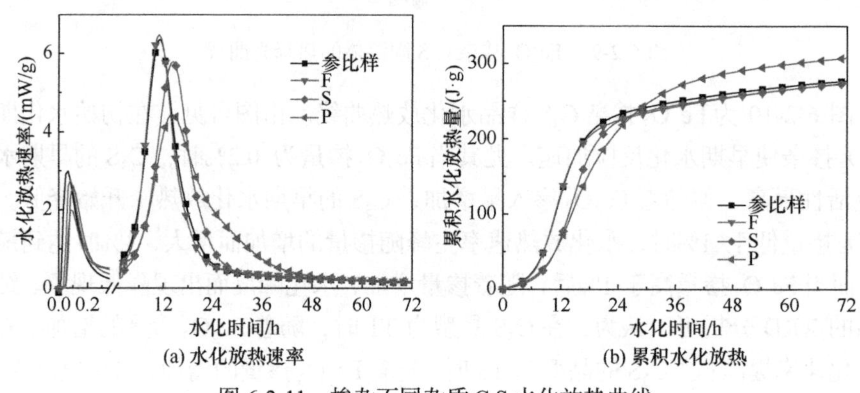

(a) 水化放热速率　　(b) 累积水化放热

图 6-2-11　掺杂不同杂质 C_3S 水化放热曲线

6.3 离子复合掺杂对阿利特水化反应活性的影响

应用热释光方法发现热释光的两种工作模式可以较好地分析离子固溶、缺陷、亚稳能量与活性的相互关系。两种工作模式分别为：①原始热释光，不经辐射源激发阿利特本身具有的热释光。它表征了冷却过程中储存在阿利特中的亚稳能量。②辐射所致热释光，辐射源激发所致热释光，热释光峰主要在浅陷阱(低温)区，与晶体中缺陷的种类和数量密切相关，可以分析晶体中的缺陷特征。因此，本节同样以阿利特单矿为研究对象，系统研究不同离子掺杂对其水化反应活性的影响，结合热释光方法，分析缺陷与活性的关系，尤其理解原始热释光性与水化反应活性内在相关性关系的本质。

6.3.1 多离子复合掺杂的影响

图 6-3-1(a)为未经 ^{90}Sr β 辐射样品的原始热释光曲线。由图可知，纯 C_3S (T1

型)热释光峰在 415℃附近，固溶 7 种离子的阿利特 C0 和不掺杂 Mg^{2+}的 C2 峰位基本一致，在 400℃附近，而 C1、C3、C4、C5 及 C6 几个样品峰位接近，在 432℃附近。比较样品的组成及峰位可见，Mg^{2+}对原始热释光峰位的影响最小，而其他异价置换离子的存在均使峰位发生显著变化。峰位的变化暗示了陷阱能级深度的变化，显然，异价置换离子较等价置换离子对阿利特陷阱能级分布有更大的影响。这主要由于异价置换离子固溶直接影响阿利特中的缺陷平衡反应，形成复杂的结构缺陷，最终显著影响阿利特中缺陷数目和类型，而导致阿利特缺陷能级分布发生更显著的变化。但深能级热释光峰往往由多个能级复合作用形成，很难分析固溶离子的具体作用及机制。除峰位存在差异外，热释光峰强度也存在一定差异。尤其是不含 Fe 的样品 C4，具有显著高的原始热释光强度。另外，不含 Mg^{2+}的 C2 样品强度稍高，其他样品 C0、C1、C3、C5 及 C6 峰强较弱。不难看出，Fe_2O_3的存在可显著降低阿利特原始热释光强度，这可能与 Fe^{3+} 的猝灭效应有关；不同晶型周期势阱函数存在一定差异，不含 Mg^{2+}的阿利特原始热释光强度稍高主要与其为 T3 晶型有关。可见，阿利特中亚稳储存能量(原始热释光强度)除受固溶离子的影响外，主要取决于阿利特晶型。

热释光的敏感性与晶体中的本征缺陷和非本征缺陷的浓度有关。浅陷阱(低温区热释光峰)受缺陷能级复合作用影响小，一般可给出更多的晶体缺陷信息。对所得辐射所致热释光数据进行适当的平滑处理，以过滤掉多余的噪声信号，如图 6-3-1(b)所示。由于热释光的灵敏性，纯 C_3S 在低温 100℃和 152℃附近存在两个较显著的发生部分重叠的热释光峰，它们主要源于晶体中的本征缺陷。离子固溶形成大量非本征缺陷，这些缺陷中部分可成为新的陷阱和发光中心，增强热释光性，但同时也可形成大量无辐射复合中心，使得热释光信号减弱或消失。由图 6-3-1(b)可见，不同离子复合掺杂对阿利特热释光峰位峰强等特征产生了极大的影响，表明不同离子固溶对阿利特缺陷能级分布产生了显著影响。C0、C1 和 C2 基本不存在浅陷阱(低温区)热释光峰，其他各样品均在 100℃附近的浅陷阱区存在较显著的热释光峰，且随固溶离子种类不同，热释光强度和峰位存在显著差异。其中，不含 Al^{3+} 的 C3 除在 152℃左右存在一个强大的热释光峰外，还在 105℃左右存在一个弱小的热释光峰，它们发生重叠(分峰拟和结果见图 6-3-1(b)右下插图)；不含 Fe^{3+} 的 C4 主要在 92℃左右存在一个显著的热释光峰，强度仅次于 C3；不含 P^{5+} 的阿利特除在 100℃的热释光峰外，还在 155℃附近存在一弱小的热释光峰，它们发生部分重叠；不含 S^{4+}的阿利特也在 100℃左右存在一弱小的热释光峰。Mg^{2+}由于同价置换 Ca^{2+}，对阿利特热释光特征影响相对小，而碱金属则可能由于其本身掺量低，且反复煅烧过程中进一步挥发损耗，对阿利特热释光特征影响不明显。不难看出，Al^{3+} 和 Fe^{3+} 对阿利特辐射所致热释光影响最大，其次 S^{4+} 及 P^{5+}

的影响较大，Mg^{2+}的影响最小。结合前述研究结果可见，异价置换离子较等价置换离子对阿利特原始热释光及辐射所致热释光特征影响大。这主要与异价置换离子在阿利特中固溶形成复杂的缺陷有关。

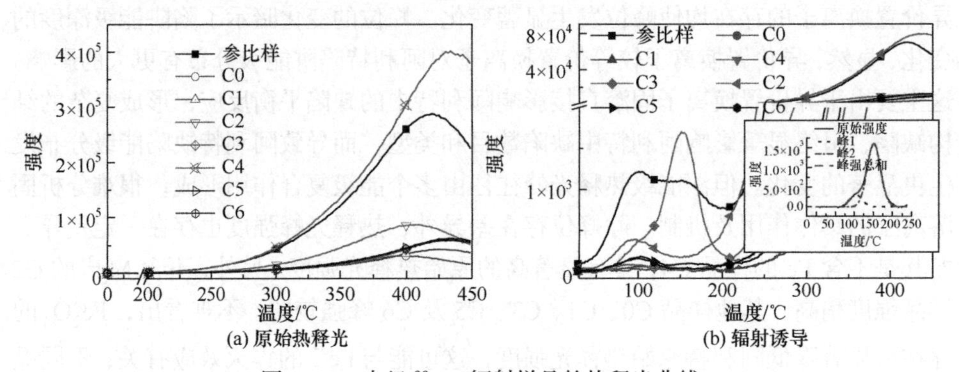

图 6-3-1　未经 ^{90}Sr β辐射样品的热释光曲线

图 6-3-2 为样品放置 18d 测定的水化放热速率及累积水化放热曲线图。由图可以看出，不同离子组合掺杂可以显著提高阿利特早期水化反应活性。这是由于不同离子组合掺杂进入阿利特形成大量非本征缺陷，增加了活性反应点的数目。比较不难发现，与缺陷数量的影响相比，缺陷种类对阿利特水化具有更大的影响：①对于同为 M3 晶型的不同组成的阿利特样品 C0、C1、C4、C5 和 C6，辐射所致热释光峰 TL(100)峰强越大，早期水化反应活性越高。②尽管 C5 较 C6 在 170℃多一个热释光峰，但由于 C6 在 100℃附近的热释光峰峰强较更强，C6 早期活性仍然高于 C5。同时还可以看出，阿利特早期水化反应活性受浅能级缺陷影响大，相关文献研究结果也支持这一结论。由图 6-3-2(a)可见，除纯 C_3S 和不含 Fe 的 C4 外，不同组成的阿利特均诱导期延长，主水化反应延缓，最大水化放热速率显著降低。结合下述研究结果，随着 Fe 掺量增加，阿利特诱导期延长，主水化反应延缓。可以看出，阿利特诱导期延长和主水化反应延缓主要由 Fe 的掺杂所致，与阿利特晶型变化关系不大。

由图 6-3-2(b)给出的样品累积水化放热曲线可知，不同组成阿利特水化反应活性均显著高于纯 C_3S 。其中，不含 Fe 的阿利特活性最高，与文献研究表明的 Fe 掺杂可以显著降低阿利特活性的研究结果相吻合。此外，结合图 6-3-2(a)可知，3d 后不同组成的阿利特仍均以显著高于纯 C_3S 的水化速率继续水化，暗示了阿利特 3d 后活性依然高于纯 C_3S 。

Fierens 等最早发现，阿利特热释光性和水化反应活性存在一致的经时钝化现象。近来，研究发现阿利特水化反应活性与原始热释光强度可呈正相关关系。为了排除时间变化造成的影响差异，更好地理解晶型变化对该相关性关系的影响，与热释光测定的同一时间再次测定了阿利特水化放热曲线，如图 6-3-3 所示。由图可见，与 18d 水化放热速率相比，270d 样品的活性均降低，但各样品水化放热特征及相对活性大小基本与 18d 一致，样品间活性差异相对更加显著。对比图 6-3-1(b)、图 6-3-2(b)和图 6-3-3(b)可见，M3 晶型阿利特(C0、C1、C4、C5 和 C6)的原始热释光峰强度大小与两次测定阿利特 3d 甚至更长水化龄期活性均呈现正相关关系，与文献中研究结果一致。对于不同晶型(M3 和 T3)阿利特，原始热释光与水化反应活性的相关性较差。这是由于同晶型阿利特基本处于相同能量亚稳水平，亚稳储存能量对其亚稳性有决定性影响；而不同晶型阿利特自身能量亚稳性不同。

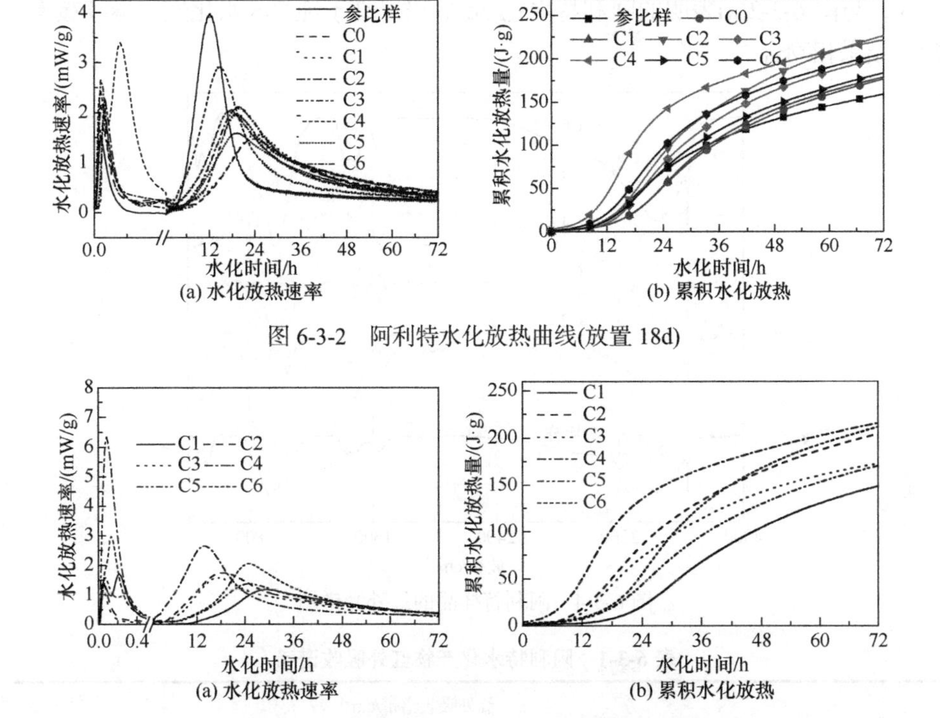

图 6-3-2 阿利特水化放热曲线(放置 18d)

图 6-3-3 阿利特样品的水化放热曲线(放置 270d)

阿利特属岛状硅酸盐，结构中$[SiO_4]$四面体以孤岛状形式存在，加水水化后，$[SiO_4]$四面体之间将以一定形式相连聚合，形成水化产物 C-S-H 凝胶。根据已有报道，水化后硅酸根离子沿着阿利特三次轴方向聚合，在红外光谱上表现出$[SiO_4]$四面体的非对称伸缩振动ν3 向高波数位移。图 6-3-4 为不同组成阿利特水化 28d 后的水化产物红外光谱。其中，在 3644cm^{-1}、3432cm^{-1} 和 1639cm^{-1} 附近的振动峰分别对应水化产物 $Ca(OH)_2$ 中的 O—H 对称伸缩振动ν1、吸附水的伸缩振动和吸附水的面外弯曲振动ν2。由于水化产物在制备过程中发生了一定的碳化，在

1429cm^{-1}、1482cm^{-1}、879cm^{-1} 和 668cm^{-1} 附近的峰均为 CO_3^{2-} 的基团振动峰。$[SiO_4]^{4-}$基团振动峰主要在 1000cm^{-1} 以下：957cm^{-1} 和 887cm^{-1} 附近振动峰对应非对称伸缩振动ν_3，后者与 CO_3^{2-} 在 879cm^{-1} 附近振动峰发生重合；518cm^{-1} 和 465cm^{-1} 附近振动峰分别对应面外弯曲振动ν_4和面内弯曲振动ν_2。表 6-3-1 给出了不同样品水化产物红外光谱峰位列表。由表可见，相比于未掺杂的纯 C_3S 的水化产物，不同离子组合掺杂阿利特的水化产物中$[SiO_4]^{4-}$基团的非对称伸缩振动峰均向高波数移动至 964cm^{-1} 甚至 967cm^{-1} 附近。这表明阿利特水化产物较纯 C_3S 水化产物具有更高的$[SiO_4]^{4-}$聚合度，暗示了水化 28d 后，阿利特活性依然高于纯 C_3S，与图 6-3-2(a)表明的阿利特水化 3d 后仍以高于纯 C_3S 水化速率继续缓慢水化的结果相吻合。

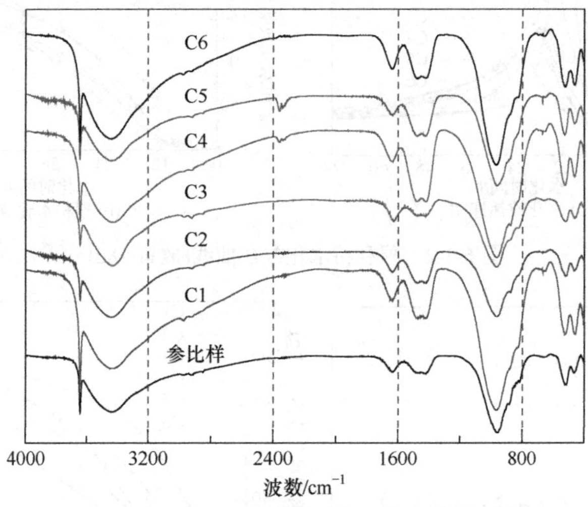

图 6-3-4　阿利特样品的红外光谱图

表 6-3-1　阿利特水化产物红外吸收谱带

编号	红外吸收谱带/cm^{-1}						
	$Ca(OH)_2$	H_2O		C-S-H			
	ν1(OH)	ν3+ν1 (H_2O)	ν2 (H_2O)	ν3 (CO_3^{2-})	ν3$[SiO_4]^{4-}$	ν4$[SiO_4]^{4-}$	ν2$[SiO_4]^{4-}$
参比样	3644	3440	1639	1482，1429	957，887	668，518	465
C1	3645	3432	1645	1483，1427	967，881	657，523	462
C2	3645	3440	1636	1477，1424	963，875	660，524	465
C3	3645	3437	1633	1477，1429	964，881	661，521	465
C4	3645	3433	1639	1480，1424	964，878	668，517	465

续表

编号	红外吸收谱带/cm^{-1}						
	$Ca(OH)_2$	H_2O			C-S-H		
	ν1(OH)	ν3+ν1 (H_2O)	ν2 (H_2O)	ν3 (CO_3^{2-})	ν3$[SiO_4]^{4-}$	ν4$[SiO_4]^{4-}$	ν2$[SiO_4]^{4-}$
C5	3645	3433	1642	1477，1423	964	668，517	459
C6	3644	3425	1639	1480，1424	967	660，519	463

6.3.2　Al_2O_3 含量变化的影响

Al^{3+}既可以$[AlO_6]$八面体形式存在，发生 Ca 位取代，也可以$[AlO_4]$四面体存在，取代 Si，形成的缺陷较为复杂。因此，采用热释光性表征 Al_2O_3 掺杂对阿利特缺陷特征的影响，深入研究在多组分作用下，Al_2O_3 在阿利特中的固溶、阿利特晶型、缺陷及其性能之间的相互关系。

图 6-3-5 为样品经 ^{90}Sr β 辐射前后的热释光曲线。由图可知，所有样品在辐射前均具有深陷阱(对应高温)热释光峰。D0、D3 及 D4 的深陷阱热释光峰出现在 400℃左右，而 D1 及 D2 的热释光峰稍移向高温区(对应更深陷阱)，分别在 406℃及 416℃附近。样品在高温速冷过程中多余的能量以俘获电子形式储存在晶体中，是阿利特具有原始热释光性的原因。这些深陷阱俘获电子受热激发后，在发光(或复合)中心与空穴复合发光，发光强度测量的是俘获电子的数目，表征了阿利特晶体中转存能量的多少。由此，根据图 6-3-5(a)对比可以看出，Al_2O_3 的掺杂显著改变了阿利特的原始热释光强度。这表明 Al_2O_3 极大地影响了阿利特中俘获电子的数目，即冷却过程中能量在阿利特晶体中的储存，这是由于 Al_2O_3 在阿利特中的固溶改变了晶体的杂质缺陷能级分布，影响了可以捕获电子的陷阱数目。但深陷阱能级一般由多个杂质能级复合作用所致，Al_2O_3 的准确作用机制尚难判断。

随着 Al_2O_3 掺量的不同，样品的外观颜色逐渐由 D0 的土黄色转变为灰色，表明 Al_2O_3 进入阿利特晶格产生了不同的色心。为进一步研究晶体的缺陷化学特征，将样品在 500℃适当退火以尽量消除其 400℃附近原始热释光的影响，后经 ^{90}Sr β 辐射后立即升温做热释光测试。样品辐射后热释光曲线如图 6-3-5(b)所示。由图可知，样品均在浅陷阱区(低温区)出现了新的热释光峰，且随着 Al_2O_3 含量的不同，样品的热释光曲线存在显著差异。D0 热释光峰在 172℃左右。D1、D2 及 D3 均在 144℃附近呈现一主热释光峰，表明三者存在同一种陷阱。D1 似乎存在峰的重叠，忽略峰的重叠，D1 与 D3 的热释光曲线极其相似，均在 220℃附近另有一弱的热释光峰，这表明在 300℃范围内，D1 与 D3 存在两种相同的陷阱缺陷中心

(TL(144)及 TL(220))。D2 在 85℃也另有一热释光肩峰，表明在 300℃范围内，D2 也存在两种陷阱缺陷中心(TL(144)及 TL(85))。D4 只观察到一个强大的主热释光峰，与 D1、D2 及 D3 相比，其明显移向高温区，在 175℃左右。与深陷阱相比，浅陷阱热释光峰一般与晶体结构中的缺陷能级更直接相关，更能阐明晶体的缺陷特征。热释光过程需要两种主要缺陷：一种是陷阱；一种是发光中心。热释光强度与两种缺陷中浓度较低的缺陷数目成正比，而热释光峰温度与陷阱深度 E 有关，反映了陷阱的本质特征。对比可知，不含 Al_2O_3 的阿利特 D0 热释光峰 TL(172)温度与掺杂 Al_2O_3 后的 TL(144)不同，陷阱深度 E 相对较大。这主要由缺陷种类的不同所致，也可能与 D0 晶相组成主要为 T3 和 M1 的混晶，周期势阱函数不同于 M3 晶型有关。此外，D0 的 TL(172)热释光峰强度较大(热释光峰包围的面积大)，说明对应陷阱缺陷或发光中心缺陷浓度较高。随着 Al_2O_3 的掺杂，D1～D3 的热释光曲线与 D0 显著不同，表明 Al_2O_3 的掺杂不但影响阿利特的晶型对称性，也使晶体的缺陷能级分布发生了改变。当 Al_2O_3 掺量由 0.2%增大至 1%时，阿利特的主热释光峰 TL(144)强度不断增大，表明 TL(144)与 Al_2O_3 固溶所致的非本征缺陷有关，且对应缺陷浓度随 Al_2O_3 固溶量的增加而增大。继续增加 Al_2O_3 掺量超过 1%时，TL(144)移向 175℃附近。

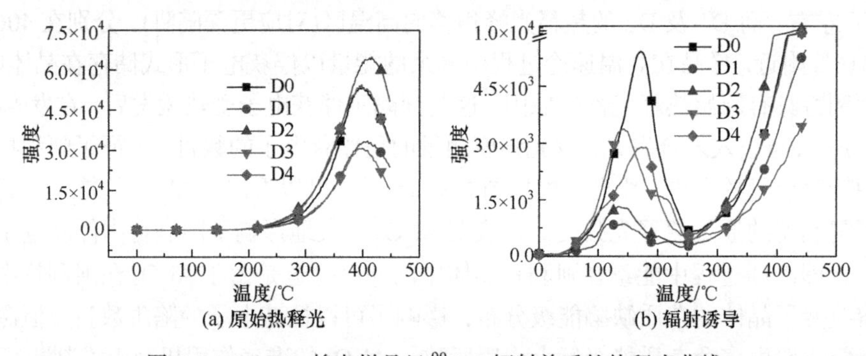

(a) 原始热释光　　(b) 辐射诱导

图 6-3-5　Al_2O_3 掺杂样品经 ^{90}Sr β 辐射前后的热释光曲线

高温淬冷至室温的 C_3S 如果立即使用，反应活性非常高，即使样品被存放在严格无水环境中，它在第一小时也会发生非常快的钝化，但之后钝化缓慢，几天之后的活性在几个月内基本不降[24]。图 6-3-6 及图 6-3-7 分别为放置 18d 和 180d 样品的水化反应放热曲线及累积水化放热曲线。可以看出，随着放置时间延长，所有样品的水化反应放热速率及累积水化反应活性均显著降低。样品的热释光测试与放置 180d 样品的水化反应活性测试时间一致。比较可发现，阿利特的原始热释光峰强度大小与对应时间测定样品的 180d 累积水化反应活性(图 6-3-7(b))大小一致，表明水化反应过程与电子或质子的转移过程密切相关。从能量转移角度上看，冷却过程中储存的能量最终通过水化反应转变为化学反应热能，这可能是阿利特原始热释光强度大小与其 3d 累积水化放热具有相关性的原因。俘获电子随着时间推移不断地释出，可能是阿利特随放置时间延长活性降低的主要原因。

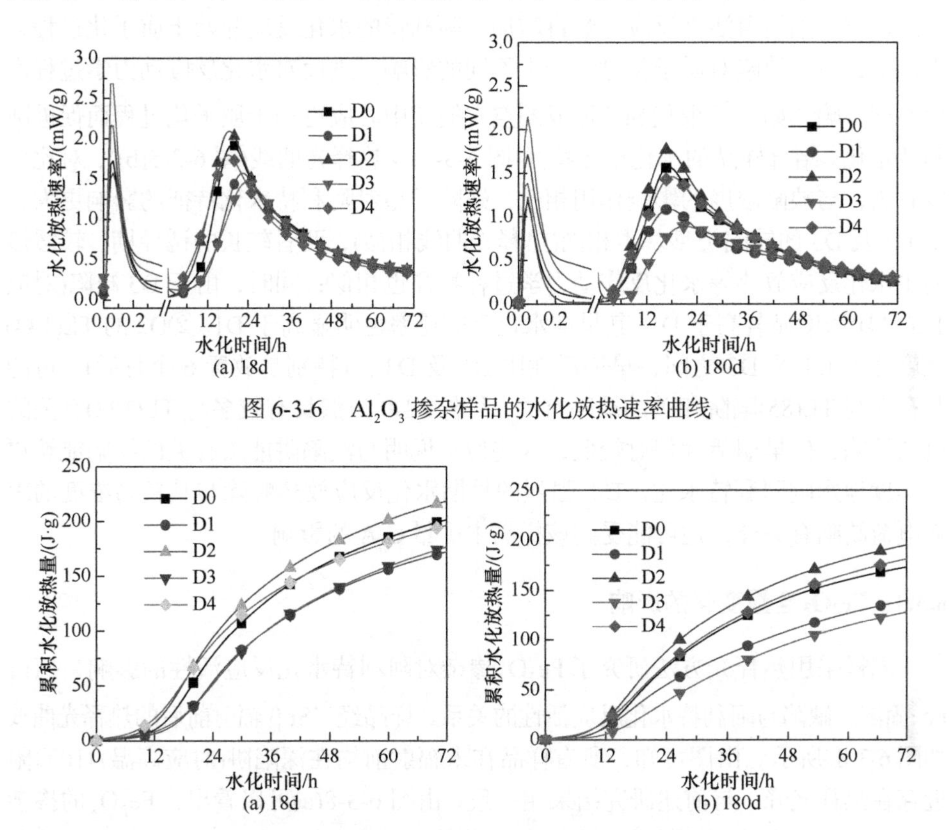

图 6-3-6　Al_2O_3 掺杂样品的水化放热速率曲线

图 6-3-7　Al_2O_3 掺杂样品的累积水化放热曲线

结合图 6-3-6 及图 6-3-7 还可以看出，Al_2O_3 在阿利特中的固溶显著影响了阿利特的水化反应活性及活性随时间的钝化程度。D2 的活性最高，D1 及 D3 最低；D2 的活性随时间变化最小，而 D3 的早期水化反应放热、诱导期以及 3d 累积水化放热等随时间延长钝化最为显著。这是由于 Al_2O_3 在阿利特中固溶形成了杂质缺陷，改变了晶体的缺陷能级分布，影响晶体中陷阱的性质及数目，从而改变了阿利特中捕获电子的数目及其亚稳性，改变了晶体中能量的储存，而直接影响阿利特最终的水化反应放热活性。一般而言，深陷阱捕获电子更为稳定，D2 具有高大的深陷阱峰 TL(400)，与 D2 相比，D3 的 TL(400)较弱且陷阱深度 E 稍小，说明 D3 能量储存相对不稳定，D3 活性钝化相对严重可能与此有关。

此外，Al_2O_3 的掺杂极大地影响了阿利特的水化反应动力学过程。由图 6-3-6

可以看出，随着Al_2O_3的掺量增加，阿利特早期水化反应放热峰、诱导期及主水化反应放热峰等水化反应动力学特征均发生了显著改变。在早期水化反应过程中，与Al_2O_3单掺的作用相似，Al_2O_3加速了阿利特的早期水化反应。这是由于Al_2O_3固溶形成缺陷使得活性反应点数目增加。阿利特的水化反应起始于质子化过程，理论上，不同缺陷对质子化过程产生不同的影响，进而对水化反应动力学过程产生不同影响，如Al^{3+}取代Si^{4+}形成的空穴捕获中心应更利于质子化过程而促进阿利特水化。结合样品的水化放热特征(图 6-3-6)及热释光曲线(图 6-3-5(b))，对比可以看出，与缺陷浓度的影响作用相比，缺陷类型对阿利特水化特征的影响更大：①D1 及 D3 的缺陷类型基本相同(热释光曲线相似)，两者较长的诱导期、较缓慢的主水化反应放热等水化反应动力学过程特征也相似；同时，由于 D3 缺陷(对应 TL(144))浓度显著高于 D1，其早期水化反应速率也明显高于 D1。②D2 的 TL(144)强度介于 D1 及 D3 之间，早期活性比 D1 及 D3 高(特别是放置 6 个月后)，可能和存在与 TL(85)陷阱相关的缺陷有关；另外，D0 虽然具有较多与 TL(172)有关的电荷缺陷，但早期活性相对较低，这些似乎说明与浅陷阱能级有关的缺陷能够更大程度地影响阿利特水化。D4 强烈的早期水化反应放热峰除与其较高浓度的表面电荷缺陷有关外，还可能受到该样品中少量C_3A的影响。

6.3.3　Fe_2O_3含量变化的影响

同样采用热释光方法研究了Fe_2O_3掺杂对阿利特水化反应活性的影响，探讨 Fe 固溶、缺陷与阿利特水化反应活性的关系。样品经^{90}Sr β 辐射前后的热释光曲线如图 6-3-8 所示。由图可知，所有样品在未辐射前均在深陷阱(对应高温)410℃附近存在热释光峰，与前述研究结果相一致。由图 6-3-8(a)可以看出，Fe_2O_3的掺杂显著改变了阿利特的原始热释光强度，说明Fe_2O_3极大地影响了阿利特中俘获电子的数目，即冷却过程中能量在阿利特晶体中的储存。这是由于Fe_2O_3在阿利特

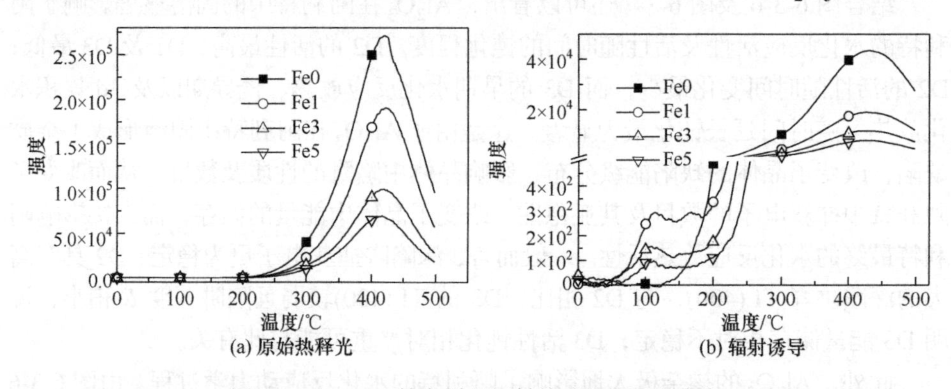

(a) 原始热释光　　(b) 辐射诱导

图 6-3-8　Fe_2O_3掺杂样品辐射前后的热释光曲线

中的固溶改变了晶体的杂质缺陷能级分布，影响了可以捕获电子的陷阱数目。随着 Fe_2O_3 掺量增加，原始热释光强度降低，表明 Fe 的存在不利于阿利特中能量的储存。这可能由于 Fe 的掺杂使得阿利特晶体中深陷阱数目减少或对应地形成了较多的载流子复合中心，使得俘获电子数目减少。但深陷阱能级一般由多个杂质能级复合作用，Fe_2O_3 的准确作用机制尚难判断。

随着 Fe_2O_3 掺量增加，样品的外观颜色逐渐由 Fe0 及 Fe1 的白色逐渐变为灰色，表明 Fe_2O_3 进入阿利特晶格产生了新的色心。为避免退火处理对样品本身缺陷等特征的影响，将测过原始热释光性的样品，经 ^{90}Sr β 辐射后立即升温做热释光测试，其热释光曲线如图 6-3-8(b)所示。由图可见，除 Fe0 外，样品均在浅陷阱区(低温区)出现了新的热释光峰，且随 Fe_2O_3 含量的不同，样品的热释光曲线存在显著差异。随着 Fe 掺量的增高，低温区热释光 TL(100)强度降低，表明 TL(100)是与 Fe 掺杂有关的缺陷。Fe 取代 Ca 为不等价置换，形成的 Fe_{Ca} 可作为电子陷阱中心捕获电子，但随着 Fe 掺量的增加，其固溶取代机制发生改变，Fe 置换 Si 形成的 Fe_{Si}' 起载流子复合中心作用，反而使 TL(100)热释光强度减小。

图 6-3-9 及图 6-3-10 分别为放置 18d 和 90d 样品的水化放热速率及累积水化放热曲线。由图可见，Fe 对阿利特水化反应活性的影响尤其显著。即使非常少量的 Fe 掺杂也显著改变阿利特水化放热特征，早期水化反应活性显著降低，且随着 Fe 掺量增大，诱导期显著延长，可能与 Fe_2O_3 使阿利特晶粒发育更完整有关。其中 Fe1、Fe2 及 Fe3 样品均在前 30min 内出现了水化反应双峰，原因将进一步分析。此外，可以看出，放置 90d 与放置 18d 样品水化反应活性相比，不同样品的水化放热特征以及累积水化反应活性相对大小差别不大，但所有阿利特样品的水化反应放热速率及累积水化反应活性均显著降低，与前述研究结果一致。阿利特的早期水化反应放热特征变化较大，Fe1、Fe2 及 Fe3 的早期水化反应放热双峰的第二个峰提前。

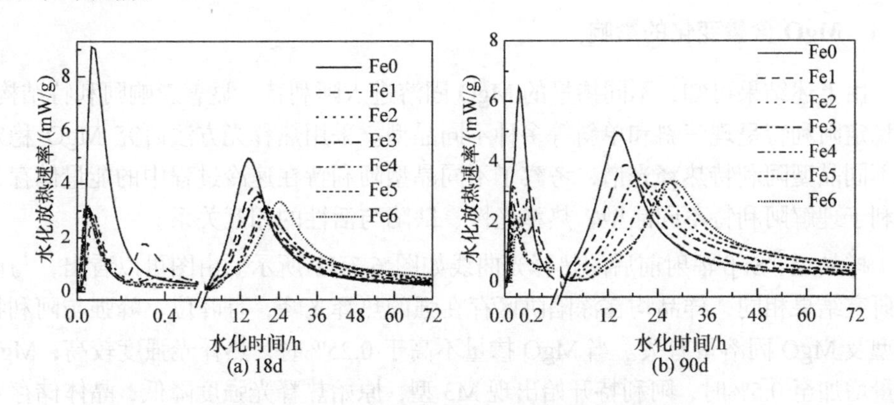

图 6-3-9　Fe_2O_3 掺杂样品的水化放热速率曲线

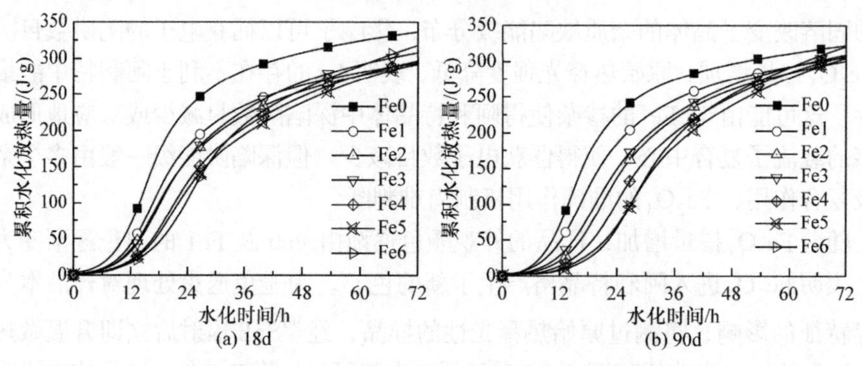

图 6-3-10　Fe_2O_3 掺杂样品的累积水化放热曲线

阿利特热释光性测定时间介于两次水化反应活性测试时间之间，比较可发现，阿利特原始热释光峰强大小与放置 18d 测定样品仅前 40h 累积水化放热一致，与放置 90d 样品的前 60h 累积放热大小基本一致，再次证实阿利特水化反应活性与原始热释光强度相关性主要体现在水化的化学反应控制过程。从动力学角度看，影响阿利特水化反应活性的因素较多，除晶粒尺寸、晶格完整程度及机械粉磨所致应力等外，随着反应进行，产物加厚，也会影响传质过程，阻碍进一步水化等。阿利特水化起始于质子化过程，俘获电子的存在有利于质子化过程，当阿利特晶体结构及结构缺陷差别不大时，原始热释光越强，俘获电子数目越多，水化过程中的质子化能力越强，越有利于水化，阿利特表现出高的水化反应活性。从热力学角度看，根据国际知名水泥化学专家 Scriveiner 教授提出的新的水化理论，在水化的化学反应控制过程中，吉布斯自由能越大，水化反应越快，使得阿利特原始热释光强度与水化反应活性呈现相关性，且主要体现在化学反应动力学控制为主过程中。在扩散控制过程中，影响水化的因素以动力学为主，原始热释强度与水化反应活性的相关性呈现一定偏离。

6.3.4　MgO 含量变化的影响

由上述结果可知，不同掺量的 MgO 固溶进入阿利特，显著影响阿利特结构，可稳定阿利特呈现三斜和单斜等多种不同晶型。采用热释光方法研究 MgO 稳定的不同晶型阿利特热释光谱，考察了不同晶型阿利特在速冷过程中的能量储存，有利于理解阿利特不同晶型、热释光性、缺陷与活性的相互关系。

样品经 ^{90}Sr β 辐射前后的热释光曲线如图 6-3-11 所示。由图可以看出，与前述研究结果相同，样品均在深陷阱区存在强的热释光峰，且峰位、峰强与阿利特晶型及 MgO 固溶量有关。当 MgO 掺量不高于 0.25%时，热释光强度较高；MgO 掺量增加至 0.5%时，阿利特开始出现 M3 型，原始热释光强度降低，晶体储存亚稳能量较少，继续增加 MgO 掺量，阿利特晶型基本保持不变，阿利特热释光强度显著增加；但当 MgO 掺量达 1%时，阿利特基本彻底稳定为 M3 晶型，热释光性突变，强度最低，此后 Mg 掺量增加，阿利特晶型不变，但热释光强度显著增加；当掺量达 2%时，峰位显著向深陷阱区位移。MG2、MG4 及 MG5 三个样品的热释光峰强度显著偏低。结合 XRD 结果，MG2 处于三斜 T3 和单斜 M1 向单斜 M3 晶相转变相界处，MG4 及 MG5 处在由三斜转变为单斜 M3 晶型相界处。这表明在晶型转变相界处，阿利特原始热释光强度突变，这符合固溶体性质随杂质浓度变化的一般规律。其中，在三斜结构和单斜结构的晶型边界处阿利特热释光强度最低，即速冷过程中亚稳能量储存最少。这与不同晶型阿利特周期势阱函数不同有关。MG1 与 MG0 热释光性相近，根据两者相近的 XRD 结果，这可能与 M1 和 T3 晶型极其相近的结构有关。

为避免退火处理对样品本身缺陷等特征的影响，将测过原始热释光性的样品经 ^{90}Sr β 辐射后立即升温做热释光测试，其热释光曲线如图 6-3-11(b)所示。由图可以看出，大多数样品在 TL(100)附近存在热释光峰。但掺杂 1%MgO 的 MG4 样品基本不存在浅陷阱热释光峰，且随着 MgO 掺量增加，M3 晶型阿利特 TL(100)的强度基本呈现增强趋势，尤其掺量较高的 MG7 和 MG8 的热释光峰强度最高。可见，TL(100)热释光强度与阿利特晶型以及 Mg 的固溶量有关。Mg 固溶取代 Ca 为等价置换，不产生结构缺陷，因此 Mg 对阿利特辐射后热释光特征的影响主要源于 Mg 固溶对其他离子在阿利特中的固溶产生影响。

图 6-3-12 为不同 MgO 掺量阿利特的水化放热曲线。由图可以看出，MgO 的掺杂对阿利特早期水化放热特征影响不大。这是由于 Mg^{2+}置换 Ca^{2+} 为等价置换，电场基本平衡，形成的固溶体结构完整。其中，MG7 早期活性最高，与辐射后阿利特 TL(100)强度最高相一致。这可能是由于 MgO 掺杂影响其他离子的固溶，改变非本征缺陷的数目和种类，而对阿利特早期水化产生影响。随着 MgO 掺量增加，阿利特早期活性存在轻微的降低趋势，而主水化峰基本随 MgO 掺量的增加而增强。

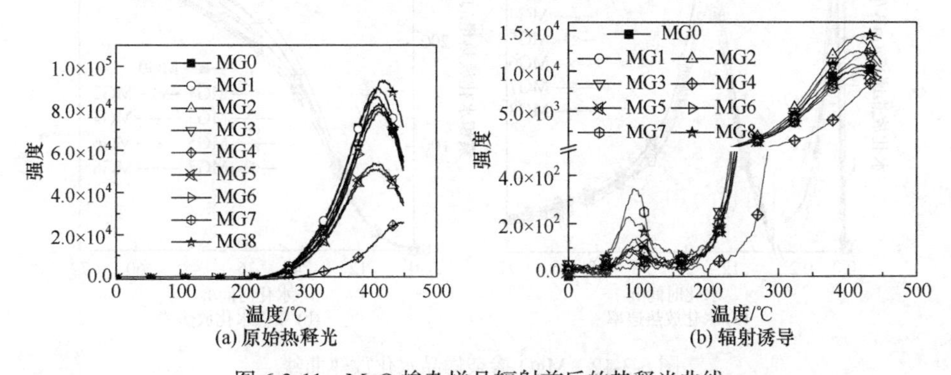

图 6-3-11　MgO 掺杂样品辐射前后的热释光曲线

图 6-3-12(b)为阿利特累积水化放热图。由图可知，样品 3d 活性大小关系为 MG7 > MG6 > MG4 > MG8 > MG0 > MG2 > MG1 > MG3 > MG5。结合样品的晶型组成，M3 晶型阿利特活性具有高于 T3 晶型的特征。此外，结合样品的热释光曲线，尽管热释光测试时间晚于水化放热测试时间，5 个 M3 晶型阿利特样品中，除 MG4 和 MG8 存在一定偏差外，阿利特原始热释光强度与其 3d 甚至更长龄期水化反应活性均呈现显著的相关性。结合前述研究结果，这种长龄期相关性可能与 Mg^{2+}置换 Ca^{2+} 为等价置换，不形成空位等结构缺陷，减少了对阿利特水化动力学的影响因素有关。而对于 MgO 掺量低于 1%的不同晶型阿利特样品，原始热释光强度与水化反应活性相关性相对较低。不同晶型自身亚稳能量不同，因此 M3 晶型的 MG4 样品原始热释光强度最低，却具有较高活性。对于同为 M3 晶型的阿利特样品，随着 Mg 在 M3 晶型阿利特中固溶量增加，阿利特组态熵和振动熵增大，晶体趋于热力学稳定；另外，Mg 固溶量增加造成晶格畸变加剧，晶体内能升高而不稳定。在两种因素的综合作用下，MG4 中较其他 M3 晶型阿利特 Mg 含量最低，处在刚转变为 M3 晶型边界处，与其他 M3 晶型阿利特相比，其更呈现出高温 M3 晶型晶体结构自身能量的高亚稳性。因此，MG4 晶体自身能量对水化反应活性的影响起决定作用，尽管附加亚稳能量较少，水化反应活性较高。对 MG8 而言，较高含量的 Mg 所致的熵增起主导作用，晶体自身能量亚稳性低，尽管在较高的附加亚稳能量作用下，活性反而不高。综上可见，阿利特能量亚稳除包含组成及结构上亚稳能量外，还包括高温速冷所致以俘获电子形式亚稳储存在晶体中的多余能量。晶体自身能量差别不大时，影响阿利特水化动力学因素较小时，阿利特热释光性与水化反应活性可呈现出较好的相关性。

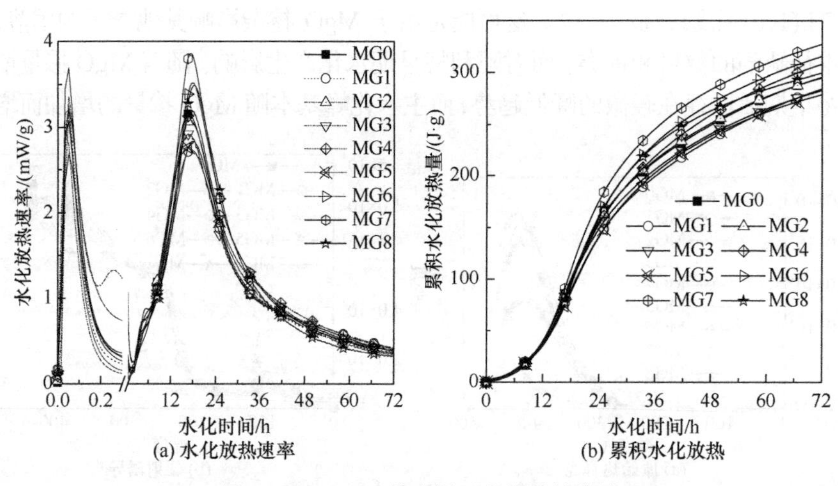

图 6-3-12　MgO 掺杂样品水化放热曲线

采用 0.3 水灰比，将样品加水拌和均匀后，密封在 PVC 瓶中，并置于真空且干燥的环境中。水化反应 7d 后，用酒精浸泡终止水化，将水化产物低温真空下干燥 24h 后，进行热分析测试。结果表明，MG0 及 MG4 水化 7d 后分别在 436℃及 440℃左右存在 $Ca(OH)_2$ 的分解峰及失重，随即发生 $CaCO_3$ 的分解伴随凝胶失重。将 $CaCO_3$ 含量转化为 $Ca(OH)_2$ 含量，根据 $Ca(OH)_2$ 形成量，7d 后单斜 M3 晶型阿利特水化快于三斜 T3 晶型，与 3d 水化反应活性分析结果一致。

图 6-3-13 为样品水化 7d 产物的红外光谱图。由图可以看出，随着 MgO 的掺量增加阿利特胶体的红外峰形产生了显著变化。Si—O 的伸缩振动显著钝化，当晶型转变为 M3 晶型的 MG4 水化产物开始重新变得尖锐。MG0 在 668cm^{-1} 处的 Si—O—Si 弯曲振动峰十分微弱，几乎不存在，随着 MgO 的掺量增加此峰变得显著加强，且 Si—O—Si 弯曲振动峰发生明显的蓝移。表 6-3-2 给出了样品具体的红外振动峰位。结合表可知，MG0 的 CO_3^{2-} 伸缩振动峰在 1422cm^{-1} 处仅有一个，MgO 掺杂后，立即分裂为 1482cm^{-1} 及 1422cm^{-1} 附近的两个振动峰。CO_3^{2-} 在 870 附近振动峰与 $[SiO_4]^{4-}$ 的ν3 非对称伸缩振动峰重合。$[SiO_4]^{4-}$ 中 968cm^{-1} 附近的 Si—O 伸缩振动峰红移，而 522cm^{-1} 附近的 Si—O 弯曲振动峰发生明显的蓝移现象。

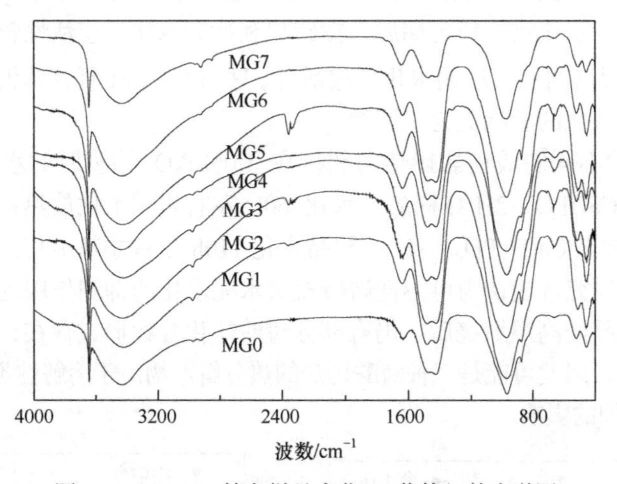

图 6-3-13　MgO 掺杂样品水化 7d 浆体红外光谱图

表 6-3-2　阿利特水化产物红外吸收谱带

编号	红外吸收带/cm^{-1}						
	$Ca(OH)_2$	H_2O		C-S-H			
	ν1(OH)	ν3+ν1	ν2	ν (CO_3^{2-})	ν3 $[SiO_4]^{4-}$	ν4 $[SiO_4]^{4-}$	ν2 $[SiO_4]^{4-}$
MG0	3644	3432	1634	1487，1422	968，874	668，522	459
MG1	3644	3423	1639	1481，1425	972，875	668，515	456

续表

编号	红外吸收带/cm⁻¹						
	$Ca(OH)_2$	H_2O			C-S-H		
	ν1(OH)	ν3+ν1	ν2	$\nu\ (CO_3^{2-})$	$\nu 3\ [SiO_4]^{4-}$	$\nu 4\ [SiO_4]^{4-}$	$\nu 2\ [SiO_4]^{4-}$
MG2	3644	3425	1634	1483，1423	970，874	668	453
MG3	3644	3425	1637	1482，1425	967，876	661，517	456
MG4	3644	3439	1634	1483，1422	971，876	659，519	460
MG5	3644	3425	1655	1479，1422	968，876	656，514	460
MG6	3644	3425	1637	1478，1426	969，873	661，521	457
MG7	3644	3432	1656	1478，1423	973，873	659，513	457

6.3.5　不同磷酸钙盐的影响差异研究

对不同磷酸钙盐掺杂阿利特样品进行水化微量热测试，图 6-3-14 为阿利特水化放热速率及累积水化放热曲线。由图 6-3-14(a)～(f)整体可知，P^{5+} 对阿利特水化动力学特征影响显著，与上述研究结果一致。随着 P_2O_5 掺量增加，样品水化诱导前期放热速率减慢，诱导期延长，主水化反应显著延迟，说明 P_2O_5 掺杂使阿利特水化延缓。但水化进入稳定期后，掺磷阿利特的水化反应活性较参比样高，说明 P^{5+} 掺杂可提高阿利特后期水化反应活性。这与 Stewart 研究认为杂质离子固溶对阿利特早期水化的影响更为不同[26]。

对比 3 种不同磷酸钙盐掺杂阿利特在 1.0% P_2O_5 掺量时的水化特征，掺杂 $Ca_3(PO_4)_2$ 和 $CaHPO_4 \cdot 2H_2O$ 样品，水化 60h 左右累积水化放热量就已超过同组其他样品，而掺杂 $Ca(H_2PO_4)_2 \cdot H_2O$ 样品水化 110h 左右才基本与最高放热量样品持平。目前的研究普遍认为可溶性磷酸盐对水泥水化的抑制作用远高于难溶性磷酸盐[28, 29]。样品经高温煅烧后，仍有部分磷酸盐化合物形式存在，并未完全固溶进入阿利特相，因此可能是三种磷酸钙盐的热分解产物由于溶解性不同，对阿利特水化产生了不同的影响。

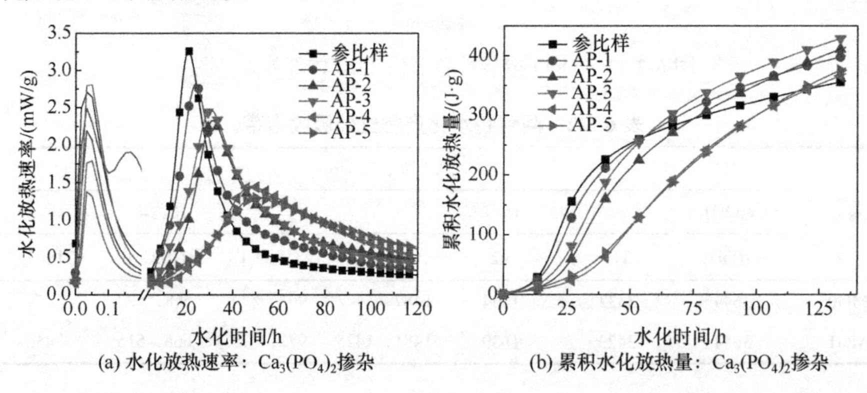

(a) 水化放热速率：$Ca_3(PO_4)_2$掺杂　　(b) 累积水化放热量：$Ca_3(PO_4)_2$掺杂

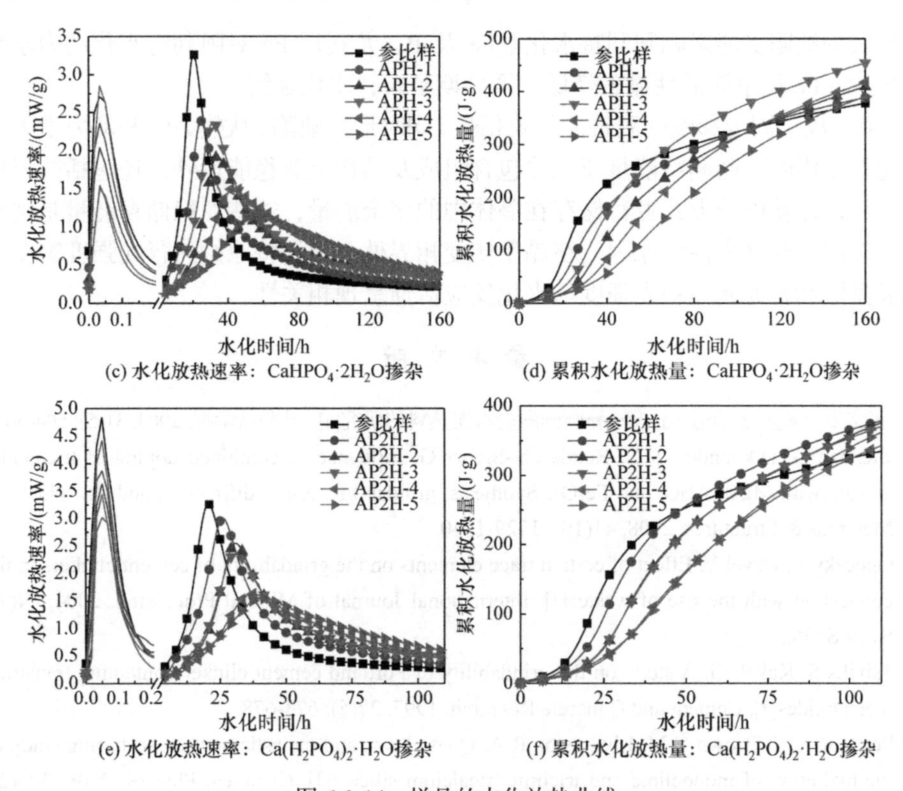

(c) 水化放热速率：$CaHPO_4 \cdot 2H_2O$掺杂　(d) 累积水化放热量：$CaHPO_4 \cdot 2H_2O$掺杂

(e) 水化放热速率：$Ca(H_2PO_4)_2 \cdot H_2O$掺杂　(f) 累积水化放热量：$Ca(H_2PO_4)_2 \cdot H_2O$掺杂

图 6-3-14　样品的水化放热曲线

6.4 本章小结

(1) 异价置换碱金属及 Al^{3+} 固溶并形成空位缺陷，显著提高 C_3S 早期水化反应活性。碱金属影响 C_3S 水化主要与 $V_O^{\cdot\cdot}$ 空位的大量形成有关。Al 对 C_3S 水化的影响显著受 V_{Ca}'' 空位作用，Al_2O_3 掺量为 0.2%时，约 4/5 取代 Ca，1/5 取代 Si，Al_2O_3 掺量为 0.5%时，对 Ca 位取代比增加，大量 V_{Ca}'' 空位缺陷形成，早期水化反应活性高，诱导期最短。

(2) 阴离子(团)掺杂对比，F 及 S 的掺杂对阿利特早期水化反应活性影响较大。与掺杂 F 和 S 的阿利特样品相比，掺杂 P 对阿利特水化动力学特征影响最大。掺杂 P 早期放热速率减慢，诱导期延长，主水化反应显著延迟，且主水化反应峰显著降低，但后期较其他样更能稳定增长，说明 P_2O_5 掺杂使阿利特水化延缓。三种不同磷酸钙盐掺杂对阿利特水化产生的影响存在差异。

(3) 多离子复合掺杂形成大量非本征缺陷，使阿利特早期水化反应活性较纯 C_3S 显著增高。缺陷类型比浓度对水化动力学过程的影响更为显著，与浅陷阱能级相关的缺陷更能影响阿利特水化。Fe 及 P，尤其是 Fe 对阿利特水化动力学影响最大，Fe 使早期活性显著降低，诱导期延长，水化延缓。

(4) 离子固溶影响阿利特能量亚稳性，同时形成缺陷，从热力学和动力学上对水化产生影响。阿利特能量亚稳除包含组成及结构上亚稳能量外，还包括高温速冷所致以俘获电子形式亚稳储存在晶体中的多余能量，这些亚稳储存能量是阿利特具有原始热释光性的原因。在晶型转变相界处，阿利特原始热释光强度突变，同晶型阿利特原始热释光强度与水化反应活性呈现相关性。

参考文献

[1] 张文生, 陈益民, 张洪滔, 等. 易磨硅酸盐水泥熟料的研究[J]. 硅酸盐学报, 2003, 31(5): 504-507.

[2] Stephan D, Dikoundou S N, Raudaschl-Sieber G. Influence of combined doping of tricalcium silicate with MgO, Al_2O_3 and Fe_2O_3: Synthesis, grindability, X-ray diffraction and ^{29}Si NMR[J]. Materials & Structures, 2008, 41(10): 1729-1740.

[3] Opoczky L, Gavel V. Effect of certain trace elements on the grindability of cement clinkers in the connection with the use of wastes[J]. International Journal of Mineral Processing, 2004, 74(7): S129-S136.

[4] Tsivilis S, Kakali G. A study on the grindability of Portland cement clinker containing transition metal oxides[J]. Cement and Concrete Research, 1997, 27(5): 673-678.

[5] Peterson V K, Brown C M, Livingston R A. Quasielastic and inelastic neutron scattering study of the hydration of monoclinic and triclinic tricalcium silicate[J]. Chemical Physics, 2006, 326(2): 381-389.

[6] Stephan D, Wistuba S. Crystal structure refinement and hydration behaviour of $3CaO{\cdot}SiO_2$ solid solutions with MgO, Al_2O_3 and Fe_2O_3[J]. Journal of the European Ceramic Society, 2006, 26(1): 141-148.

[7] Stephan D, Dikoundou S N, Raudaschl-Sieber G. Hydration characteristics and hydration products of tricalcium silicate doped with a combination of MgO, Al_2O_3 and Fe_2O_3[J]. Thermochimica Acta, 2008, 472(1-2): 64-73.

[8] Kolovos K G, Tsivilis S, Kakali G. Study of clinker dopped with P and S compounds[J]. Journal of Thermal Analysis & Calorimetry, 2004, 77(3): 759-766.

[9] 陈益民, 许仲梓. 高性能水泥制备和应用的科学基础[M]. 北京：化学工业出版社, 2008.

[10] Kacimi L, Simon A. Influence of NaF, KF and CaF addition on the clinker burning temperature and its properties[J]. Comptes Rendus Chimie, 2006, 9(1): 154-163.

[11] Emanuelson A, Landa-Cánovas A R, Hansen S. A comparative study of ordinary and mineralised Portland cement clinker from two different production units Part II: Characteristics of the calcium silicates[J]. Cement and Concrete Research, 2003, 33(10): 1623-1630.

[12] Katyal N K, Parkash R, Ahluwalia, et al. Influence of titania on the formation of tricalcium silicate[J]. Cement and Concrete Research, 1999, 29(3): 355-359.

[13] Katyal N K, Ahluwalia S C, Parkash R. Effect of TiO_2 on the hydration of tricalcium silicate[J]. Cement and Concrete Research, 1999, 29(11): 1851-1855.

[14] Odler I, Abdul-Maula S. Polymorphism and hydration of tricalcium silicate doped with ZnO[J]. Journal of the American Ceramic Society, 2010, 66(1): 1-4.

[15] Stephan D, Knöfel D, Härdtl R. Influence of heavy metals on the properties of cement and concrete-binding mechanisms and fixation[C]//11th International Congress on the Chemistry of Cement, Durban, 2003: 2178-2186.

[16] Opoczky L, Fodor M, Tam S D F, et al. Chemical and environmental aspects of heavy metals in cement in connection with the use of wastes[C]//11th International Congress on the Chemistry of Cement, Durban, 2003: 2156-2165.

[17] Omotoso O E, Ivey D G, Mikula R. Quantitative X-ray diffraction analysis of chromium(III) doped tricalcium silicate pastes[J]. Cement and Concrete Research, 1996, 26(9): 1369-1379.

[18] Ma X W, Chen H X, Wang P M. Effect of CuO on the formation of clinker minerals and the hydration properties[J]. Cement and Concrete Research, 2010, 40(12): 1681-1687.

[19] Chen H X, Ma X, Dai H J. Reuse of water purification sludge as raw material in cement production[J]. Cement and Concrete Composites, 2010, 32(6): 436-439.

[20] Trezza M A, Scian A N. Waste with chrome in the Portland cement clinker production[J]. Journal of Hazardous Materials, 2007, 147(1): 188-196.

[21] Omotoso O E, Ivey D G, Mikula R. Characterization of chromium doped tricalcium silicate using SEM/EDS, XRD and FTIR[J]. Journal of Hazardous Materials, 1995, 42(42): 87-102.

[22] Omotoso O E, Ivey D G, Mikula R. Hexavalent chromium in tricalcium silicate: Part I Quantitative X-ray diffraction analysis of crystalline hydration products[J]. Journal of Materials Science, 1998, 33(2): 507-513.

[23] Nocuń-Wczelik W, Nocuń M. Interaction of Pb with hydrating alite paste XPS studies of surface products[J]. Materials Science-Poland, 2009, 27(4): 933-945.

[24] Fierens P, Verhaegen J P. Energy storage and tricalcium silicate reactivity[J]. Cement and Concrete Research, 1975, 5(1): 89.

[25] Fierens P, Verhaegen J P. Structure and reactivity of chromium-doped tricalcium silicate[J]. Journal of the American Ceramic Society, 2010, 55(6): 309-312.

[26] Stewart H R, Bailey J E. Microstructural studies of the hydration products of three tricalcium silicate polymorphs[J]. Journal of Materials Science, 1983, 18(12): 3686-3694.

[27] Hiscock, Inck R, Kinsbourne M. Allocation of attention in dichotic listening: Differential effects on the detection and localization of signals[J]. Neuropsychology, 1999, 13(3): 404-414.

[28] 郭成洲, 朱教群, 周卫兵, 等. 磷、氟对硅酸三钙水化过程的影响[J]. 武汉理工大学学报, 2011, 4: 39-42.

[29] 孔祥明, 路振宝, 王栋民, 等. 磷酸及磷酸盐类化合物对水泥水化动力学的影响[J]. 硅酸盐学报, 2012, 40(11): 1553-1558.

第 7 章　热历史对阿利特结构及活性的影响

7.1　研究概况

C_3S 在 1250℃以下分解成 CaO 和 C_2S。固溶在 C_3S 的外来离子可以对 C_3S 的分解产生不同影响[1, 2]。Al_2O_3 对分解速率没有显著影响，Fe_2O_3 显著加速分解，Na_2O 轻微延缓分解，而 MgO 显著延缓分解。而当 MgO 和 Fe_2O_3 同时存在时，Fe_2O_3 的加速分解作用起主导作用。当 C_3S 中掺杂有饱和含量(1500℃)的 Fe_2O_3 或 Al_2O_3 时，比纯 C_3S 更快地分解，而 MgO 单独或与 Fe_2O_3 或 Al_2O_3 或两者复合掺杂时，对 C_3S 分解具有阻滞效应。

此外，高温时阿利特晶体结构中可以容纳更多的离子，因此温度对取代过程有决定性作用。不同温度影响离子固溶的同时，还影响阿利特晶体结构、缺陷、自身能量亚稳性、附加亚稳储存能量等，最终可从动力学和热力学上对阿利特水化过程产生影响。因此，本章在已有研究基础上，深入研究不同热历史，包括不同温度热处理和不同冷却制度等作用下阿利特组成、结构与性能的关系。

7.2　高于 1250℃热处理

急冷制备的纯 C_3S 和阿利特处于热力学不稳定状态，对经过 1600℃高温煅烧制备样品进一步在 1250℃以上不同温度热处理，不但会影响阿利特亚稳态，还会消除晶体内部的不平衡应力，使晶体进一步完整，减少缺陷等。此外，1250℃以上不同温度热处理 0.5h，也有利于模拟实际生产中阿利特的形成温度，进一步理解热历史对纯 C_3S 及阿利特的影响。

按照 1.4 节实验方法，经过 1600℃高温反复煅烧制备纯 C_3S，其游离氧化钙含量为 0.21%，标记为样品 A0。同样制备了具有 Taylor 典型阿利特组成的阿利特单矿，标记为 B0。分别将纯 C_3S 和阿利特样品在 1250℃、1300℃、1350℃、1400℃、1450℃及 1500℃下热处理 0.5h 后电风扇速冷，对应纯 C_3S 相应标记为 A1、A2、A3、A4、A5 及 A6，阿利特样品标记为 B1、B2、B3、B4、B5 及 B6。

7.2.1　热处理对阿利特晶体结构的影响

图 7-2-1 为高于 1250℃热处理样品的 XRD 图谱。由图可以看出，纯 C_3S 均在

32°～33°处有四个分叉的小峰，在 29°～30°处及 51°～52°处均有三个独立的小峰，表明样品均为 T1 晶型。这说明不同温度热处理并未影响纯 C_3S 晶型，但热处理后样品的衍射峰位发生了明显偏移。A1 及 A2 在 32°～33°范围内的衍射主峰发生了明显的右偏移，达到 1350℃热处理时，A3 开始左偏移。这表明经过不同温度热处理后，纯 C_3S 晶面间距发生了一定变化，即晶胞参数发生了一定的改变。B 组阿利特样品均在 32°～33°处有一个独立峰和一个带有明显分叉肩峰的峰，在 29°～30°处为带有弱分叉肩峰的峰，51°～52°处为两个分叉小峰，表现出显著的 M3 晶型特征。对比热处理前后样品峰形可以发现，热处理后 29°～30°处以及 51°～52°处两个小峰分开得不明显，且热处理温度越高，分叉越不明显，即 $(\bar{2}04)$ 和 (024) 晶面衍射峰呈现越明显的简并趋势。这可能对应 M3 晶相向 R 晶相连续性渐变相转变过程。此外，样品 B1、B2 的衍射峰位同样发生明显的右偏移，达到 1350℃热处理时，B3 开始左偏移。综上可知，纯 C_3S 和阿利特两组成分不同的样品在 1250℃、1300℃及 1350℃热处理时，均使其晶胞参数发生较大改变。这说明在此三个温度范围热处理样品晶体结构变化较大，这可能与此温度接近阿利特分解温度，纯 C_3S 和阿利特晶格价键更加活跃有关。

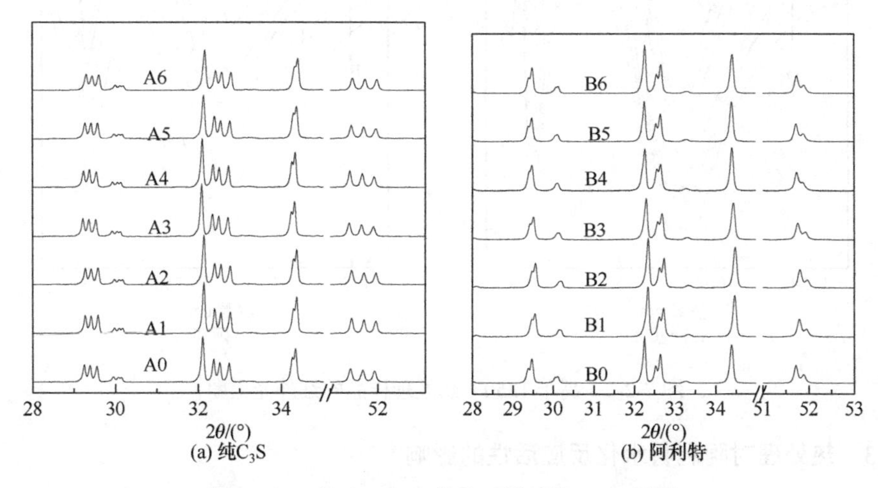

图 7-2-1　高于 1250℃热处理样品的 XRD 图谱

7.2.2　热处理对阿利特近程结构的影响

图 7-2-2 为高于 1250℃热处理样品的红外光谱图。由图 7-2-2(a)给出的热处理后纯 C_3S 的红外光谱图可见，不同温度热处理后纯 C_3S 的红外光谱图基本一致。其中 883cm^{-1}、906cm^{-1} 和 938cm^{-1} 左右较宽大的吸收峰为非对称伸缩振动产生的 ν3，812cm^{-1} 处为对称伸缩振动峰，524cm^{-1} 左右的吸收峰为面外弯曲振动产生的，464cm^{-1} 的吸收峰为面内弯曲振动产生的，与前述对 T1 晶型纯 C_3S 的红外光谱测

试结果相吻合。这再次表明不同温度热处理并未引起纯 C_3S 红外特征的改变，与 XRD 测试结果所得各样品均为 T1 晶型晶体结构相一致。结合 XRD 结果，衍射峰位漂移所表明的晶格扭曲畸变并未对晶体中原子配位价键状态产生影响，因此在红外光谱中无明显结构差异体现。

图 7-2-2(b)给出了热处理后阿利特红外光谱图。由图可见，不同温度热处理阿利特红外光谱图基本一致，并与前述章节 M3 晶型阿利特红外光谱图一致。其中 892cm^{-1} 和 925cm^{-1} 左右较宽大的吸收峰为非对称伸缩振动产生的ν3，527cm^{-1} 左右的吸收峰为面外弯曲振动产生的ν2，461cm^{-1} 的吸收峰为面内弯曲振动所产生的ν4。结合 XRD 结果可知，衍射峰位的漂移所表明的晶胞参数变化并未对阿利特晶体中原子配位价键状态产生影响，因此在红外光谱中无明显的结构差异。

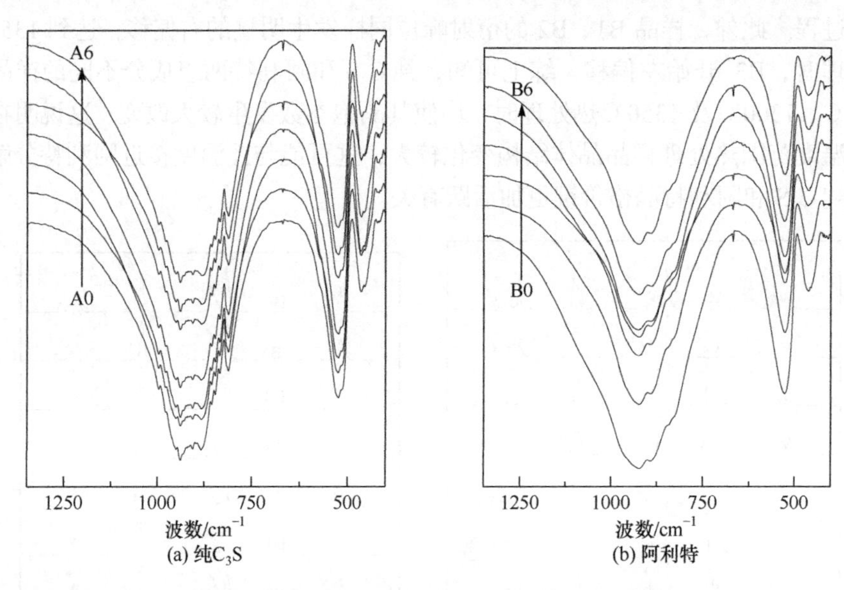

图 7-2-2　高于 1250℃热处理样品的红外光谱图

7.2.3　热处理对阿利特水化反应活性的影响

图 7-2-3 为高于 1250℃热处理样品的水化放热曲线。由图 7-2-3(a)可以看出，纯 C_3S 样品经热处理后早期水化反应放热峰显著延迟并降低，表明热处理使 C_3S 早期水化反应活性显著降低。这是由于不同温度热处理使晶体因急冷所致的不平衡应力及表面缺陷等减少，并减少了水化反应起始的活性反应点数目，从而使其早期活性降低。但热处理后样品的主水化反应放热峰均高于参比样 A0，其中 1350℃热处理的 A3 样品水化反应放热最为剧烈。图 7-2-4 为高于 1250℃热处理样品的累积水化放热图。由图 7-2-4(a)可知，A0 样品最低，不同温度热处理均使

C_3S 3d 水化反应活性提高，尤其 A3 样品 3d 水化反应活性最高。这说明 1250℃以上不同温度热处理，均能提高 C_3S 的水化反应活性。

由图 7-2-3(b)可以看出，与纯 C_3S 相比，B 组阿利特样品的水化动力学特征显著不同。阿利特水化反应加速期反应速率较低，主水化反应放热峰均低于参比样，放热缓慢。但与阿利特参比样 B0 相比，热处理后阿利特样品主水化反应峰增强，验证了热处理后有利于主水化反应。这可能是由于热处理使得晶体内部晶格扭曲程度减小，有利于化学传质过程。此外，B 组阿利特早期水化放热峰均提前且增高，其中 B1、B2、B3 样早期水化反应活性显著提高，且出现了早期水化反应双峰。这可能与这三个样品的热处理温度靠近阿利特分解温度有关。结合图 7-2-4(b)给出的阿利特样品累积水化放热量可知，B3 样品水化反应活性最高，B0 水化反应活性最低，表明热处理可以使阿利特的水化反应活性提高。综上可知，不同温度热处理可以提高纯 C_3S 和阿利特单矿水化反应活性。

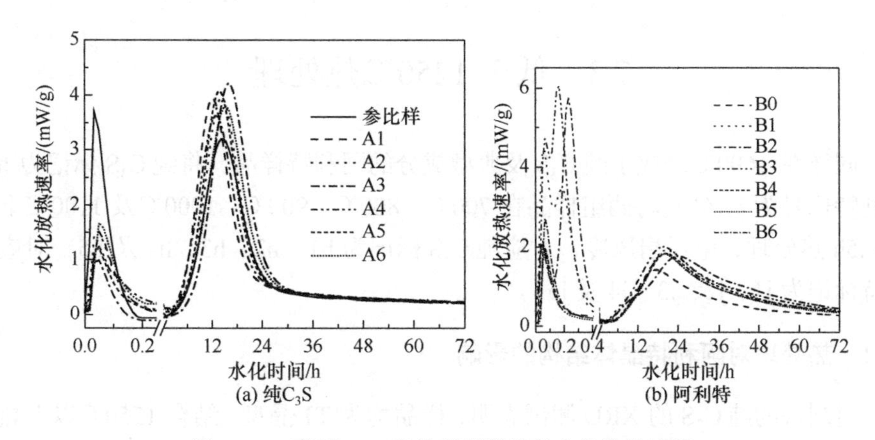

图 7-2-3　高于 1250℃热处理样品的水化放热速率

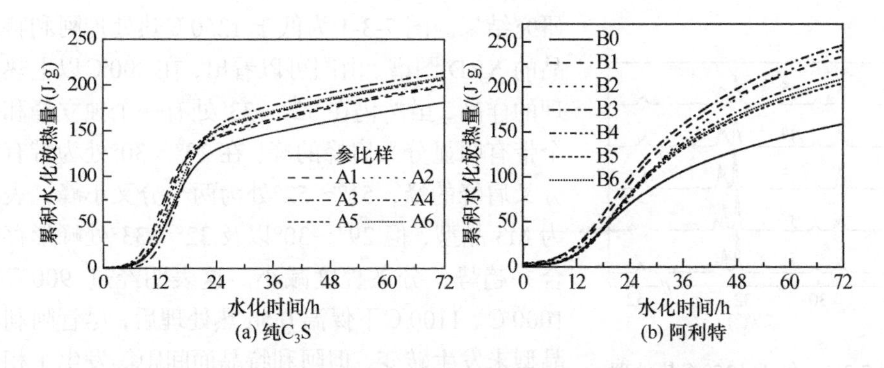

图 7-2-4　高于 1250℃热处理样品的累积水化放热曲线

对比 A、B 两组样品水化反应放热特征，纯 C_3S 及阿利特样品均在 1350℃热处理后水化反应活性最高。这是因为1350℃比较靠近C_3S的分解温度，晶格价键比较活跃，且1350℃稍高于分解温度，使得活性价键的数量增加，能量升高，在此温度速冷时晶体内发生严重晶格畸变，样品处于高亚稳状态，而体现出高的水化反应活性。此外，在1250℃及1300℃靠近C_3S的分解温度时，热处理的B组样品活性也较B组其他高温热处理样品活性高，但纯C_3S在1250℃和1300℃热处理后水化反应活性相对低。这可能主要由于纯C_3S形成温度较高，在1250℃及1300℃温度热处理时，纯C_3S存在轻微分解或停止进一步烧结，这也与游离氧化钙测试结果一致。此外，参比样在冷却过程中原子位移容易，晶格中由急冷造成的扭曲畸变更易调整，达到较低的能量状态。反之，B组阿利特样品各种杂质离子的存在，可促进扩散传质，或提供液相，或形成温度降低，反而能在这些温度热处理时进一步烧成，而在冷却过程中由于杂质离子的存在阻碍原子位移的调整，畸变程度相对更大，急冷后保持了高的能量亚稳状态。

7.3　低于1250℃热处理

同样在1600℃烧成了纯C_3S及典型成分的阿利特样品，将纯C_3S标记为h，阿利特标号为j。分别将两组样品在700℃、800℃、900℃、1000℃及1100℃下保温0.5h热处理，电风扇风冷，对应纯C_3S标记为h1、h2、h3、h4及h5，对应阿利特标记为j1、j2、j3、j4及j5。

7.3.1　热处理对阿利特晶体结构的影响

对制备的纯C_3S的XRD测试表明，样品均为T1晶型。结合1250℃以上热处理纯C_3S的XRD结果可知，不同温度热处理并不影响纯C_3S晶型。这符合已有的研究结果。图7-3-1为低于1250℃热处理阿利特样品的XRD图谱。由图可以看出，在900℃以上热处理的样品，虽然仍在32°～33°处有一个独立峰和一个带有明显分叉肩峰的峰，在29°～30°处为带有弱分叉肩峰的峰，51°～52°处为两个分叉小峰，表现为M3晶型，但29°～30°以及32°～33°处峰形存在合并趋势，分叉程度减小。这表明经过900℃、1000℃、1100℃下保温0.5h热处理后，尽管阿利特晶型未发生转变，但阿利特晶面间距等发生了相对显著的变化。此外，经过700℃和800℃热处理的阿利特衍射峰形发生显著变化，表现为T3晶型特

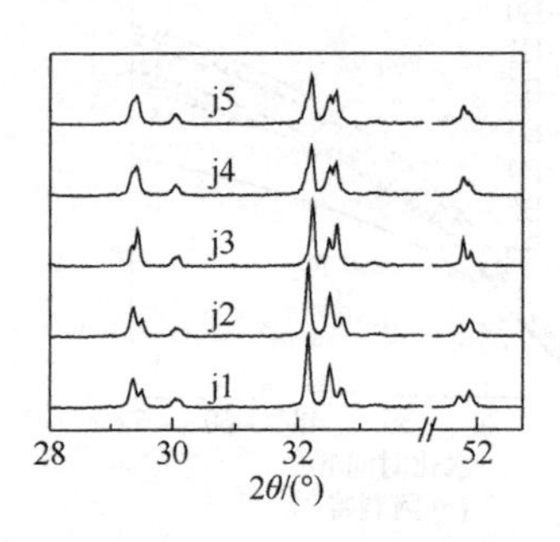

图7-3-1　低于1250℃热处理阿利特样品的XRD图谱

征。这表明经过 700℃和 800℃热处理阿利特晶型转变为 T3 晶型，这与前述采用热分析测试表明的 M3 晶型阿利特在 600℃附近亚稳的研究结果相一致，只有当温度继续升高至 850℃附近三斜才能再次转变为单斜晶型阿利特。

7.3.2　热处理对阿利特近程结构的影响

图 7-3-2 为低于 1250℃热处理样品的红外光谱图。由图 7-3-2(a)可以看出，不同温度热处理纯 C_3S 的红外光谱图基本一致，且均与前述章节中的 T1 晶型红外光谱图一致，也与 XRD 测试结果吻合。这表明不同热历史作用并未改变纯 C_3S 的晶型。由图 7-3-2(b)可见，不同温度热处理阿利特的红外光谱图存在微小的变化。随着热处理温度的升高，阿利特稳定晶型由三斜转变为单斜，892cm^{-1} 和 925cm^{-1} 左右的较宽大非对称伸缩振动吸收峰ν3 窄化，与前述章节对不同晶型阿利特红外光谱研究结果一致。

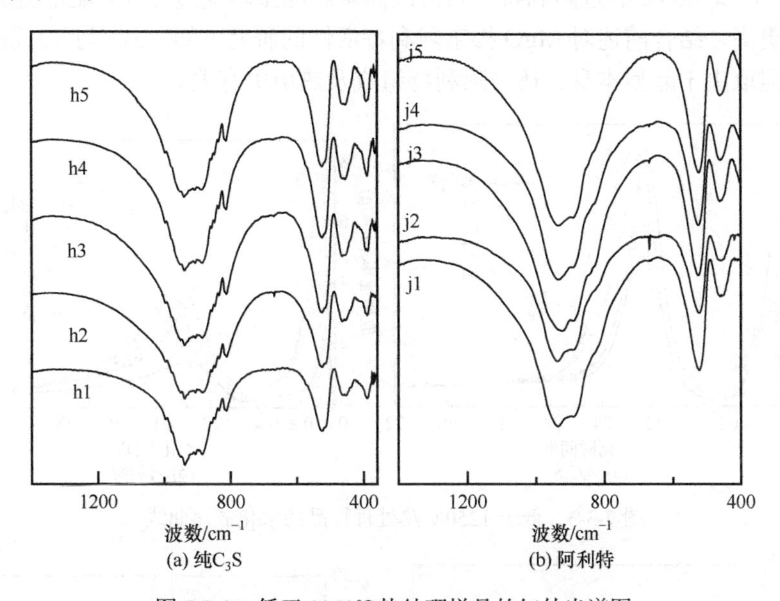

图 7-3-2　低于 1250℃热处理样品的红外光谱图

7.3.3　热处理对阿利特水化反应活性的影响

图 7-3-3 低于 1250℃热处理样品的水化放热曲线。由图 7-3-3(a)可以看出，与 1250℃以上热处理纯 C_3S 相同，1250℃以下热处理纯 C_3S 早期水化反应放热峰均显著降低，这与晶体中缺陷浓度的减小有关。但主水化反应放热峰却显著提高。由图 7-3-3(b)给出的阿利特样品的水化放热曲线可以看出，热处理可以显著提高阿利特早期水化反应活性。随着热处理温度的升高，阿利特样品的早期水化反应活性逐渐提高。在 1100℃热处理的 j5 阿利特具有最高的早期活性，这可能由于随

着温度升高接近阿利特分解温度。此外，与参比样相比，所有阿利特样品的主水化反应显著强烈，这与阿利特中多种离子的固溶所致缺陷有关，将在后续热释光测试结果部分详细论述。

图 7-3-4 为低于 1250℃样品的累积水化放热曲线。由图可知，不同温度热处理极大地影响了晶体的亚稳能量，使得不同温度热处理样品活性存在较大差异。纯 C_3S 在 1000℃及 1100℃相对高温热处理后活性最高；对阿利特样品而言，不考虑阿利特的两个三斜晶型时，在 1000℃热处理阿利特活性最高，可见，纯 C_3S 及阿利特均在接近阿利特热分解温度附近热处理水化反应活性最高。这再次表明，接近阿利特分解温度热处理可以使纯 C_3S 和阿利特晶格活化，活性提高。j1 及 j2 主要由 T3 晶型组成，活性较其他 M3 晶型高，尤其在 800℃热处理时阿利特活性最高。根据前述研究结果，T3 晶型继续升温至 850℃附近将发生向单斜晶型的再次转变，因此 800℃靠近阿利特三斜再次向单斜晶型转变边界处，能量更加亚稳，其活性更高。结合前述对 MgO 掺杂阿利特活性的研究可知，M3 与 T3 晶型活性差异不但取决于晶型本身，还与阿利特组成及热历史有关。

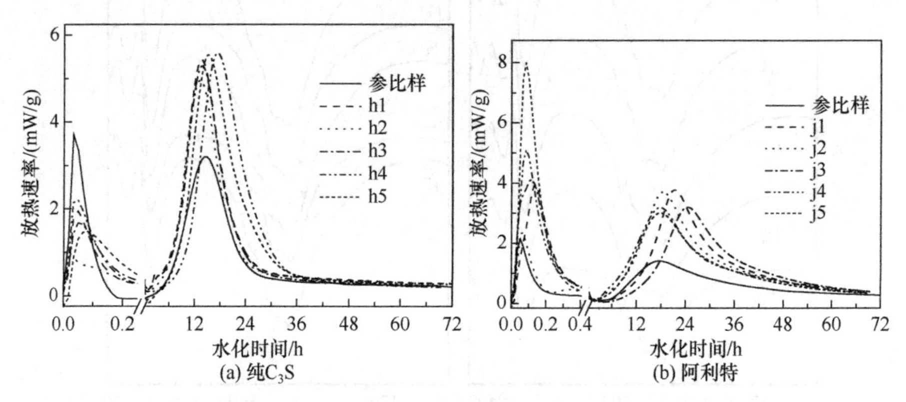

图 7-3-3　低于 1250℃热处理样品的水化放热曲线

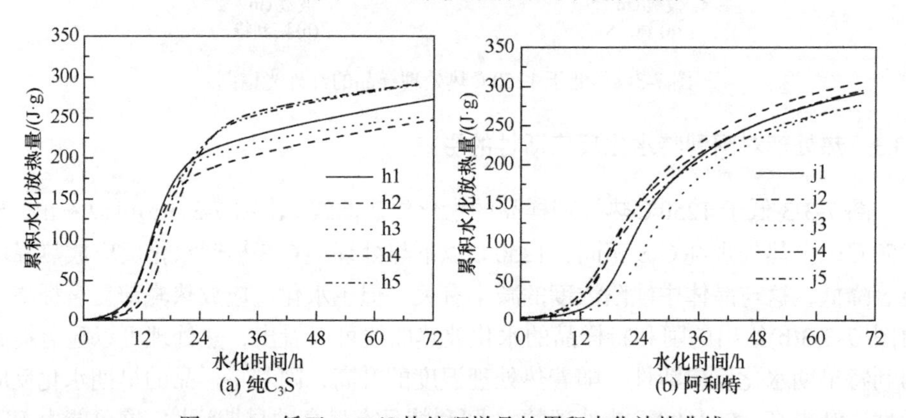

图 7-3-4　低于 1250℃热处理样品的累积水化放热曲线

7.3.4 热处理阿利特热释光性及与活性关系

不同温度热处理样品经 ^{90}Sr β 辐射前后的热释光曲线如图 7-3-5 所示。由图 7-3-5(a)可知，未辐射前所有样品均在深陷阱(对应高温)410℃附近存在热释光峰，与前述研究结果一致。样品在高温速冷过程中多余的能量以俘获电子的形式储存在晶体中，是阿利特热释光性导致的。显然，不同煅烧及冷却制度将直接对阿利特原始热释光性产生影响，表明不同热历史过程显著影响晶体中亚稳化学能的储存。尤其纯 C_3S 在稍高于分解温度的 1300℃和 1350℃保温热处理后，410℃附近的热释光峰最强，且在 1350℃热处理的 A3 样品在 200℃附近的浅陷阱区存在显著的热释光峰。此外，在 1350℃热处理的 B3 较其他阿利特样品在 410℃附近的热释光峰更强，且其热释光峰起始于 200℃的更低温陷阱区。综上可见，1350℃温度特殊，经 1350℃再速冷所得纯 C_3S 或阿利特，均具有较高的深陷阱热释光峰和浅陷阱热释光峰。根据原始热释光强度，经 1350℃热处理后，纯 C_3S 及阿利特晶体中储存了更多附加的亚稳能量，且此温度下晶体中储存能量范围更广，具有较高的深陷阱能量，尤其在浅陷阱区，储存了部分更加亚稳的能量。由图 7-3-5(b)给出的 ^{90}Sr β 辐射后样品的热释光性。可以看出，1350℃热处理的纯 C_3S 及阿利特(即样品 A3 及 B3)均在 140℃附近出现新的较强的浅陷阱热释光峰。表明这两个样品具有更多与 TL(140)相应的陷阱缺陷中心或发光缺陷中心。

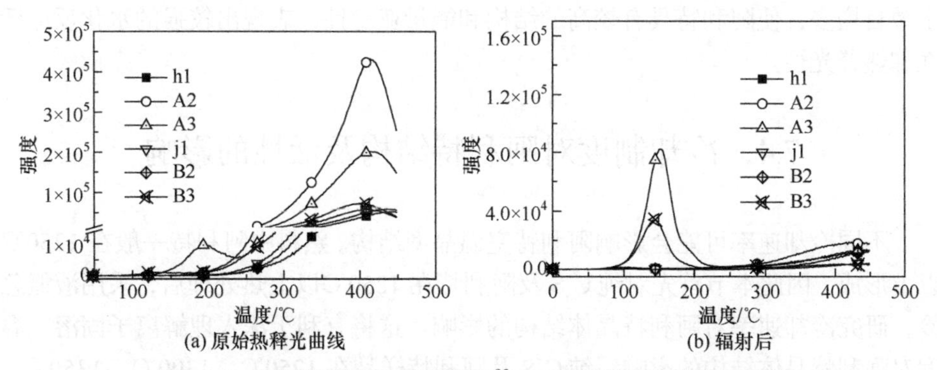

图 7-3-5　不同温度热处理样品经 ^{90}Sr β 辐射前后的热释光曲线

结合不同温度热处理的纯 C_3S 及阿利特样品的水化反应活性测试结果可知，原始热释光强度与水化反应活性仍然呈现较好的相关性。经 1350℃热处理纯 C_3S 及阿利特均具有较高的活性。相对于 A2，A3 较高的活性与其储存亚稳能量尤其是更多的低温储存能量有关。这是由于原始热释光表征的浅陷阱(低温区)能量更加亚稳，对阿利特活性影响更大，因此其活性更高。值得注意的是，尽管 A3 中存在与 TL(140)对应的大量缺陷，热处理均使纯 C_3S 早期活性显著降低。这是由于不同温度热处理使晶体因急冷所致不平衡应力及表面缺陷等减少，而 TL(140)对应缺陷位于晶体内部格点处，对早期水化反应活性影响较小，因此所有热处理后纯 C_3S 的早期活性均显著降低。但随着反应进行，这些处于晶体内部的缺陷开始发挥作用，A3 样品的主水化反应峰显著高于其他样品。同理，与其他阿利特样品相比，1350℃热处理阿利特 B3 因具有更亚稳的能量而具有较高活性。但与纯 C_3S 不同，由于阿利特中存在多种杂质离子的固溶，其经不同温度热处理后早期水化反应活性均显著增加，尤其是 B3，早期活性显著提高。这可能由于当阿利特在低于烧成温度的低温保温热处理时，低温结构容纳杂质含量减少，部分固溶组分析离，造成晶体表面形成更多的缺陷，使阿利特水化反应活性点数目增加。

1350℃热处理纯 C_3S 及阿利特具有高活性及高能量亚稳性，与 1350℃可能对应阿利特塔曼温度且接近分解温度有关。不同物质的塔曼温度与其熔点 T_m 之间存在一定的关系，一般盐类和硅酸盐塔曼温度分别为 $0.57T_m$ 和$(0.8\sim0.9)T_m$。纯 C_3S 的熔融温度约为 2065℃，1350℃约为 $0.65T_m$，与其理论值范围较为接近。同时，阿利特结构中八面体空隙等的存在，利于高温扩散；其次，1350℃接近阿利特分解温度但又稍高于该温度，因此当阿利特在 1350℃附近时，晶格价键活跃，离子在平衡位置附近的振幅较大，离开平衡位置，发生位移，这与液氮急冷该温度热处理阿利特样品的 XRD 衍射峰形及峰位的变化相吻合。因此，1350℃阿利特晶格价键活跃，离子离开平衡位置，空位等缺陷大量形成并显著扩散，捕获电子数目增多，使阿利特具有较高的结构和能量亚稳性，表现出较强的水化反应活性和热释光性。

7.4　冷却制度对阿利特结构及活性的影响

不同冷却速率可能会影响阿利特室温晶型结构。熟料中阿利特一般在 1250℃以上形成，因此本节首先对纯 C_3S 及阿利特在 1250℃以上热处理后，采用液氮急冷，研究冷却速率对阿利特晶体结构的影响。这将有利于深入理解离子固溶、温度对阿利特晶体结构的影响。纯 C_3S 及阿利特样品在 1250℃、1300℃、1350℃、1400℃、1450℃及 1500℃下热处理 0.5h 后液氮速冷，纯 C_3S 标号依次为 a1、a2、a3、a4、a5 及 a6，阿利特样品标记为 b1、b2、b3、b4、b5 及 b6，不做处理的参比样分别标号为 a0 和 b0。

此外，按照典型阿利特的组成，在 1600℃下高温煅烧制备阿利特，分别将样品随炉冷却至 1250℃、1300℃、1350℃、1400℃、1450℃及 1500℃再电风扇速冷。对应样品依次标记为 DB1、DB2、DB3、DB4、DB5 及 DB6。

7.4.1　冷却制度对阿利特晶体结构的影响

图 7-4-1(a)为不同温度热处理后液氮急冷纯 C_3S 的 XRD 图谱。由图可以看出，纯 C_3S 均在 32°～33°处有四个分叉的小峰，在 29°～30°处及 51°～52°处均有三个独立的小峰，表明样品均为 T1 晶型。这说明即使急冷也无法将纯 C_3S 高温晶型稳定至室温，与已有研究表明的纯 C_3S 只能以 T1 晶型在室温下存在相吻合。图 7-4-1(b)为液氮急冷阿利特 XRD 图谱，1300℃及以上热处理样品表现出典型的 M3 晶型特征。当把不同晶型的平均胞选取为大小与 R 晶胞一样的伪 R 晶胞时，R 向 M3 晶型的转变可通过原子位移使对称性降低，衍射峰分裂。由图可以看出，这些热处理后的 M3 晶型的 $(\bar{2}04)$ 和 $(2\bar{2}4)$ 晶面衍射峰呈现出简并趋势，接近 R 晶型衍射峰特征。冷却速率增大，使得阿利特更多地保持了高温结构特征，尤其是在 1300℃和 1350℃相对低温热处理时，冷却梯度更大，$(\bar{2}04)$ 和 $(2\bar{2}4)$ 晶面衍射峰分开最晚。经 1250℃热处理阿利特表现出 M1 和 T3 晶型的混晶特征，这与其特有的温度梯度有关；另外，1250℃晶格价键活跃，冷却过程中更易于发生晶相转变。液氮急冷使得不同温度热处理的阿利特结构发生了较为显著的变化，表明阿利特晶型转变发生在冷却过程中。综上所述，阿利特晶型除受固溶离子种类和含量影响外，还与冷却速率直接相关。

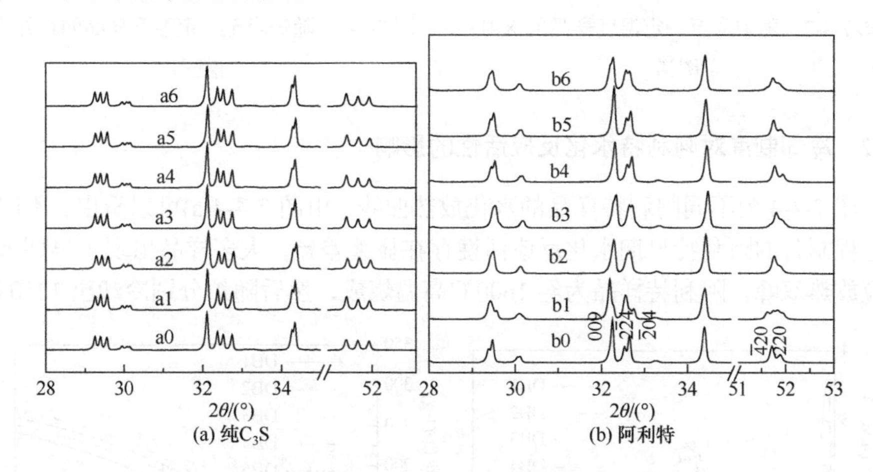

图 7-4-1　不同温度热处理后液氮急冷样品的 XRD 图谱

图 7-4-2 为随炉降至一定温度后冷却阿利特样品的 XRD 图谱。由图可以看出，所有阿利特样品均在 32°～33°处有一个独立峰和一个带有明显分叉肩峰的峰，在 29°～30°处为带有弱分叉肩峰的峰，51°～52°处为两个分叉小峰，表现出显著的 M3 晶型特征。这表明将不同样品随炉降温至 1250℃、1300℃、1350℃、1400℃、1450℃及 1500℃，再对样品速冷，并不影响阿利特结构对称性。结合前述不同热

处理对阿利特晶体结构的影响可知，阿利特晶型转变过程发生在1250℃以下，与冷却速率直接相关。

图 7-4-3 为样品的红外光谱图。由图可知，不同冷却制度下阿利特的红外光谱图基本相同，与 XRD 得到的样品均为 M3 晶型相吻合。这也说明不同冷却制度对阿利特近程原子配位价键状态影响较小，与前述表明的阿利特红外振动特征主要取决于晶体结构对称性的结果相一致。

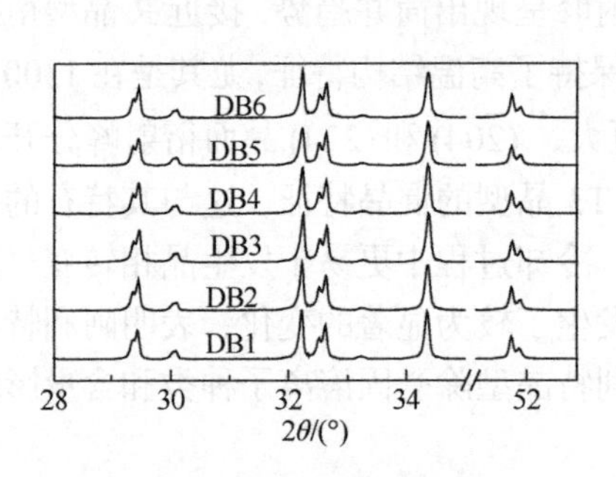

图 7-4-2 随炉降至一定温度样品的 XRD 图谱

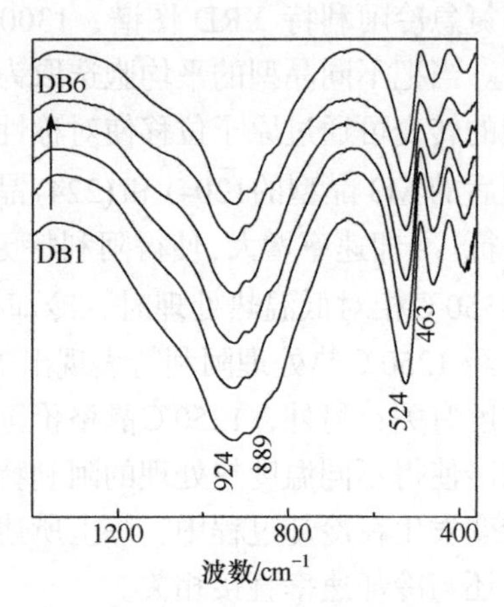

图 7-4-3 随炉降至一定温度样品的红外光谱图

7.4.2 冷却制度对阿利特水化反应活性的影响

图 7-4-4 为不同阿利特样品的水化放热曲线。由图 7-4-4(a)可以看出，不同冷却过程制备的阿利特早期水化反应活性存在显著差异，大多样品出现了早期水化反应放热双峰。阿利特样品为经 1600℃高温烧成，然后随炉分别冷却至 1250℃、

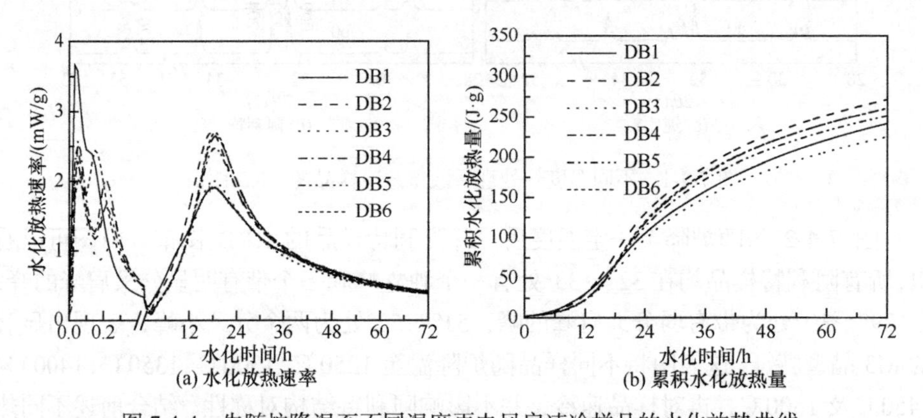

图 7-4-4 先随炉降温至不同温度再电风扇速冷样品的水化放热曲线

1300℃、1350℃、1400℃、1450℃及 1500℃再用电风扇速冷而得。显然，阿利特样品在随炉体降温的缓慢冷却过程中，晶体中某些固溶组分会发生脱溶。因此，早期水化反应双峰可能与冷却过程中固溶组分的析离有关。根据图 7-4-4(b)给出的样品累积水化放热图可知，样品 DB2 活性最高，这再次验证了阿利特在稍高于分解温度 1350℃附近煅烧再速冷的活性最高。

7.5　低温下煅烧 MgO 对阿利特结构及活性的影响

高温时阿利特晶体结构中可以容纳更多离子，温度对取代过程有决定性作用。不同温度影响离子固溶的同时，还影响了阿利特晶体结构、缺陷、自身能量亚稳性、附加亚稳储存能量等，最终可从动力学和热力学上对阿利特水化过程产生影响。鉴于 MgO 对阿利特结构及性能影响的重要性，同样按照前述样品制备方法，研究低温下煅烧，MgO 对阿利特结构及活性的影响。依据 Taylor 得出的水泥熟料中典型阿利特的组成配料，其中调整 MgO 质量分数为 0%、0.25%、0.5%、0.75%、1.0%、1.25%、1.5%、1.75%和 2%，样品依次编号为 X0、X1、X2、X3、X4、X5、X6、X7 和 X8，制备不同 MgO 掺量的阿利特。采用勃氏法控制样品比表面积，比表面积变化在(350±40)m^2/kg。与 1600℃合成阿利特相比，1450℃烧成样品的易磨性降低。

7.5.1　MgO 对阿利特显微结构的影响

对 1450℃下煅烧 6h 后烧结的样品片，首先用水浸蚀后在反光显微镜下观察。显微镜下仍能观察到彩色游离氧化钙的存在，与化学滴定的游离氧化钙结果一致。这表明 1450℃的烧成效果低于 1600℃。但与纯 C_3S 的烧成过程相比，多种离子的复合作用能显著促进阿利特烧成。为了更好地观察阿利特形貌特征，进一步将样品用 1%硝酸酒精浸蚀后在反光显微镜下观察。图 7-5-1(a)及(b)分别为样品 X0 及 X5 经侵蚀后的反光显微镜图片。由图可见，阿利特形状不完整，互相连生，阿利

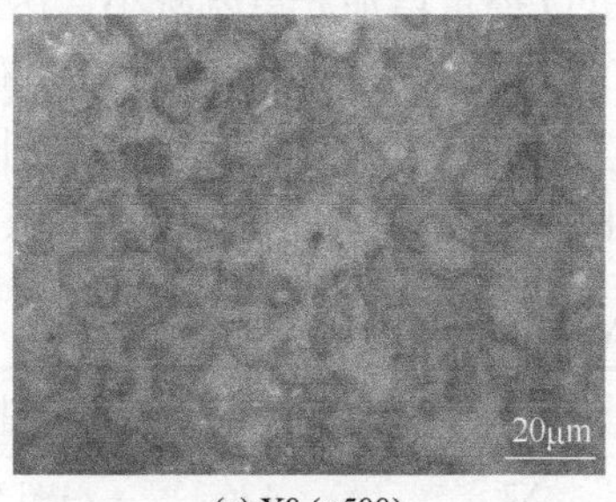

(a) X0 (×500)

(b) X5 (×500)

图 7-5-1　不同 MgO 掺量阿利特的反光显微镜图片

特晶粒尺寸不到 20μm，小于 1600℃下烧成的同组分阿利特。这是由于煅烧合成过程基本是纯固相反应烧成，且在 1450℃相对较低的温度下，阿利特晶体的生长更加缓慢。对比图 7-5-1(a)及(b)可以看出，MgO 掺杂可促进阿利特长大。

7.5.2　MgO 对阿利特晶体结构的影响

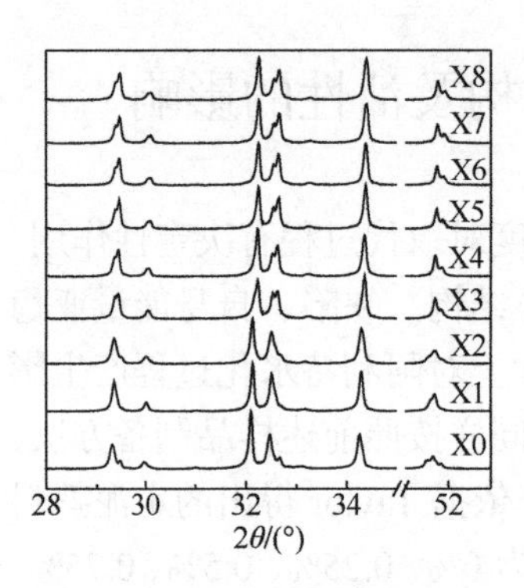

图 7-5-2　不同 MgO 掺量阿利特样品的 XRD 图谱

图 7-5-2 为不同 MgO 掺量阿利特样品的 XRD 图谱。由于烧成温度较低，样品衍射峰普遍钝化，结晶度有所降低，与反光显微镜及游离氧化钙相应分析结果吻合。不含 MgO 的 X0 样品在 32°～33°处有三个分叉的小峰，29°～30°处为两个独立小峰，在 51°～52°处也有三个不明显的小峰，可知 X0 主要由 T3 晶型组成。随着少量 MgO 的掺杂，X1 开始呈现出 M1 晶型的特征，当 MgO 掺量达到 0.75%时，X3 呈现出以 M3 晶型为主的特征。

以 Golovastikov 三斜 T1、de Noirfontaine 单斜 M1 及 Nishi 单斜 M3 结构数据为初始结构，采用 Rietveld 全谱拟合结构精修，对以上 XRD 实验数据结果进一步进行精细的结构演变分析。但由于不同晶型结构极其接近，尤其 T3 和 M1 晶型结构较为接近，对于 X1 及 X2 均可用三斜 T1 和单斜 M1 结构模型精修。显然在低于 1%掺量时，样品的晶相组成均为三斜和单斜的混晶。忽略结构模型相对于实际结构的偏差，在误差允许范围内，对样品的晶相组成进行定量分析。表 7-5-1 给出了所有样品的晶相组成及精修后的 R_{wp} 值。由表可知，精修的拟合精度较高。不同掺量 MgO 对 M3 晶型阿利特晶胞参数的影响见图 7-5-3。由图可以看出，在 M3 晶型中，随着 MgO 固溶量的增加，阿利特晶体的 *a*、*b* 及 *c* 线性减小，符合 Vegard 定律。此外还可以看出 M3 晶型晶胞参数均减小，晶格发生收缩，表明 Mg 固溶进入晶格取代 Ca 位，由于 Mg^{2+}的半径小于Ca^{2+}，因此 M3 晶型晶胞参数随 MgO 掺量正比减小。而 β 角随 MgO 掺量增加先急剧减小，达到 0.75%掺量后基本不发生改变。这些规律均与 1600℃制备的掺杂 MgO 阿利特的研究结果相一致。仅掺杂 0.5%MgO 的 X2 晶型阿利特组成与 1600℃烧成阿利特不同。这可能由于在相对低温煅烧时，离子的固溶量相对减少，并不能使 M3 晶型稳定。

表 7-5-1　样品精修 R_{wp} 值及晶相组成

编号	R_{wp}	晶相组成	编号	R_{wp}	晶相组成
X0	7.02	83%T3+17%M1	X2	4.26	84%T3+16%M1
X1	4.69	79%T3+21%M1	X3	4.81	42%T3+58%M3

续表

编号	R_{wp}	晶相组成	编号	R_{wp}	晶相组成
X4	3.97	M3	X7	3.78	M3
X5	3.88	M3	X8	3.63	M3
X6	3.65	M3			

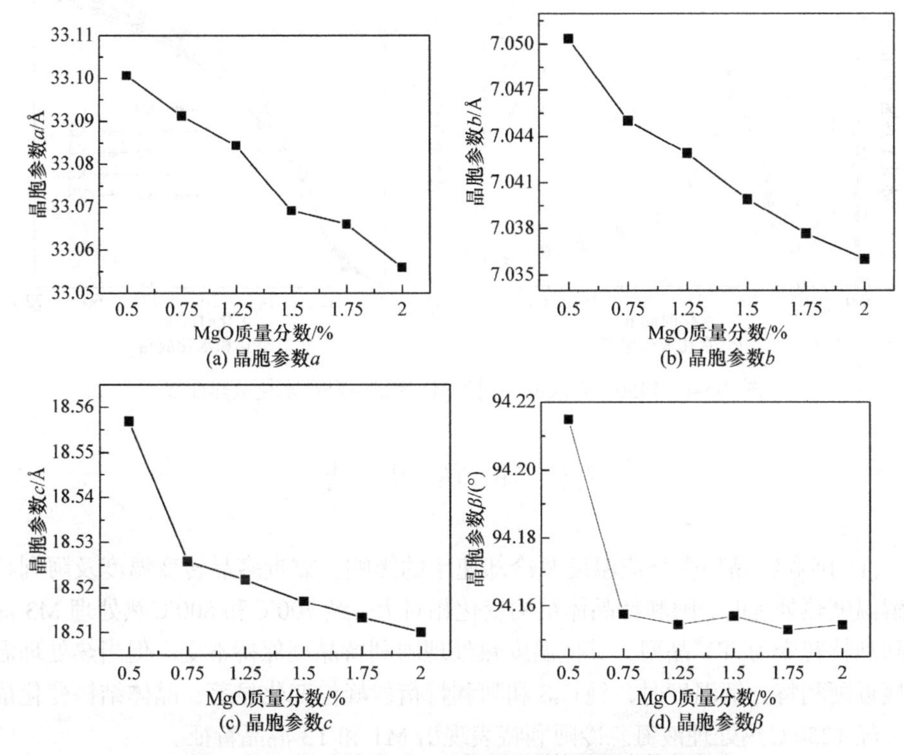

图 7-5-3　MgO 掺杂对 M3 晶型阿利特晶胞参数的影响

7.5.3　MgO 对阿利特水化反应活性的影响

图 7-5-4 为 1450℃合成的不同 MgO 掺量阿利特的水化放热曲线。由图可以看出，MgO 掺杂后显著提高了阿利特早期水化反应活性。其中，X3 及 X7 早期水化反应放热峰最高，而不含 MgO 的 X0 阿利特早期水化反应峰最低。这可能是由于不含 Mg 阿利特样品烧成最差，阿利特含量低，与该样品中最高的游离氧化钙含量测试结果相吻合。所有样品 3d 内总的反应活性大小关系为 X7 > X5 > X3 > X2 > X8 > X0 > X4 > X6 > X1。结合 Rietveld 晶相组成定量分析结果，M3 晶型阿利特活性具有高于 T3 晶型的特征，该现象与 1600℃下合成阿利特的研究结果相一致。

此外，无论 1450℃还是 1600℃烧成，当 MgO 掺量为 1.75%时，M3 晶型阿利特活性均最高，但 MgO 在其他掺量时，阿利特活性相对大小关系存在一定变化。这主要由于不同温度煅烧直接影响了阿利特烧成、晶体的生长和离子固溶等，进而直接影响阿利特的亚稳性，使得阿利特水化反应活性等存在一定差异。

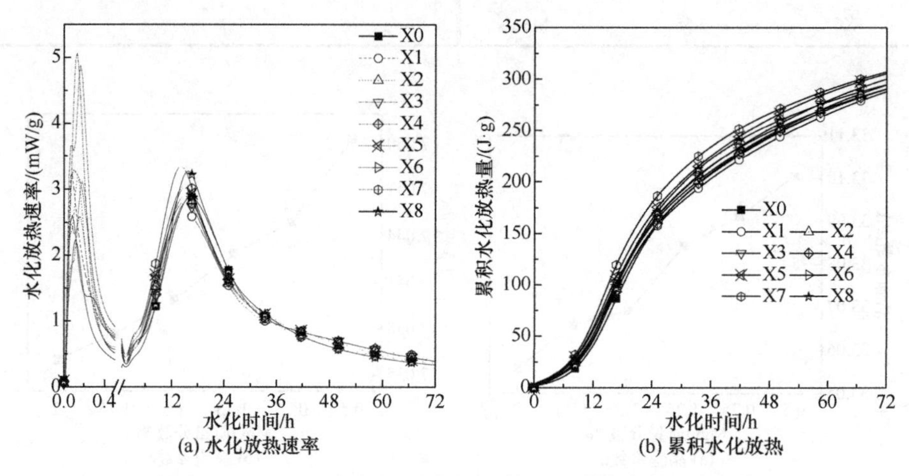

图 7-5-4　1450℃合成的不同 MgO 掺量阿利特水化放热曲线

7.6　本 章 小 结

(1) 阿利特晶型受烧成温度及冷却速率的影响。靠近多晶转变温度及阿利特分解温度热处理时，阿利特晶体结构变化相对大。经 700℃和 800℃热处理 M3 晶型阿利特转变为 T3 晶型，其他温度热处理阿利特晶型保持不变。但当热处理温度接近阿利特分解温度时，纯 C_3S 和阿利特衍射峰位变化显著，晶体结构变化最大。经 1250℃热处理液氮急冷阿利特表现出 M1 和 T3 混晶特征。

(2) 热处理使晶体因急冷所致不平衡应力及表面缺陷等减少。纯 C_3S 早期水化反应活性降低；但阿利特热处理后早期活性反而显著提高，可能与固溶组分析离有关。热处理使得纯 C_3S 和阿利特 3d 水化反应活性提高，尤其在接近分解温度时，阿利特晶格得到活化，具有更高的活性。

(3) 热处理纯 C_3S 和阿利特样品原始热释光强度与活性呈相关性，且浅陷阱(低温区)能量更加亚稳，对阿利特活性影响更大。1350℃稍高于阿利特分解温度，晶格价键活跃，离子在平衡位置附近的振幅较大，离开平衡位置，发生位移，同时十分接近阿利特塔曼温度，且在阿利特结构中本身存在八面体空隙作用下，扩散加强，空位等缺陷大量形成，俘获电子能力增强，表现出高的水化反应活性和热释光性。

(4) M3 与 T3 晶型活性差异不但取决于晶型本身，还与阿利特组成及热历史有关。热处理获得的同组成 T3 和 M3 晶型阿利特，T3 活性高于 M3 晶型，尤其在 800℃热处理 T3 晶型阿利特活性最高。这与 800℃靠近阿利特三斜再次向单斜晶型转变边界处能量更偏于亚稳有关。

参考文献

[1] Hewlett P C. Lea's Chemistry of Cement and Concrete[M]. 4th ed. Butterworth-Heinemann: Elsevier Science & Technology Books, 1998: 58.

[2] Taylor H F W. Cement Chemistry[M]. 2nd ed. London: Thomas Telford Edition, 1997:11-100.

第8章　阿利特结构中O的配位环境及与性能的关系

8.1　研究概况

室温下，纯C_3S只能以T1晶型存在，C_3S的其他结构只有通过离子固溶才可以获得，关于C_3S多晶态与温度及其固溶组分的关系在前文已有详细论述，在此不再赘述。对C_3S微结构的研究已有80年左右的历史，但由于C_3S结构复杂且其单晶的获得十分困难，至今C_3S不同变体的精确结构及结构差异仍然未知。C_3S属于岛状硅酸盐，孤立的$[SiO_4]$四面体之间通过Ca—O多面体连接形成三维架状结构。已有的研究成果中，仅对T1、M3、R三种晶型有较多认识。R晶型的空间群为R3m，采用三轴定向，晶胞中所有$[SiO_4]$四面体的顶点取向平行于c轴，沿c轴向上为U取向，向下为D取向[1]。M3晶型空间群为Cm，其超晶胞结构中含有6个以3个$[SiO_4]$四面体为一组的单元；M3亚晶胞大小与R晶胞接近，含有3个$[SiO_4]$四面体，它们沿高温R结构的伪三次轴排列，存在U、D和完全脱离伪三次轴方向的G三种取向；与R和T1晶型结构对比，M3晶型结构中$[SiO_4]$四面体取向的无序性具有介于R和T1晶型之间的特点。此外，将特殊键长排除，Ca在R晶型中的平均配位数为5.66，在T1晶型中为6.21，而在M3晶型中为6.15，同样介于R和T1晶型之间[2,3]。C_3S的不同变体结构中$[SiO_4]$四面体的取向不同，从而表现出不同程度的无序性，同时也使其结构中Ca及O的配位发生变化[1-7]。但在已有文献中极少有关于C_3S结构中O配位的探讨。

前述章节通过成功制备三斜晶系纯C_3S单晶，并精确测定C_3S的结构发现，在C_3S晶胞的45个O原子中有9个O原子的配位环境与其他O原子不同，它们是O(5)、O(6)、O(9)、O(10)、O(16)、O(17)、O(23)、O(24)、O(25)。其配位环境的特殊性在于：这些O原子处于由6个Ca原子包围的近似八面体空隙中(如O(24)，不与Si相连)。

值得注意的是，C_3S的高水化反应活性极有可能与O的配位有关。通过将C_3S与C_2S对比发现，C_3S结构中Ca配位的不规则性是其具有高活性的原因，但CaO晶体结构中Ca的配位极度对称，它却具有高活性；后有学者在前人基础上，根据T1晶型C_3S、α_L'、β、γ-C_2S以及硅钙石等矿物结构与活性的对比提出，C_3S的高活性与其结构中 Ca 的配位多面体存在面共用有关[8]，但在高活性的 CaO 中并不存在这种共用面基团。Taylor 在前人基础上，通过深入地理论分析进一步提出，C_3S 结构中 O 的配位对水化反应活性的作用可能比 Ca 的配位更重要[9]。根据前述实测所得的 C_3S 的结构可知，与处于$[SiO_4]$四面体中发生 Si—O—Ca 键合的 O 相比，9 个特殊配位的 O 仅发生 Ca—O—Ca 键合，不与离子半径较小且电价高的 Si^{4+}相连，因此具有较大的活性，这极有可能是 C_3S 具有高水化反应活性的原因。

目前，C_3S 结构中 O 的配位环境特征与其水化性能的关系还缺乏充分的实验基础。前人的研究表明，不同 O 配位 C_3S 的水化性能存在显著差异。R 晶型结构的 C_3S 反应活性最高，不考虑固溶离子含量，所有三斜晶型的强度接近，M1、M2 和 R 晶型强度接近且显著高于三斜晶型 C_3S[10]；单斜结构 C_3S 活性低于三斜晶型 C_3S，且这两种变体不仅水化产物形态不同，水化反应机制也存在差异[11]。其他尚有许多对不同 O 配位 C_3S 的水化性能的研究，但也只关注了固溶离子种类数量、宏观晶型及缺陷等与其水化性能之间的相互关系[12-19]，并未能从 C_3S 结构中 O 的配位变化上深入阐明其结构与性能的关系。C_3S 遇水后首先发生的便是其表面硅酸根中的 O 和不与 Si 配位的 O^{2-} 的质子化，分别以生成 H_nSiO_4 和 OH^- 的形式存在，相应地，C_3S 的早期水化反应放热峰源于该过程[9,20]。而 C_3S 结构中 O 的配位环境(与之配位的原子种类及数目、键长、键角、对称性等)决定了 O 的质子化能力，因此 O 的配位势必对 C_3S 的质子化过程甚至对 C_3S 的整个水化反应过程都有直接且重大的影响。作为水泥熟料中最主要和最重要的胶凝相，C_3S 晶体结构中 O 的配位环境特征与其水化性能的关系至今仍然未知。为此，本章对 C_3S 结构中 O 的配位特征及其与性能的关系进行探究，以期为进一步提高水泥材料性能提供科学的理论依据。

8.2　不同晶型阿利特中 O 的配位环境研究

8.2.1　不同晶型阿利特中 O 的配位环境

作者课题组前期研究成果已经表明，在 T1 晶型纯 C_3S 结构中的 45 个 O 原子中有 9 个 O 原子的配位环境与其他 O 原子不同。其配位环境的特殊性在于：这些 O 原子处于由 6 个 Ca 原子包围的近似八面体空隙中，不与 Si 相连。然而由于制备单斜和三方晶型 C_3S 需要引入杂质离子，烧成的样品中往往存在双晶和超结构相互交织的复杂情况，尽管课题组开展了大量实验尝试，仍未能获得单斜和三方晶型 C_3S 微晶样品。因此，通过粉晶制备，XRD 结合 Rietveld 方法分析了 C_3S 的单斜和三方晶型结构。根据前述离子稳定 C_3S 多晶态的规律，通过掺杂 Mg，复掺

P 制备获得到单斜 M3 和三方 R 晶型 C_3S 的固溶体(组成见表 8-2-1)，分析单斜 M3 和三方 R 晶型的 O 配位特征，并对 R、M3 及 T1 这三种不同晶系的晶型结构中 O 的配位特征进行对比分析。

表 8-2-1 掺杂 Mg、复掺 P 阿利特样品的化学组成

晶型	质量分数/%								
	CaO	SiO_2	Na_2O	K_2O	MgO	Al_2O_3	Fe_2O_3	P_2O_5	SO_3
纯 C_3S：T1	71.6	25.57	—	—	—	—	—	—	—
M3	71.6	25.57	0.1	0.1	1.5	1	0.7	0.1	0.1
R	71.6	25.57	0.1	0.1	1.1	1	0.7	1	0.1

以相同的(伪)六角亚晶胞结构单元，分析不同晶型 C_3S 中亚晶胞结构参数变化。最高温晶型 R 具有真正的三方结构对称性特征，根据其对称性对晶胞参数约定精修可得其晶胞参数分别为 $a = b = 7.06Å$，$c = 25.03Å$，$\alpha = \beta = 90°$，$\gamma = 120°$，M3 晶型结构发生了一定程度的扭曲变形，晶胞参数分别为 $a = b = 7.06Å$，$c = 24.94Å$，$\alpha = 89.89°$，$\beta = 90.70°$，$\gamma = 120.37°$。不考虑特殊键长(尤其较长键长)，对 O 原子配位环境进行分析。R 晶型空间群为 R3m，根据 Jeffery 单晶结构数据建立结构模型，分析可以发现，R 晶型中也存在两种形式的 O，如图 8-2-1 所示。

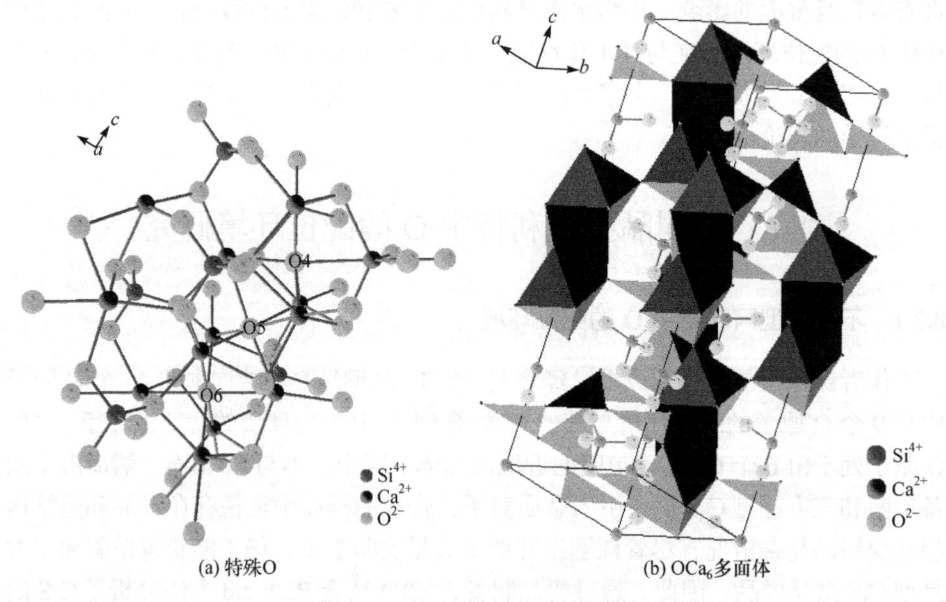

(a) 特殊O　　(b) OCa_6多面体

图 8-2-1 R 晶型 C_3S 结构示意图

6 个 Ca 原子包围的近似八面体空隙中，为特殊 O。在一个晶胞单元中的 9 个 O 原子中有 3 个特殊 O，它们是 O4、O5 和 O6，即特殊 O 的比例为 1/3。这些$[OCa_6]$八面体三个为一组以公用棱面的形式连接，并与$[SiO_4]$四面体在三维空间连接起来。

M3 晶型空间群为 C1m1。对 Nishi 单晶结构模型($a = 33.06Å$，$b = 7.03Å$，$c = 18.50Å$，$\beta = 94.14°$)进行分析表明，在 M3 晶型中的 136 个 O 中有 39 个特殊 O，即特殊 O 的比例约为 1/4。这些$[OCa_6]$多面体同 R 晶型中相似，三个为一组以公用棱面的形式连接起来(图 8-2-2)。

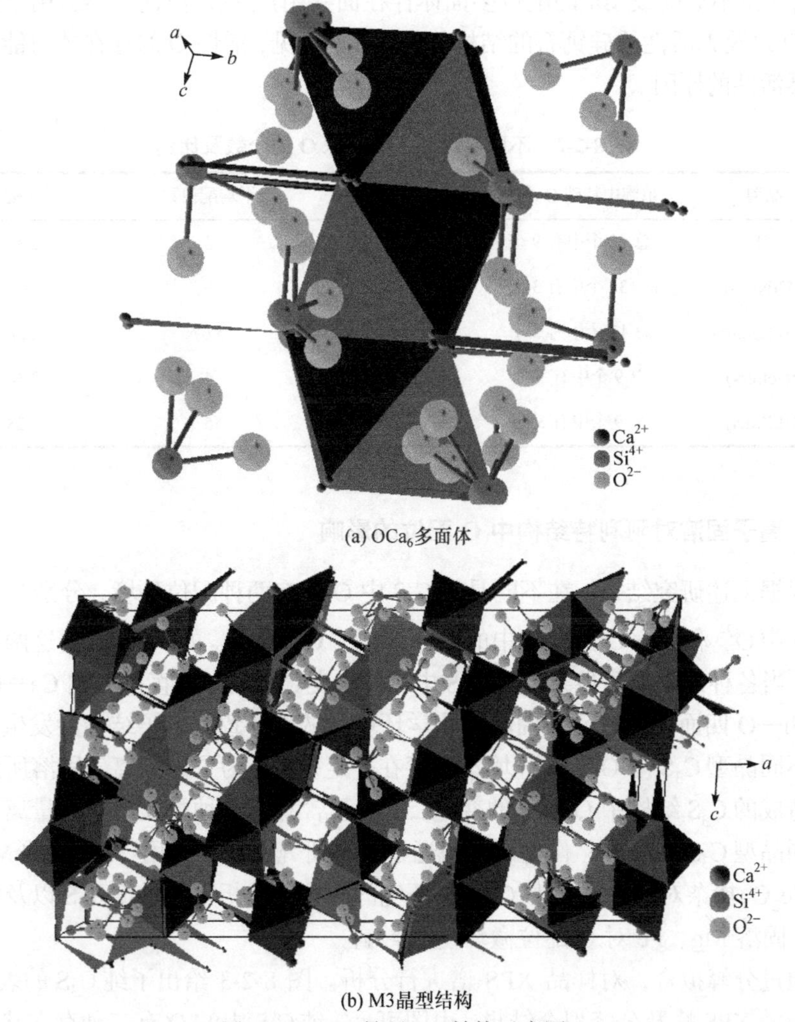

图 8-2-2　M3 晶型 C_3S 结构示意图

$[SiO_4]$四面体中的 O 与 Si 原子 sp3 轨道杂化，为共价键，活性较低；而 6 个

Ca 原子包围的近似八面体空隙中的特殊 O，不与 Si 键合，离子键性，具有高的活性。表 8-2-2 给出了采用不同单晶数据获得 O 配位环境的分析结果。比较可见，随着结构对称性增高，即由晶型 T1 到 R，活性 O 的比例逐渐增加，分别为 1/5、1/4 和 1/3，这也意味着 C_3S 的活性将随结构对称性增高而增大。此外，三斜和单斜结构中 O 的配位数相差不大，但三方结构中 O 的配位数较低，具有更大的不饱和性，更易于质子化，活性最高。前人通过对 T1 晶型 C_3S 、α_L'、β、γ-C_2S 及硅钙石等矿物结构与活性的对比，往往认为 C_3S 的高活性与其结构中 Ca 的配位特征(Ca 配位不规则或 Ca 的配位多面体存在面共用)有关，但这并不适用于高活性的 CaO 以及无活性的硅钙石的结构特征。对比可见，活性 O 的存在才可能是 C_3S 高胶凝活性的原因。

表 8-2-2　不同晶型 C_3S 中特殊 O 的个数及比例

晶型	单胞中特殊 O 个数	特殊 O 比例	平均配位数	平均键长
T1	总 45 个中有 9 个	1/5	5	2.37
M3(Nishi)	总 136 个中有 36 个	1/4	—	—
M3(Mumme)	总 12 个中有 3 个	1/4	5.67	2.4
R(Jeffery)	总 9 个中有 3 个	1/3	4	2.38
R(Ll'Inet)	总 9 个中有 3 个	1/3	5	2.38

8.2.2　离子固溶对阿利特结构中 O 配位的影响

根据上述研究结果，在不同晶型 C_3S 中 O 均有两种配位环境，分别为 Ca—O 八面体中 O^{2-} 和 Si—O 四面体中的 O。因此，C_3S 中 O_{1S} 的 XPS 峰由这两部分 O 组成。当各种外来离子掺杂进入 C_3S 中，将改变 C_3S 晶型或直接影响 Ca—O 八面体和 Si—O 四面体中氧元素周围的化学环境，从而导致其电子结合能发生变化。由于不同晶型 C_3S 中 O 配位环境本身存在一定差异，为了区分离子固溶所致晶型变化造成的 C_3S 结构中 O 配位的变化，制备了含有不同种类及不同含量离子掺杂的相同晶型 C_3S 固溶体。作者课题组通过已有研究基础，采用 XPS 测试 MgO 掺杂及 Fe_2O_3 掺杂对 C_3S 结构中 O 配位环境的影响，分析不同晶型 C_3S 以及相同晶型 C_3S 固溶 Mg、Fe 对 O 配位微环境的影响。

通过分峰拟合，对样品 XPS 谱进行分析。图 8-2-3 给出了纯 C_3S 的表面 O_{1S} 的高分辨 XPS 峰及分峰拟合结果。由图可见，纯 C_3S 中的 O 有三种存在状态，分别对应 Si—O、Ca—O 和 O—H，与前述通过单晶结构数据所得 C_3S 结构中存在两种不同环境的 O 的研究结果相吻合。表 8-2-3 给出了样品 O 的 XPS 谱图分峰拟合所得到 O 的结合能和半高宽。由表可见，所有样品中 O 元素的 XPS 曲线均可以分成三个峰，表明这些样品结构中 O 均有三种不同形式的存在状态。对照元素结合能表得出，第一个峰为 Si—O 元素之间的结合能，第二个峰为 Ca—O 中 O 的结合能，第三个峰为吸水水化的 O—H 之间的结合能，再次证实不同晶型 C_3S 晶体结构中存在 Si—O—Ca 和 Ca—O—Ca 两种不同形式的 O。此外，对比不难发现，不同晶型中 Si—O 中 O 的配位环境存在一定差异。四个样品中 Si—O 中 O 的结合能大小关系为：M1 > F1 = M2 > 纯 C_3S 。结合样品的晶型，M3 和 T3 晶型中 Si—O 中 O 的结合能均高于 T1 晶型，且 T3 和 M3 晶型中 Si—O 中 O 的结合能相近，均显著高于 T1 晶型中 Si—O 结构中 O 的结合能。这与前述红外光谱研究表明的 T3 及以上晶型具有相近的 $[SiO_4]$ 四面体结构的研究结果相吻合，同时，这也表明随着 C_3S 结构对称性增加，Si—O 之间结合更加紧密。而对于同为 T3 晶型的样品 F1 和 M1 中 Si—O 中 O 的结合能相近，表明 MgO 和 Fe_2O_3 掺杂并未对 Si—O 中 O 的结合能产生影响或者影响相近。不同晶型 Ca—O 中 O 的结合能变化随晶型改变无明显规律，主要与固溶离子的影响有关。与 Fe 相比，Mg 固溶取代 Ca，对 Ca—O 中 O 的结合能影响相对显著，Mg 的掺杂使得 Ca—O 中 O 的结合能呈增大趋势，而 Fe 的掺杂使得 Ca—O 中 O 的结合能减小。

综上可见，不同晶型中 O 的配位微环境存在差异，且相同晶型不同离子掺杂也会对 O 的配位环境产生一定影响。

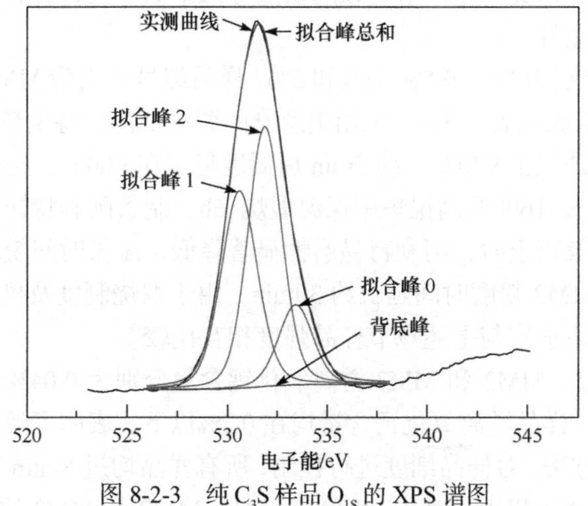

图 8-2-3　纯 C_3S 样品 O_{1S} 的 XPS 谱图

表 8-2-3　样品中 O_{1S} 的结合能和半高宽　(单位：eV)

样品(晶型)	O 的键合类型	编号	峰位	半高宽
纯 C_3S(T1)	Si—O	0	531.87	1.99
	Ca—O	1	530.59	2.14

续表

样品(晶型)	O 的键合类型	编号	峰位	半高宽
纯 C_3S(T1)	H—O	2	533.42	2.03
M1(T3)	Si—O	0	532.38	1.86
	Ca—O	1	531.03	2.25
	H—O	2	533.64	1.78
M2(M3)	Si—O	0	532.32	1.87
	Ca—O	1	530.92	2.18
	H—O	2	533.43	1.99
F1(T3)	Si—O	0	532.32	2.56
	Ca—O	1	530.23	1.64
	H—O	2	534.67	1.66

8.3　MgO 稳定不同晶型阿利特强度性能

MgO 进入阿利特为同价置换，对阿利特缺陷能级分布影响较小，但可以稳定阿利特多个不同变体。因此采用 MgO 稳定阿利特不同变体，研究不同晶型阿利特强度性能，可以避免离子固溶所致的缺陷等因素的干扰，有利于量化不同晶型阿利特强度性能差异。

MgO 掺量分别为 0%、0.5%、1%和 2%，样品编号依次为 MM0、MM1、MM2 和 MM3，样品组成见表 8-3-1。采用更急剧的煅烧工艺，将生料片在 850℃放入马弗炉后，立即升温至 900℃，约 5min 后温度稳定在 900℃，经过 15min 后，再将生料片直接置入 1600℃高温炉中保温煅烧 6h，制备阿利特样品。结果发现，MgO 掺量达 1%及以上时，阿利特易磨性显著降低，需长时间粉磨才能达到细度要求。MM2 及 MM3 粉磨时间延长约 30min。由于煅烧制度及机械活化的影响，本节中样品强度不适宜与上述章节样品强度相互比较。

MM0、MM1、MM2 和 MM3 游离氧化钙含量分别为 0.04%、0.11%、0.07% 及 0.12%。可见，样品游离氧化钙含量均在 0.2%以下，表明了阿利特的大量充分形成。按照前述方法，对样品细度进行控制，所有样品均过 80μm 方孔筛余，45μm 方孔筛余控制在 20%以下。其中 MM0、MM1、MM2 及 MM3 的 45μm 方孔筛余分别为 9%、9%、17%及 17%。采用激光粒度仪对测定了阿利特样品的颗粒分布，并对其 3μm 以下，以及 3～32μm 的颗粒质量比例进行统计，见表 8-3-2。由表可以看出，MM1 中 32μm 以下的小颗粒含量最高，而当 MgO 掺量达 1%及以上时，由于其易磨性显著减小，即使延长粉磨时间，MM2 及 MM3 粗颗粒含量仍然较高，且存在过度粉磨所致的严重团聚现象。

表 8-3-1　MgO 掺杂阿利特的成分　(单位：%)

编号	CaO	MgO	Na_2O	K_2O	SiO_2	Al_2O_3	Fe_2O_3	P_2O_5	SO_3	总量
MM0	71.6	0	0.1	0.1	25.6	1	0.7	0.1	0.1	99.3
MM1	71.6	0.5	0.1	0.1	25.6	1	0.7	0.1	0.1	99.8
MM2	71.6	1	0.1	0.1	25.6	1	0.7	0.1	0.1	100.3
MM3	71.6	2	0.1	0.1	25.6	1	0.7	0.1	0.1	101.3

表 8-3-2　MgO 掺杂样品的颗粒分布　(单位：%)

分类	MM0	MM1	MM2	MM3
<3μm	5.17	6.25	4.76	3.77
3～32μm	60.66	64.93	49.49	48.1

8.3.1　MgO 掺杂阿利特晶体结构

图 8-3-1 为阿利特样品的局部特征指纹区 28°～35°和 51°～52°范围的衍射峰图(已扣除 Cu Kα_2 衍射)。由图可见，不含 MgO 的阿利特与前述制备的相同组成的 MG0 样品衍射谱图一致。在 32°～33°处有三个分叉的小峰，在 29°～30°处为两个独立小峰，在 51°～52°处也有三个小峰，其中后两个小峰由一个峰开叉而成，表现出显著的 T3 晶型特征。掺杂 0.5%MgO 后，样品在 32°～33°处有一个独立峰和一个带有明显分叉肩峰的峰，在 29°～30°处为带有弱分叉肩峰的峰，51°～52°处为两个分叉小峰，三斜 T3 晶型对应的 $(\bar{4}20)$ 和 $(2\bar{4}0)$ 两个晶面的衍射峰合并，仅存在 $(\bar{4}20)$ 晶面衍射，表明阿利特被稳定为 M3 晶型。随着 MgO 掺量继续增加，样品的 XRD 结果基本相同，说明 MgO 掺量高于 0.5%时，阿利特晶型不变，均稳定为 M3 晶型。这也与前述研究结果基本一致。

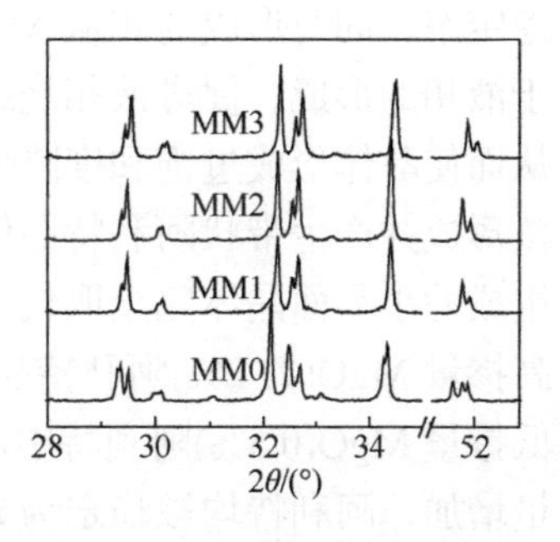

图 8-3-1　MgO 掺杂样品的 XRD 图谱

8.3.2　MgO 对阿利特显微结构的影响

将样品片用水浸蚀后，在反光显微镜下观察，所有样品均观察不到游离氧化钙的存在，这与化学滴定游离氧化钙含量结果一致。用 1%硝酸酒精对样品片浸蚀后，观察阿利特单矿形貌等特征，样品的反光显微镜图片如图 8-3-2 所示。由图可以看出，由于阿利特基本在固相反应下形成，阿利特晶粒连生，外形不规则。MM0 晶体表面存在大量平行纺锤状条纹。结合 XRD 结果，这可能与阿利特单斜向三斜的多晶转变有关。随着 MgO 掺量增多，阿利特被稳定为 M3 晶型，这种条纹不再出现，但晶体表面出现了少量接近垂直方向的交叉条纹，可能由固溶组分析离所致。此外，从样品放大 500 倍显微图片对比可见，MgO 掺量增加，阿利特晶粒尺寸增大，且在掺量为 2%时，呈现出显著的晶界。这是由于多离子复合作用下，阿利特可以实现液相烧成，而 MgO 的掺杂可以降低液相黏度，从而促进阿利特长大。值得提及的是，在 MM1 样品的局部(图 8-3-2(d))观察到了具有规则环带结构的六角板状阿利特，可能对应核心部位为 M1 晶型的 M3 晶型分区阿利特。这证实了一定烧成条件下，M3 晶型阿利特可从 M1 晶型的晶核形成并产生带状阿利特晶体，且这些新的结晶中心是很少的，它由 M3 晶型组成并继续核化。根据 Maki 的研究结果，这与阿利特晶体形成的饱和度降低有关。Maki 研究了熟料形成条件与阿利特晶体显微结构之间的相互关系，提出通常结晶包括核化和生长两个过程。不同的阿利特晶体显微结构取决于两者中起主导作用的过程。非稳定生长条件下，阿利特结晶形成 M1 晶型，在低生长速率下，阿利特主要形成 M3 晶型。因此，当阿利特晶体生长减慢时，阿利特晶体的生长特性从不稳定转变成稳定态，同时形成的相从 M1 晶型也相应地变成 M3 晶型。多离子复合作用有利于液相的形成，促进液相烧结。MgO 的存在可降低液相黏度，加速阿利特形成，从而使晶体形成过饱和度降低，形成以 M3 晶型为主的晶体，它从 M1 晶型的晶核形成并产生带状阿利特晶体。因此 MgO 掺量继续增加，带状阿利特由 M3 晶型组成的小晶面晶体完全取代，阿利特继续稳定生长。这与图 8-3-2(g)及(h)给出的高掺量 MgO(约 2%)阿利特晶粒尺寸显著增大一致。带状阿利特晶体仅能在 MM1 低掺量 MgO(0.5%)阿利特中局部观察到。这也与 XRD 结果一致，即随着 MgO 掺量增加，阿利特均被稳定为 M3 晶型阿利特。

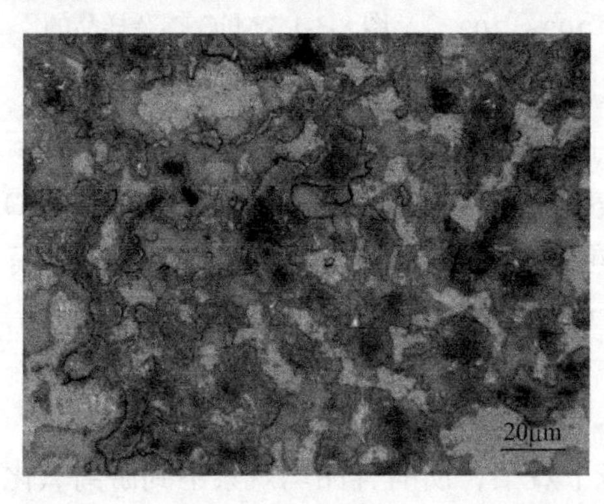

(a) MM0(×500)

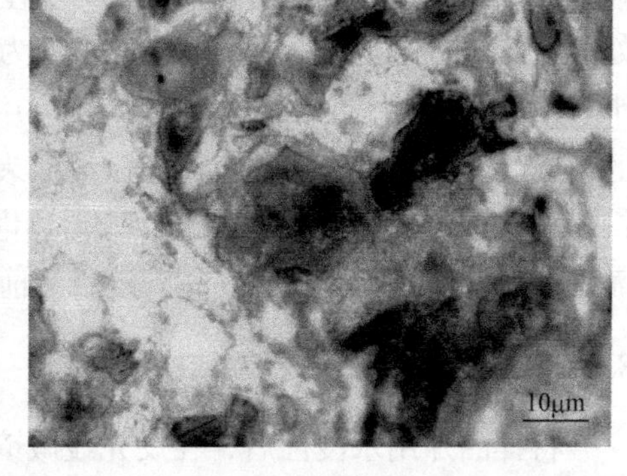

(b) MM0(×1000)

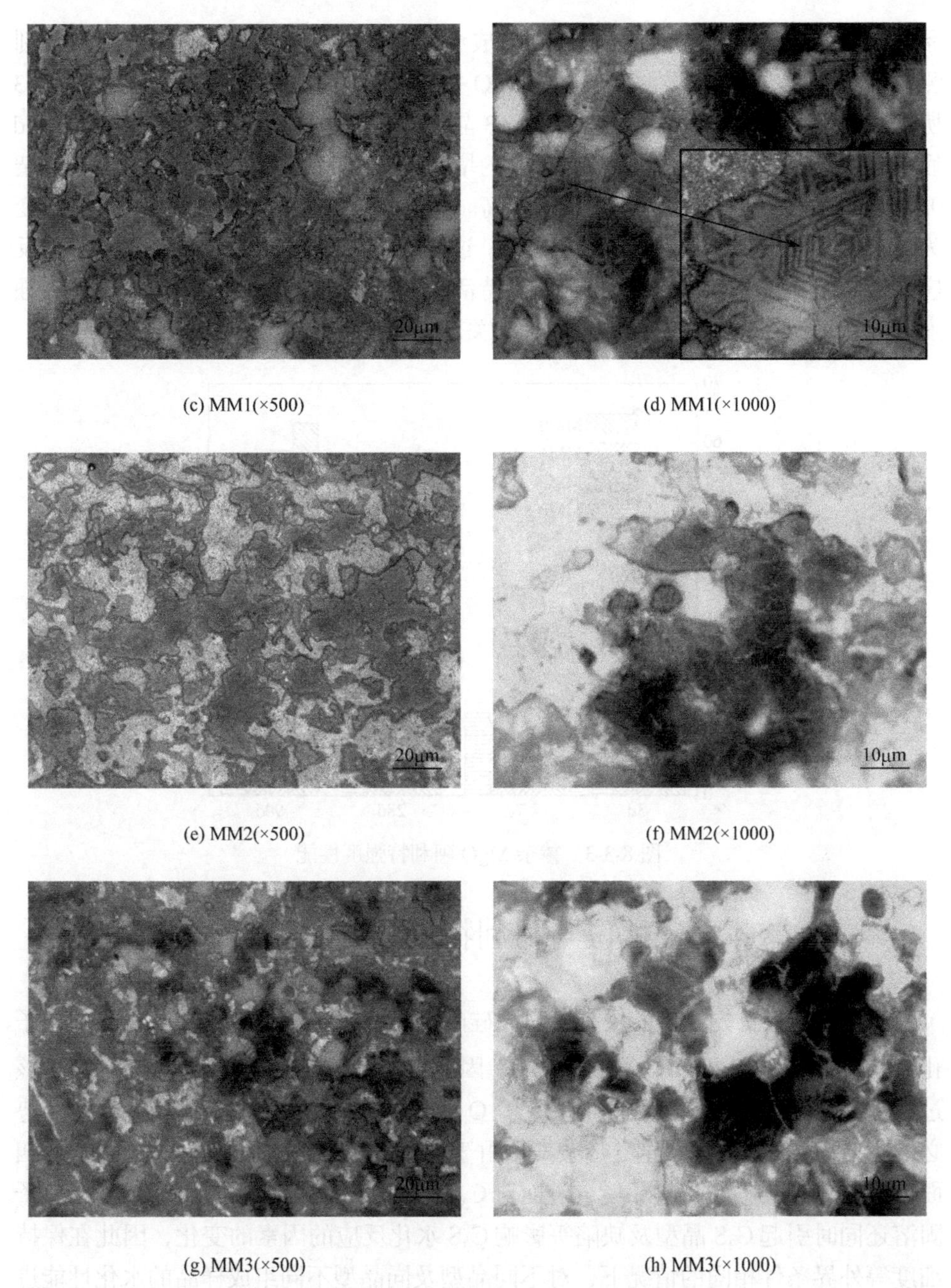

(c) MM1(×500)　(d) MM1(×1000)

(e) MM2(×500)　(f) MM2(×1000)

(g) MM3(×500)　(h) MM3(×1000)

图 8-3-2　不同 MgO 掺量阿利特的反光显微镜图片

8.3.3　MgO 对阿利特强度性能的影响

按照《水泥胶砂强度检验方法(ISO 法)》(GB/T 17671—1999)对上述四个样

品进行力学性能测试。水灰比为 0.5，成型为 4cm×4cm×4cm 的砂浆试块，分别测定了其 3d、7d、28d 及 90d 强度。MgO 掺量对阿利特发展强度的影响如图 8-3-3 所示。由图可以看出，不掺杂 MgO 的 T3 晶型阿利特强度最能稳定增长，水化 90d 后发展强度最高。但随着 MgO 掺量的增加，阿利特强度呈现降低趋势。掺杂 0.5%MgO 阿利特 3d 强度和 7d 强度最高。这是由于在此掺量时候，阿利特刚转变为 M3 晶型，活性较高，水化程度较大。这与前述表明的掺杂 M3 晶型 3d 水化反应活性高于 T3 晶型不掺杂 MgO 阿利特活性相吻合。T3 晶型阿利特最终发展强度最高，可能与其晶粒较为均匀细小有关。

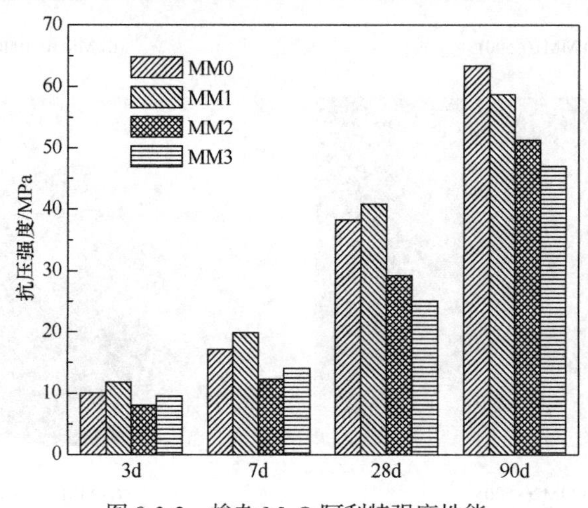

图 8-3-3　掺杂 MgO 阿利特强度性能

8.4　O 配位与阿利特性能的关系探讨

C_3S 遇水后首先发生的便是其表面硅酸根中的 O 和不与 Si 配位的 O^{2-} 的质子化，分别以 H_nSiO_4 和 OH^- 的形式存在。因此，C_3S 的早期水化反应放热峰源于该过程。C_3S 结构中 O 的配位环境决定了 O 的质子化能力，对早期水化反应活性势必具有显著影响。与此同时，掺杂离子由于可以直接影响[OCa_6]八面体和[SiO_4]四面体中氧元素周围的化学环境，进而对 C_3S 早期水化反应活性产生影响。但离子固溶还同时引起 C_3S 晶型及缺陷等影响 C_3S 水化反应的因素的变化，因此在保持细度等外界条件相同的情况下，对不同晶型及同晶型不同组成样品的水化性能进行对比实验，分析了 O 配位变化对 C_3S 水化反应活性的影响及关系。

8.4.1　O 配位环境特征与早期水化反应活性关系

首先对比了不同晶型(不同 O 配位结构) C_3S 的活性。图 8-4-1 给出了表 8-2-1

所对应样品的水化放热曲线。对比四个样品的早期水化反应活性，三个三斜晶型样品(纯C_3S、F1 和 M1)早期活性相近，均低于单斜 M3 晶型样品(样品 M2)。这主要是由于单斜 M3 晶型中特殊 O 的比例较三斜晶型中特殊 O 的比例高，质子化速度快。对于同为 T3 晶型的三个样品(纯C_3S、F1 和 M1)中，F1 样品的 Ca—O 中 O 的结合能最小，3d 水化反应活性最高。可见，活性 O 的含量对质子化过程具有直接的影响，活性 O 比例越高，C_3S质子化能力越强，早期水化反应活性越高；此外，活性 O 的电子结合能越低，其活性越大，C_3S具有越高的总体活性。

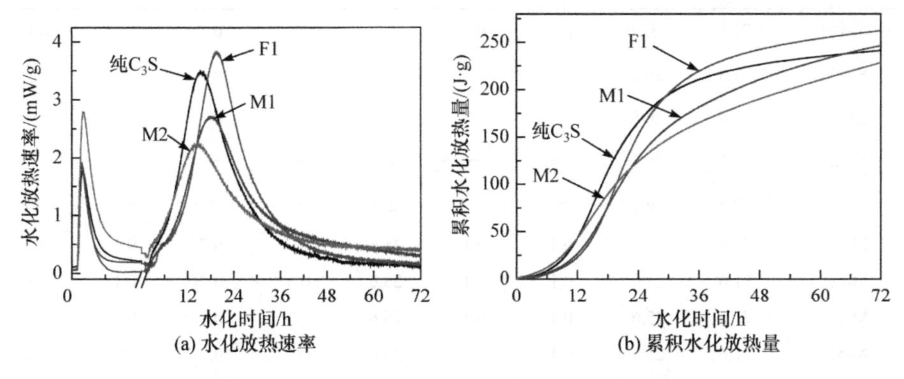

图 8-4-1　表 8-2-1 对应样品的水化放热曲线

结合前述研究结果，不同阳离子(Li^+、Na^+、K^+、Mg^{2+}、Al^{3+}和Fe^{3+})掺杂均可以提高C_3S早期水化反应活性，而阴离子掺杂反而使C_3S早期水化反应活性稍有降低。这主要由于这些阳离子可以部分或全部发生 Ca 位取代，直接影响C_3S结构 Ca—O 中 O 的配位环境，使得$[OCa_6]$多面体的稳定性降低，提高 O 的质子化能力，从而提高早期活性。而阴离子(团)固溶进入阿利特，主要取代 Si 位，由于 S 和 P 的电负性较大，Si—O 间的结合更加紧密，降低了 Si—O 中 O 的质子化能力，而使早期活性降低。

8.4.2　不同 O 配位阿利特的强度性能

采用反复煅烧法，通过 MgO 单掺、Al_2O_3复掺和P_2O_5复掺分别制备了三斜 T2、单斜 T3、单斜 M3 以及三方 R 晶型等系列不同组成及不同晶型C_3S的固溶体(化学组成见表 8-4-1)，考察了不同晶型C_3S的强度性能。水泥中 3～32μm 的颗粒对水泥强度起主要作用。除控制样品 45μm 方孔筛余在 20%以下外，采用激光粒度仪对样品中 3μm 以下，以及 3～32μm 的颗粒含量进行测量和统计(表 8-4-2)。按照《水泥胶砂强度检验方法(ISO 法)》(GB/T 17671—1999)将样品制备成 4cm×4cm×4cm 的砂浆试块进行力学性能实验，分别测定了其 3d、7d、28d 及 90d 强度，见表 8-4-3。由表可见，对于相同 M3 晶型阿利特，强度随组成、煅烧次数及细度影响变化较大。综合比较样品的化学组成、细度、晶型及强度，R 晶型阿利特强度显著高，三斜 T2、T3 以及单斜 M3 晶型强度差异较小。组成相近的 M3 晶型与 R 晶型活性对比表明，R 晶型活性及强度均显著高，与其结构中活性 O 比例高的结果相吻合。

表 8-4-1　不同组成及不同晶型 C_3S 固溶体样品的化学组成

编号	质量分数/%								
	CaO	SiO_2	Na_2O	K_2O	MgO	Al_2O_3	Fe_2O_3	P_2O_5	SO_3
典型阿利特	71.6	25.20	0.1	0.1	1.1	1	0.7	0.1	0.1
SM0	73.8	26.4	—	—	0	—	—	—	—
SM1	73.4	26.5	—	—	0.5	—	—	—	—
SM2	73.1	26.3	—	—	1.0	—	—	—	—
SM3	72.3	26.1	—	—	2.0	—	—	—	—
MA0	71.6	25.6	0.1	0.1	25.6	0	0.7	0.1	0.1
MA1	71.6	25.6	0.1	0.1	25.6	0.5	0.7	0.1	0.1
MA2	71.6	25.6	0.1	0.1	25.6	1	0.7	0.1	0.1
MP0	71.6	25.6	0.1	0.1	25.6	1	0.7	0	0.1
MP1	71.6	25.6	0.1	0.1	25.6	1	0.7	1	0.1

表 8-4-2　样品游离氧化钙含量、晶型组成及颗粒分布

编号	游离氧化钙含量/%	晶型	<3μm/%	3～32μm/%	筛余(45μm)/%
SM0	0.26	T2	8.59	73.64	7
SM1	0.27	T3	4.81	67.78	6
SM2	0.29	M3	4.49	65.89	6
SM3	0.08	M3	5	68.98	5
MA0	0.48	M3	4.9	56.79	18
MA1	0.32	M3	5.34	58.4	14
MA2	0.29	M3	5.3	43.8	15
MP0	0.18	M3	4.65	54.39	19
MP1	0.23	R+M3*	3.88	53.17	18

*少量 M3 晶型阿利特。

表 8-4-3　C_3S 及其固溶体强度性能　　(单位：MPa)

编号	3d	7d	28d	90d
SM0	7.05	9.79	23.19	46.81
SM1	5.96	8.92	18.59	37.67

续表

编号	3d	7d	28d	90d
SM2	5.43	7.35	16.16	35.79
SM3	5.55	8.51	19.31	38.98
MA0	5.56	10.1	21.68	41.78
MA1	5.93	10.84	24.15	44.16
MA2	6.74	10.87	20.61	34.51
MP0	5.08	8.52	19.71	34.77
MP1	10.96	24.9	37.53	55.03

8.5　晶型、组成、O 配位和热历史与阿利特早期水化反应活性

结合前述研究结果，经热处理的阿利特及 Fe 掺杂阿利特样品存在早期水化反应放热双峰现象。7.4 节表明，经过随炉冷却再速冷处理的阿利特在水化过程中均出现早期水化反应放热双峰的现象。根据样品的热历史、化学组成及晶型推断，早期水化反应放热双峰的出现受热历史的影响且与多组分固溶有关。为了探究水化放热双峰与 O 配位的关系，对掺杂 Fe 的样品 Fe1 和 Fe5 分别进行 XPS 测试，O_{1S} 谱分析见表 8-5-1。由表可知，两个样品中均存在两种形式的 O，与前述研究结果吻合。其中 Fe1 中活性 O 的结合能低于 Fe5，结合图 2-8-10，再次证实了活性 O 的电子结合能越低，C_3S 的 3d 活性越高。此外，两个样品对比，仅 Ca—O 中 O 的电子结合能发生微小改变，说明 O 的配位环境差异不大，表明水化放热双峰的出现与 O 配位关系不大。结合已有研究结果，经 1250℃、1300℃和 1350℃热处理的阿利特样品，以及低掺量 Fe_2O_3 的阿利特样品均存在该现象。这些样品的特征在于：阿利特接近分解温度热处理和随炉缓慢降温冷却时，会发生固溶组分脱溶而产生少量副产物；对于低掺量 Fe_2O_3 的阿利特，由于固溶反应失衡而可能产生副产物。因此，根据样品的晶型、化学组成和热历史可以推断，早期水化反应放热双峰现象可能与阿利特样品中存在的少量副产物有关。

表 8-5-1　样品中 O_{1S} 的结合能和半高宽

样品	O 的键合类型	峰编号	峰位/eV	半高宽/eV
Fe3	Si—O	0	531.71	1.90
	Ca—O	1	530.84	1.53
Fe5	Si—O	0	531.71	1.85
	Ca—O	1	530.99	1.65

8.6 本章小结

(1) 不同晶型C_3S结构中均存在两种配位环境的 O，一种是$[SiO_4]$四面体中的 O，另一种是不与 Si 键合的 Ca—O 多面体中的O^{2-}，O—Ca 多面体三个为一组，以共用棱面的形式存在，具有不稳定性，O 活性较高。这可能是C_3S具有高胶凝性的原因。

(2) 随着晶体结构对称性的升高，在 T1 晶型、M3 晶型及 R 晶型C_3S中活性O^{2-}的比例依次为 1/5、1/4 和 1/3，即随着C_3S结构对称性升高，活性O^{2-}的比例增大。这也是高温(高对称)晶型C_3S具有更高胶凝活性的本质原因。

(3) 高含量活性O^{2-}的C_3S质子化速度快，早期水化反应活性高。在 R 晶型C_3S中活性O^{2-}含量最高，具有显著高的强度性能。在同种晶型C_3S中，活性O^{2-}的电子结合能越低，C_3S的水化反应活性越高。

参考文献

[1] Nishi F, Takéuchi Y. The rhombohedral structure of tricalcium silicate at 1200℃[J]. Zeitschrift für Kristallographie: Crystalline Materials, 1984, 168: 197-212.

[2] Nishi F, Takéuchi Y, Watanabe I. Tricalcium silicate $Ca_3O[SiO_4]$: The monoclinic superstructure[J]. Zeitschrift für Kristallographie-Crystalline Materials, 1985, 172(1-4): 297-314.

[3] de la Torre Á G, Bruque S, Campo J, et al. The superstructure of C_3S from synchrotron and neutron powder diffraction and its role in quantitative phase analyses[J]. Cement and Concrete Research, 2002, 32(9): 1347-1356.

[4] Golovastikov N I, Matveeva R G, Belov N V. Crystal structure of the tricalcium silicate $3CaO·SiO_2$ = C_3S[J]. Soviet Physics: Crystallography, 1975, 20(4): 721-729.

[5] Jeffery J W. The crystal structure of tricalcium silicate[J]. Acta Crystallographic, 1952, 5(26): 24-35.

[6] Dunstetter F, Noirfontaine M N D, Courtial M. Polymorphism of tricalcium silicate, the major compound of Portland cement clinker: 1. Structural data: Review and unified analysis[J]. Cement and Concrete Research, 2006, 36(1): 54-64.

[7] de Noirfontaine M N, Dunstetter F, Courtial M, et al. Polymorphism of tricalcium silicate, the major compound of Portland cement clinker[J]. Cement and Concrete Research, 2006, 36(1): 54-64.

[8] Jost K H, Ziemer B. Relations between the crystal structures of calcium silicates and their reactivity against water[J]. Cement and Concrete Research, 1984, 14(2): 177-184.

[9] Taylor H F W. Cement Chemistry[M]. 2nd ed. London: Thomas Telford Edition, 1997:10-110.

[10] Odler I, Abdul-Maula S. Polymorphism and hydration of tricalcium silicate doped with ZnO[J]. Journal of the American Ceramic Society, 1983, 66(1): 1-4.

[11] Peterson V K, Brown C M, Livingston R A. Quasielastic and inelastic neutron scattering study of the hydration of monoclinic and triclinic tricalcium silicate[J]. Chemical Physics, 2006, 326(2):

381-389.

[12] Stephan D , Dikoundou S N , Raudaschl-Sieber G. Influence of combined doping of tricalcium silicate with MgO, Al_2O_3 and Fe_2O_3: Synthesis, grindability, X-ray diffraction and ^{29}Si NMR[J]. Materials and Structures, 2008, 41: 1729-1740.

[13] Stephan D, Sebastian W. Crystal structure refinement and hydration behaviour of $3CaO \cdot SiO_2$ solid solutions with MgO, Al_2O_3 and Fe_2O_3[J]. Journal of the European Ceramic Society, 2006, 26(1):141-148.

[14] Stephan D, Dikoundou S N, Raudaschl-Sieber G. Hydration characteristics and hydration products of tricalcium silicate doped with a combination of MgO, Al_2O_3 and Fe_2O_3[J]. Thermochimica Acta, 2008, 472: 64-73.

[15] Katyal N K, Ahluwalia S C, Parkash R. Effect of TiO_2 on the hydration of tricalcium silicate[J]. Cement and Concrete Research, 1999, 29:1851-1855.

[16] Omotoso O E, Ivey D G, Mikula R. Characterization of chromium doped tricalcium silicate using SEM/EDS, XRD and FTIR[J]. Journal of Hazardous Materials, 1995, 42(1): 87-102.

[17] Kolovos K, Tsivilis S, Kakali G. The effect of foreign ions on the reactivity of the $CaO-SiO_2-Al_2O_3-Fe_2O_3$ system. Part I: Anions[J]. Cement and Concrete Research, 2001, 31(3):425-429.

[18] Thompson R A, Killoh D C, Forrester J A. Crystal chemistry and reactivity of the MgO-stabilized alites[J]. Journal of the American Ceramic Society, 1975, 58(1-2): 54-57.

[19] Stephan D, Maleki H, Knöfel D, et al. Influence of Cr, Ni, and Zn on the properties of pure clinker phases: Part I. C_3S[J]. Cement and Concrete Research, 1999, 29(4): 545-552.

[20] Bensted J, Barnes P. Structure and Performance of Cements[M]. London: Spon Press, 2008: 41.

第 9 章　熟料中阿利特晶型调控及熟料性能研究

9.1　研 究 概 况

阿利特是硅酸盐水泥最主要的胶凝相。提高水泥熟料胶凝性的关键在于熟料中 C_3S 或阿利特含量及其活性的提高。大量研究和生产实践均表明，工业生产的水泥熟料中阿利特主要以单斜 M1 和 M3 晶型存在。作者团队从 21 世纪初开始，就系统研究了通过提高阿利特含量来提高硅酸盐水泥熟料强度的方法，并通过离子掺杂改善高阿利特引起的熟料烧成困难的问题。此外，外来离子在熟料矿物中固溶形成缺陷，引起晶格畸变或稳定性不同的晶型等。Courtial 等[1]对在实验室合成的阿利特和工业生产的水泥熟料中阿利特的晶型进行了区分。Staněk 等[2]通过改变 MgO/SO_3 的比例，获得单斜 M1 和 M3 晶型阿利特，研究了单斜 M1 和 M3 晶型阿利特对水泥强度的影响。结果表明，MgO/SO_3 的比例增加，可以稳定 M3 晶型阿利特，当其比例降低时，稳定 M1 晶型。特别值得提及的是，含 M1 和 M3 晶型阿利特的熟料性能存在显著差异，含 M1 晶型阿利特的熟料较含 M3 晶型阿利特的 3d、7d、28d 水化强度高 10%。

结合前述章节研究，P^{5+} 对阿利特高亚稳态具有较强的稳定能力。在多离子复合作用下，P^{5+} 可稳定 R 晶型阿利特，且其具有较高的后期水化反应活性，可显著提高强度性能。但熟料是一个复杂的多物相体系，P^{5+} 影响阿利特晶型的同时，往往对熟料的液相形成温度和液相性质等产生直接影响，显著影响熟料烧成。此外，水泥工业使用的含磷原料，除个别地区有含磷较高的黏土、煤等以外，主要还是以磷尾矿、磷石膏、磷渣等含磷废渣为主。其中的磷组分复杂，存在形式多样，主要以枪晶石、磷灰石及少量 $CaHPO_4$ 形式存在[3]，可分为可溶磷、共晶磷和沉淀磷三种[4]。因此，研究 P_2O_5 对水泥性能的影响时不应一概而论，应加以区别，进行系统研究。本章进一步系统研究原料中不同形式磷酸盐对熟料烧成及熟料中阿利特晶型等的影响，可为实现熟料中阿利特结构的有效调控、提高水泥性能等提供科学依据。

9.2　生料的易烧性

根据我国水泥熟料矿物的组成情况，设计熟料矿物组成为 60% C_3S 、23%

C_2S、7% C_3A 及 10% C_4AF，其化学组成及率值见表 9-2-1。本节以化学试剂为原料探讨化学试剂所配生料的易烧性，研究不同煅烧温度对该配比熟料烧成的影响，为进一步研究磷酸盐掺杂对熟料烧成和性能等的影响提供基础。

按化学计量配比加入各原料，混匀后再次磨细。生料加 8%水拌匀后，压成直径为 30mm、厚度为 5mm 的生料片，并在 105℃下烘干。生料片在 900℃马弗炉中预烧 30min 后，立即移入高温炉中恒温煅烧 30min，取出后电风扇急冷。将冷却后的样品用玛瑙研钵磨细，采用勃氏比表面积测定仪控制所有样品比表面积为 $(340\pm20)m^2/kg$。

表 9-2-1　熟料矿物组成和率值

原料化学成分/%				率值		
CaO	SiO_2	Al_2O_3	Fe_2O_3	KH	*n*	*p*
68.46	23.55	4.71	3.27	0.887	2.95	1.44

9.2.1　煅烧温度对游离氧化钙含量的影响

使用乙醇-乙二醇法对不同温度煅烧熟料进行游离氧化钙含量测定，所得样品游离氧化钙含量如图 9-2-1 所示。由图可知，所有样品游离氧化钙含量均较低(小于 0.4%)，说明采用该值时，化学试剂所配生料易烧性较好。熟料游离氧化钙含量随煅烧温度升高而呈现降低趋势，1450℃时，样品中游离氧化钙含量最低。

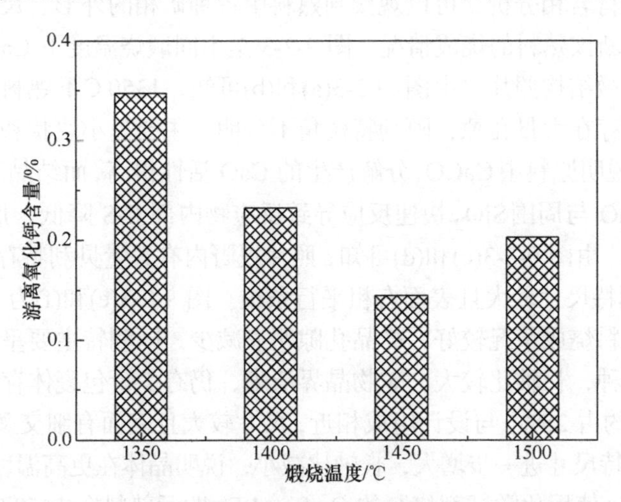

图 9-2-1　不同温度煅烧熟料样品的游离氧化钙含量

9.2.2　煅烧温度对熟料矿物组成的影响

图 9-2-2 为不同煅烧温度下熟料的 XRD 图谱。由图可见，样品的矿物组成主

要为单斜晶型的阿利特、贝利特和少量的C_4AF及C_3A。1350℃和1400℃煅烧熟料可见微弱f-CaO衍射峰，1450℃以上样品f-CaO衍射峰即已消失，与游离氧化钙测试结果一致。

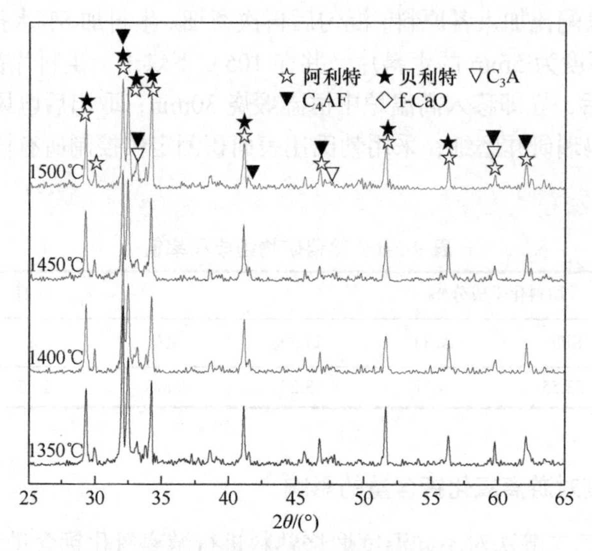

图 9-2-2 不同煅烧温度下熟料样品的 XRD 图谱

9.2.3 煅烧温度对熟料显微结构的影响

对熟料进行岩相分析，可以观察到熟料中各种矿相的外形、尺寸及其分布状态，有利于判断该熟料的烧成情况。图 9-2-3 是不同煅烧温度下 Ca-Si-Al-Fe 四元熟料的反光显微结构照片。由图 9-2-3(a)和(b)可知，1350℃下熟料的烧成还不够充分，熟料中存在大量孔隙，阿利特棱角不分明，主要呈小块状和长柱状，存在大量包裹物。说明原料中$CaCO_3$分解产生的 CaO 活性很高，而结晶度较好的SiO_2活性较低，CaO 与周围SiO_2快速反应导致反应物内部 C/S 降低，形成 Si 核或贝利特的包裹体。由图 9-2-3(c)和(d)可知，照片视野内有大量贝利特存在，约占总量的 30%，贝利特尺寸较大且表面有粗平行条纹。图 9-2-3(e)和(f)为 1450℃煅烧熟料的照片，熟料烧成情况较好，样品孔隙明显减少，阿利特主要呈大尺寸六方板状和长柱状两种，长轴比较大，矿物晶界清晰，仍有少量包裹体存在；贝利特数量明显减少，约占 25%，与设计组成相近，尺寸较大且表面有细交叉条纹。1500℃煅烧熟料阿利特尺寸进一步增大，长轴比减小，说明晶体在更高温度下生长。

综上所述，使用化学试剂烧制的 Ca-Si-Al-Fe 四元熟料在 1450℃已充分烧成，且阿利特发育较好，尺寸适中，含量基本符合设计。由此，考虑到磷在高温条件下具有一定的挥发性，确定该配比生料的最佳煅烧温度为 1450℃。

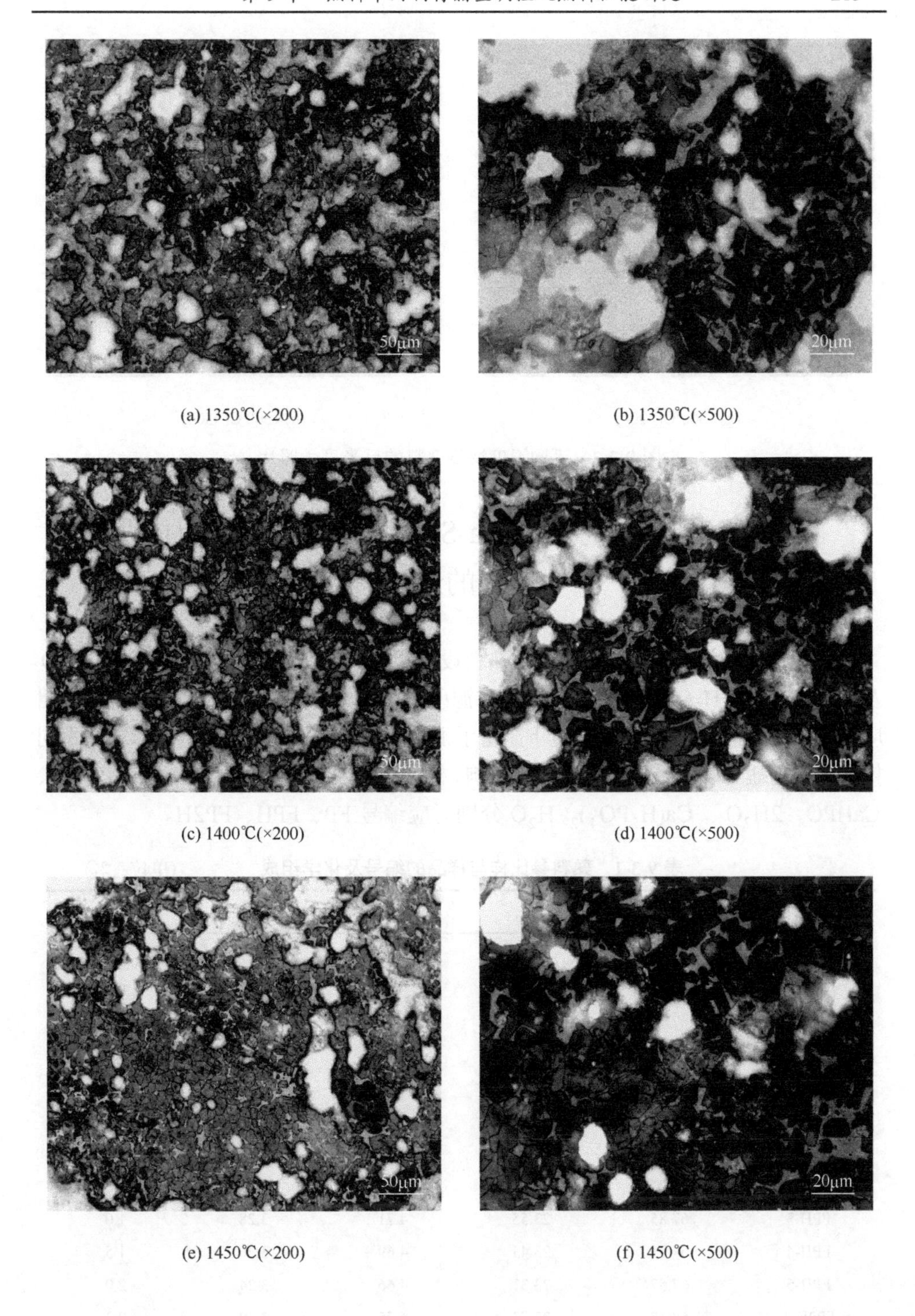

(a) 1350℃(×200)　(b) 1350℃(×500)

(c) 1400℃(×200)　(d) 1400℃(×500)

(e) 1450℃(×200)　(f) 1450℃(×500)

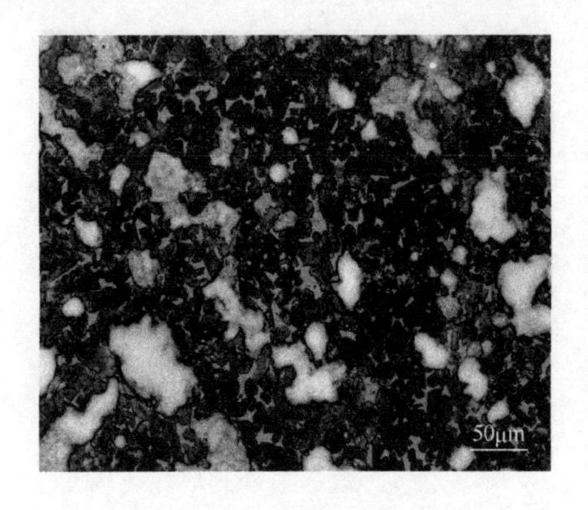

(g) 1500℃(×200)

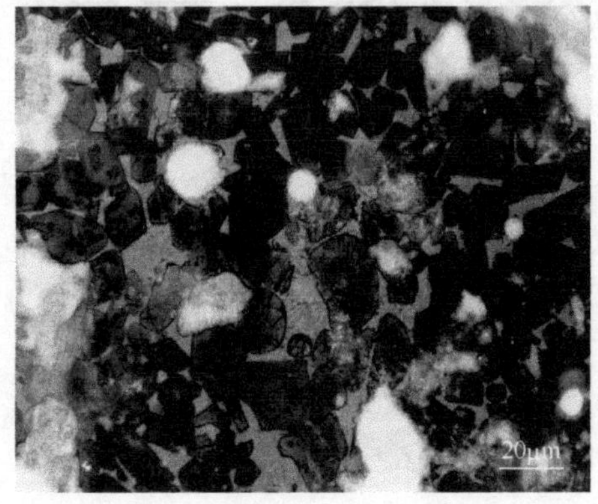

(h) 1500℃(×500)

图 9-2-3 不同温度煅烧熟料的反光显微照片

9.3 不同磷酸钙盐对 Ca-Si-Al-Fe 四元熟料组成及结构的影响

基于上述 Ca-Si-Al-Fe 四元体系熟料设计组成，以 $Ca_3(PO_4)_2$ 、$CaHPO_4 \cdot 2H_2O$ 及 $Ca(H_2PO_4)_2 \cdot H_2O$ 为三种不同形式磷源引入 P_2O_5 ，并按照 P 取代 Si 位补足相应的 $CaCO_3$ ，在 1450℃煅烧温度下制备了不同磷含量的熟料，研究不同形式及不同掺量磷酸钙盐对该体系熟料阿利特的影响。样品组成及编号见表 9-3-1，$Ca_3(PO_4)_2$ 、$CaHPO_4 \cdot 2H_2O$ 、$Ca(H_2PO_4)_2 \cdot H_2O$ 分别对应编号 FP、FPH、FP2H。

表 9-3-1 熟料参比样与样品的编号及化学组成 (单位：%)

编号	CaO	SiO_2	Al_2O_3	Fe_2O_3	P_2O_5
参比样	68.14	23.79	4.76	3.31	0
FP-1	67.94	23.72	4.75	3.30	0.3
FP-2	67.73	23.65	4.73	3.29	0.6
FP-3	67.46	23.55	4.71	3.28	1.0
FP-4	67.12	23.43	4.69	3.26	1.5
FP-5	66.78	23.31	4.66	3.24	2.0
FPH-1	68.05	23.72	4.75	3.30	0.3
FPH-2	67.97	23.65	4.73	3.29	0.6
FPH-3	67.85	23.55	4.71	3.28	1.0
FPH-4	67.71	23.43	4.69	3.26	1.5
FPH-5	67.57	23.31	4.66	3.24	2.0
FP2H-1	68.17	23.72	4.75	3.30	0.3

续表

编号	CaO	SiO_2	Al_2O_3	Fe_2O_3	P_2O_5
FP2H-2	68.21	23.65	4.73	3.29	0.6
FP2H-3	68.25	23.55	4.71	3.28	1.0
FP2H-4	68.30	23.43	4.69	3.26	1.5
FP2H-5	68.36	23.31	4.66	3.24	2.0

9.3.1 磷酸钙盐对熟料烧成的影响

不同样品的生料在相同条件下煅烧后，用游标卡尺测定烧成后熟料片的直径，得到烧成熟料片样品的线收缩率，如图 9-3-1 所示。由图可见，随着磷掺量增大，熟料片收缩率增大，说明 P_2O_5 对熟料液相性质有较大影响，能够有效降低液相黏度，增加液相量，促进 CaO、C_2S 溶解扩散；其中以 $CaHPO_4 \cdot 2H_2O$ 和 $Ca_3(PO_4)_2$ 为磷源掺杂样品的收缩程度明显高于 $Ca(H_2PO_4)_2 \cdot H_2O$，说明 $CaHPO_4 \cdot 2H_2O$ 对液相性质的影响更大。

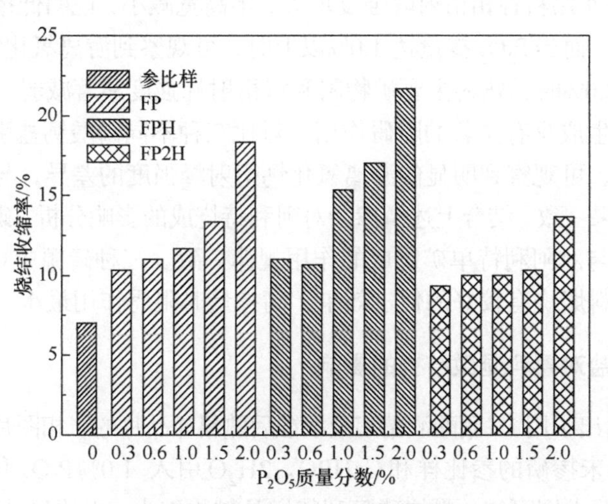

图 9-3-1　烧成熟料片样品线收缩率

图 9-3-2 为样品游离氧化钙含量。比较三种不同形式磷酸钙盐的影响可知，P_2O_5 掺量低(≤1.0%)时，掺杂 $Ca(H_2PO_4)_2 \cdot H_2O$ 的样品随磷掺量呈缓慢增大的趋势；而掺杂 $Ca_3(PO_4)_2$ 和 $CaHPO_4 \cdot 2H_2O$ 的样品中游离氧化钙含量基本保持不变。P_2O_5 掺量≥1.5%时，所有样品中游离氧化钙含量随 P_2O_5 磷掺量增加而急剧增大；P_2O_5 掺量达到 2.0%时，所有样品游离氧化钙含量均在 4%以上，但掺杂 $CaHPO_4 \cdot 2H_2O$ 样品游离氧化钙含量相对最低，掺杂 $Ca(H_2PO_4)_2 \cdot H_2O$ 的样品的游离氧化钙含量最高。

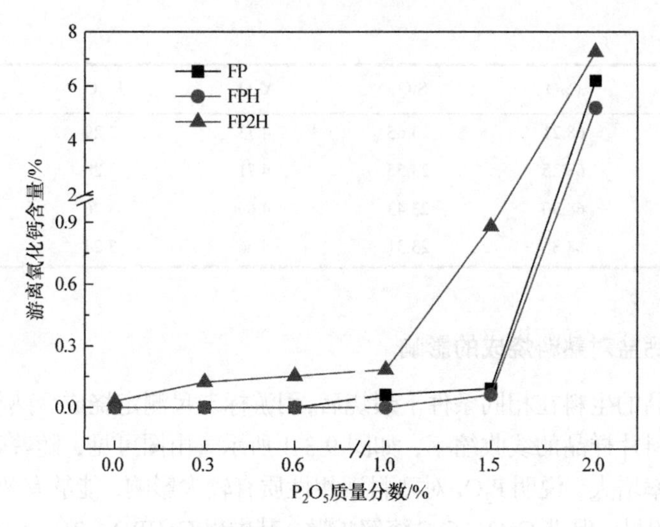

图 9-3-2　不同磷酸钙盐掺杂样品游离氧化钙含量曲线

图 9-3-3 为三种磷酸钙盐不同掺量下熟料样品的 XRD 图谱。由图可知，少量 P_2O_5 掺杂可以使熟料各相衍射峰强度增大，半高宽减小，说明低掺量磷能够促进熟料矿物结晶。而当 P_2O_5 掺量达 1.0%以上时，可观察到游离氧化钙特征衍射峰，P_2O_5 掺量为 2.0%时，熟料主要矿物阿利特衍射峰强度显著减弱。这说明高掺量磷对熟料矿物生成具有显著的阻碍作用。对比三种不同磷酸钙盐引入 2.0% P_2O_5 掺量时的样品，可观察到明显的游离氧化钙衍射峰强度的差异，与上述游离氧化钙含量分析结果一致。结合上述磷掺杂对阿利特烧成的影响分析，磷对熟料烧成的影响规律基本与对阿利特单矿烧成的作用规律一致。三种磷源中 $CaHPO_4 \cdot 2H_2O$ 低掺量时对熟料煅烧有较好的促进效果，高掺量时阻碍作用最小。

9.3.2　磷酸钙盐对熟料显微结构的影响

图 9-3-4 给出了用 1%硝酸酒精溶液浸蚀后熟料样品片的岩相图片。图 9-3-4(a)、(c)和(e)分别为未掺磷的参比样和 $CaHPO_4 \cdot 2H_2O$ 引入 1.0% P_2O_5 和 2.0% P_2O_5 样品的岩相图片。由图可知，未掺磷阿利特样品矿物细小，平均尺寸在 10μm 左右，贝利特形状不规则尺寸较大，中间相分布均匀；掺杂 1.0% P_2O_5 之后，可促进阿利特发育[5]，出现大量包裹贝利特的大尺寸阿利特，平均尺寸在 50μm 左右，且阿利特边界大量溶蚀；P_2O_5 掺量增至 2.0%时，贝利特含量增高至约占 60%，可观察到内部含有孔隙和贝利特的超大尺寸阿利特(100μm 以上)。对比同掺量不同磷源掺杂样品的图 9-3-4(b)、(c)和(d)，发现照片中阿利特都呈溶蚀状；FPH-3 样品中阿利特相尺寸较大，部分边界清晰，贝利特形状规则，含量约为 30%；FP-3 和 FP2H-3 样品中阿利特浸蚀严重，大片连生，贝利特形状尺寸不规则且含量较高。

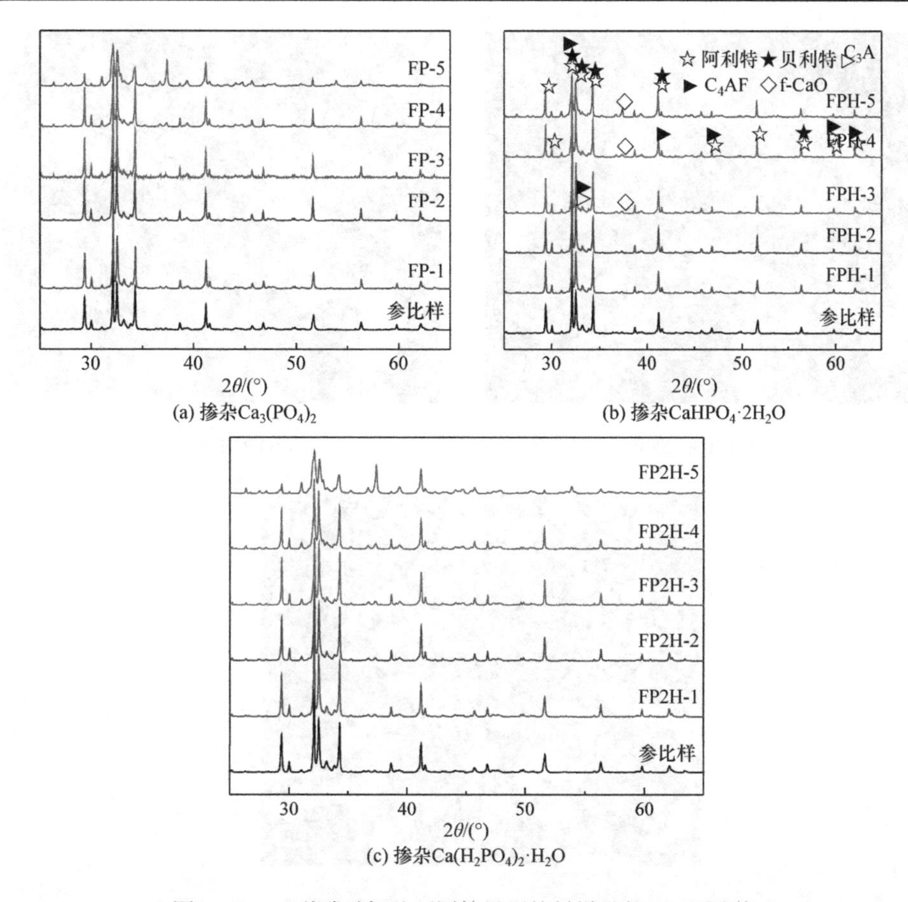

(a) 掺杂$Ca_3(PO_4)_2$　(b) 掺杂$CaHPO_4·2H_2O$

(c) 掺杂$Ca(H_2PO_4)_2·H_2O$

图 9-3-3　三种磷酸钙盐不同掺量下熟料样品的 XRD 图谱

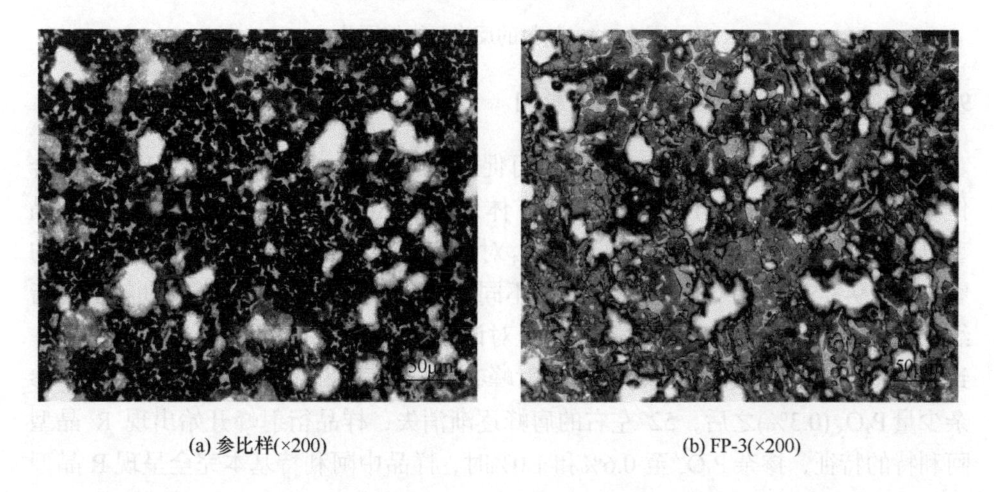

(a) 参比样(×200)　(b) FP-3(×200)

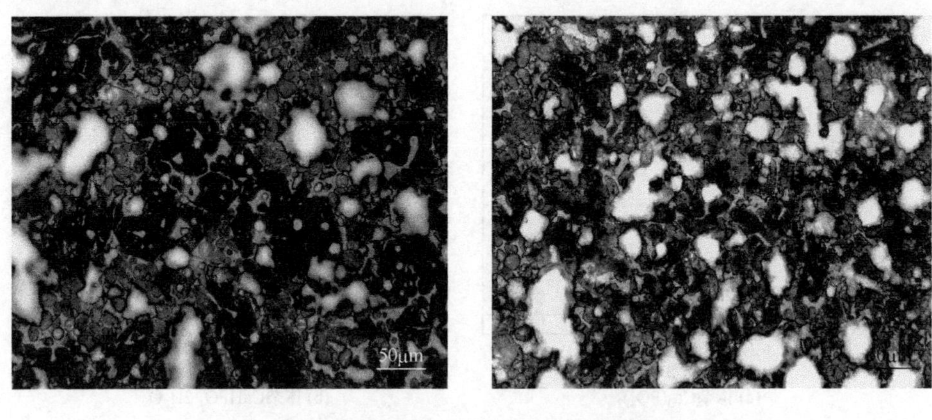

(c) FPH-3(×200)　　(d) FP2H-3(×200)

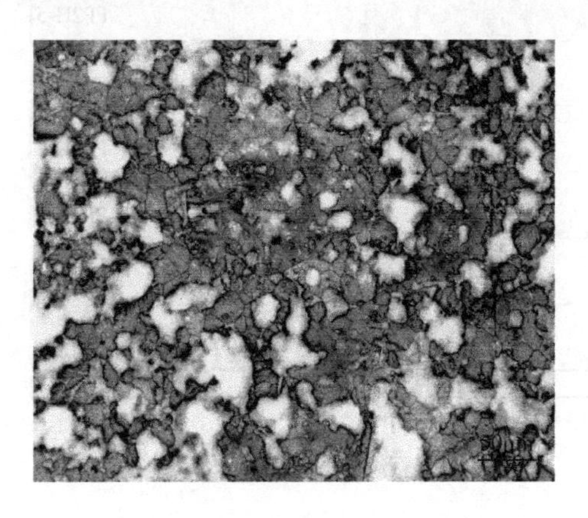

(e) FPH-5 (×200)

图 9-3-4　熟料的反光显微镜图片

9.3.3　磷酸钙盐对熟料组成结构的影响

前文已经证实，少量 P_2O_5 的掺杂可促进熟料烧成，且 $CaHPO_4 \cdot 2H_2O$ 的综合作用效果最好。但掺杂 P_2O_5 后，与单矿体系有何不同，是否对熟料中阿利特的晶型具有调控作用？本节进一步研究 P_2O_5 对熟料矿物组成，尤其是对阿利特晶型的影响。图 9-3-5 给出了对三种磷酸钙盐不同掺量下样品 XRD 图谱的阿利特特征指纹区。由图可见，三种不同磷源中 P_2O_5 对该熟料中阿利特晶型的影响规律基本一致。未掺 P_2O_5 的参比样在 52°左右衍射峰有明显的肩峰，为 M3 晶型阿利特；掺杂少量 P_2O_5 (0.3%)之后，52°左右的肩峰逐渐消失，样品衍射峰开始出现 R 晶型阿利特的特征，掺杂 P_2O_5 至 0.6%和 1.0%时，样品中阿利特基本完全呈现 R 晶型特征；P_2O_5 掺量继续增加，阿利特衍射峰强度明显降低，半高宽宽化，掺杂 P_2O_5

至 2.0%时，贝特利衍射峰显著增强。这也与前述样品中游离氧化钙含量变化相吻合。

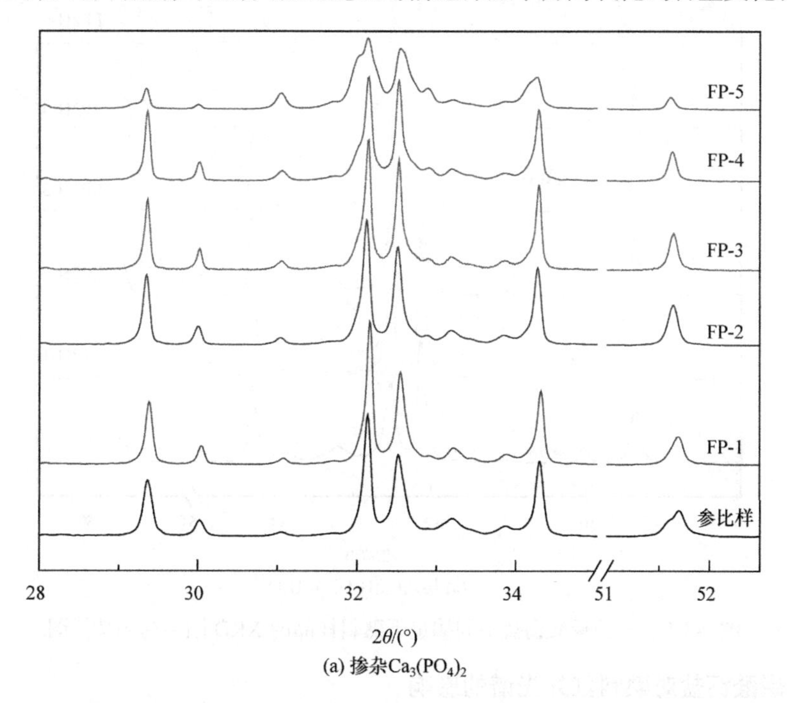

(a) 掺杂$Ca_3(PO_4)_2$

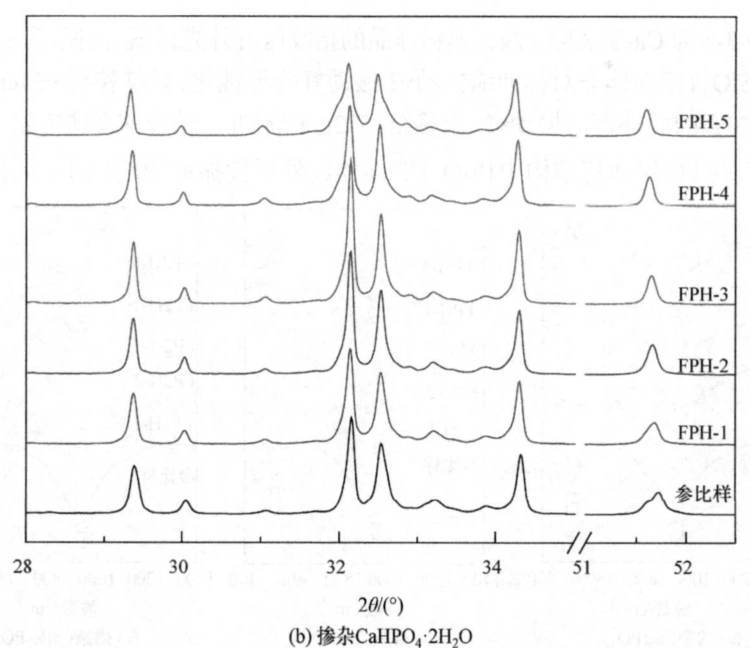

(b) 掺杂$CaHPO_4·2H_2O$

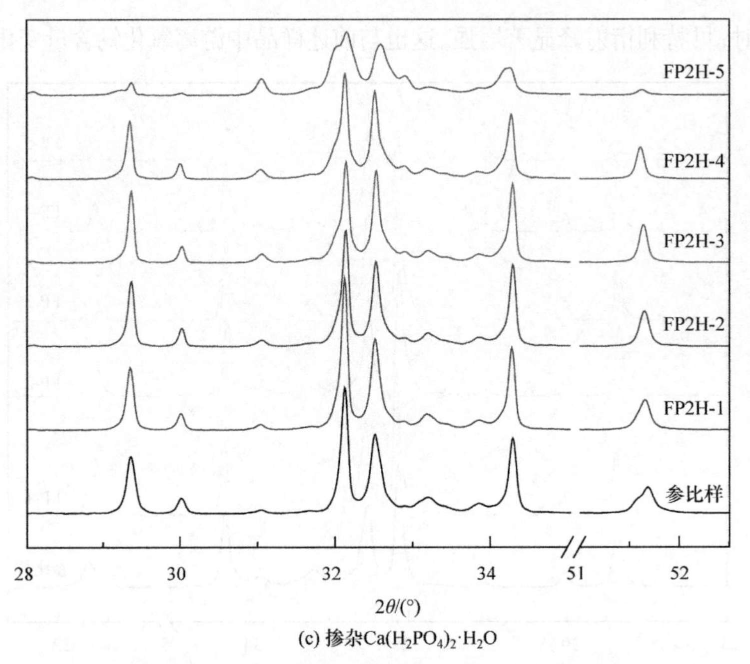

(c) 掺杂$Ca(H_2PO_4)_2 \cdot H_2O$

图 9-3-5　三种磷酸钙盐不同掺量下熟料样品的 XRD 图谱局部特征图

9.3.4　磷酸钙盐对熟料红外光谱的影响

图 9-3-6 为 Ca-Si-Al-Fe 四元熟料样品的指纹区红外光谱图。由图可知，937cm^{-1}附近的[SiO_4]四面体非对称伸缩振动ν3 振动峰峰形钝化，且红移至 933cm^{-1}附近；524cm^{-1}左右的面外弯曲振动ν2 蓝移至 522cm^{-1}附近。结合前文研究结果，说明 P^{5+} 固溶对熟料阿利特结构中[SiO_4]四面体红外活性振动影响较小；同掺量不同

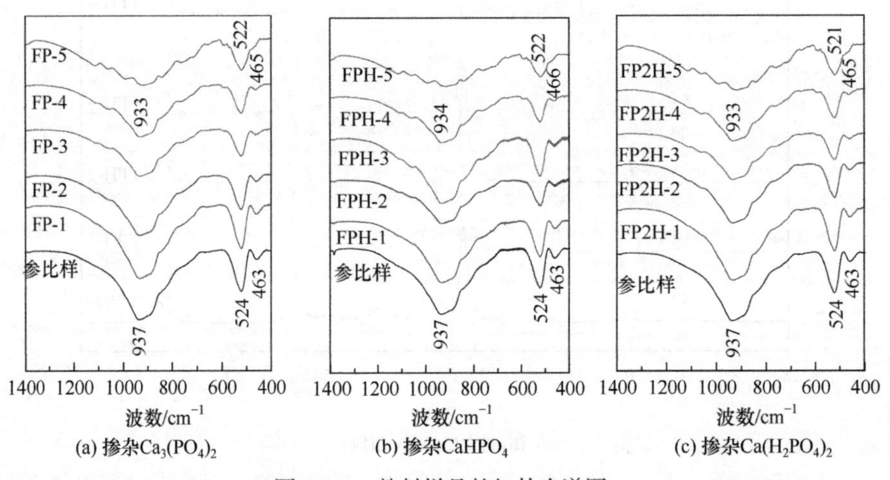

(a) 掺杂$Ca_3(PO_4)_2$　(b) 掺杂$CaHPO_4$　(c) 掺杂$Ca(H_2PO_4)_2$

图 9-3-6　熟料样品的红外光谱图

磷酸钙盐掺杂样品间未发现明显差异，与 XRD 分析结果一致。

9.4 多组分作用下不同磷酸钙盐在熟料中的作用

与 9.3 节制备方式相同，使用化学纯试剂，按设计熟料矿物组成 60% C_3S 、23% C_2S 、7% C_3A 及 10% C_4AF 配制生料。参考一般熟料所含杂质离子种类和数量，以预磨细后的 Na_2CO_3 、MgO、K_2CO_3 和 $CaSO_4 \cdot 2H_2O$ 等形式引入 Na、K、Mg、S 等杂质离子和掺杂 P_2O_5，并按相同工艺煅烧制备模拟工业熟料，样品比表面积控制为(340±20)m²/kg。

以 $Ca_3(PO_4)_2$ 、$CaHPO_4 \cdot 2H_2O$ 及 $Ca(H_2PO_4)_2 \cdot H_2O$ 三种不同形式磷源引入 P_2O_5 (分别以 P、PH 和 P2H 代表三种不同形式磷酸盐)，掺量变化与前述保持一致，并按照 P 取代 Si 位补足相应的 $CaCO_3$，研究不同形式及不同掺量磷酸钙盐对该体系熟料阿利特的影响。样品组成及编号见表 9-4-1。

表 9-4-1 模拟工业熟料参比样与样品的化学组成

样品	化学组成/%										
	CaO	SiO_2	Na_2O	K_2O	MgO	Al_2O_3	Fe_2O_3	SO_3	P_2O_5		
									P_2O_5(P)	P_2O_5(PH)	P_2O_5(P2H)
参比样	65.49	22.87	0.40	0.40	2.59	4.57	3.18	0.50	—	—	—
CP-1	65.29	22.80	0.40	0.40	2.58	4.56	3.17	0.50	0.3	—	—
CP-2	65.10	22.73	0.40	0.40	2.57	4.54	3.16	0.50	0.6	—	—
CP-3	64.84	22.64	0.40	0.40	2.56	4.52	3.15	0.50	1.0	—	—
CP-4	64.51	22.53	0.39	0.39	2.55	4.50	3.13	0.49	1.5	—	—
CP-5	64.18	22.41	0.39	0.39	2.54	4.48	3.12	0.49	2.0	—	—
CPH-1	65.41	22.80	0.40	0.40	2.58	4.56	3.17	0.50	—	0.3	—
CPH-2	65.33	22.73	0.40	0.40	2.57	4.54	3.16	0.50	—	0.6	—
CPH-3	65.23	22.64	0.40	0.40	2.56	4.52	3.15	0.50	—	1.0	—
CPH-4	65.10	22.53	0.39	0.39	2.55	4.50	3.13	0.49	—	1.5	—
CPH-5	64.97	22.41	0.39	0.39	2.54	4.48	3.12	0.49	—	2.0	—
CP2H-1	65.53	22.80	0.40	0.40	2.58	4.56	3.17	0.50	—	—	0.3
CP2H-2	65.57	22.73	0.40	0.40	2.57	4.54	3.16	0.50	—	—	0.6
CP2H-3	65.63	22.64	0.40	0.40	2.56	4.52	3.15	0.50	—	—	1.0
CP2H-4	65.69	22.53	0.39	0.39	2.55	4.50	3.13	0.49	—	—	1.5
CP2H-5	65.76	22.41	0.39	0.39	2.54	4.48	3.12	0.49	—	—	2.0

9.4.1 磷酸钙盐对熟料烧成的影响

图 9-4-1 为样品游离氧化钙含量曲线。由该曲线可知，三组样品的游离氧化钙含量都随磷掺量增大而增大。1.5%掺量以下游离氧化钙含量增长较慢；1.5%掺量以上时，磷掺量继续增加，游离氧化钙含量增长较快，2.0%掺量时游离氧化钙含量较高(0.7%左右)，但仍远低于 Ca-Si-Al-Fe 四元纯熟料体系下同掺量样品。这说明适量 HPO_4^{2-} 有利于改善熟料易烧性[6]，且多种杂质离子复合作用可以缓解高掺量磷对熟料生成的阻碍作用。同掺量下 $Ca(H_2PO_4)_2 \cdot H_2O$ 样品游离氧化钙含量高于其他三种掺杂磷源，$CaHPO_4 \cdot 2H_2O$ 与 $Ca_3(PO_4)_2$ 样品的烧成表现情况基本一致。

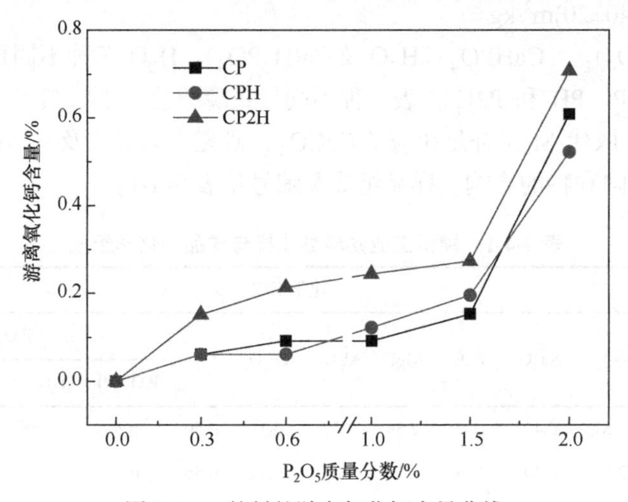

图 9-4-1 熟料的游离氧化钙含量曲线

9.4.2 磷酸钙盐对熟料显微结构的影响

图 9-4-2 为 1.0%硝酸酒精溶液浸蚀后观察的熟料样品片的岩相图片。由图可知，未掺磷的熟料中阿利特晶体细小，多呈六方长柱状，晶界清晰棱角分明，贝利特数量较少。掺杂 1.0% P_2O_5 后($CaHPO_4 \cdot 2H_2O$)，阿利特明显尺寸变大，有大量包裹物存在；阿利特边界溶蚀，但程度较 Ca-Si-Al-Fe 四元纯熟料有所减轻；贝

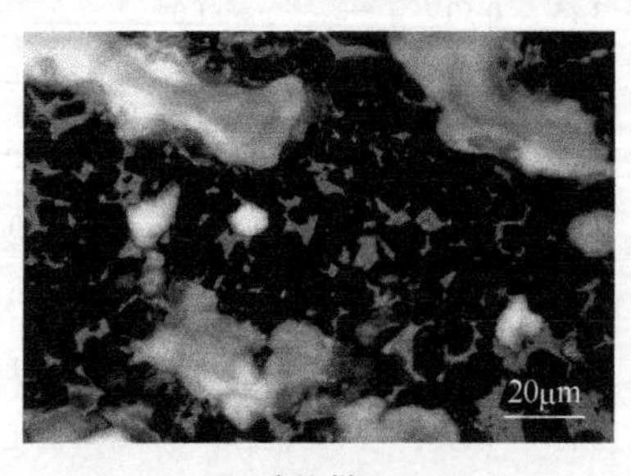

(a) 参比样 (×500)

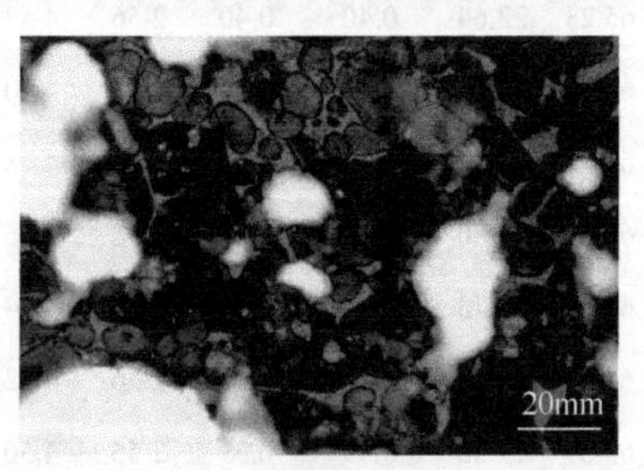

(b) CPH-3 (×500)

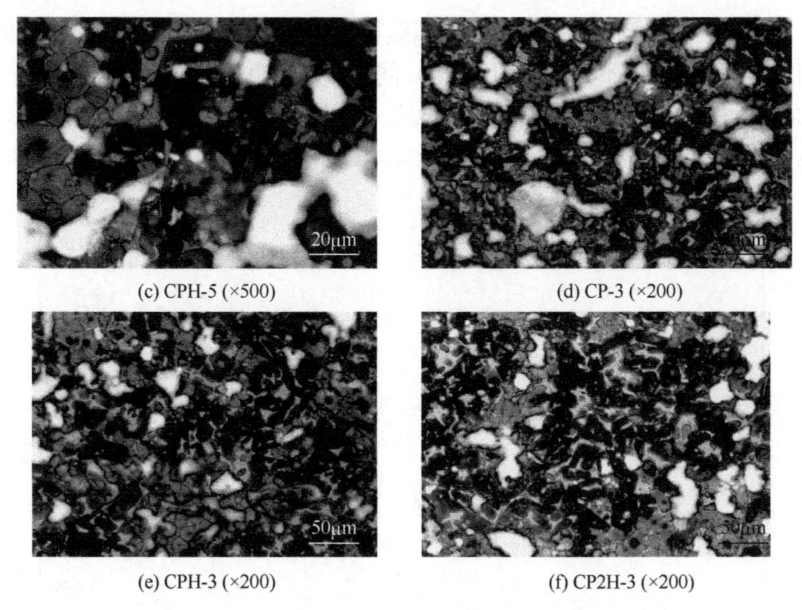

(c) CPH-5 (×500)　(d) CP-3 (×200)

(e) CPH-3 (×200)　(f) CP2H-3 (×200)

图 9-4-2　不同形式磷源掺杂熟料的反光显微镜照片

利特集中在孔隙边缘，数量在 20%左右。$CaHPO_4 \cdot 2H_2O$ 引入 P_2O_5 掺量在 2.0%时，阿利特进一步长大，最大尺寸达到 180μm 左右，可清楚观察到大量包裹物；贝利特尺寸也有一定增大；中间相含量有一定减少，其原因可能与含磷熟料硅酸盐相中 Al_2O_3 和 Fe_2O_3 等固溶量的增加有关[7]。

对比同磷掺量不同形式磷酸钙盐掺杂的样品图 9-4-2(d)、(e)和(f)可见，以 $CaHPO_4 \cdot 2H_2O$ 为磷源的 CPH-3 样品中阿利特的尺寸适中，较其他两组样品为小。阿利特尺寸过大对熟料粉磨和水泥性能的发展均不利[8]；包裹体含量较高，尺寸较小，分布均匀，有益于水泥水化反应活性的提高[9]。

9.4.3　磷酸钙盐对熟料组成结构的影响

图 9-4-3 给出了三种磷酸钙盐不同掺量下熟料样品 XRD 局部衍射峰谱图。由图可知，未掺 P_2O_5 的参比样品 $2\theta = 28.5°$、32.7°和 52°左右衍射峰分别有一个明显的肩峰平台，与前人研究结果[10-12]对比，确认为 M3 晶型阿利特。以磷酸钙盐掺杂 P_2O_5 之后，由 0.3%掺量样品可看出 28.5°左右衍射峰平台消失，基本以单峰形式存在；32.7°左右衍射峰也更加尖锐，样品衍射峰出现 R 晶型阿利特的特征。掺量为 0.6%时，以上所述三处衍射峰基本完成锐化，为单峰，基本呈现 R 晶型特征。磷掺量为继续增加，阿利特衍射峰峰形不变，与单矿体系 1.0%掺量稳定 R 晶型阿利特的结论相近，掺杂 P_2O_5 在熟料中也可以获得 R 晶型阿利特。2.0%掺量时衍射峰强度有一定下降，但与 Ca-Si-Al-Fe 四元熟料体系相比仍有很高强度，说明引

入 Na、K、Mg 和 S 等杂质离子后，模拟熟料对高含量磷的耐受性有较大幅度提高。

图 9-4-3(d)为三种不同磷源引入 P_2O_5 同掺量(0.3%)样品局部衍射图。由上述分析可知，三个样品都为 M3 与 R 晶型的混晶。与单矿体系低磷掺量下 $CaHPO_4 \cdot 2H_2O$

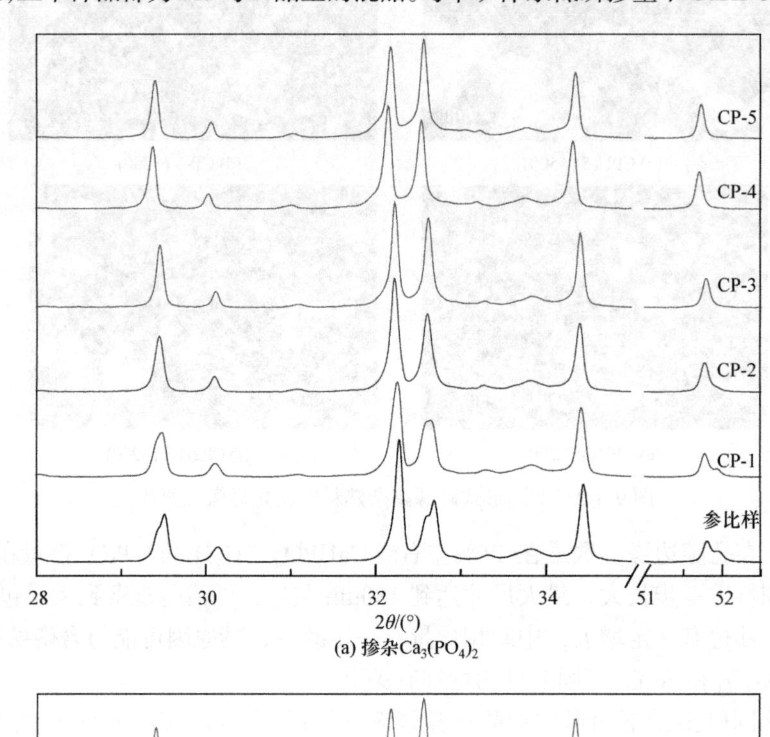

(a) 掺杂 $Ca_3(PO_4)_2$

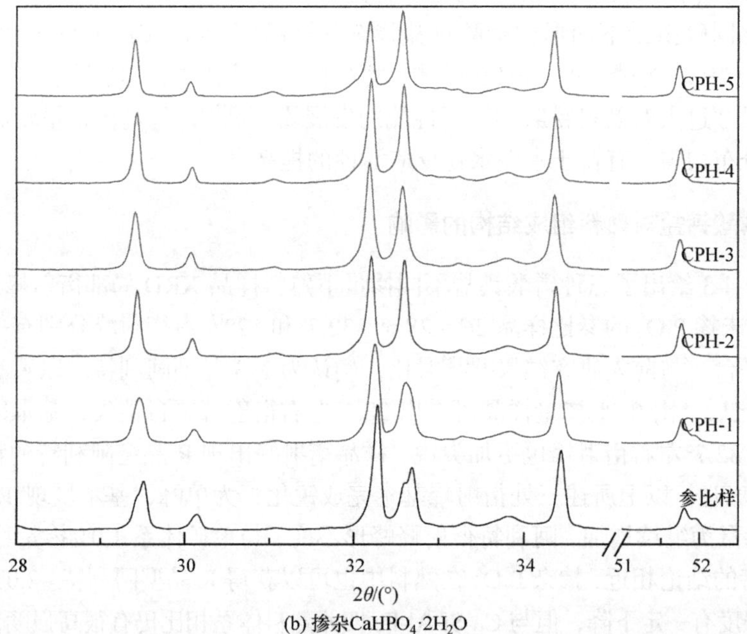

(b) 掺杂 $CaHPO_4 \cdot 2H_2O$

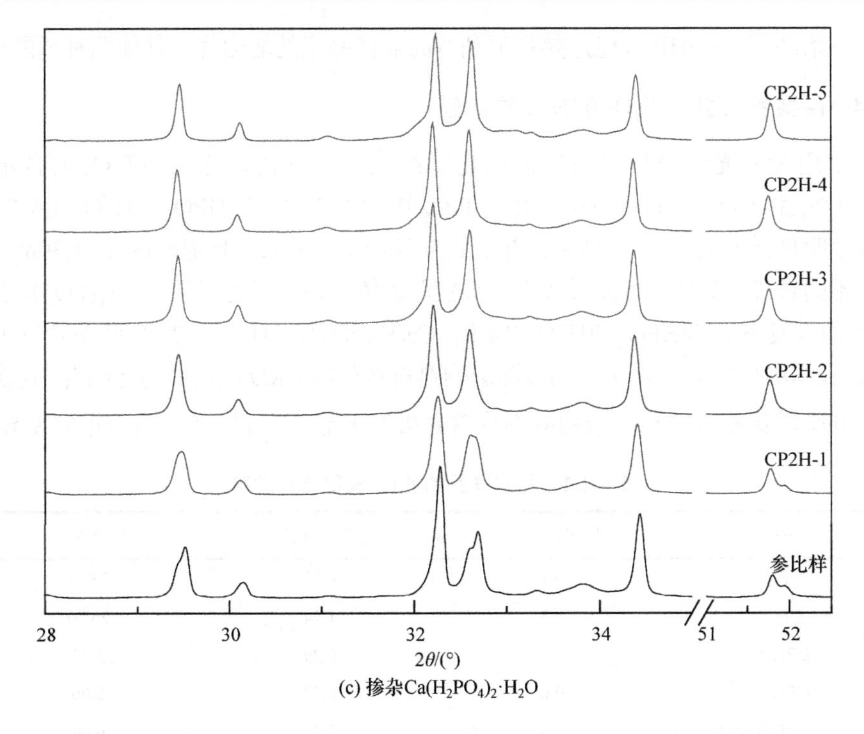

(c) 掺杂$Ca(H_2PO_4)_2 \cdot H_2O$

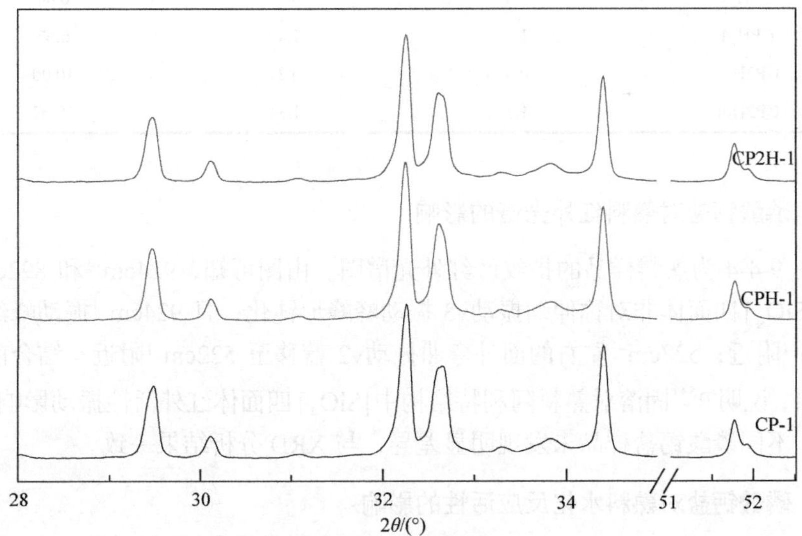

(d) CP-1、CPH-1和CP2H-1

图 9-4-3　三种磷酸钙盐不同掺量下熟料样品的 XRD 局部衍射峰谱图

更易于稳定 R 晶型阿利特现象相似的是，模拟工业熟料阿利特也存在这一趋势：CPH-1 样品衍射谱 28.5°左右衍射峰更尖锐，32.7°左右衍射峰也有别于其他两种磷源样品存在平台的特征，而更趋近于单峰。因此认为本实验所采用的模拟工业熟料制备条件下，$CaHPO_4$稳定熟料阿利特高亚稳晶型的能力优于其他两种磷酸盐。

9.4.4　磷酸钙盐引入 P_2O_5 的挥发性比较

采用荧光光谱分析仪对样品的化学组成进行分析，样品中 P_2O_5 的含量见表 9-4-2。由表可知，磷挥发率变化与 P_2O_5 掺量正相关。$CaHPO_4 \cdot 2H_2O$ 引入 P_2O_5 挥发率明显低于文献[13]的研究结果，这应该与本实验煅烧保温时间较短(30min)有关。不同磷酸钙盐挥发性差异较大，且较单矿体系差异更为明显：$Ca_3(PO_4)_2$ 引入 P_2O_5 的挥发率是 $CaHPO_4 \cdot 2H_2O$ 的 4 倍，$Ca(H_2PO_4)_2 \cdot 2H_2O$ 的 2 倍。此差异与 9.4.3 节分析的 0.3% P_2O_5 掺量下不同磷源影响熟料阿利特 XRD 图谱的趋势吻合，再次说明不同磷酸钙盐对阿利特结构的影响差异极有可能是来源于 P^{5+} 固溶量的差异。

表 9-4-2　熟料样品的 P_2O_5 含量及挥发率

编号	理论含量/%	测定含量/%	挥发率/%
CP-1	0.3	0.23	23.33
CP-4	1.5	1.14	24.00
CPH-1	0.3	0.29	3.33
CPH-2	0.6	0.57	5.00
CPH-3	1.0	0.94	6.00
CPH-4	1.5	1.40	6.67
CP2H-1	0.3	0.27	10.00
CP2H-4	1.5	1.34	10.67

9.4.5　磷酸钙盐对熟料红外光谱的影响

图 9-4-4 为熟料样品的指纹区红外光谱图。由图可知，924cm^{-1}和 892cm^{-1}附近的$[SiO_4]$四面体非对称伸缩振动ν3 振动峰峰形钝化，且 924cm^{-1}振动峰红移至 931cm^{-1}附近；527cm^{-1}左右的面外弯曲振动ν2 蓝移至 522cm^{-1}附近。结合前文研究结果，说明 P^{5+} 固溶对熟料阿利特结构中$[SiO_4]$四面体红外活性振动影响较小。此外，不同磷酸钙盐样品未发现明显差异，与 XRD 分析结果一致。

9.4.6　磷酸钙盐对熟料水化反应活性的影响

采用 TAM Air 8 通道微量热仪测定了熟料的水化反应活性，温度(20.00±0.01)℃，水灰比 0.5。由于粉磨细度和磨细方式对熟料活性有很大影响[14]，采用勃氏法测定比表面积，并严格控制其比表面积在 340m^2/kg 左右。图 9-4-5 给出了熟料水化放热速率及累积水化放热曲线。由图可知，磷掺杂对熟料水化动力学特征影响显著。与未掺磷的参比样相比，随着 P_2O_5 掺量增加，样品水化诱导期延长，主水化反应放热峰降低，说明 P_2O_5 使主水化反应延缓，水化放热速率降低。但 P_2O_5 掺量达 1.0%稳定 R 型阿利特后，水化放热速率与 0.6% P_2O_5 掺量时接近。

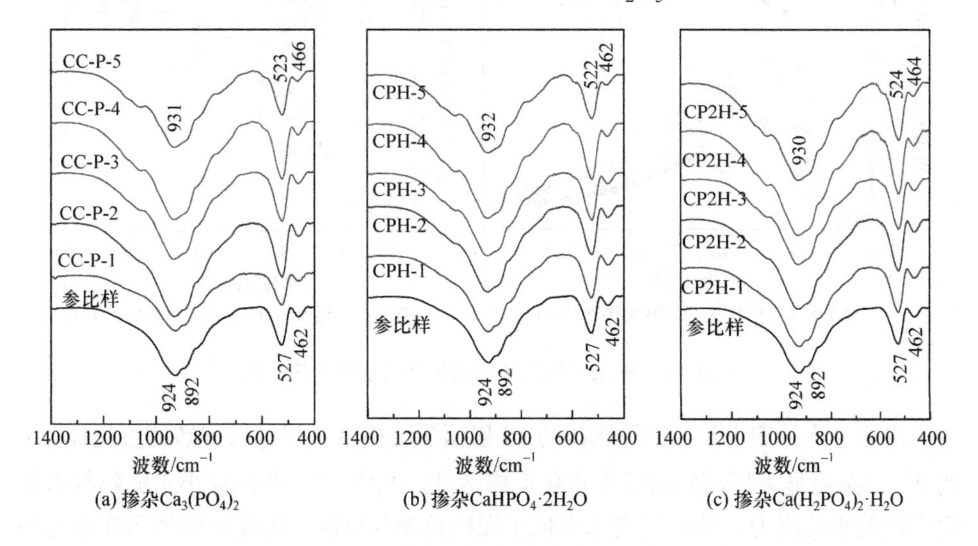

(a) 掺杂 $Ca_3(PO_4)_2$　(b) 掺杂 $CaHPO_4·2H_2O$　(c) 掺杂 $Ca(H_2PO_4)_2·H_2O$

图 9-4-4　熟料样品的指纹红外光谱图

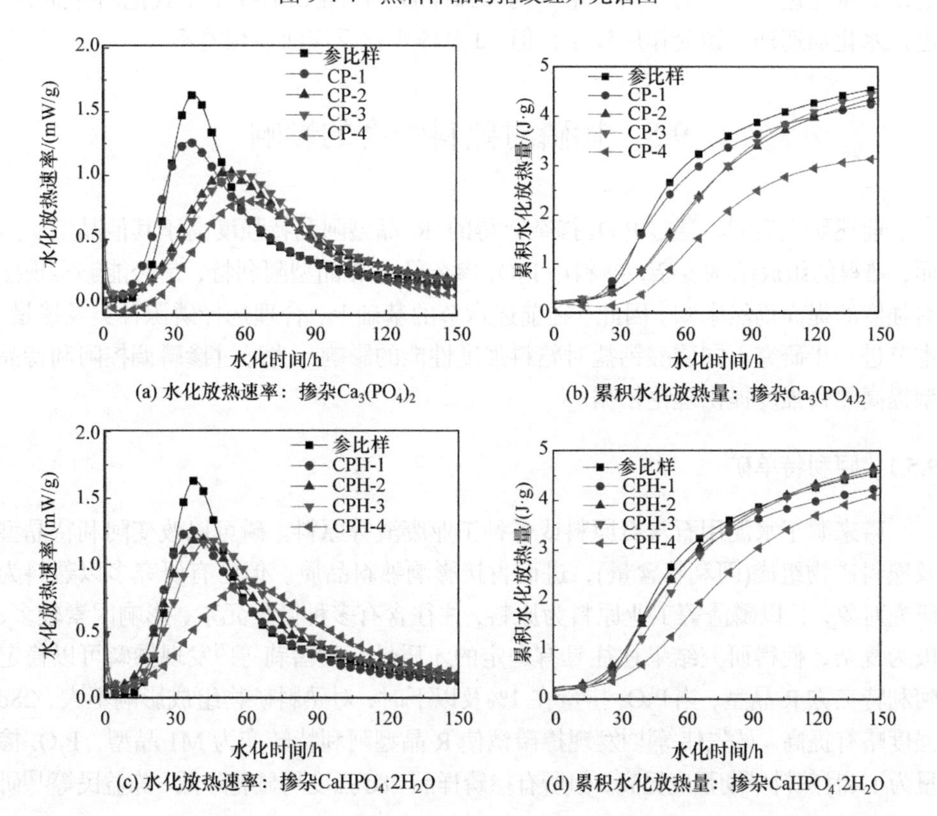

(a) 水化放热速率：掺杂 $Ca_3(PO_4)_2$　(b) 累积水化放热量：掺杂 $Ca_3(PO_4)_2$

(c) 水化放热速率：掺杂 $CaHPO_4·2H_2O$　(d) 累积水化放热量：掺杂 $CaHPO_4·2H_2O$

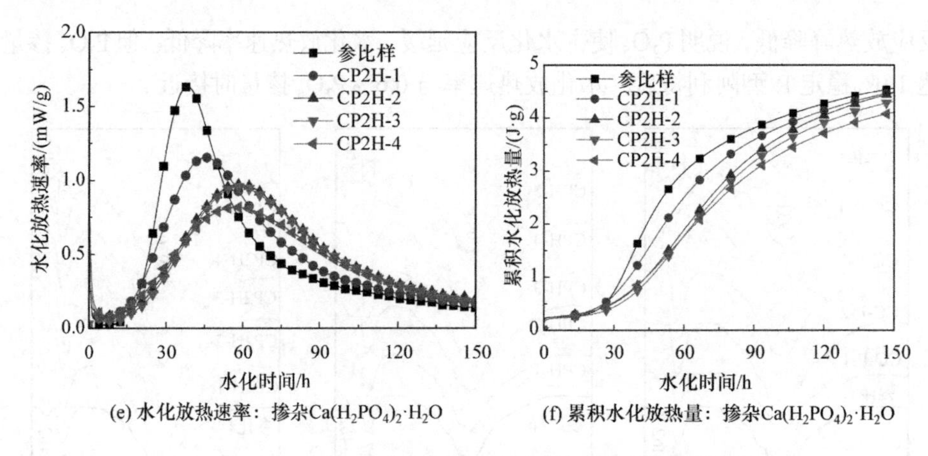

图 9-4-5 掺杂不同磷酸钙盐样品的水化放热曲线

水化进入稳定期后，掺磷熟料的 3d 累积活性接近或超过未掺磷的参比样，说明 P^{5+} 掺杂可显著提高熟料后期水化反应活性。P_2O_5 的掺杂会减小水泥熟料水化稳定期的水化阻力，从而促进未水化水泥颗粒参与反应，提高胶凝体系在水化稳定期的水化速率[15]。对于同掺量不同磷源样品，样品 CPH-3 早于其他两样品 20h 进入水化加速期，缓凝作用较小；但 3d 总体水化反应活性相差不大。

9.5 掺磷对熟料强度的影响

前述研究表明，通过 P_2O_5 掺杂获得的 R 晶型阿利特强度高于其他晶型。然而，熟料的组成结构复杂，熟料中 P_2O_5 掺杂稳定 R 晶型阿利特，是否能够实现熟料强度的提高仍然未知。因此，在前述章节的基础上，合理选择磷源种类及掺量，本节进一步研究不同磷酸钙盐对熟料强度性能的影响，为通过掺磷调控阿利特晶型提高熟料强度提供理论依据。

9.5.1 阿利特单矿

磷来源于水泥用石灰石原料或各种工业废渣等原料。磷可以改变阿利特晶型及熟料矿物组成(阿利特含量)，进而直接影响熟料品质。但已有研究多以熟料为研究对象，且以磷渣等工业原料为原料，往往含有多种微量元素，影响因素较多，极为复杂，使得研究结果往往具有一定的矛盾性。童雪莉等[7]发现掺磷可以稳定阿利特三方 R 晶型，当 P_2O_5 掺量在 1%及以下时，对熟料矿物组成影响不大，28d 强度略有提高。马先伟等[16]发现掺磷诱使 R 晶型阿利特转变为 M1 晶型，P_2O_5 掺量为 1%时熟料早期强度提高，但所有掺磷样品 28d 强度均显著降低。陈益民等[17]研究发现适量磷的掺杂可促进熟料烧成，提高熟料强度。而吴秀俊[18]发现，随着 P_2O_5 含量增加(0.24%～2.7%)，熟料的强度逐渐下降。因此，磷在熟料中的作用及机制有待进一步研究，以更好地应用各类含磷工业废渣，控制生产熟料质量。前述采用不同形式磷酸盐化学试剂为原料，发现不同形式磷酸盐均可稳定阿利特为 R 晶型。但磷掺杂、阿利特晶型、晶相转变、微观形貌以及强度性能等的相互影响及关系尚不明确。因此，本节采用化学试剂为原料直接合成阿利特单矿(编号与组成见表 9-5-1)，研究了 P_2O_5 掺杂对阿利特亚稳结构及水化性能的影响和关系。

表 9-5-1　阿利特单矿样品的编号与化学组成　(单位：%)

编号	CaO	SiO_2	Al_2O_3	Fe_2O_3	MgO	Na_2O	K_2O	P_2O_5	SO_3	f-CaO
典型阿利特	71.6	25.20	1	0.7	1.1	0.1	0.1	0.1	0.1	—
P0	71.6	25.57	1	0.7	1.1	0.1	0.1	0	0.1	0.29
P1	71.6	25.57	1	0.7	1.1	0.1	0.1	0.2	0.1	0.27
P2	71.6	25.57	1	0.7	1.1	0.1	0.1	0.5	0.1	0.29
P3	71.6	25.57	1	0.7	1.1	0.1	0.1	1.0	0.1	0.29
P4	71.6	25.57	1	0.7	1.1	0.1	0.1	1.2	0.1	0.32

图 9-5-1 为样品的特征指纹区 28°～35°和 51°～53°范围的衍射峰图(已扣除 Cu $K\alpha_2$ 衍射)。由图可知，P_2O_5 的掺杂显著影响了阿利特结构对称性。不同晶型阿利特均可视为由最高温晶型 R 扭曲形变而得。基于 R 晶型，采用(伪)六角亚晶胞 H 标定，M3 晶型阿利特在 32°～33°存在的三个衍射峰，分别对应(009)、($\bar{2}04$)和($\bar{2}24$)晶面衍射；在 51°～52°存在的两个衍射峰，分别对应($\bar{4}20$)和(220) 晶面

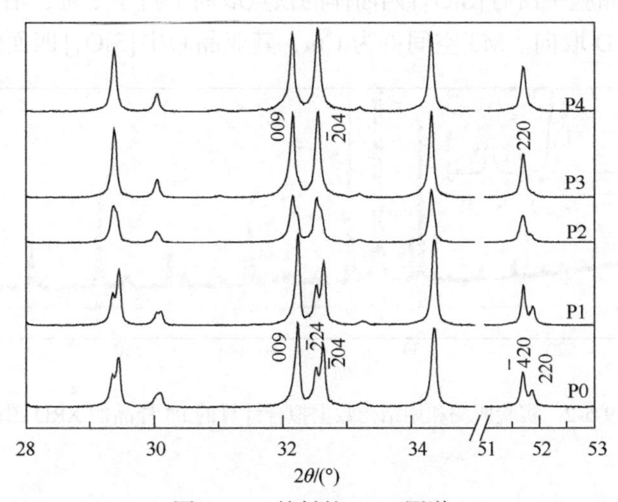

图 9-5-1　熟料的 XRD 图谱

衍射。当P_2O_5掺量达到 0.5%时，阿利特开始部分被稳定为 R 晶型，($\bar{2}$04) 和($\bar{2}$24)晶面间距相近而逐渐开始发生合并，同样($\bar{4}$20) 和(220)晶面衍射也开始合并。此时，阿利特为单斜 M3 晶型和 R 晶型的混晶。当P_2O_5掺量达到 1%时，阿利特基本全部稳定为 R 晶型，在 32°～33°仅出现(009)和($\bar{2}$04) 晶面衍射，在 51°～52°仅出现(220)晶面衍射。

采用 Rietveld 全谱拟合方法对阿利特晶型组成进行分析。M3 和 R 晶型结构模型分别采用 Nishi 等提出的 M3 结构[19]以及 Ll'Inets 等提出的三方 R 晶型结构[20]为初始晶体结构模型。所有样品拟合效果较好，权重因子 R_{wp} 远低于 15。图 9-5-2 给出了 P3 样品的精修拟合效果图，小圈(o)为实测数据，实线为拟合曲线。由图可以看出，实验数据与 Rietveld 全谱拟合计算数据结果拟合较好。P_2O_5掺量达到 0.5%时，阿利特为 85%M3 和 15%R 晶型的混晶。P_2O_5掺量达 1%时，阿利特全部稳定为 R 晶型。

前已述及，不同晶型阿利特均可视为由最高温晶型 R 扭曲形变而得的。为了精细分析对比 P^{5+} 固溶对阿利特晶胞参数的影响，采用最小二乘法，计算阿利特的(伪)六角亚晶胞(平均晶胞)参数，如图 9-5-3 所示。由图可见，在同晶型阿利特中，晶胞参数 a、b 和 c 随P_2O_5掺量线性变化；在晶型转变点(0.5% P_2O_5)附近时，晶胞参数尤其是 a 和 b 不连续，存在突变，符合 Vegard 定律。亚晶胞体积随P_2O_5掺量连续线性减小，这与小半径离子 P^{5+} 在阿利特中固溶导致的晶胞收缩有关。亚晶胞参数 a 和 b 与 c 的变化趋势差异主要可能与单斜晶型与三方 R 晶型结构转变机制有关。从 Ca^{2+}、O^{2-} 及 Si 原子的位置来看，所熟知的 R、M3 和 T1 晶型结构都是极其相似的，只是在$[SiO_4]$四面体的取向上存在显著差异。R 晶型采用三轴定向时，晶胞中所有$[SiO_4]$四面体的顶点取向平行于 c 轴，沿 c 轴向上为 U 取向，向下为 D 取向。M3 空间群为 Cm，其亚晶胞中$[SiO_4]$四面体沿伪三次轴

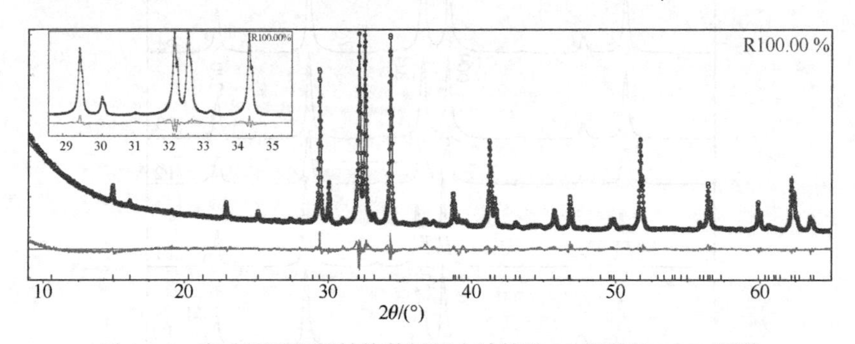

图 9-5-2　实验所测和用结构数据拟合计算的 P3 样品的 XRD 图谱

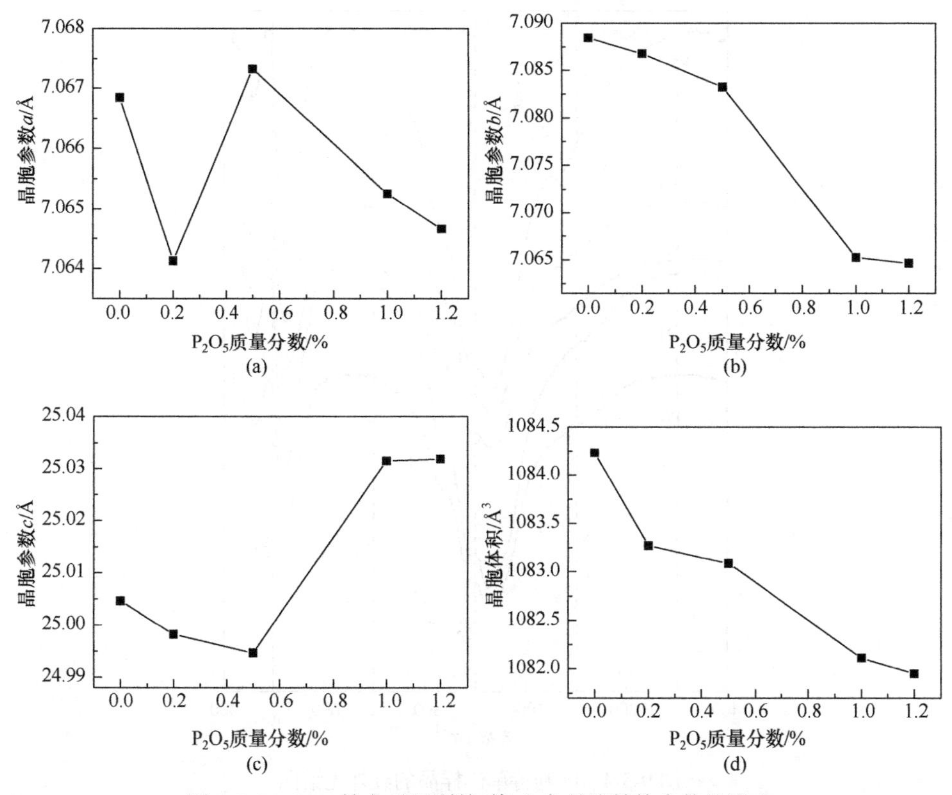

图 9-5-3　P_2O_5 掺杂对阿利特(伪)六角晶胞结构参数的影响

排列，存在 U、D 和完全脱离伪三次轴方向的 G 三种取向。因此，单斜 M3 晶型向三方 R 晶型的转变过程中$[SiO_4]$四面体的取向改变较大，晶胞参数 a 和 b 发生突变，而$[SiO_4]$四面体沿伪三次轴(c 轴)排列方式变化不大，晶胞参数 c 基本随磷掺量连续线性变化。

图 9-5-4 为阿利特单矿样品的指纹区红外光谱图。在 $924cm^{-1}$ 和 $891cm^{-1}$ 附近的振动峰对应$[SiO_4]$四面体的非对称伸缩振动ν3，$527cm^{-1}$ 和 $465cm^{-1}$ 附近的振动峰分别对应面外弯曲振动ν_2和面内弯曲振动ν4。P_2O_5 掺量变化对阿利特红外光谱的影响不显著。磷掺杂对阿利特红外光谱的影响主要与磷掺杂所致的晶型改变有关。与 M3 晶型阿利特相比，R 晶型阿利特在 $927cm^{-1}$ 附近的非对称伸缩振动峰红移至 $937cm^{-1}$ 左右，且伴有一定的峰形钝化。此外，当 P_2O_5 掺量为 1.2%时，在 $1065cm^{-1}$ 处发现了磷酸盐的振动峰。根据实验中测定的磷的挥发性情况，掺杂 1.2% P_2O_5 在阿利特中的实际含量约为 1.08%。因此，掺杂 1.2% P_2O_5 时磷酸盐振动峰的存在，再次佐证了 P_2O_5 在阿利特中的固溶极限在 1.1%附近[21]。

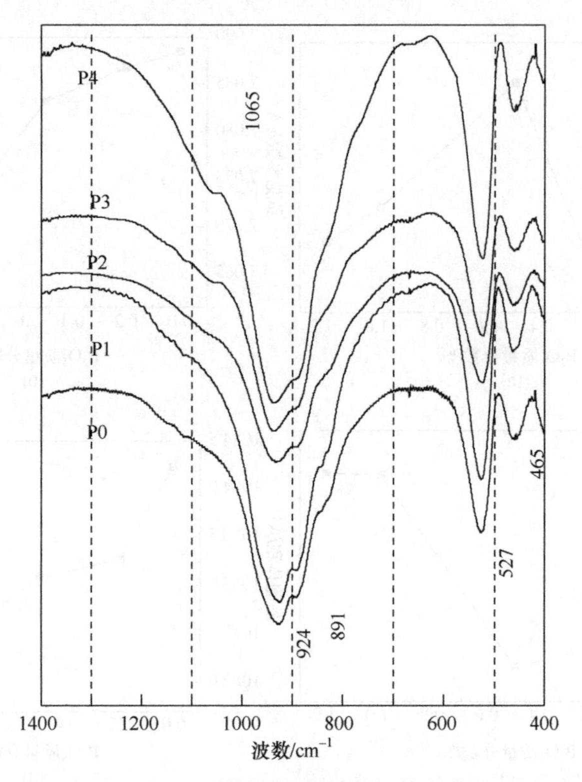

图 9-5-4　阿利特单矿样品的红外光谱图

图 9-5-5 给出了 P_2O_5 掺量为 0%～1%样品的 SEM 图片。由图可以看出，通过1600℃高温煅烧直接合成阿利特单矿，由于液相缺乏，阿利特形状不完整，互相连生。随着 P_2O_5 掺量增加，长径比减小，晶粒尺寸普遍增大。这与 $CaHPO_4$ 掺杂所致熟料显微结构特征相吻合[22]，阿利特呈现大而微圆的形貌特征，主要与 P_2O_5 加入可以促进液相烧结有关。

图 9-5-6 为不掺和掺杂 0.5%及 1% P_2O_5 阿利特样品的 DSC 曲线图。由图可知，所有样品均不存在杂质相的吸放热峰，与游离氧化钙含量及 XRD 分析结果相一致。当 P_2O_5 掺量低于 0.5%时，样品中主要为单斜 M3 晶型。根据图 4-9 中不掺以及掺杂 0.5% P_2O_5 阿利特样品的 DSC 曲线可知，M3 晶型阿利特首先在 600℃附近低温发生了向低温三斜晶型的转变，然后在 856℃附近吸热变化为三斜向单斜的再次转变。这与文献[23]表明的单斜 M3 晶型阿利特受热多晶转变过程相吻合。当 P_2O_5 掺量增至 1%时，阿利特基本全部被稳定为 R 晶型，其在温度升高至650℃附近开始，直至 850℃附近存在一个宽范围的缓慢放热峰。这表明 R 晶型阿利特在此温度范围内亚稳，通过放热向低温单斜晶型等发生晶型转变。

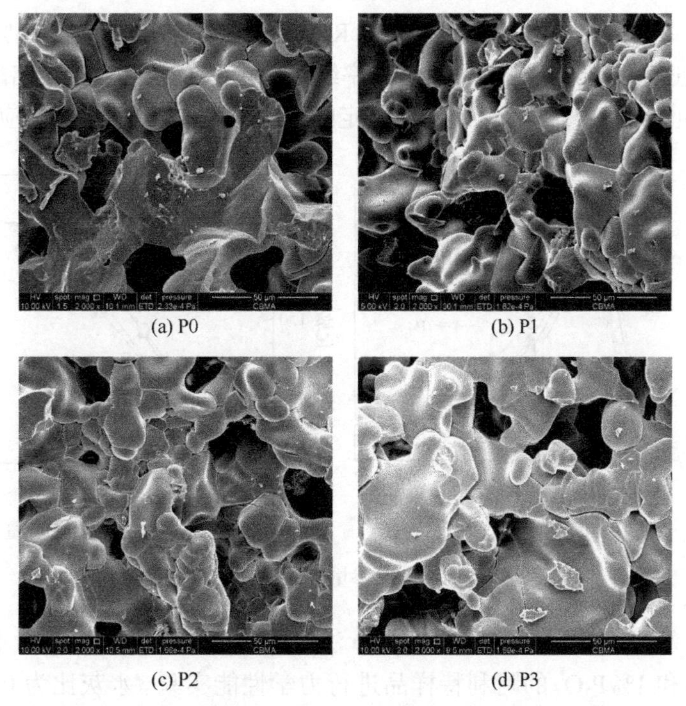

图 9-5-5　P_2O_5 掺量为 0%～1%阿利特单矿样品的 SEM 图片

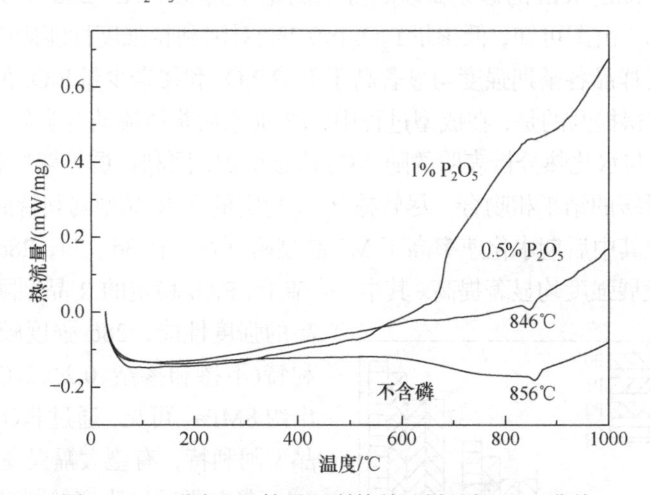

图 9-5-6　不同 P_2O_5 掺量阿利特单矿样品的 DSC 曲线

图 9-5-7 给出了样品的水化放热曲线。由图可知，低掺量 P_2O_5 (≤0.2%)基本不影响阿利特水化特征。随着 P_2O_5 掺量增加，阿利特早期活性降低，主水化反应显著延缓，主水化放热峰降低。这可能主要与 P_2O_5 掺杂导致的晶粒尺寸增大有关。此外，结合红外光谱分析结果，样品 P4 中含有未固溶的磷酸盐，其具有一定的缓

凝作用，导致其水化更加缓慢。但含有 R 晶型阿利特(P_2O_5 掺量≥0.5%)的三个样品在水化减速期，仍保持较高的水化速率继续水化。由图 9-5-7(b)给出的样品的累积水化放热曲线可知，掺杂 1% P_2O_5 稳定的 R 晶型阿利特 3d 水化反应活性最高。

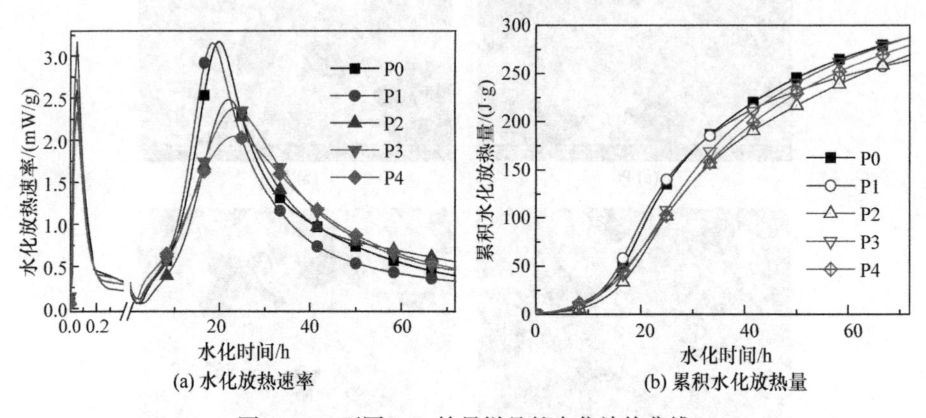

图 9-5-7　不同 P_2O_5 掺量样品的水化放热曲线

按照《水泥胶砂强度检验方法(ISO 法)》(GB/T 17671—1999)对不掺和掺杂 0.2%、0.5%和 1% P_2O_5 的阿利特样品进行力学性能实验。水灰比为 0.5，将样品制备成 4cm×4cm×4cm 的砂浆试块，分别测定了其 3d、7d、28d 及 90d 强度，如图 9-5-8 所示。由图可知，低掺量 P_2O_5 (≤0.2%)对阿利特强度性能影响不大。而含 R 晶型阿利特样品各龄期强度均显著高于不掺 P_2O_5 和掺杂少量 P_2O_5 的 M3 晶型阿利特。尤其值得提及的是，在成型过程中，P3 加水后浆体流动度明显大，其需水量显著减少。这与水化热分析表明的随 P_2O_5 掺量增加，阿利特诱导期显著延长，主水化反应显著延缓的结果相吻合。尽管掺 P_2O_5 稳定的含 R 晶型阿利特的样品初始活性相对低，但其中后期水化速率高于 M3 晶型阿利特，且 3d、7d、28d 及 90d 等各个龄期强度发展强度均显著提高。其中，掺杂 1% P_2O_5 稳定的 R 晶型阿利特具有最高的强度性能，28d 强度较 M3 晶型阿利特(不掺和掺杂 0.2% P_2O_5 的样品)高出约 8MPa。可见，通过 P_2O_5 掺杂稳定 R 晶型阿利特，有望大幅提高熟料强度。

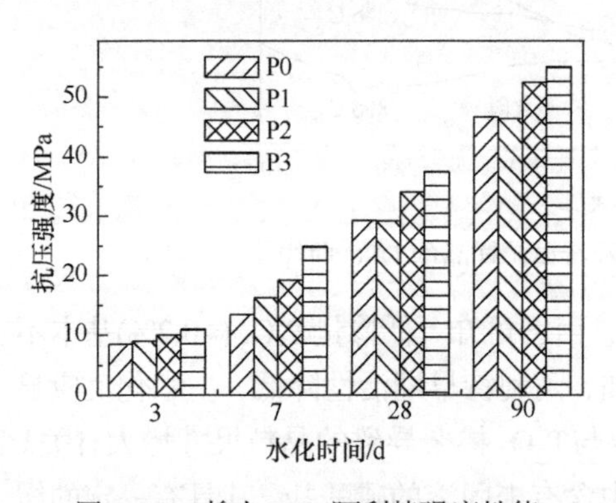

图 9-5-8　掺杂 P_2O_5 阿利特强度性能

磷主要通过改变熟料矿物相对含量和晶型影响熟料品质，而 P_2O_5 含量≤1%时，基本不影响阿利特含量。因此，文献中表明 P_2O_5 含量≤1%使熟料强度降低，主要可能与未能稳定阿利特为 R 晶型有关，与文献表明的其阿利特为单斜晶型的结果相一致。根据离子固溶稳定阿利特多晶态规律以及已有关于熟料的组成与阿利特晶型关系的研究，未能获得 R 晶型阿利特，除受 P_2O_5 在阿利特中的固溶量不足影响外，还可能与 MgO 等其他外来组分种类与含量，以及对磷的诱导固溶有关，有待进一步研究，以掌握稳定调控熟料中 R 晶型阿利特的方法，控制生产熟料质量。此外，值得提及的是，当 P_2O_5 掺量在晶型转变临界点附近(0.5% P_2O_5 、85%M3 和 15%R 的混合晶型)，即准同晶型相界时，阿利特具有最高的早期水化反应活性，且其各龄期强度性能显著高于纯 M3 晶型阿利特(不掺和掺杂 0.2% P_2O_5)。这再次表明准同晶型相界同样适用于阿利特。

9.5.2　化学试剂制备熟料

实验使用分析纯化学试剂 $CaCO_3$ 、 SiO_2 、 Al_2O_3 和 Fe_2O_3 等为原料。先将 SiO_2 、Al_2O_3 和 Fe_2O_3 置于马弗炉中 950℃煅烧去除挥发分，随炉冷却后用玛瑙研钵预磨细。Na、Mg、K、S 等成分以 Na_2CO_3 、MgO、K_2CO_3 和 $CaSO_4 \cdot 2H_2O$ 等形式引入，并预磨细。同样按前述典型工业熟料组成配料，按照 P 取代 Si 位补足相应的 $CaCO_3$ ，熟料化学组成及编号见表 9-5-2。生料混合均匀后再用振动磨磨细，然后加 8%水拌匀后，压成直径 130mm 厚度 10mm 的单面波纹生料饼，并在 105℃下烘干 24h。生料饼在 900℃马弗炉中预烧 30min 后，立即移入高温炉中恒温煅烧 2h，取出后电风扇急冷。将冷却后的样品用振动磨磨细，控制所有样品比表面积为(340±20)m^2/kg，进行各项实验。

表 9-5-2　熟料样品的化学组成　(单位：%)

编号	CaO	SiO_2	Na_2O	K_2O	MgO	Al_2O_3	Fe_2O_3	SO_3	P_2O_5(PH)
C0	65.49	22.87	0.40	0.40	2.59	4.57	3.18	0.50	0
C1	65.41	22.80	0.40	0.40	2.58	4.56	3.17	0.50	0.3
C2	65.33	22.73	0.40	0.40	2.57	4.54	3.16	0.50	0.6
C3	65.23	22.64	0.40	0.40	2.56	4.52	3.15	0.50	1.0
C4	65.10	22.53	0.39	0.39	2.55	4.50	3.13	0.49	1.5
C5	64.84	22.64	0.40	0.40	2.56	4.52	3.15	0.50	1.0 P_2O_5(P)
C6	65.63	22.64	0.40	0.40	2.56	4.52	3.15	0.50	1.0 P_2O_5(P2H)

按照《水泥比表面积测定方法　勃氏法》(GB/T 8074—2008)测定样品的比表面积。按照《水泥胶砂强度检验方法(ISO 法)》(GB/T 17671—1999)，将制备好的熟料粉制成 4cm×4cm×4cm 的胶砂试块，按标准养护至设定龄期后进行抗压强度测试。

对 7 组样品的游离氧化钙含量进行测试。图 9-5-9 给出了样品的游离氧化钙含量与磷酸钙盐掺量的关系图，图 9-5-9(a)为同种磷源($CaHPO_4 \cdot 2H_2O$)不同磷掺量时样品的游离氧化钙含量变化关系图。由图可知，0.3% P_2O_5 样品的游离氧化钙含量基本为 0，较未掺磷的参比样降幅较大，说明少量掺杂磷可改善生料易烧性，促进熟料烧成。增大磷掺量，游离氧化钙含量呈增加趋势。但 P_2O_5 含量≤1.0%样品的游离氧化钙含量仍低于参比样，说明在此煅烧条件下，含量 1.0%以内的 P_2O_5 对熟料烧成基本无害甚至有益。P_2O_5 含量为 1.5%时，游离氧化钙含量为 0.75%左右，是参比样的两倍，说明磷掺杂过多会阻碍烧成。相同磷掺量(1.0% P_2O_5)不同磷源样品游离氧化钙含量如图 9-5-9(b)所示。由图可知，相同磷掺量下 $CaHPO_4$ 仍然促进烧成效果最好，这与其熔点和烧成熟料最低共熔温度点相近有关。

图 9-5-10 给出了样品的局部 XRD 衍射峰图。相同磷源($CaHPO_4 \cdot 2H_2O$)不同 P_2O_5 掺量样品 XRD 图谱如图 9-5-10(a)所示。由图可知，未掺磷的参比样主要含 M3 晶型阿利特。掺杂磷之后熟料中阿利特对称性增高，开始呈现 R 晶型特征，掺量 1.0%时完全稳定为 R 晶型阿利特。继续增大磷掺量，阿利特晶型不变，但衍射峰峰高降低，半高宽增大，说明其晶体发育变差。相同磷掺量(1.0%)不同磷源样

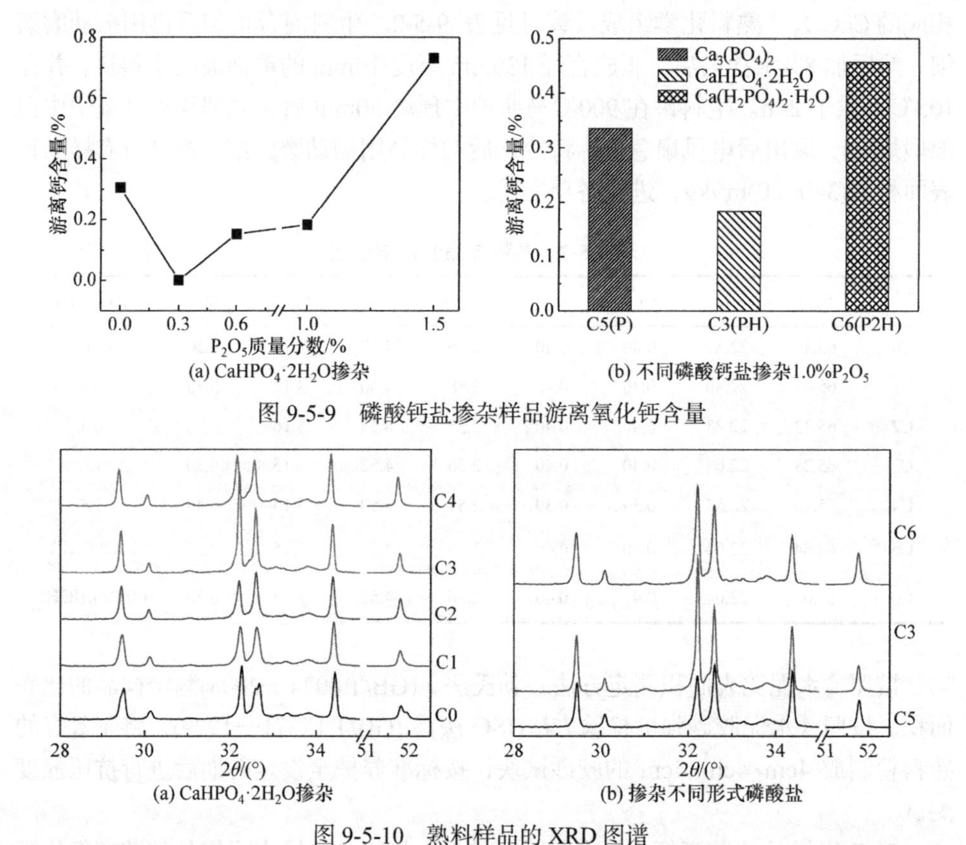

图 9-5-9　磷酸钙盐掺杂样品游离氧化钙含量

图 9-5-10　熟料样品的 XRD 图谱

品 XRD 图谱如图 9-5-10(b)所示，三个样品衍射峰基本一致，只是以 $CaHPO_4 \cdot 2H_2O$ 为磷源的 C3 样品的衍射峰强度较高，半高宽较小，说明该样品所含阿利特晶体结晶较其他两种掺杂磷源样品更好，与前述研究结果基本一致。

控制熟料比表面积在 340m²/kg 左右。加水拌和后制成 4cm×4cm×4cm 胶砂试块，水灰比为 0.5，按标准养护后测试其抗压强度，具体数据见表 9-5-3。由表可知，对于早龄期的 3d 强度，低掺量 P_2O_5 对强度发展有利。其中，掺量为 0.6%时，熟料 3d 强度最高，比参比样高 2.3MPa。高掺量 P_2O_5 对早期强度不利，1.0%掺量强度较 0.6%掺量低，且 1.5%掺量低于参比样 2.2MPa。磷渣矿化熟料 P_2O_5 含量通常低于 0.5%，因此不会影响早期强度[24]，而 P_2O_5 含量高于 1.0%时往往造成水泥早期强度大幅下降[25]。对于同掺量不同磷源样品，早龄期强度与前文所述水化反应活性分析结果一致，样品强度按 $CaHPO_4 \cdot 2H_2O > Ca_3(PO_4)_2 > Ca(H_2PO_4)_2 \cdot H_2O$ 顺序减小。对于 28d 强度，未掺磷样品抗压强度为 51MPa，掺杂磷之后强度有明显提高。P_2O_5 掺量为 1.0%时强度最高，为 65MPa 左右。继续增大磷掺量，强度开始下降，但仍比未掺磷样品强度高。同掺量(1.0%)不同磷源样品比较，掺杂 $CaHPO_4 \cdot 2H_2O$ 样品(C3)强度明显高于 $Ca(H_2PO_4)_2 \cdot H_2O$ 样品(C6)，$Ca_3(PO_4)_2$ 样品(C5)强度最低。

表 9-5-3　熟料样品比表面积及强度性能

编号	比表面积/(m²/kg)	抗压强度/MPa		
		3d	7d	28d
C0	335.2	24.76	34.50	51.03
C1	324.0	25.66	34.42	52.80
C2	338.2	27.07	37.91	57.23
C3	328.2	25.48	40.89	64.93
C4	334.2	22.59	34.71	60.60
C5	331.9	26.79	38.73	52.60
C6	335.8	25.06	37.21	57.47

可见，低掺量(≤0.6%) P_2O_5 对熟料强度影响与龄期无关，对各龄期试块强度发展都有一定促进作用。高掺量(>0.6%)) P_2O_5 对早期强度发展不利，但可以显著提高后期强度。因此，通过 $CaHPO_4 \cdot 2H_2O$ 引入 P_2O_5，提高阿利特活性，可实现熟料强度的提高。其中，当 P_2O_5 掺量为 1.0%时，样品 28d 抗压强度较参比样可提高 14MPa 左右。

9.5.3　工业原料制备熟料

以石灰石和粉煤灰为主要原料，配合使用少量的化学试剂，进一步研究磷掺杂对熟料组成结构及性能的影响。石灰石和粉煤灰的化学成分分析见表 9-5-4。依然按照基准水泥熟料的组成，制备典型组成的熟料。P_2O_5 以 $CaHPO_4 \cdot 2H_2O$ 的形式引入。P_2O_5 的质量分数分别为 0%、0.3%、0.6%、0.9%和 1.2%进行掺杂，分别对应的样品编号为 CP0、CP0.3、CP0.6、CP0.9、CP1.2。需注意的是，并未按照 P 取代 Si 位补足相应的 CaO 。

表 9-5-4　原材料的化学成分组成　　(单位：%)

原料	烧失量	SiO_2	Al_2O_3	Fe_2O_3	CaO	MgO	SO_3	K_2O	Na_2O	P_2O_5
石灰石	42.81	2.06	0.18	0.12	54.12	0.68	0.04	0.03	0.02	0
粉煤灰	4.07	51.26	31.86	5.49	2.49	1.24	0.09	1.24	0.29	0.443

由于原料的改变，首先对生料进行易烧性实验。将压制好的小片烘干后放在 950℃温度下煅烧 0.5h，然后分别在 1350℃、1400℃和 1450℃各煅烧 0.5h，测定样品中游离氧化钙含量，分析 P_2O_5 对生料易烧性的影响。

图 9-5-11 为样品中游离氧化钙含量变化图。由图可见，所有样品中的游离氧化钙含量均随着温度的升高而降低。当煅烧温度在 1350℃时，P_2O_5 掺杂可以促进熟料烧成，降低样品中游离氧化钙含量。当煅烧温度在 1400℃时，所有样品中游离氧化钙含量显著降低，未掺杂 P_2O_5 的样品游离氧化钙含量降低最大，且基本低于掺杂 P_2O_5 的样品。当煅烧温度在 1450℃时，样品中游离氧化钙含量进一步降低，且未掺杂样品的游离氧化钙含量最低，表明在该温度下，P_2O_5 掺杂不利于熟料烧成。对比可见，在 1350℃稍低温度下，P_2O_5 对熟料的烧成有利；而在较高的温度，1400℃及以上时，P_2O_5 对熟料烧成起到抑制作用。这是因为 $CaHPO_4$ 通过高温分解作用形成$[PO_4]$四面体结构。该四面体中 1 个顶点达到饱和，使得网络

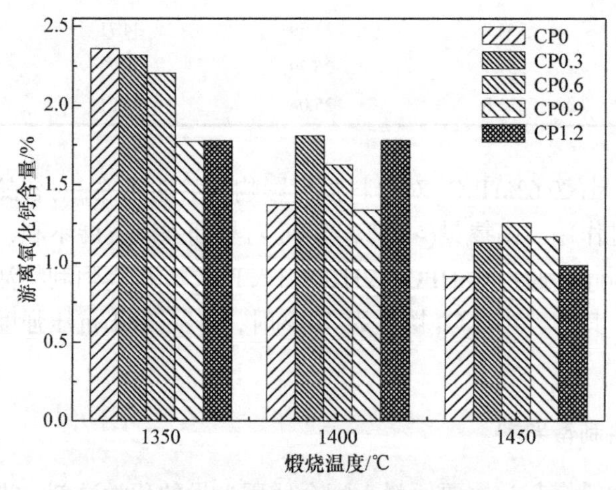

图 9-5-11　熟料游离氧化钙含量变化

积聚作用下降，因而使系统软化温度降低、化学活性增强和析晶倾向增大，样品易于在较低温度下出现液相，再通过液相的流动、传质等方式与界面发生反应[6]，使得在较低温度下 P_2O_5 掺杂对水泥熟料的烧成起促进作用。但在较高温度下，当 P_2O_5 含量超过一定浓度时，将导致 C_3S 分解，形成 C_2S 和磷酸盐的固溶体，因此，随着 P_2O_5 掺杂量的增加，C_3S 含量反而减少。

图 9-5-12 给出了熟料中阿利特特征峰谱图区。由图可见，熟料矿物大量充分形成，基本不存在游离氧化钙的衍射峰，与化学滴定游离氧化钙结果相一致。未掺 P_2O_5 的参比样中，阿利特为 M3 晶型，与前述结果吻合。随着 P_2O_5 掺量的增加，开始出现 R 晶型阿利特衍射峰的特征。当 P_2O_5 掺量达到 0.9%时，阿利特基本全部被稳定为 R 晶型。继续增大 P_2O_5 的掺量，阿利特的晶型不再发生变化，但样品的衍射峰峰位左移，表明阿利特晶胞参数发生了变化。

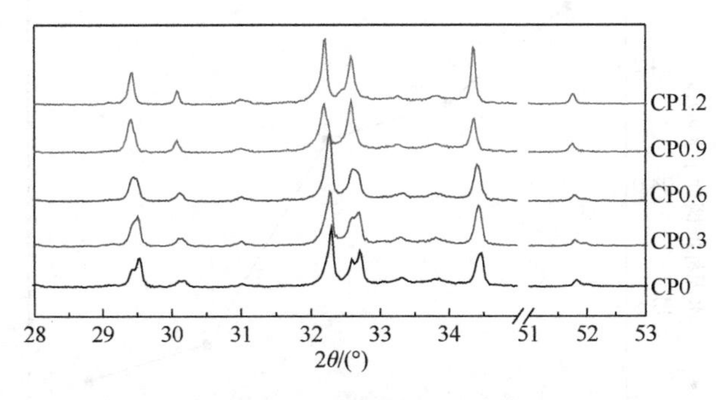

图 9-5-12　熟料 XRD 图谱

将熟料掺杂 5%的二水石膏，放进 2kg 试验小磨中进行粉磨，制成水泥。在粉磨过程中合理控制粉磨时间，将水泥细度控制在相同的比表面积范围内。图 9-5-13

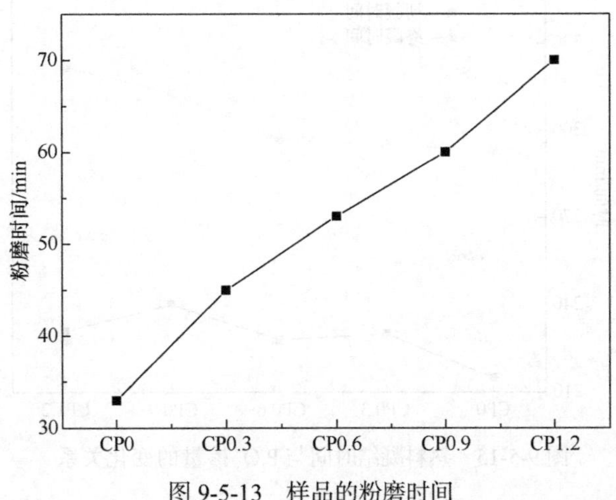

图 9-5-13　样品的粉磨时间

为样品磨到相同比表面积所需的时间。由图可见，样品粉磨至相同细度所需的时间随 P_2O_5 掺量的增加而线性增大，说明 P_2O_5 的掺杂使得熟料的易磨性降低。

对水泥进行标准稠度用水量、凝结时间以及胶砂强度的测定。图 9-5-14 为水泥的标准稠度用水量随 P_2O_5 掺量的变化关系。由图可见，水泥的标准稠度用水量随 P_2O_5 掺量的增加基本线性降低，表明 P_2O_5 掺杂有利于降低水泥的标准稠度用水量。图 9-5-15 为水泥的初凝和终凝时间与 P_2O_5 掺量的变化关系。由图可见，初凝与终凝时间随 P_2O_5 掺量的增加基本呈现增大的趋势。对照样品的比表面积，CP0.6 与 CP1.2 的初凝时间相对较短的原因可能与其比表面积有关。稍大的比表面积加快了水化速率，使得凝结时间提前，偏离了线性规律，因此，P_2O_5 在水泥熟料中具有延长凝结时间，近似缓凝的效果。

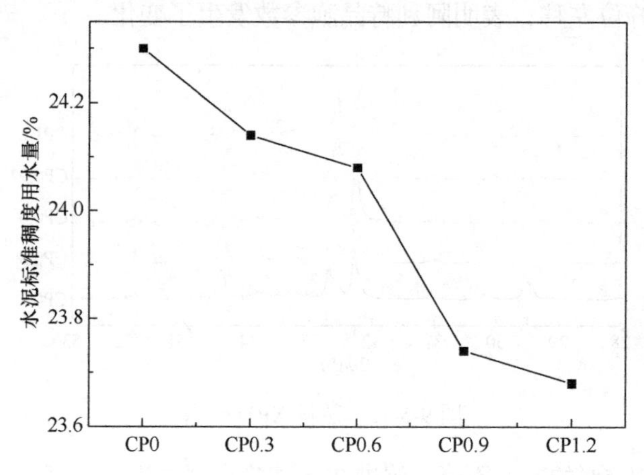

图 9-5-14　熟料标准稠度用水量随 P_2O_5 掺量的变化关系

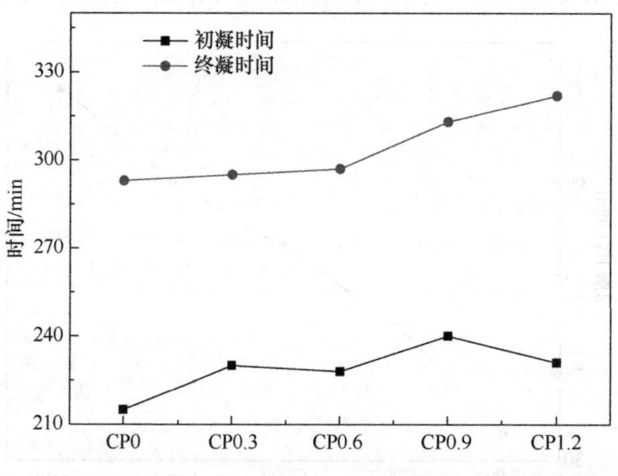

图 9-5-15　熟料凝结时间与 P_2O_5 掺量的变化关系

按照《水泥胶砂强度检验方法(ISO 法)》(GB/T 17671—1999)将相应的水泥样品制备成 4cm×4cm×4cm 的砂浆试块进行力学性能实验，分别测定了其 3d、7d、28d 及 90d 强度，见表 9-5-5。由表可知，水泥水化 3d 和 7d，且当 P_2O_5 掺量不大于 0.6%时，有利于提高水泥的强度性能，但当掺量高于 0.6%时，水泥胶砂的强度明显降低。水化 28d，当 P_2O_5 掺量不大于 0.6%时，样品抗压强度均高于纯样，而当 P_2O_5 掺量大于 0.6%时，样品的强度性能与未掺杂的样品相差不大，即熟料中 P_2O_5 掺量为 0.6%时水泥强度最高。水化 90d 时，掺杂 P_2O_5 样品的强度较未掺杂的样品高出 5～7MPa。综上所述，对水泥的早期强度(3d 和 7d)而言，熟料中 P_2O_5 的掺量小于 0.6%时有利，大于 0.6%时反而有害；而对于 28d 强度，熟料中 P_2O_5 的掺量小于 0.6%时有利，大于 0.6%时影响不大；对于后期强度(90d)，熟料中 P_2O_5 的掺杂，可使水泥强度提高高出 5～7MPa。可见，高掺量的 P_2O_5 (P_2O_5 > 0.6%)对水泥的水化起到缓凝作用，尤其在 3d 与 7d，水泥的强度较参比样明显低，直到 28d 时才达到参比样的强度。

值得注意的是，与前述化学试剂制备熟料强度变化规律存在一定的差异。原因主要如下：首先，后者未按照 P 置换 Si 补足反应所需的 Ca，导致硅酸盐矿物含量的差异；其次，后者加入了石膏，测定了熟料的强度性能。尽管如此，依然可以看出，适当掺量的磷酸盐有利于提高熟料的强度，同时说明掺杂磷酸钙盐的熟料中提高钙的含量有益于提高熟料的强度性能。

表 9-5-5　水泥的比表面积和抗压强度

样品	比表面积/(m^2/kg)	抗压强度/MPa			
		3d	7d	28d	90d
CP0	397.4	23.4	37	66.1	73.55
CP0.3	402.4	24.1	40.23	67.6	78.87
CP0.6	423.2	24.2	43.25	70.53	78.23
CP0.9	419.3	21	35.3	66.4	80.97
CP1.2	426.5	16.3	28.13	63.87	79.97

9.6 本章小结

(1) 掺磷可稳定 R 晶型阿利特，但其在 650～850℃温度范围亚稳，向低温晶型转变。低掺量 P_2O_5 (≤0.2%)基本不影响阿利特水化特征及强度性能。当 P_2O_5 掺量在准同晶型相界附近(0.5%)时，阿利特具有的早期水化反应活性最高，表明准同型相界可能适用于阿利特。随着 P_2O_5 掺量增加，阿利特长径比减小，晶粒尺寸增大，阿利特早期活性降低，诱导期延长，主水化反应延缓，主水化放热峰显著降低，但中后期活性较高。掺杂P_2O_5稳定的含R晶型阿利特的样品中后期水化速率高于M3晶型阿利特，且3d、7d、28d及90d等各个龄期强度发展强度均显著提高。其中，掺杂1% P_2O_5稳定的R晶型阿利特具有最高的强度性能，28d强度较M3晶型阿利特可提高8MPa以上。

(2) 低掺量P_2O_5 (≤1.0%)对 Ca-Si-Al-Fe 四元熟料烧成影响不大，高掺量(≥1.5%)时严重阻碍熟料矿物，特别是阿利特的生成。三种不同磷酸钙盐中，$CaHPO_4 \cdot 2H_2O$的阻碍作用最小。多离子复合作用下，对高掺量磷的耐受性较好，高P_2O_5掺量(>1.5%)熟料仍可以正常烧成。三种不同磷酸钙盐中，$Ca_3(PO_4)_2$阻碍烧成效果更明显，$CaHPO_4 \cdot 2H_2O$与$Ca_3(PO_4)_2$对烧成的影响基本一致。

(3) 不同磷酸钙盐引入P^{5+}均使模拟工业熟料水化减慢，并使稳定期水化速率加快。其中$CaHPO_4 \cdot 2H_2O$样品的缓凝程度较其他两者更小，但3种不同磷源P_2O_5稳定的含高亚稳态阿利特熟料的 3d 累积活性基本一致。同掺量不同磷源样品比较，掺杂$CaHPO_4 \cdot 2H_2O$熟料强度最高。掺杂1.0% P_2O_5的$CaHPO_4 \cdot 2H_2O$熟料28d抗压强度较未掺磷样品显著提高。不同磷源熟料强度差异可能来源于不同磷酸钙盐挥发性和残留磷盐溶解性的差异。

(4) 采用工业原料实验，P_2O_5的掺杂对水泥熟料的易磨性影响较大，P_2O_5掺量越高，易磨性越小，熟料越难粉磨。熟料的标准稠度用水量基本呈线性变化，随着P_2O_5掺量的增加逐渐降低。初凝与终凝时间随P_2O_5掺量的增加呈现一个上升的趋势。P_2O_5的掺量对强度的影响与水化龄期有关，当P_2O_5的掺量低于0.6%时，熟料具有高的早期和后期强度；而P_2O_5掺量高于0.6%时，对熟料早期强度不利，但有利于后期强度。

参考文献

[1] Courtial M, de Noirfontaine M N, Dunstetter F, et al. Polymorphism of tricalcium silicate in Portland cement: A fast visual identification of structure and superstructure[J]. Powder Diffraction, 2003, 18(1): 7-15.

[2] Staněk T, Sulovsk P. The influence of the alite polymorphism on the strength of the Portland cement[J]. Cement and Concrete Research, 2002, 32(7): 1169-1175.

[3] 冷发光, 冯乃谦. 磷渣综合利用的研究与应用现状[J]. 中国建材科技, 1999, (3): 43-48.

[4] 马保国, 李相国, 李叶青, 等. 一种磷渣硅酸盐水泥熟料的制备方法: 中国, 1603268[P]. 2005-04-06.

[5] 马保国, 穆松, 蹇守卫, 等. 磷-氟-钢渣复合添加剂对水泥熟料烧成的影响[J]. 硅酸盐学报, 2007, 35(3): 275-280.

[6] Guan Z, Chen Y, Qin S, et al. Effect of phosphor on the formation of alite-rich Portland clinker[C]// 12th International Congress on the Chemistry of Cement, Montreal, 2007.

[7] 童雪莉, 张晓东. P_2O_5 对硅酸盐水泥熟料矿物组成影响的研究[J]. 硅酸盐学报, 1986, 14(1): 56-62.

[8] 刘宝元, 薛君玕. 萤石、石膏复合矿化剂对硅酸盐水泥熟料矿物的影响[J]. 硅酸盐学报, 1984, 12(4): 429-440.

[9] Kacimi L, Simon-Masseron A, Ghomari A, et al. Reduction of clinkerization temperature by using phosphogypsum[J]. Journal of Hazardous Materials, 2006, 137(1): 129-137.

[10] Sinclair W, Groves G W. Transmission electron microscopy and X-ray diffraction of doped tricalcium silicate[J]. Journal of the American Ceramic Society, 1984, 67(5): 325-330.

[11] Mnder J E, Adams L D, Larkin E E. A method for the determination of some minor compounds in Portland cement and clinker by X-ray diffraction[J]. Cement and Concrete Research, 1974, 4(4): 533-544.

[12] Hudson K E, Groves G W. The structure of alite in Portland cement clinker-TEM evidence[J]. Cement and Concrete Research, 1982, 12(1): 61-68.

[13] 秦守婉. 高钙系硅酸盐水泥熟料矿物匹配及掺杂效应研究[D]. 郑州: 郑州大学, 2004: 58-59.

[14] 陈云波, 徐培涛, 韩仲琦, 等. 粉磨方法和粉磨细度对水泥强度的影响[J]. 硅酸盐学报, 2002, 30(增刊): 53-58.

[15] 陈霞, 方坤河, 杨华全. 掺 P_2O_5 水泥基材料水化动力学研究[J]. 土木建筑与环境工程, 2010, 32(5): 119-124.

[16] 马先伟, 王培铭. P_2O_5 对于高 C_3S 水泥熟料烧成和水化性能的影响[J]. 材料科学与工程学报, 2010, (1):26-30.

[17] 陈益民, 郭随华, 管宗甫. 高胶凝性水泥熟料[J]. 硅酸盐学报, 2004, 32(7): 873-879.

[18] 吴秀俊.磷、氟对磷工业废渣烧制水泥熟料的影响[J].水泥, 2005, (3):7-11.

[19] Nishi F, Takéuchi Y, Watanabe I. Tricalcium silicate $Ca_3O[SiO_4]$: The monoclinic superstructure[J]. Zeitschrift für Kristallographie-Crystalline Materials, 1985, 172(1-4): 297-314.

[20] Ll'Inets A M, Malinovskii Y A, Nevskii N N. Crystal structure of the rhombohedral modification of tricalcium silicate Ca_3SiO_5 [J]. Soviet Physics Doklady, 1985: 30.

[21] Diouri A, Boukhari A, Aride J, et al. Stable Ca_3SiO_5 solid solution containing manganese and phosphorus[J]. Cement and Concrete Research, 1997, 27(8): 1203-1212.

[22] Kolovos K G, Tsivilis S, Kakali G. Study of clinker dopped with P and S compounds[J]. Journal of Thermal Analysis and Calorimetry, 2004, 77(3): 759-766.

[23] Maki I, Kato K. Phase identification of alite in Portland cement clinker [J]. Cement and Concrete Research, 1982, 12(1): 93-100.

[24] 杨力远, 黄书谋, 沈威. 磷渣矿化熟料的水化凝结和硬化特征[J]. 硅酸盐学报, 1996, 24(2): 132-136.

[25] 陈益民, 许仲梓. 高性能水泥制备和应用的科学基础[M]. 北京: 化学工业出版社, 2008: 45-49.

第10章 研究展望

(1) 随着离子半径、电价及电负性等化学结构参数的变化，s、p、d 及 ds 等不同区元素离子在 C_3S 中的固溶取代呈现一定的递变性规则。C_3S 除 T1 晶型外的其他高温变体需通过离子的固溶稳定才可在室温下获得，固溶离子与取代离子的结构差异越大，其稳定 C_3S 多晶态的能力(可稳定的晶型范围)越强。固溶离子与 Ca^{2+} 结构差异因子 D，量化了离子的化学结构参数与离子在 C_3S 中取代方式及稳定 C_3S 多晶态能力之间的关系，不但可以用来估测离子在 C_3S 中的固溶取代类型，还可预测其稳定 C_3S 多晶态的能力。

(2) T1、M1 及 M3 晶型结构均存在一维结构调制。不同晶型结构差异取决于 $[SiO_4]$ 四面体取向，随离子稳定阿利特结构对称性提高(T1→T2→T3→M1→M3→R)，$[SiO_4]$ 四面体取向渐变，对称性提高，自 T3 晶型开始，基本为正四面体键角对称结构。无论取代 Ca 还是 Si，固溶离子对 $[SiO_4]$ 四面体配位价键结构状态基本不产生影响。离子固溶稳定高温晶型，主要由于固溶所致晶格扭曲畸变阻碍原子位移相变，与离子对 $[SiO_4]$ 四面体的诱导取向作用关系不大。

(3) 阿利特结构亚稳性与晶型及固溶离子种类及含量有关。阿利特结构参数变化与固溶离子结构、取代类型及固溶量等有关。随着离子固溶量增加，阿利特晶格常数线性变化，并在晶型相界点、离子固溶机理及固溶极限改变处突变或存在拐点，符合 Vegard 定律。

(4) 阿利特能量亚稳除包含组成及结构上亚稳能量外，还包括高温速冷所致以俘获电子形式亚稳储存在晶体中的多余能量。离子固溶影响阿利特能量亚稳性，并形成缺陷，可从热力学和动力学上对水化产生影响。在晶型转变相界处，阿利特原始热释光强度突变，同晶型阿利特原始热释光强度与水化反应活性呈相关性。这与亚稳储存能量向化学反应放热能的转化有关。依固溶离子种类及含量不同，晶体缺陷特征发生显著变化，水化动力学特征随之显著变化，缺陷类型比浓度对水化的影响更显著，异价置换离子形成空位缺陷，显著提高 C_3S 早期水化活性。

(5) 不同晶型 C_3S 结构中均存在两种配位环境的 O，一个是 $[SiO_4]$ 四面体中的 O，一个是不与 Si 键合的 Ca—O 多面体中的 O^{2-}，且 O—Ca 多面体三个为一组，以共用棱面的形式存在，是 C_3S 具有高胶凝性的原因。在 T1、M3 及 R 晶型中活性 O 的比例依次为 1/5、1/4 和 1/3，即随着 C_3S 结构对称性升高，活性 O^{2-} 的比例增大。高含量活性O^{2-}的C_3S质子化速度快，早期水化活性高。在R型C_3S中活性O^{2-}含量最高，具有显著高的强度性能。在同种晶型C_3S中，活性O^{2-}的电子结合能越低，C_3S具有的水化活性越高。

(6) 尽管C_3S的结构与性能得到了较深入的研究，但C_3S结构复杂多变，且影响其水化的因素较多，仍有许多问题尚待解决。特别是随着原燃材料的多样化、样品合成方法以及测试技术等方面的发展，进一步就此开展如下研究显得十分必要。

① 外来离子与基体离子结构差异因子D概念，很可能具有普适性，能应用于分析其他固溶体体系，对该参数的适用性研究，有利于深化和促进材料科学基础理论的发展。

② C_3S不同变体的精确结构及结构差异仍不明确。运用新的样品合成方法和新的测试技术，解析C_3S的结构，并构建C_3S的结构模型，是研究C_3S结构与性能关系获得进展的重要基础。

③ 离子固溶、阿利特晶型与熟料的强度性能的关系有待进一步深化研究。首先，多种离子的复合掺杂对固溶反应、晶型结构、晶格畸变及性能等的影响产生复合效应；其次，离子固溶除影响阿利特晶型外，还极大地影响液相含量和液相性质等，进而影响熟料烧成过程。因此，固溶离子种类数量(尤其是多离子复合)、固溶反应、C_3S晶型结构、水化反应机制过程、熟料烧成及性能等之间的复杂关系有待进一步深入研究，为深入理解水化反应和提高水泥性能、扩大原燃材料的可用范围等提供科学依据。

④ 通过离子固溶稳定阿利特高胶凝活性晶型，有利于显著提高熟料强度性能。但熟料的组成结构复杂，实现工业实践中阿利特晶型的有效调控，需要进一步系统掌握多组分复合作用、熟料烧成、组成结构与性能等相互间关系及工艺参数的影响。

⑤ 重金属离子在熟料矿物中的固溶、在水化产物中的存在形式、溶出性、固化机理等需要深入研究，为利用水泥窑安全协同处置废弃物等提供应用基础。

附 表

附表 1　C_3S 的原子坐标和各向同性位移参数

原子	Wyck.	*x*/*a*/Å	*y*/*b*/Å	*z*/*c*/Å	各向同性位移参数 *U*/Å²
Ca(1)	2i	0.02622(4)	0.99564(4)	0.28991(5)	0.01011(13)
Ca(2)	2i	0.34740(5)	0.84554(4)	0.64589(5)	0.01128(13)
Ca(3)	2i	0.66627(4)	0.67824(4)	0.32069(5)	0.01063(13)
Ca(4)	2i	0.83061(4)	0.83593(4)	0.15374(5)	0.01006(13)
Ca(5)	2i	0.18352(4)	0.67196(4)	0.81022(5)	0.01045(13)
Ca(6)	2i	0.34989(4)	0.58886(4)	0.66821(5)	0.00968(13)
Ca(7)	2i	0.66563(4)	0.91859(4)	0.35084(5)	0.00992(13)
Ca(8)	2i	0.38143(4)	0.83427(4)	0.94484(5)	0.00931(13)
Ca(9)	2i	0.27847(5)	0.82054(4)	0.35554(5)	0.01075(13)
Ca(10)	2i	0.69591(4)	0.65292(4)	0.61719(5)	0.00902(12)
Ca(11)	2i	0.63253(4)	0.66620(4)	0.03382(5)	0.00971(12)
Ca(12)	2i	0.37586(4)	0.60337(4)	0.95114(5)	0.00930(12)
Ca(13)	2i	0.71055(4)	0.94449(4)	0.64005(5)	0.00904(12)
Ca(14)	2i	0.28846(4)	0.58607(4)	0.37752(5)	0.01078(13)
Ca(15)	2i	0.62461(4)	0.89749(4)	0.03035(5)	0.00939(12)
Ca(16)	2i	0.14795(4)	0.90890(4)	0.53500(5)	0.00866(12)
Ca(17)	2i	0.53454(4)	0.75815(4)	0.78530(5)	0.00930(12)
Ca(18)	2i	0.48314(4)	0.75454(4)	0.19347(5)	0.00952(13)
Ca(19)	2i	0.84949(4)	0.58437(4)	0.46175(5)	0.00785(12)
Ca(20)	2i	0.04111(4)	0.51232(4)	0.29894(5)	0.00899(12)
Ca(21)	2i	0.03090(4)	0.76286(4)	0.27508(5)	0.00855(12)
Ca(22)	2i	0.97497(5)	0.72398(4)	0.69500(5)	0.01087(13)
Ca(23)	2i	0.18297(5)	0.91998(4)	0.12688(5)	0.01066(13)
Ca(24)	2i	0.81490(4)	0.57389(4)	0.86200(5)	0.00884(12)
Ca(25)	2i	0.00919(4)	0.73968(4)	0.97984(5)	0.00990(13)
Ca(26)	1a	1.00000	1.00000	1.00000	0.01321(18)
Ca(27)	1c	1.00000	1/2	1.00000	0.00901(17)
Ca(28)	1f	1/2	1.00000	1/2	0.00856(17)
Ca(29)	1h	1/2	1/2	1/2	0.00856(17)
Si(1)	2i	0.83511(5)	0.58418(5)	0.16970(6)	0.00542(16)

续表

原子	Wyck.	x/a/Å	y/b/Å	z/c/Å	各向同性位移参数 U/Å^2
Si(2)	2i	0.12831(6)	0.65652(5)	0.52604(7)	0.00620(15)
Si(3)	2i	0.18246(6)	0.92124(5)	0.83892(6)	0.00637(16)
Si(4)	2i	0.45334(6)	0.98110(5)	0.20015(7)	0.00607(15)
Si(5)	2i	0.55080(6)	0.50237(5)	0.80870(7)	0.00653(16)
Si(6)	2i	0.87818(6)	0.84378(5)	0.47689(7)	0.00693(16)
Si(7)	2i	0.79485(6)	0.81822(5)	0.84694(7)	0.00665(16)
Si(8)	2i	0.21663(6)	0.67917(5)	0.12579(7)	0.00636(15)
Si(9)	2i	0.49595(6)	0.75249(5)	0.50704(7)	0.00600(16)
O(1)	2i	0.73859(15)	0.80645(14)	0.96616(18)	0.0124(4)
O(2)	2i	0.81021(17)	0.73306(15)	0.4905(2)	0.0191(5)
O(3)	2i	0.91909(15)	0.85153(15)	0.34835(17)	0.0126(4)
O(4)	2i	0.85932(16)	0.93204(15)	0.84005(19)	0.0160(5)
O(5)	2i	0.35588(15)	0.72904(14)	0.77764(17)	0.0108(4)
O(6)	2i	0.32485(15)	0.94601(14)	0.49771(17)	0.0108(4)
O(7)	2i	0.97418(15)	0.87023(15)	0.57846(18)	0.0139(4)
O(8)	2i	0.70733(15)	0.79175(15)	0.73881(17)	0.0125(4)
O(9)	2i	0.14551(15)	0.90589(14)	0.33341(16)	0.0094(4)
O(10)	2i	0.50552(14)	0.74236(14)	0.99057(17)	0.0102(4)
O(11)	2i	0.80816(15)	0.91985(14)	0.49004(18)	0.0124(4)
O(12)	2i	0.86912(15)	0.74481(14)	0.84154(17)	0.0114(4)
O(13)	2i	0.52560(16)	0.60409(14)	0.17406(18)	0.0131(4)
O(14)	2i	0.59869(15)	0.50116(14)	0.68482(17)	0.0108(4)
O(15)	2i	0.48862(16)	0.58516(14)	0.81716(18)	0.0126(4)
O(16)	2i	0.82399(14)	0.56776(14)	0.66323(17)	0.0103(4)
O(17)	2i	0.01417(15)	0.60906(14)	0.84207(17)	0.0105(4)
O(18)	2i	0.64317(15)	0.52781(15)	0.91495(17)	0.0126(4)
O(19)	2i	0.23889(16)	0.94217(15)	0.72164(18)	0.0171(5)
O(20)	2i	0.89567(15)	0.59900(14)	0.05213(17)	0.0106(4)
O(21)	2i	0.11432(15)	0.80927(14)	0.83958(18)	0.0121(4)
O(22)	2i	0.10757(16)	0.99308(15)	0.85303(19)	0.0181(5)
O(23)	2i	0.66470(15)	0.81736(14)	0.19712(17)	0.0103(4)
O(24)	2i	−0.00064(15)	0.86074(14)	0.10647(17)	0.0111(4)
O(25)	2i	0.66275(15)	0.54870(14)	0.44258(17)	0.0106(4)
O(26)	2i	0.26797(16)	0.94155(15)	0.95125(19)	0.0166(5)
O(27)	2i	0.55477(16)	0.76089(15)	0.39055(18)	0.0148(4)

续表

原子	Wyck.	*x*/*a*/Å	*y*/*b*/Å	*z*/*c*/Å	各向同性位移参数 *U*/Å^2
O(28)	2i	0.33582(15)	0.94984(15)	0.23174(19)	0.0161(5)
O(29)	2i	0.01094(15)	0.61061(15)	0.55616(18)	0.0130(4)
O(30)	2i	0.13743(15)	0.67385(14)	0.38766(17)	0.0129(4)
O(31)	2i	0.26376(15)	0.69247(14)	0.00044(17)	0.0115(4)
O(32)	2i	0.52867(19)	0.9793(2)	0.3129(2)	0.0283(6)
O(33)	2i	0.14776(15)	0.75567(14)	0.13910(18)	0.0124(4)
O(34)	2i	0.91999(15)	0.60519(14)	0.28098(16)	0.0093(4)
O(35)	2i	0.31138(15)	0.69920(15)	0.22637(17)	0.0121(4)
O(36)	2i	0.47320(15)	0.90410(14)	0.10761(18)	0.0132(4)
O(37)	2i	0.14263(15)	0.57105(14)	0.13777(18)	0.0133(4)
O(38)	2i	0.53438(15)	0.85256(14)	0.58638(18)	0.0135(4)
O(39)	2i	0.52623(18)	0.91089(15)	0.8518(2)	0.0216(5)
O(40)	2i	0.76873(15)	0.66453(14)	0.17329(18)	0.0119(4)
O(41)	2i	0.16753(16)	0.75715(15)	0.60127(19)	0.0163(5)
O(42)	2i	0.37325(15)	0.73339(15)	0.48142(18)	0.0139(4)
O(43)	2i	0.51597(15)	0.66113(14)	0.58325(18)	0.0134(4)
O(44)	2i	0.23972(15)	0.52440(14)	0.82140(17)	0.0114(4)
O(45)	2i	0.19630(15)	0.58054(14)	0.56095(18)	0.0139(4)

附表 2　C_3S 的各向异性位移参数　　(单位：Å^2)

原子	U11	U22	U33	U12	U13	U23
Ca(1)	0.0086(3)	0.0086(3)	0.0135(3)	0.0023(2)	0.0024(2)	0.0035(2)
Ca(2)	0.0128(3)	0.0111(3)	0.0109(3)	0.0045(2)	0.0014(2)	0.0024(2)
Ca(3)	0.0117(3)	0.0107(3)	0.0110(3)	0.0048(2)	0.0030(2)	0.0025(2)
Ca(4)	0.0062(3)	0.0112(3)	0.0121(3)	0.0007(2)	0.0011(2)	−0.0001(2)
Ca(5)	0.0073(3)	0.0104(3)	0.0134(3)	0.0020(2)	0.0001(2)	0.0007(2)
Ca(6)	0.0087(3)	0.0093(3)	0.0105(3)	0.0014(2)	0.0004(2)	−0.0018(2)
Ca(7)	0.0098(3)	0.0085(3)	0.0115(3)	0.0029(2)	−0.0006(2)	−0.0006(2)
Ca(8)	0.0085(3)	0.0079(3)	0.0109(3)	0.0012(2)	−0.0001(2)	0.0013(2)
Ca(9)	0.0112(3)	0.0092(3)	0.0127(3)	0.0044(2)	0.0006(2)	0.0003(2)
Ca(10)	0.0089(3)	0.0081(3)	0.0104(3)	0.0021(2)	0.0024(2)	0.0023(2)
Ca(11)	0.0081(3)	0.0093(3)	0.0123(3)	0.0025(2)	0.0028(2)	0.0036(2)
Ca(12)	0.0078(3)	0.0080(3)	0.0117(3)	0.0010(2)	0.0014(2)	0.0004(2)
Ca(13)	0.0093(3)	0.0081(3)	0.0097(3)	0.0018(2)	0.0022(2)	0.0019(2)

续表

原子	U11	U22	U33	U12	U13	U23
Ca(14)	0.0103(3)	0.0091(3)	0.0121(3)	0.0004(2)	0.0026(2)	−0.0001(2)
Ca(15)	0.0079(3)	0.0092(3)	0.0110(3)	0.0019(2)	0.0011(2)	0.0012(2)
Ca(16)	0.0084(3)	0.0081(3)	0.0093(3)	0.0013(2)	0.0016(2)	0.0018(2)
Ca(17)	0.0080(3)	0.0083(3)	0.0115(3)	0.0015(2)	0.0016(2)	0.0013(2)
Ca(18)	0.0079(3)	0.0113(3)	0.0096(3)	0.0027(2)	0.0014(2)	0.0020(2)
Ca(19)	0.0079(3)	0.0069(3)	0.0087(3)	0.0016(2)	0.0013(2)	0.0015(2)
Ca(20)	0.0083(3)	0.0077(3)	0.0111(3)	0.0022(2)	0.0005(2)	0.0009(2)
Ca(21)	0.0075(3)	0.0074(3)	0.0104(3)	0.0008(2)	0.0016(2)	0.0011(2)
Ca(22)	0.0133(3)	0.0091(3)	0.0104(3)	0.0028(2)	0.0022(2)	0.0017(2)
Ca(23)	0.0112(3)	0.0087(3)	0.0105(3)	−0.0007(2)	0.0015(2)	0.0009(2)
Ca(24)	0.0101(3)	0.0075(3)	0.0088(3)	0.0020(2)	0.0008(2)	0.0016(2)
Ca(25)	0.0102(3)	0.0086(3)	0.0094(3)	−0.0005(2)	0.0011(2)	0.0011(2)
Ca(26)	0.0137(4)	0.0127(4)	0.0142(4)	0.0047(3)	0.0028(3)	0.0034(3)
Ca(27)	0.0090(4)	0.0090(4)	0.0097(4)	0.0037(3)	−0.0001(3)	0.0010(3)
Ca(28)	0.0071(4)	0.0099(4)	0.0087(4)	0.0020(3)	0.0009(3)	0.0016(3)
Ca(29)	0.0065(4)	0.0094(4)	0.0098(4)	0.0018(3)	0.0016(3)	0.0006(3)
Si(1)	0.0052(4)	0.0045(4)	0.0066(4)	0.0011(3)	0.0012(3)	0.0011(3)
Si(2)	0.0061(4)	0.0056(3)	0.0069(4)	0.0013(3)	0.0007(3)	0.0014(3)
Si(3)	0.0066(4)	0.0045(4)	0.0081(4)	0.0013(3)	0.0011(3)	0.0015(3)
Si(4)	0.0056(4)	0.0060(4)	0.0067(4)	0.0016(3)	0.0009(3)	0.0007(3)
Si(5)	0.0066(4)	0.0063(4)	0.0068(4)	0.0014(3)	0.0016(3)	0.0023(3)
Si(6)	0.0070(4)	0.0054(4)	0.0086(4)	0.0014(3)	0.0025(3)	0.0023(3)
Si(7)	0.0064(4)	0.0054(4)	0.0085(4)	0.0016(3)	0.0021(3)	0.0025(3)
Si(8)	0.0054(4)	0.0053(4)	0.0082(4)	0.0010(3)	0.0009(3)	0.0006(3)
Si(9)	0.0059(4)	0.0047(4)	0.0073(4)	0.0009(3)	0.0011(3)	0.0013(3)
O(1)	0.0125(10)	0.0132(10)	0.0122(10)	0.0034(8)	0.0045(8)	0.0020(8)
O(2)	0.0238(12)	0.0068(10)	0.0270(13)	0.0001(9)	0.0161(10)	0.0026(9)
O(3)	0.0132(10)	0.0133(10)	0.0114(10)	0.0029(8)	0.0031(8)	0.0006(8)
O(4)	0.0141(11)	0.0094(10)	0.0252(12)	0.0018(8)	0.0084(9)	0.0053(9)
O(5)	0.0105(10)	0.0112(10)	0.0106(10)	0.0030(8)	0.0004(8)	0.0004(8)
O(6)	0.0085(10)	0.0097(10)	0.0137(10)	0.0015(8)	0.0016(8)	0.0025(8)
O(7)	0.0117(10)	0.0196(11)	0.0112(11)	0.0053(9)	0.0001(8)	0.0029(8)
O(8)	0.012(1)	0.0155(11)	0.0109(10)	0.0056(8)	−0.0008(8)	0.0007(8)
O(9)	0.0084(9)	0.0091(10)	0.0108(10)	0.0022(7)	0.0001(8)	0.0005(8)
O(10)	0.0092(10)	0.0108(10)	0.011(1)	0.0034(8)	−0.0009(8)	−0.0004(8)

续表

原子	U11	U22	U33	U12	U13	U23
O(11)	0.0141(11)	0.0116(10)	0.0134(11)	0.0061(8)	0.0041(8)	0.0022(8)
O(12)	0.0113(10)	0.011(1)	0.0132(10)	0.0051(8)	0.0020(8)	0.0021(8)
O(13)	0.0133(11)	0.0092(10)	0.0163(11)	0.0003(8)	0.0066(8)	0.0023(8)
O(14)	0.0123(10)	0.0121(10)	0.0093(10)	0.0047(8)	0.0028(8)	0.0030(8)
O(15)	0.0147(11)	0.0106(10)	0.0149(11)	0.0062(8)	0.0047(8)	0.0030(8)
O(16)	0.0095(10)	0.0112(10)	0.0102(10)	0.0025(8)	0.0008(8)	0.0020(8)
O(17)	0.0105(10)	0.0083(10)	0.012(1)	0.0012(8)	0.0003(8)	–0.0001(8)
O(18)	0.0113(10)	0.0151(11)	0.0111(10)	0.0037(8)	–0.0020(8)	0.0006(8)
O(19)	0.0202(12)	0.0160(11)	0.0141(11)	0.0012(9)	0.0060(9)	0.0009(9)
O(20)	0.0108(10)	0.0116(10)	0.0101(10)	0.0031(8)	0.0034(8)	0.0014(8)
O(21)	0.0102(10)	0.009(1)	0.0159(11)	–0.0003(8)	0.0016(8)	0.0014(8)
O(22)	0.0180(12)	0.0157(11)	0.0217(12)	0.0057(9)	0.0030(9)	0.0018(9)
O(23)	0.0084(10)	0.0102(10)	0.0122(10)	0.0015(8)	0.0025(8)	0.0000(8)
O(24)	0.009(1)	0.0111(10)	0.0127(10)	0.0016(8)	–0.0001(8)	0.0023(8)
O(25)	0.0092(10)	0.0115(10)	0.011(1)	0.0023(8)	0.0016(8)	–0.0021(8)
O(26)	0.0162(11)	0.0160(11)	0.0165(11)	0.0026(9)	–0.0005(9)	0.0010(9)
O(27)	0.0168(11)	0.0144(11)	0.0137(11)	0.0030(9)	0.0061(9)	0.0034(8)
O(28)	0.0098(10)	0.0186(11)	0.0194(12)	0.0013(8)	0.0052(9)	–0.0029(9)
O(29)	0.0081(10)	0.0152(10)	0.0144(11)	0.0000(8)	0.0022(8)	0.0024(8)
O(30)	0.012(1)	0.0142(10)	0.0115(10)	0.0013(8)	0.0010(8)	0.0026(8)
O(31)	0.0115(10)	0.0126(10)	0.0101(10)	0.0022(8)	0.0021(8)	0.0011(8)
O(32)	0.0271(13)	0.0500(16)	0.0156(12)	0.0257(12)	–0.0017(10)	–0.0024(11)
O(33)	0.0122(10)	0.0096(10)	0.0172(11)	0.0052(8)	0.0052(8)	0.0017(8)
O(34)	0.0096(10)	0.0094(10)	0.0085(10)	0.0018(8)	–0.0009(8)	0.0000(7)
O(35)	0.0087(10)	0.0153(10)	0.0117(10)	0.0026(8)	–0.0015(8)	–0.0002(8)
O(36)	0.0115(10)	0.0128(10)	0.0152(11)	0.0031(8)	0.0004(8)	–0.0046(8)
O(37)	0.0143(11)	0.0078(10)	0.0171(11)	0.0007(8)	0.0041(8)	0.0012(8)
O(38)	0.0133(10)	0.0103(10)	0.0165(11)	0.0030(8)	–0.0013(8)	–0.0015(8)
O(39)	0.0313(13)	0.0095(11)	0.0249(13)	0.0034(9)	0.013(1)	0.0039(9)
O(40)	0.0105(10)	0.0117(10)	0.0146(11)	0.0044(8)	0.0023(8)	0.0021(8)
O(41)	0.0176(11)	0.0116(10)	0.0197(12)	0.0053(9)	–0.0038(9)	–0.0036(9)
O(42)	0.0088(10)	0.0159(11)	0.0171(11)	0.0039(8)	–0.0006(8)	–0.0018(8)
O(43)	0.0152(11)	0.0109(10)	0.0145(11)	0.0043(8)	0.0011(8)	0.0023(8)
O(44)	0.0107(10)	0.0098(10)	0.0124(10)	0.0001(8)	–0.0001(8)	0.0006(8)
O(45)	0.0117(10)	0.0109(10)	0.0200(11)	0.0049(8)	–0.0007(8)	0.0029(8)

附表 3　硅酸三钙中部分原子间距数据

原子 1，2	原子 1 和 2 的距离/Å	原子 1，2	原子 1 和 2 的距离/Å	原子 1，2	原子 1 和 2 的距离/Å
Ca(1)-O(4)	2.333(2)	Ca(2)-O(5)	2.295(2)	Ca(3)-O(25)	2.338(2)
Ca(1)-O(9)	2.345(2)	Ca(2)-O(6)	2.312(2)	Ca(3)-O(27)	2.342(2)
Ca(1)-O(3)	2.354(2)	Ca(2)-O(19)	2.475(2)	Ca(3)-O(40)	2.349(2)
Ca(1)-O(22)	2.427(2)	Ca(2)-O(41)	2.493(2)	Ca(3)-O(23)	2.470(2)
Ca(1)-O(7)	2.459(2)	Ca(2)-O(42)	2.605(2)	Ca(3)-O(13)	2.506(2)
Ca(1)-O(24)	2.826(2)	Ca(2)-O(32)	2.674(3)	Ca(3)-O(2)	2.667(3)
		Ca(2)-O(38)	2.688(2)		
Ca(4)-O(23)	2.322(2)	Ca(5)-O(17)	2.334(2)	Ca(6)-O(25)	2.316(2)
Ca(4)-O(24)	2.364(2)	Ca(5)-O(5)	2.365(2)	Ca(6)-O(45)	2.347(2)
Ca(4)-O(22)	2.384(2)	Ca(5)-O(31)	2.397(2)	Ca(6)-O(5)	2.357(2)
Ca(4)-O(40)	2.404(2)	Ca(5)-O(21)	2.416(2)	Ca(6)-O(44)	2.472(2)
Ca(4)-O(1)	2.435(2)	Ca(5)-O(44)	2.418(2)	Ca(6)-O(15)	2.495(2)
Ca(4)-O(3)	2.487(2)	Ca(5)-O(41)	2.762(2)	Ca(6)-O(43)	2.539(2)
Ca(7)-O(32)	2.272(2)	Ca(8)-O(36)	2.287(2)	Ca(9)-O(28)	2.372(2)
Ca(7)-O(19)	2.302(2)	Ca(8)-O(39)	2.368(2)	Ca(9)-O(6)	2.378(2)
Ca(7)-O(23)	2.306(2)	Ca(8)-O(31)	2.386(2)	Ca(9)-O(9)	2.432(2)
Ca(7)-O(11)	2.447(2)	Ca(8)-O(5)	2.419(2)	Ca(9)-O(42)	2.439(2)
Ca(7)-O(27)	2.456(2)	Ca(8)-O(10)	2.425(2)	Ca(9)-O(35)	2.446(2)
Ca(7)-O(6)	2.596(2)	Ca(8)-O(26)	2.445(2)	Ca(9)-O(30)	2.529(2)
Ca(10)-O(2)	2.338(2)	Ca(11)-O(10)	2.299(2)	Ca(12)-O(31)	2.328(2)
Ca(10)-O(16)	2.404(2)	Ca(11)-O(13)	2.322(2)	Ca(12)-O(10)	2.333(2)
Ca(10)-O(8)	2.406(2)	Ca(11)-O(1)	2.348(2)	Ca(12)-O(15)	2.347(2)
Ca(10)-O(14)	2.421(2)	Ca(11)-O(40)	2.393(2)	Ca(12)-O(44)	2.365(2)
Ca(10)-O(25)	2.476(2)	Ca(11)-O(18)	2.456(2)	Ca(12)-O(18)	2.429(2)
Ca(10)-O(43)	2.502(2)	Ca(11)-O(23)	2.812(2)	Ca(12)-O(5)	2.764(2)
Ca(13)-O(28)	2.357(2)	Ca(14)-O(14)	2.368(2)	Ca(15)-O(36)	2.352(2)
Ca(13)-O(6)	2.362(2)	Ca(14)-O(16)	2.376(2)	Ca(15)-O(23)	2.370(2)
Ca(13)-O(11)	2.369(2)	Ca(14)-O(35)	2.392(2)	Ca(15)-O(26)	2.404(2)
Ca(13)-O(8)	2.469(2)	Ca(14)-O(42)	2.414(2)	Ca(15)-O(1)	2.426(2)
Ca(13)-O(38)	2.481(2)	Ca(14)-O(45)	2.572(2)	Ca(15)-O(10)	2.426(2)
Ca(13)-O(9)	2.526(2)	Ca(14)-O(30)	2.684(2)	Ca(15)-O(39)	2.440(3)

续表

原子 1，2	原子 1 和 2 的距离/Å	原子 1，2	原子 1 和 2 的距离/Å	原子 1，2	原子 1 和 2 的距离/Å
Ca(16)-O(9)	2.365(2)	Ca(17)-O(39)	2.348(2)	Ca(18)-O(35)	2.355(2)
Ca(16)-O(41)	2.377(2)	Ca(17)-O(5)	2.377(2)	Ca(18)-O(13)	2.377(2)
Ca(16)-O(11)	2.396(2)	Ca(17)-O(8)	2.405(2)	Ca(18)-O(36)	2.397(2)
Ca(16)-O(7)	2.406(2)	Ca(17)-O(15)	2.434(2)	Ca(18)-O(23)	2.427(2)
Ca(16)-O(19)	2.422(2)	Ca(17)-O(10)	2.476(2)	Ca(18)-O(27)	2.437(2)
Ca(16)-O(6)	2.427(2)	Ca(17)-O(38)	2.703(2)	Ca(18)-O(10)	2.437(2)
		Ca(17)-O(43)	2.706(2)		
Ca(19)-O(45)	2.293(2)	Ca(20)-O(17)	2.337(2)	Ca(21)-O(9)	2.314(2)
Ca(19)-O(29)	2.342(2)	Ca(20)-O(34)	2.368(2)	Ca(21)-O(33)	2.367(2)
Ca(19)-O(2)	2.347(2)	Ca(20)-O(16)	2.420(2)	Ca(21)-O(34)	2.392(2)
Ca(19)-O(34)	2.390(2)	Ca(20)-O(37)	2.463(2)	Ca(21)-O(3)	2.419(2)
Ca(19)-O(16)	2.423(2)	Ca(20)-O(29)	2.466(2)	Ca(21)-O(30)	2.478(2)
Ca(19)-O(25)	2.478(2)	Ca(20)-O(30)	2.534(2)	Ca(21)-O(24)	2.501(2)
Ca(22)-O(12)	2.399(2)	Ca(23)-O(33)	2.285(2)	Ca(24)-O(37)	2.286(2)
Ca(22)-O(29)	2.454(2)	Ca(23)-O(28)	2.292(2)	Ca(24)-O(16)	2.350(2)
Ca(22)-O(7)	2.505(2)	Ca(23)-O(4)	2.365(2)	Ca(24)-O(12)	2.390(2)
Ca(22)-O(17)	2.508(2)	Ca(23)-O(26)	2.430(2)	Ca(24)-O(20)	2.400(2)
Ca(22)-O(21)	2.522(2)	Ca(23)-O(24)	2.444(2)	Ca(24)-O(18)	2.415(2)
Ca(22)-O(16)	2.646(2)	Ca(23)-O(9)	2.517(2)	Ca(24)-O(17)	2.683(2)
Ca(22)-O(41)	2.872(2)				
Ca(25)-O(24)	2.313(2)	Ca(26)-O(24)	2.353(2)	Ca(27)-O(20)	2.3566(19)
Ca(25)-O(21)	2.335(2)	Ca(26)-O(24)	2.353(2)	Ca(27)-O(20)	2.3566(19)
Ca(25)-O(20)	2.420(2)	Ca(26)-O(22)	2.372(2)	Ca(27)-O(17)	2.416(2)
Ca(25)-O(12)	2.435(2)	Ca(26)-O(22)	2.373(2)	Ca(27)-O(17)	2.416(2)
Ca(25)-O(17)	2.483(2)	Ca(26)-O(4)	2.589(2)	Ca(27)-O(37)	2.449(2)
Ca(25)-O(33)	2.530(2)	Ca(26)-O(4)	2.589(2)	Ca(27)-O(37)	2.449(2)
Ca(28)-O(32)	2.293(2)	Ca(29)-O(25)	2.322(2)		
Ca(28)-O(32)	2.293(2)	Ca(29)-O(25)	2.322(2)		
Ca(28)-O(6)	2.333(2)	Ca(29)-O(43)	2.451(2)		
Ca(28)-O(6)	2.333(2)	Ca(29)-O(43)	2.451(2)		
Ca(28)-O(38)	2.475(2)	Ca(29)-O(14)	2.467(2)		
Ca(28)-O(38)	2.475(2)	Ca(29)-O(14)	2.467(2)		

续表

原子 1，2	原子 1 和 2 的距离/Å	原子 1，2	原子 1 和 2 的距离/Å	原子 1，2	原子 1 和 2 的距离/Å
Si(1)-O(40)	1.635(2)	Si(2)-O(45)	1.632(2)	Si(3)-O(19)	1.624(2)
Si(1)-O(44)	1.644(2)	Si(2)-O(41)	1.635(2)	Si(3)-O(22)	1.638(2)
Si(1)-O(20)	1.653(2)	Si(2)-O(29)	1.648(2)	Si(3)-O(21)	1.642(2)
Si(1)-O(34)	1.657(2)	Si(2)-O(30)	1.655(2)	Si(3)-O(26)	1.671(2)
Si(4)-O(32)	1.620(2)	Si(5)-O(15)	1.627(2)	Si(6)-O(11)	1.633(2)
Si(4)-O(36)	1.628(2)	Si(5)-O(14)	1.644(2)	Si(6)-O(2)	1.642(2)
Si(4)-O(39)	1.629(2)	Si(5)-O(13)	1.644(2)	Si(6)-O(3)	1.645(2)
Si(4)-O(28)	1.635(2)	Si(5)-O(18)	1.680(2)	Si(6)-O(7)	1.676(2)
Si(7)-O(12)	1.637(2)	Si(8)-O(33)	1.626(2)	Si(9)-O(27)	1.631(2)
Si(7)-O(1)	1.640(2)	Si(8)-O(37)	1.639(2)	Si(9)-O(42)	1.641(2)
Si(7)-O(8)	1.654(2)	Si(8)-O(31)	1.646(2)	Si(9)-O(43)	1.652(2)
Si(7)-O(4)	1.654(2)	Si(8)-O(35)	1.657(2)	Si(9)-O(38)	1.653(2)